抽水蓄能电站斜（竖）井工程设计与施工技术实践

任 苇 陈锐睿 纪建林 著

中国水利水电出版社
www.waterpub.com.cn
·北京·

内 容 提 要

本书针对抽水蓄能电站这一建设热点中的斜(竖)井关键技术,从设计、施工角度进行了系统总结论述。全书共5章,包括抽水蓄能电站斜(竖)井工程概述、设计工程实践、开挖支护施工技术、钢筋混凝土衬砌施工技术、钢管安装及钢衬混凝土施工技术等。本书内容翔实、深入浅出,在对各种技术发展历程进行回顾的基础上,选取了大量典型案例,针对各种主流成熟及创新技术进行阐述,包括高压隧洞透水衬砌理论、考虑初始裂缝的围岩-钢板-混凝土联合受力分析等设计理论,以及定向反井钻法、滑模法、无内支撑钢管运输安装等施工技术,并对未来技术发展进行了展望。

本书适用于抽水蓄能电站工程设计、建设管理、监理、施工、科研等专业技术人员,也可供相关专业高校师生阅读参考。

图书在版编目(CIP)数据

抽水蓄能电站斜(竖)井工程设计与施工技术实践 /
任苇, 陈锐睿, 纪建林著. -- 北京 : 中国水利水电出版
社, 2025.6. -- ISBN 978-7-5226-3367-1
Ⅰ. TV743
中国国家版本馆CIP数据核字第2025HG0250号

书 名	**抽水蓄能电站斜(竖)井工程设计与施工技术实践** CHOUSHUI XUNENG DIANZHAN XIE(SHU)JING GONGCHENG SHEJI YU SHIGONG JISHU SHIJIAN
作 者	任 苇 陈锐睿 纪建林 著
出版发行	中国水利水电出版社 (北京市海淀区玉渊潭南路1号D座 100038) 网址:www.waterpub.com.cn E-mail:sales@mwr.gov.cn 电话:(010)68545888(营销中心)
经 售	北京科水图书销售有限公司 电话:(010)68545874、63202643 全国各地新华书店和相关出版物销售网点
排 版	中国水利水电出版社微机排版中心
印 刷	清淞永业(天津)印刷有限公司
规 格	184mm×260mm 16开本 19印张 394千字
版 次	2025年6月第1版 2025年6月第1次印刷
定 价	**98.00元**

》》》 序

　　党的二十大报告明确指出，加快规划建设新型能源体系。随着我国加快规划建设新型能源体系和构建新型电力系统，抽水蓄能电站成为低碳转型不可或缺的生力军，其正经历新一轮的建设高潮。截至 2024 年年底，我国已建成抽水蓄能电站装机容量超过 5800 万 kW，已建在建规模超过 2.3 亿 kW。在抽水蓄能电站工程组成中，调压井、闸门井，尤其引水斜（竖）井建设，是抽水蓄能地下洞室建设中的关键难点。随着众多大型抽水蓄能电站的建成投产，抽水蓄能斜（竖）井工程技术也取得了长足进步：在引水斜（竖）井设计理论方面，形成了高压隧洞透水衬砌理论，以及渗流-应力应变耦合分析、考虑初始裂缝的围岩-钢板-混凝土联合受力分析等设计理论；在开挖施工方面，形成了以定向反井钻法为特色的主流技术；在钢筋混凝土衬砌施工方面，形成了斜（竖）井连续滑模主流技术；在钢衬安装技术方面，创新实践了自动化组圆焊接钢管工艺、无内支撑运输安装、单面焊双面成形等新技术。尤其是近年来，随着 TBM 施工技术陆续在河北抚宁抽水蓄能电站交通洞和通风洞、河南洛宁抽水蓄能电站 1 号引水斜井、天台抽水蓄能竖井中的成功实践，标志着我国抽水蓄能 TBM 施工技术日趋成熟。

　　中国电建集团西北勘测设计研究院有限公司作为我国抽水蓄能电站建设的主力军，承担了西北五省（自治区）的规划选点任务，以及众多抽水蓄能电站的勘测设计、工程总承包、工程监理等工作。截至 2024 年年底，监理完建的有白莲河、蒲石河、溧阳、敦化、洪屏等抽水蓄能电站，总承包及设计的新疆阜康、陕西镇安抽水蓄能电站陆续投产发电，积累了丰富的设计及施工建设经验。特别在斜（竖）井施工技术方面，上述工程也开展了诸多特色创新实践，如敦化抽水蓄能电站长斜井开挖实践的定向反井钻法、厄瓜多尔德尔西水电站调压竖井总承包施工中采用的气动伞钻开挖法、阜康抽水蓄能电站斜井衬砌总承包施工的液压穿心式模板台车法等。

　　本书针对抽水蓄能斜（竖）井工程设计及施工各流程中的关键技术，开展了全面系统论述，包括开挖支护及衬砌设计理论实践、充排水试验；定向反井钻、反井钻＋爬罐法、人工正井法、伞钻法、深孔分段爆破法等开挖施工技术，连续滑模、滑框倒模、钢模台车等钢筋混凝土衬砌技术，以及钢衬混凝土施工技术。本书同时对未来发展趋势进行了展望分析。

本书内容丰富、资料翔实、系统性强，也有助于业内勘测设计、施工建造及科研院校技术人员系统了解抽水蓄能斜（竖）井关键技术的发展历程、现状与未来趋势，是不可多得的参考资料。

祝愿我国抽水蓄能工程技术不断突破，事业更创辉煌！

2025 年 3 月

前 言

20世纪90年代以来，我国抽水蓄能电站建设提速，特别是随着国家"30·60"战略目标的实施，未来十年抽水蓄能电站将迎来又一个建设高潮。截至2024年年底，我国抽水蓄能电站累计装机容量为58GW，预计2025年装机容量为62GW，2030年装机容量为160～180GW。抽水蓄能电站合理使用年限长达50～100年，主要服务电网的调峰、填谷、储能、调频、调相及紧急事故备用等，具有容量大、运行灵活、维护成本低的优势，已成为我国储能工程的主力军。

在抽水蓄能电站工程组成中，斜（竖）井工程是较为常见的建筑物类型。常见的调压井、闸门井、出线井、通风井一般采用竖井，而引水隧洞及尾水隧洞通常需要设置斜井，其中引水斜井最为关键。这些斜（竖）井工程相较于其他常规地下洞室，从设计到施工都具有明显特点，由于其施工工作面窄小、通风困难、不安全因素较多，素有"咽喉工程""死亡之谷"之称，历来都是行业施工的难点和重点。

我国抽水蓄能电站斜（竖）井工程技术日新月异。引水斜（竖）井设计方面，形成了钢筋混凝土高压隧洞透水衬砌理论，以及考虑初始裂缝的围岩-钢板-混凝土联合受力的分析方法。在开挖技术方面，研发了适用于不同岩层特别是极硬岩的反井钻设备，形成了以定向反井钻法为代表的特色主流开挖技术，创造了天台抽水蓄能工程483.4m上斜井连续开挖纪录，其开挖洞径约8m、倾斜角58°、偏差率仅0.28%。在斜井滑模技术方面，形成了以中国水电十四局"TSD40－100型液压千斤顶（也叫液压爬升器）＋钢构架"、中国水电一局"LSD连续拉伸式液压千斤顶＋天锚"两种技术为代表的连续滑模技术。随着国产800MPa级钢板在呼和浩特、宝泉、仙居、敦化等抽水蓄能电站及白鹤滩、乌东德等常规水电站工程中成功应用，自动化组圆焊接钢管工艺、无内支撑运输安装、单面焊双面成形等钢衬安装技术持续创新。2024年，浙江天台抽水蓄能电站开启了国产1000MPa高级钢的工程实践。尤其是近年来，TBM施工技术成就斐然，2022年，世界首台大直径超小转弯硬岩掘进机"抚宁号"成功出洞，完成了河北抚宁抽水蓄能电站交通洞和通风洞的掘进施工任务，隧洞全长 2203.8m、开挖直径 9.53m、设计最小转弯半径 90m、设计最大适应坡度 10%。2023 年年底，我国首台抽水蓄能电站斜井硬岩隧道掘进机（TBM）"永宁号"在河南洛宁抽水蓄能电站 1 号引水斜井开挖面破洞而出，标志着抽水蓄能电站斜井 TBM 的首次应用取得成功。

与上述工程实践不断进步很不相称的是，斜（竖）井工程建设技术理论总结方面的成果较少，国内尚未有系统论述抽水蓄能斜（竖）井工程设计及施工各流程关键技术的论著。在吕永航、方志勇编著的《抽水蓄能电站施工技术》中，仅有溧阳抽水蓄能竖井等个别工程施工案例；而在中国电建集团北京勘测设计研究院有限公司组织编写的《抽水蓄能电站工程技术》（第二版）中，也没有单独介绍斜（竖）井的章节，未能系统体现斜（竖）井工程设计、施工的特点。

本书共分 5 章。第 1 章简述了抽水蓄能电站斜（竖）井工程的技术背景、分类，特别是施工技术的发展趋势。第 2 章斜（竖）井设计工程实践，以引水斜（竖）井工程为典型，简述了其布置原则、开挖支护及衬砌设计方法，以及输水系统充排水试验技术要求。第 3 章斜（竖）井开挖支护施工技术，在分析不同开挖方法优缺点及适用原则的基础上，选取典型案例，全面介绍了定向反井钻法、反井钻＋爬罐法、人工正井法、深孔分段爆破法等不同开挖方法。第 4 章、第 5 章分别介绍了斜（竖）井钢筋混凝土衬砌、钢衬混凝土施工技术，全流程介绍其技术发展及施工工艺、质量控制等。

本书选取了丰富的典型案例，详细介绍了斜（竖）井设计理论及各施工技术的发展历程，结合近年来工程实践中的新技术，对主流技术开展剖析论述，并对发展趋势进行展望分析，力求全面系统、深入浅出。

本书编写过程中，作者参阅了大量的工程实践案例及论文，除参考文献外，大部分典型案例来源于中国电建集团西北勘测设计研究院有限公司总承包及设计的厄瓜多尔德尔西水电站、阜康抽水蓄能电站等，以及监理的敦化、溧阳、芝瑞、缙云、绩溪等抽水蓄能电站的相关文件，对这些参考资料及文献的作者表示衷心的感谢。本书得到了中国电建集团西北勘测设计研究院有限公司、中国水利水电建设工程咨询西北有限公司领导及相关人员的大力支持，中国电建集团西北勘测设计研究院有限公司首级专家黄天润、特级专家陈彬、副总工程师刘战平、技术总监贾巍均提出了许多宝贵的意见及资料；董占辉、张鸿琴、王哲、刘建华、李小伟等参与部分章节内容的编写和校对工作，在此深表感谢。

本书编写从收集资料开始，前后历时两年多，由于专业众多、篇幅较大，难免存在疏漏和不足，敬请读者批评指正。

作者

2025 年 3 月

▶▶▶ 目　录

第1章 抽水蓄能电站斜（竖）井工程概述

1.1 技术背景

抽水蓄能技术是一种以水力势能形式存储电能资源的技术。其原理为利用电力负荷低谷时的富余电能抽水至上水库，在电力负荷高峰期再放水至下水库，驱动水轮机组发电，完成低谷储能、高峰释能转换的过程。大型抽水蓄能电站合理使用年限长达50～100年，主要服务电网的调峰、填谷、储能、调频、调相及紧急事故备用等，具有容量大、运行灵活、维护成本低的优势。经历近150年的发展，该技术日趋成熟，系统的能源效率达到70%～80%，储能容量不断递增。目前我国阳江抽水蓄能电站最大单机容量达400MW，为世界领先水平。

国外抽水蓄能电站的发展建设较早。1882年，瑞士建造了世界上第一座抽水蓄能电站，为装机容量515kW的苏黎世奈特拉电站。20世纪上半叶，抽水蓄能技术在西欧国家得到进一步发展，这一时期的抽水蓄能电站主要针对常规水电站的季节性不均衡发电进行调节。20世纪中期，美国、日本等发达国家将抽水蓄能技术用于核电调峰，抽水蓄能电站建设发展进入黄金期。进入21世纪以来，随着我国经济发展和"30·60"战略目标的实施，国内风电、光伏装机大规模增加，使得储能市场稳步扩容。根据国家能源局数据，截至2022年年底，我国抽水蓄能电站累计装机位居全球第一，为45.5GW，但已建抽水蓄能电站装机在全国电力总装机中的占比仅1.77%左右，仍有很大发展空间。截至2023年年底，我国抽水蓄能电站累计装机容量为50GW，核准抽水蓄能电站规模为123GkW；预计到2025年，我国抽水蓄能电站装机容量将达到62GW，2030年将达到160～180GW。

抽水蓄能电站主要建筑物组成包括上水库、下水库、输水系统、厂房系统、开关站等，采用竖井和斜井结构型式的部位较多。常见的主要有输水及厂房系统中的斜（竖）井、调压井、闸门井、出线井、通风井及交通井等。由于斜（竖）井施工工作面窄小、通风困难，工人高空作业受到炮烟、落石、渗水和粉尘的危害等不安全因素较多。斜（竖）井施工素有"咽喉工程""死亡之谷"之称，历来都是行业施工的难点和重点。

在各类斜（竖）井工程中，作为输水系统连接建筑物的引水斜（竖）井，通常位于引水系统中后部。在发电工况下，将高水位洞室水流引至低水位，从而产生势能压力，推动水轮机发电。对于抽水蓄能电站，斜（竖）井工程还承担将低水位水流传输至高水位、储蓄势能的功能。另外，调压井一般采用竖井型式，具有调节水面波动、承担较大水头功能，引水斜（竖）井与调压井均具有洞室断面较大、施工难度大的特点，在各类斜（竖）井中尤为典型，是本书讨论的重点。

1.2 抽水蓄能斜（竖）井工程分类

按照立面倾斜角，抽水蓄能斜（竖）井可分为斜井、竖井。倾斜角度超过 $75°$ 的洞井式地下通道称为竖井。抽水蓄能工程的调压井、闸门井、出线井、通风井一般采用竖井。斜井指轴线与水平面具有一定倾斜角度 α（$6°\sim75°$）的洞井式地下通道。在水利水电工程实践中，$6°\sim25°$ 的斜井施工可参照一般隧洞考虑；$25°\sim44°$ 的斜井较少，常用于出线井、施工支洞、尾水隧洞等；$61°\sim75°$ 的斜井更少，偶尔见于通风井等。在抽水蓄能工程各类斜井中，引水斜井最为关键，洞长、倾斜角等布置受施工方法影响较大。从爆破后石渣能自由滑落、不易堵井方面考虑，倾角不宜小于 $45°$，一般采用 $45°\sim60°$。按照倾角大小，斜井分为缓斜井和陡斜井。一般 $6°<\alpha<48°$ 称为缓斜井，$48°<\alpha<75°$ 称为陡斜井，因此引水斜井多为陡斜井。

按照竖向开挖工序，斜（竖）井工程分为自上而下法（正井法）、自下而上法（反井法）两类；按照断面开挖工序，可分为全断面法、导洞法、台阶法、核心土法。按照施工设备，可分为反井钻法、爬罐法、人工钻爆法。另外，TBM 法近年来在抽水蓄能工程引水斜（竖）井中逐步推广，已成为全断面机械化施工的新方向。

竖井底部具备出渣通道的，一般采用先开挖导井再自上而下扩挖的方法。导井开挖可选择正井法、反井法、正反井结合法。反井法按照工艺又可分为反井钻法、爬罐法、深孔分段爆破法。正井法适用于深度 100m 以内的导井开挖，特别适用于稳定性差的围岩开挖。反井钻法适用于中等强度岩石、深度在 400m 以内的导井。爬罐法适用于深度为 $100\sim300$m 的导井。深孔分段爆破法一般适用于倾角 $70°$ 以上、深度小于 40m 的竖井或斜井。

竖井底部不具备出渣通道时采用正井法。正井法包括人工钻孔爆破、液压伞钻法。陡斜井施工方法与竖井分类基本一致。缓斜井倾角小于 $30°$ 时，采用自上而下全断面开挖；倾角为 $30°\sim45°$ 时，采用自上而下或自下而上全断面开挖，缓斜井分层分区开挖法包括导洞法、台阶法、核心土法等。

斜（竖）井工程初期支护一般采用喷锚支护，岩石特别破碎、涌水严重的地段，需要采取超前灌浆、型钢拱架、倒挂混凝土等支护措施或工艺。

按照衬砌不同，斜（竖）井工程衬砌形式分为钢筋混凝土衬砌、钢管内衬。缓斜井钢筋混凝土衬砌一般采用模板台车施工，也可采用滑模施工。竖井或陡斜井混凝土衬砌一般采用滑模施工，也可采用滑框倒模，长度短时也可采用定型模板或组合模板，断面较小时也可采用筒形模板。

斜（竖）井高压防渗固结灌浆能有效提高围岩与衬砌联合受力的整体性和抗变形能力，防止内水压力外渗；随着微膨胀及自密实混凝土技术的进步，回填灌浆及钢衬接触灌浆一般仅用于上下弯道段等部位，发挥围岩与衬砌联合受力的作用。

1.3 抽水蓄能工程斜（竖）井施工技术的发展

从工序上看，抽水蓄能工程斜（竖）井施工主要包括开挖、初期支护、二次衬砌、灌浆、充排水试验等内容。随着各工序技术不断发展，形成了以反井钻法、爬罐法为主流的开挖施工技术，以及喷锚挂网初期支护技术、滑模浇筑施工技术等成熟技术。近年来，TBM法不断在河南洛宁、浙江缙云等抽水蓄能工程斜（竖）井中实现技术突破，逐渐成为抽水蓄能工程斜（竖）井施工的新趋势。

与此同时，地质预报、通风排烟、排水、供电系统及物料运输等辅助系统均取得了长足进步。以下按照主要工序简述其发展历程及特点。

1.3.1 开挖施工技术

斜（竖）井开挖施工技术最早采用钻爆法。从中华人民共和国成立到 20 世纪末，斜（竖）井开挖施工都采用传统的钻爆法施工。这种工艺需要人员进入到工作面进行钻孔、装药、爆破、出渣、清底等工序。施工工人在吊盘的保护下，在有限空间内进行打眼、装炸药、爆破等危险性作业，需要直接面对洞室塌方、片帮落石、物体打击、机械伤害、有害气体等，工作环境条件差、劳动强度大。

随着技术进步，传统人工全断面钻爆法逐渐被淘汰。目前，反井钻法、阿力马克爬罐法两种更为成熟的施工工艺成为水电工程主流技术，采用反井钻＋阿力马克爬罐法的工艺也取得了良好的工程效果，如在呼和浩特、绩溪抽水蓄能等工程中的应用工程实践。相对而言，阿力马克爬罐法仍然存在工作条件较差、安全风险较大的弊端，逐渐被反井钻法替代。总体而言，采用何种施工技术，或者组合技术，需要开展方案比选，从地质条件、质量安全、进度要求、工程造价等方面综合比选。值得注意的是，在地质条件较为复杂、开挖深度不大的工程开挖、底部不具备出渣条件时，传统人工断面钻爆法仍发挥着不可替代的作用，如十三陵抽水蓄能电站、溧阳抽水蓄能电站等斜（竖）井工程中仍部分采用传统施工方法。

表 1.3.1-1 和表 1.3.1-2 分别为我国抽水蓄能电站斜井和竖井施工的典型案例，从较早的案例，如十三陵抽水蓄能电站开始，我国就开始探索人工全断面钻爆法、反井钻法、阿力马克爬罐法的工程实践。2006 年前，受进口反井钻机高造价制约，阿力

马克爬罐法在斜井开挖施工应用案例较多，反井钻法仅在三峡、小湾等大型水电及抽水蓄能工程中使用；2006年后，随着国产反井钻机硬岩滚刀、多油缸推进、多马达驱动、电控数控等技术的进步，以及钻孔偏斜自动控制技术的成熟，大直径反井钻机研发成功并用于生产实践，反井钻法在水电及抽蓄工程中得到普遍应用。

表1.3.1-1 **国内部分已建水电站、抽水蓄能电站斜井开挖特性表**

工程名称	施工年份	地质条件	单条斜井长/m	斜井倾角/(°)	开挖洞径/m	开 挖 方 法	施工设备
广州抽水蓄能电站一期	1990—1992	中粗粒黑云母花岗岩	634	50	9.7	上部人工正导法，下部阿力马克爬罐法	
十三陵抽水蓄能电站	1992—1995	寒武系灰岩	574	50	6.4	阿力马克爬罐法、反导井、反井钻法等多种方法	
桐柏抽水蓄能电站	2002—2004	花岗岩	364	50	10	上部人工正导法，下部阿力马克爬罐法	STH-5EE型电机阿力马克爬罐
冶勒水电站	2004—2005	石英闪长岩	270.3	60	4.6	反井钻法	LM-200型反井钻机
江边水电站	2002—2003		272.2	55	6.7	阿力马克爬罐法	STH-5DD型阿力马克爬罐
惠州抽水蓄能电站	2003—2008	中细粒、中粗粒花岗岩和混合岩	304	50	9.9	反井钻法	RHINO-400H型反井钻机
宝泉抽水蓄能电站	2004—2007	新鲜花岗片麻岩	430	50	7.5/8.9	上部人工正导法，下部阿力马克爬罐法	
西龙池抽水蓄能电站	2004—2008	紫红色砂质页岩夹灰岩	757	56、60	4.8~5.9	上斜洞反井钻法，下斜洞阿力马克爬罐法	LM-200型反井钻机
黑麋峰抽水蓄能电站	2005—2008		390	50	9.5	上部人工正导法，下部阿力马克爬罐法	
向家坝水电站	2010—2011	微风化~新鲜岩体	80	55	16.3	反井钻法	LM-200型反井钻机
深圳抽水蓄能电站	2014—2015	黑云母花岗岩	380.3	50	10.7	反井钻法	RHINO-400H型反井钻机
长龙山抽水蓄能电站	2018—2019	流纹质角砾熔结凝灰岩等	435	58	7	定向反井钻法	FDP-68型定向钻机+ZFY3.5/150/500反井钻机
缙云抽水蓄能电站	2022—2023	块状钾长花岗岩	342	58	7.4	定向反井钻法	FDP-68型定向钻机+RHINO1088DC反井钻机
呼和浩特抽水蓄能电站	2012—2014	片麻状黑云母、花岗岩及斜长角闪岩	340	60	6.76	反井钻导孔+阿力马克爬罐法	ZFY1.8/250（LM-250）型反井钻机

工程名称	施工年份	地质条件	单条斜井长/m	斜井倾角/(°)	开挖洞径/m	开 挖 方 法	施工设备
敦化抽水蓄能电站	2016—2017	中粗粒正长花岗岩	419	55	6.8×5.0	定向反井钻法	FDP-68 定向钻机 ZFY3.5/150/400 型反井钻机
绩溪抽水蓄能电站	2018—2019	斑状花岗岩	392	55	6	上部反井钻法，下部反井钻导孔＋阿力马克爬罐法	LM-180 型反井钻机
荒沟抽水蓄能电站	2017—2018	花岗岩	387.58	55	7.9	反井钻法	TR-3000 型反井钻机
天台抽水蓄能电站	2023—2024	含砾晶屑熔结凝灰岩	483.4	58	8.0×8.1	定向反井钻法	XSD900 反井钻定向钻机

表 1.3.1-2　国内部分已建水电站、抽水蓄能电站竖井开挖特性表

工程	用途	施工年份	地质条件	开挖洞径/m	长度/m	开挖方法	施工设备
水布垭水电站	母线竖井	2002	灰岩，硬度 9～12 级	5×4（长×宽）	114.5	反井钻法	LM-200 型
三板溪水电站	闸门竖井	2003	花岗岩，硬度 14～16 级	7.5×6.5	186	反井钻法	LM-200 型
小湾水电站	引水竖井	2004	黑云花岗片麻岩夹薄层透镜状片岩	10.8	121	反井钻法	
洪屏抽水蓄能电站	引水竖井	2013	微～新鲜岩石	6.4	292.48	反井钻法	BMC400 型
溧阳抽水蓄能电站	引水竖井	2011—2013	强风化Ⅳ类、Ⅴ类砂岩	10.8	174.5	反井钻法	LM-300 型
乌东德水电站	电站出线竖井	2016	强风化～微新灰岩	14.20	168.85	反井钻法	LM-200 型
	调压井	2017	厚层灰岩，岩溶较发育	53	113.50	环形导洞先行，中间预留岩柱支撑，周边环形扩挖	
立洲水电站	调压井	2012	强风化～微新炭质板岩	24	137	反井钻法	
南欧江七级电站	泄洪放空洞检修闸门井	2017	石英砂岩夹粉砂质泥岩，弱风化～新鲜	8.9×14.2（长×宽）	74.29	反井钻法＋人工正井法	LM-150 型

　　以下简述几种主流开挖施工技术的历史、现状。

1.3.1.1　反井钻机导井法

　　反井钻机导井法施工于 1950 年在北美首先发展。20 世纪 60 年代中期，该方法在欧洲特别是德国开始受到欢迎。这种将隧道掘进和钻井凿井机结合形成的井筒施工设备，是反井钻机的雏形，用于矿山地下暗井、溜井等导井工程施工，当时反井钻机钻孔直径可达 1.2m，深度为 150～200m。而到 20 世纪 70 年代初期，钻孔直径可到 2.0～2.4m，钻孔深度可达 250～500m。经过多年的发展，世界上已有众多厂家生产反井钻机，如美国罗宾斯公司可提供 28 种型号的产品，钻孔直径从 1.2m 至 6.0m，钻孔深度可达 900m；德国维尔特公司生产的 HG100、HG160、HG210、HG250、HG330SP 系列，钻孔直径从 1.4m 至 6.0m，钻孔深度可达 1000m。我国自 20 世纪 70 年代开始研制反井钻机，并先后在煤炭和冶金系统中应用，产品多集中于小直径扩孔的反井钻机，典型产品有煤炭科学研究总院北京建井研究所研制的 LM－90、LM－120、LM－200 系列、长沙矿山研究院研制的 TYZ1000、TYZ1200、TYZ1500 系列及西北有色冶金机械厂生产的 AF－2000 等，钻孔直径为 0.9～2.4m。

1992 年水电系统第一次引进反井钻机，在十三陵抽水蓄能电站的出线洞、调压井和高压管道斜井等工程上使用反井钻机进行导井法施工，并取得了较好的施工效果。此后反井钻机又在河南小浪底水利枢纽、山西万家寨引黄入晋工程以及云南大朝山、贵州三板溪、云南小湾、湖北水布垭等水电站工程的竖井及斜井施工中发挥较大的作用。

在发展初期，虽然反井钻机导井施工法在水电工程斜井施工应用中，也有不少成功的实例，但由于所采用的国外反井钻机成本较高，一般单位难以接受，仅在惠州抽水蓄能（连续施工长度达 304m，开挖洞径 9.9m）等部分工程中得到应用。此后随着不断探索、实践检验，国内反井钻机技术不断突破。目前斜井连续施工长度最长纪录（483.4m）为天台抽水蓄能工程，相应开挖洞径约 8m、倾斜角 58°。该工程采用 XSD900 定向钻机测斜定位，与 ZFY3.5/150/400 型反井钻机联合使用，有效解决了反井钻测斜不准的难题，为国内斜井开挖技术进一步突破提供了思路，此前该纪录为长龙山抽水蓄能电站斜井创造，施工长度为 435m。（齐界夷，2021）。斜井开挖洞径最大（16.3m）为向家坝水电站引水斜井（王仁强等，2009），相应开挖洞长 89.8m、倾斜角 55°；斜井开挖倾斜角最大为 60°，其中冶勒水电站开挖洞长 270.28m、洞径 4.6m。

反井钻机导井法在竖井施工中应用更为广泛，洪屏抽水蓄能竖井施工开挖长达 292.48m、洞径为 6.4m；在乌东德右岸地下电站出线竖井工程中，洞径达到 14.20m、长度为 168.85m（曹刘光，2022）。

1.3.1.2 阿力马克爬罐法

阿力马克爬罐法设备于 1957 年由瑞典研制成功。因为这种方法适合任何倾斜度、各种长度和各种岩石的斜（竖）井掘进，在瑞典、法国、挪威等国家的矿山和地下工程中得到广泛应用。

在国外，阿力马克爬罐法早期即应用于水电站斜井开挖。挪威博尔贡水电站采用内燃机牵引的爬罐，掘进长 980m、倾角 45°的引水斜井（见图 1.3.1－1），班进尺 2.2m，工效达 4.50～4.94m³/工班；加拿大埃里特卡克铀矿在 1974 年 4 月采用爬罐法掘进了一条长 550m 的独头天井。中国自 1964 年开始应用气动和电动爬罐法掘进天井，效果较好。甘肃镜铁山铁矿于 1978—1980 年采用爬罐法掘进天井，总进尺 4111.7m；1982 年 4—9 月河北龙烟铁矿掘进队采用爬罐法掘进天井，总进尺 891.3m，平均月进度达 178m。

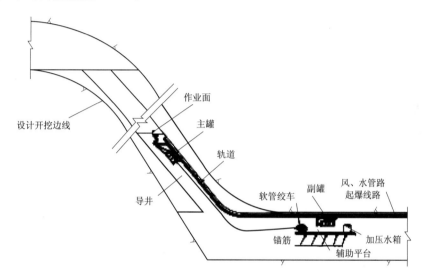

图 1.3.1－1　挪威博尔贡水电站工程爬罐法施工示意图

广州抽水蓄能电站一期工程是国内水电工程爬罐法施工的第一个成功范例，该工程斜井长度 242m，平均施工强度 68m/月；另一个成功范例是浙江天荒坪抽水蓄能电站，采用爬罐法施工创造了 126m/月的全国纪录，至今这一纪录仍未被打破；在随后的山西西龙池抽水蓄能电站斜井施工中，爬罐法连续长度超过了 382m，洞径 4.8～5.9m，倾斜角 50°～60°，2005 年创造的这一纪录至今尚未被打破。

1.3.1.3　反井钻＋爬罐法

在呼和浩特抽水蓄能电站引水系统 2 号下斜井开挖施工中，采用反井钻机及瑞典阿力马克爬罐开挖对接方式（见图 1.3.1－2），其 1 号上、下斜井和 2 号上斜井导井开挖也是采用反井钻和爬罐法开挖相结合的方法，区别在于反井钻只钻通风排烟导孔，且导孔钻进可先于爬罐法反导井施工，不作为关键工序，不占用主线施工时间。导孔钻进长度一般控制在 200m 以内（受反井钻设备精度限制），缩短了爬罐无有效通风排烟的开挖长度，避开了爬罐法施工 200m 后的"死亡之谷"地带，改善了导井内的空气质量，同时反井钻导孔还可以为爬罐法施工起到导向作用，为爬罐法的导井开挖爆破作业创造临空面。

该技术在安徽绩溪抽水蓄能电站中应用效果良好，其引水系统上下斜井全长约

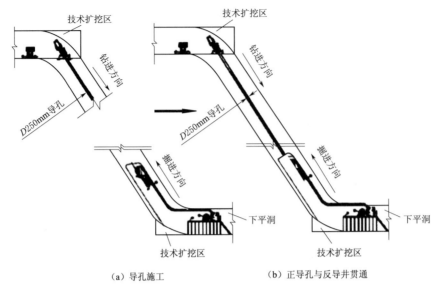

（a）导孔施工　　　　　　　　　　　（b）正导孔与反导井贯通

图 1.3.1-2　反井钻＋爬罐法施工示意图

820m，施工中在上斜井中部增加施工支洞将上斜井分为上下两段，采用爬罐法进行长斜井反导井开挖施工过程中，为解决爬罐法施工中反导井通风排烟问题，利用反井钻机在斜井顶部打设 ϕ216mm、140m 长导孔用于通风（杨帆，2019）。通风孔与斜井反导井接通后，利用风速仪对反导井每一施工环节进行风速测量，平均风速达 7.2m/s，有效解决了通风排烟问题。

1.3.2　初期支护及衬砌技术

斜（竖）井初期支护设计方案已经趋于成熟，形成了针对不同围岩地质分类的喷射混凝土、挂钢筋网、系统锚杆、随机锚杆、钢拱架、超前小导管灌浆、管棚法等喷锚、超前支护组合方法。

斜（竖）井常用衬砌型式包括钢筋混凝土衬砌、钢板衬砌等。此外，斜（竖）井高压防渗固结灌浆技术近年来发展迅速，通过灌浆加固围岩、封闭周边岩体裂隙，发挥了提高围岩与衬砌联合受力的整体性和抗变形能力、防止内水压力外渗引起的水力劈裂等作用，高压固结灌浆压力范围一般为 2～10MPa，某些工程如广东阳江抽水蓄能电站斜井最大灌浆压力达到了 16MPa。部分工程将其作为充水后渗漏修复的补救加固措施，如惠州、桐柏等抽水蓄能电站斜井工程。作为充水后的加固措施，其灌浆间排距一般均较小，必要时增设随机深孔水泥灌浆，惠州斜井随机深孔孔深达 15.0～20.0m。深圳、阳江抽水蓄能电站等部分斜井工程中，采用先进行水泥灌浆，再扫孔进行化学灌浆的方法，其化学灌浆压力可适当降低，一般为水泥灌浆的 0.6 倍左右，取得了良好的灌浆效果。也有工程开展裸岩高压固结灌浆，如江苏溧阳抽水蓄能电站等。

1.4 斜（竖）井施工技术发展趋势

1.4.1 适应于不同岩层特别是极硬岩的国产反井钻开挖技术

抽水蓄能工程斜（竖）井在工程前期设计阶段，一般优选岩体结构完整、地质构造简单的地段布置，尽量避开大的构造破碎带，但由此带来部分工程岩石硬度高的问题，而大多数工程仍然不可避免地遭遇断层、破碎带的影响，因此斜（竖）井面临不同岩层特别是极硬岩的复杂情况。

从 20 世纪 70 年代开始，国内反井钻机从引进到成熟，经历了模仿国外设备、国产装备和工艺大发展、工艺完善成熟三个阶段。针对上述关键技术开展攻关，研发应用了 LM、TZ、TYZ、BMC 系列产品，基本满足了各类地质条件不同岩层的开挖要求。浙江长龙山抽水蓄能电站采用碗形刀盘和螺旋形组合滚刀，解决了 280MPa 抗压强度的坚硬岩破岩施工难题；用于山东泰安抽水蓄能电站花岗岩（单轴抗压强度达到310MPa）的系列破岩滚刀，寿命达到 125m 以上，解决了硬岩地层中钻进反井的难题。

1.4.2 TBM 硬岩掘进技术

1952 年首台直径 8m 的硬岩掘进机成功应用于美国南达科他州奥阿希大坝项目的一条导流隧洞，开启了水电工程 TBM 法开挖隧洞的历史。自此，随着欧美国家如挪威、瑞士、奥地利、意大利等常规水电项目迅速发展，TBM 技术在瑞士格里姆瑟尔水电压力隧洞创造了无侧限抗压强度 255MPa 的（白岗岩和片麻岩）硬岩破碎纪录，并在尼亚加拉引水隧洞施工中创造了 14.4m 的大直径硬岩开挖纪录。在抽水蓄能电站中，国外 1968 年已开始应用 TBM 进行平洞和斜井的开挖，且应用案例较多。

国内首例采用 TBM 技术的水利水电项目是甘肃引大入秦工程，此后受造价、设备制造及施工技术影响应用缓慢。近年来随着抽水蓄能工程的高速发展，TBM 技术连续获得突破。2021 年在浙江缙云抽水蓄能电站引水下层排水廊道的开挖建设中，研发应用的超小转弯半径"吉光号"硬岩掘进机，在国内首创了无导洞始发技术。2022年，世界首台大直径超小转弯硬岩掘进机"抚宁号"成功出洞，完成了河北抚宁抽水蓄能电站交通洞和通风洞的掘进施工任务，隧洞全长 2203.8m，开挖直径 9.53m，设计最小转弯半径 90m，设计最大适应坡度 10%。2023 年年底，国内首台抽水蓄能电站斜井硬岩掘进机"永宁号"在河南洛宁抽水蓄能电站 1 号引水斜井开挖面破洞而出，标志着斜井 TBM 在抽水蓄能行业的首次试点应用取得成功。

未来，TBM 作为一种机械化、智能化、安全文明保障高的技术手段，已成为抽水蓄能斜（竖）井工程施工技术新方向，应用前景广泛。

与此同时，新的 TBM 施工技术必然带来设计布置及方案上的优化，其设计需要结合 TBM 特性进行相应的创新设计，从平面转弯、竖向倾角及总体布置进行全面考虑。通常需要考虑以下优化思路：首先，输水系统、厂房发电系统、尾水系统等地下洞室开挖尽可能采用同样的设计断面，必要时可选用变断面 TBM 设备；其次，受目前设备爬坡能力限制，在输水系统与厂房系统间设计布置长缓斜井，需要按照 TBM 最大爬坡能力确定长缓斜井设计倾角，同时按照 TBM 最大下坡能力确定尾水隧洞设计倾角（刘永奇等，2020）。平面布置转弯应考虑设备最小转弯半径（现状水平约 500m）要求，上下水库连接路可以优先考虑隧洞路线。另外，由于 TBM 施工条件下对围岩的扰动较常规钻爆法更小、更符合新奥法的施工理念，同样洞室采用 TBM 施工相应地质围岩开挖质量有较大提升，由此可进一步优化一次支护设计及工程量，理论上来讲相应衬砌所受的围岩压力将有所降低，其结构设计可适当优化，目前国内已有学者专家开展了相关研究。

值得进一步深入研究的是，TBM 施工与智能建造技术的深度结合，将由此积累地质围岩特征、施工机械控制与振动、支护时机与手段、围岩支护变形与应力、开挖衬砌几何物理特征等方面的海量数据。针对上述数据开展深度数据挖掘，采用先进的数据分析方法开展消噪、相关性分析，必然带来地质预判、围岩参数、联合受力与支护理论、施工质量控制与评定方面的深刻变革，从而引领地下洞室建造新方向。

1.4.3 超长、大直径、超陡斜（竖）井技术

我国抽水蓄能斜（竖）井开挖技术起点高。北京十三陵抽水蓄能工程首次采用 LM-200 型反井钻机施工 50°大倾角斜井，就获得导井开挖月度进尺 147m 的好成绩，开挖洞径 6.4m、偏差率达 1.43%。此后技术连续突破，2006 年山西西龙池电站斜井开挖长度达 382m，其中下部 262m 导井采用阿力马克爬罐法自下而上施工，上部 120m 导井采用反井钻自上而下施工，开创了反井钻＋爬罐法的先河；2016 年，吉林敦化抽水蓄能工程斜井连续施工长度达到 374m，相应开挖洞径 6.8m×5.0m（高×宽），倾角 55°，该工程采用 FDP-68 定向钻机测斜定位，辅以无线随钻测斜仪、多点连续测斜仪、磁导向仪等器具控制钻孔角度，与 ZFY3.5/150/400 型反井钻机联合使用，偏差率仅 1.43%，有效解决了反井钻法测斜不准的难题，标志着我国了定向反井钻特色技术的成熟。2024 年，浙江天台抽水蓄能工程下斜井施工长度很快打破这一纪录，上斜井长度达 483.4m，相应开挖洞径约 8m，倾角 58°，实现了偏差率 0.28% 的控制目标。迄今为止，斜井开挖洞径最大工程（16.3m）为云南向家坝水电站引水斜井，相应开挖洞长 89.8m、倾角 55°；倾角最大工程（60°）为四川冶勒水电站，其斜井开挖洞长 270.28m、洞径 4.6m，偏差率仅 1.43%。

反井钻机导井法在竖井施工中应用更为广泛，江西洪屏抽水蓄能竖井施工开挖长达 292.48m，洞径 6.4m；在乌东德水电站右岸地下电站出线竖井工程中，洞径达到 14.20m，长度 168.85m，偏差率仅 1.43%。

另外，在乌东德水电站尾水调压井施工中，研发实践了球冠型顶拱"预留岩柱，以圆削球"施工工艺，以及井身段"改井挖为明挖"的工艺。调压井顶拱为球冠型，球冠横向最大跨度53m、高26.5m；调压井井身断面型式为大半圆桶形，井身下游侧为大半圆形边墙，上游侧为直墙，调压井最大跨度达54.3m。该工艺的成功实践为特大断面竖井开挖提供了思路。

1.4.4　滑模施工技术逐渐成熟

抽水蓄能工程斜（竖）井钢筋混凝土衬砌施工技术，目前以滑模施工技术为主流，基本形成了由模板系统、操作平台系统、提升系统、精度控制系统以及缓冲溜槽＋旋转分料系统的标准化工艺。近年来，部分竖井工程施工中应用了滑框倒模的新技术，实践效果良好。

相较于竖井滑模，斜井滑模技术进步尤为明显。早在1981年，吉林白山水电站引水斜井混凝土衬砌首次采用卷扬机牵引模体进行滑模施工。1990年前后广州抽水蓄能电站引水斜井，开始引进吸收国外间断式滑模系统技术，并不断进行技术创新研发。2005—2006年，中国水电一局、中国水电十四局共同研发形成了《连续拉伸式液压千斤顶-钢绞线斜井滑模系统施工工法》，标志着我国斜井滑模技术基本成熟。此后，在不断工程实践的基础上，形成了以中国水电十四局4台TSD40-100型液压千斤顶（也叫液压爬升器）＋钢构架和中国水电一局2台LSD连续拉伸式液压千斤顶＋天锚两种技术为代表的连续滑模技术。

1.4.5　高强钢压力钢管安装技术

随着我国抽水蓄能电站压力钢管向高水头大 HD 值发展，高强度钢板得到了广泛的应用，已建的十三陵、天荒坪、张河湾、西龙池、呼和浩特、宝泉、仙居、敦化等抽水蓄能工程均采用了抗拉强度为800MPa级的钢板，其中呼和浩特、宝泉、仙居、敦化等抽水蓄能工程及白鹤滩、乌东德水电站工程中均采用国产800MPa级钢板。目前，高压管道采用800MPa级钢板的最大厚度已达到66mm。2024年，浙江天台抽水蓄能工程中，1号引水下斜井采用了1000MPa级高强钢，厚度54mm，填补了国内1000MPa级压力钢管安装技术空白。乌东德水电站右岸地下电站工程引水压力钢管母材选用国产780MPa钢材，内径达到11.5～13.5m。

在压力钢管施工安装技术方面，形成了天锚＋卷扬机、门机（或门架）＋卷扬机的两种主要吊装翻身工艺，以及自动化组圆焊接钢管工艺、无内支撑运输安装等新技术。在焊接技术方面，埋弧焊作为主流焊接技术在辽宁清原抽水蓄能、苏洼龙水电站等工程中普遍采用。另外，以丰宁、敦化抽水蓄能工程为代表探索形成了单面焊双面成形的先进技术，白鹤滩水电站压力钢管焊接采用 CO_2 气体保护焊接工艺（侯博等，2022）、乌东德右岸地下电站工程引水压力钢管780MPa级脉冲富氩气体保护焊工艺，均取得了突破性成功。

第 2 章 斜（竖）井设计工程实践

2.1 斜（竖）井布置原则

抽水蓄能工程斜（竖）井涉及引水隧洞斜（竖）井、调压井、闸门井、通风井等。在抽水蓄能引水隧洞高压管道设计中，除按一般斜（竖）井功能要求开展平面、横断面设计外，还需要考虑开展立面布置方式比较，其布置、结构型式较其他类型斜（竖）井更为典型，因此本节以抽水蓄能工程引水隧洞斜（竖）井工程布置为代表，对平面、立面布置原则进行探讨。

2.1.1 平面布置

在抽水蓄能引水系统中，斜（竖）井平面布置作为引水隧洞线路的一部分，其线路一般考虑按直线布置，并优先选择地形地质条件优良、围岩埋深大的山体山脊部位，走向宜与断层破碎带呈较大夹角。以吉林敦化抽水蓄能电站引水线路布置为例，全线基本沿山脊布设；内蒙古芝瑞抽水蓄能电站引水线路沿山脊一侧布置的同时，兼顾了施工支洞布置，同时避开了支沟、滑坡、泥石流等不利地形地质影响。

工程地质条件是开展斜（竖）井平面布置首先要考虑的因素。斜（竖）井一般应优选微风化至新鲜基岩岩层，选择在岩体结构完整、地质构造简单的地段布置，尽量避开大的构造破碎带。斜（竖）井轴线与主要构造断裂面及软弱带的走向应有较大的夹角，其夹角不宜小于 30°，对于层间结合疏松的高倾角薄岩层，其夹角不宜小于 45°。实践表明，走向与构造线夹角大于 30° 时基本无塌方事故，20°～30° 时会出现塌方事故，小于 20° 时多出现塌方事故。以吉林敦化抽水蓄能电站为例，引水线路均穿越二长花岗岩、正长花岗岩和花岗闪长岩等微风化、新鲜岩石；从区域构造看，输水线路轴线平面走向为 NE15°，与规模最大、最为发育的 EW 向的结构面近垂直相交，对隧洞围岩稳定有利；同时距 NNE 向规模较大的断层 F_3、F_5 均较远，约 700m，与 NWW 向规模较大的断层 F_8 夹角近垂直，有利于引水高压隧洞的围岩稳定。内蒙古芝瑞抽水蓄能电站引水线路选择时，同样遵循轴线与断裂面及软弱带的走向呈较大夹角的原则，线路穿越弱风化～微风化流纹岩，岩体结构为镶嵌～次块状结构，岩体较破碎～较完整；从区域构造看，输水线路轴线在平面上呈折线布置，其中斜（竖）井等高压段走向为 NW322.917°，发育断层 F_{28}、F_{46}、F_{54}、F_{58} 和 F_{60} 等，断层宽度一般为 0.5～1.0m，最大断层宽度约为 2.5m，其走向与上述断层均大角度相交，对隧洞围岩稳定有利。

高地应力影响是斜（竖）井工程布置需考虑的另一个重要因素。斜（竖）井工程线路走向宜与最大主应力方向平行或以小夹角相交。以青海哇让抽水蓄能电站引水系统为例，工程区第一主应力大小为 10～15MPa，属于中等地应力区，引水竖井低高程部分洞段埋深大于岩爆发生的临界埋深，开挖时有发生轻微岩爆的可能。根据区域构造及震源机制，通过收集黄河上游龙羊峡、拉西瓦、李家峡 3 座水电站 34 个实测成果，开展数值模拟分析，确定区域构造应力场主压应力方向为 N30°～50°E。在地下引水系统线路选择时，1 号引水隧洞轴线方位角由 N46.0°E 转为 N34.6°E，再转为 N30.0°E。4 号引水隧洞轴线方位角由 N46.0°E 转为 N28.1°E，再转为 N30.0°E，均采用小夹角相交的布置。但在某些工程中，受厂房及工程总体布置影响，也会不可避免地出现引水系统轴线与地应力走向大角度相交的情况。以敦化、芝瑞抽水蓄能电站为例，经实测分析，引水隧洞沿线地应力走向分别为 NE79°～83°、NE52°～73°，均与斜井轴线呈大角度相交。而这两个工程中，吉林敦化抽水蓄能电站斜井仅下部存在较大地应力，内蒙古芝瑞抽水蓄能电站斜井的地应力普遍较小。对于这种情况，在分析地应力对洞室结构影响的基础上，从结构设计方面采取相应的工程措施即可。

2.1.2 立面布置

抽水蓄能工程输水系统斜（竖）井布置是抽水蓄能电站引水系统的一部分，与上下游引水隧洞与尾水隧洞等工程总体布置统筹考虑，其上部起始高程受引水进口淹没深度控制，下平段高程由机组安装高程确定。立面布置方式包括竖井、斜井以及竖井与斜井结合三种，需要在可行性研究阶段设计中，通过开展立面布置形式比较，从水力损失、地质、工程量及造价、施工条件、运行维护等方面进行技术经济综合分析确定。

采用何种布置方式首先受整体工程布置及地形地质条件制约。当上水库进出水口与厂房水平距离较近、不便于布置斜井时，应优先考虑竖井布置。另外，沿线具备较为平缓的地形条件，同时采用地下厂房方案时，适宜在厂房上游侧布置竖井，形成较长的上平段，相较于斜井，更有利于缩短高压管道长度。典型的如青海哇让抽水蓄能电站，地面坡度接近水平，最终采取了一级竖井方案；青海同德抽水蓄能电站同样采用一级竖井方案。

当上水库进出水口与厂房水平距离较远、沿线地形坡度较陡（大于 20°）时，应尽可能使上平洞长、高压管道短，此时优先考虑斜井布置。如山西西龙池、内蒙古芝瑞等抽蓄电站，不具备竖井靠近厂房布置的条件，仍采用竖井布置将导致下平段长度较斜井方案明显增加，因此采用斜井布置更为有利。采用斜井方案，不仅有利于缩短压力管道总长度，下平段靠近下游布置可进一步缩短压力较高的下平段长度，大大提高下平段内压安全保障。如果仅从地形条件来看，美国的迪诺威克抽水蓄能电站同时具备斜井布置的地形条件，吉林敦化抽水蓄能电站如果将竖井位置布置在斜井方案下平段进口部位时，通过微调上游隧洞高程坡降，仅从地形条件分析，虽然总长度增加，但高压段长度减少，更有利于钢衬施工及后期维护检修，也是可以考虑的比选方案。

另外，地质条件中岩层走向、倾向、倾角可能对立面形式选择产生影响。如河北易县抽蓄工程立面布置方式选择时，虽然最终选择双斜井方案，但仅就地质条件来看，由于岩层产状走向以 NE 为主、倾向 SE、倾角 30°～50°，如采用斜井方案由于岩层倾向倾角夹角较小，不利于斜井成洞。因此仅从地质条件方面考虑，可以得出竖井方案较优的结论。

从水头损失角度来看，采用斜井布置时水头损失较竖井布置小，对水道系统水力过渡过程和机组调节保证也有利。因此，水头损失也是斜（竖）井立面布置方式的重要因素。

影响立面形式选择的因素还包括施工、后期运行管理，同时与结构衬砌形式密切相关。一般而言，竖井布置的优势在于施工方案相对简单，以及后期维护更为便利。另外，采用何种衬砌形式与立面布置形式相互影响。一般采用高压钢管衬砌更适用于斜井布置，因为钢管延米造价很高，斜井布置钢管总长度较短，尤其是造价最高的下平段长度可缩短，对减少投资更为有利。当斜井较长时，可设置中平段，通常这种增设中平段的布置引起的水头损失增加对水头较高的抽水蓄能电站影响非常有限，却可以有效减少下平段长度，同时有利于改善洞室围岩受力状态，也可增加工作面，加快施工进度。如山西西龙池、吉林敦化抽水蓄能电站钢管斜井段高差分别达 682m、758m，通过增设中平段，缩短了下平段高压段，同时有利于消除陡倾向下游的 P5 张性断裂带对结构的不利影响，有利于斜管段洞室围岩结构稳定，但此时开展方案比较时，需计入施工部分造价影响进行综合比选。

采用钢筋混凝土衬砌时，立面布置形式选择竖井的工程较多，原因在于采用竖井布置时对围岩受力更为有利。在实际工程设计中，作用在钢筋混凝土衬砌上的高水头内水压力大部分传递给了围岩，衬砌本身承担的内水压力并不大，因此内水压力的高低对工程经济指标影响相对不大。从这个方面来看，采用钢筋混凝土竖井布置较钢衬斜井布置有较大优势。如美国的迪诺威克抽水蓄能电站（郝荣国等，2023），采用直径 10m、高 443m 的钢筋混凝土竖井（图 2.1.2 - 1），我国河南回龙抽水蓄能电站钢筋混凝土竖井直径 3.5m、高 381m。

理论上讲，对于围岩地质条件较差、地下水位较高的地区，采用钢管衬砌对结构安全更为有利。然而工程实践表明，水资源条件及渗漏问题对于衬砌方案选择影响更

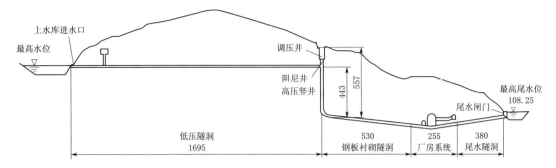

图 2.1.2-1　迪诺威克抽水蓄能电站输水系统立面布置图（单位：m）

大，南方地区地下水位较高，但水资源更为丰富，往往采用钢筋混凝土设计；而北方缺水地区，由于水资源匮乏，要严格控制沿程渗漏损失，因此多采用钢管衬砌。

采用设一条中平段的双斜井立面布置方式，在北方抽水蓄能电站中应用较为常见，如新疆阜康、吉林敦化、河北灵寿等。这些水电站工程从岩体渗透稳定性及水力劈裂、北方地区水资源短缺、钢衬结构安全风险小角度考虑，普遍采用钢板衬砌，而沿线地形均不具备在厂房上游侧布置单竖井的地形条件，通过双竖井、双斜井的方案比较，双斜井方案具有长度短、造价较小的优势，最终均推荐双斜井布置方案。

以新疆阜康抽水蓄能电站为例，电站引水上平洞与下平洞高差约 600m，具备设置斜井和竖井的条件，因此需进行技术经济比较。在确定引水隧洞及岔管的衬砌型式采用钢板衬砌后，对引水高压管道立面布置选择进行方案比较。

斜井方案中为方便施工，并减少下平段长度，在斜井中部布置了中平段，其中心线高程选择时，按照上、下斜井高差相近原则，并尽量减少中平段所受压力并满足围岩分担内水压力的岩体覆盖厚度，最终确定为 1930m。在此基础上针对双斜井、双竖井开展了方案比较，主要结论为：

（1）从工程投资看，两方案主要可比工程量及可比投资见表 2.1.2-1，从表 2.1.2-1 中可看出，双斜井方案工程投资比双竖井方案节约 6534.60 万元。

表 2.1.2-1　　　　　　　　　　引水高压管道立面布置方式比较表

编号	项　目	单位	双斜井方案	双竖井方案
1	石方洞挖（平洞）	万 m³	12.51	15.06
2	石方井挖（斜井，倾角 60°）	万 m³	6.31	5.22
3	隧洞衬砌混凝土	万 m³	2.98	3.01
4	钢管回填混凝土	万 m³	2.71	3.14
5	钢筋	t	2178.38	2218.41
6	喷混凝土	m³	7850.52	8114.70
7	挂网钢筋	t	346.54	358.21

续表

编号	项　　目	单位	双斜井方案	双竖井方案
8	钢材	t	15719.84	19126.28
9	回填灌浆	m^2	20519.40	25396.80
10	固结灌浆	m	53179.50	58074.50
11	接触灌浆	m^2	4071	2122
12	锚杆	根	31797	33467
工程可比直接投资		万元	38521.35	45055.95

（2）从国内抽水蓄能电站类比分析，国内拟建、在建的抽水蓄能电站，引水压力管道立面多采用斜井方案，如河南宝泉、安徽绩溪、福建厦门、山西西龙池、内蒙古呼和浩特、河北丰宁等抽水蓄能电站；部分抽水蓄能电站采用了竖井方案，其地下厂房与上游调压井之间的水平距离一般较短，不适宜布置压力斜井。新疆阜康抽水蓄能电站采用尾部式开发方式，上游调压井与地下厂房间距离较长，更适于布置压力斜井。

（3）从布置上看，双斜井方案缩短了中平段长度，减少了钢材用量，节省了投资。两方案均从上弯段起点进行钢板衬砌。竖井方案引水系统长度较斜井方案长189m。因此双斜井方案的工程量、水头损失优于双竖井方案。

另外，引水系统揭露的断层多以 45°~82° 倾角为主，斜井方案下斜井与 f_{26}、f_{34}、f_{35}、f_{36} 等断层夹角较小，但断层规模较小，对开挖成洞条件不构成制约因素，仅局部沿断层盘面可能发生坍塌，对施工安全不利。竖井方案下竖井与 f_{24}、f_{31}、f_{34} 等断层夹角较小，但断层规模也较小，与斜井方案地质条件基本相当。

（4）从施工条件上看，两方案施工布置、施工工期基本相同，施工方法因竖井和斜井有所区别，斜井施工一般采用定向反井钻或阿力马克爬罐，施工工艺较为复杂，竖井施工采用反井钻，施工工艺较为简单，导井施工比较安全。从钢管安装角度考虑，竖井方案吊装、就位均较斜井方便。总体而言两方案施工条件没有明显差别。

从上述分析可知，虽然斜井方案施工工艺及钢管安装稍复杂，但在投资和水头损失方面，斜井方案均占较大优势，投资比竖井方案节省 6534.60 万元。因此引水高压管道推荐采用双斜井布置方案。

采用斜井布置的典型案例还有吉林敦化抽水蓄能电站。其上水库进出水口与机组安装高程高差 758m，为方便施工，减少下平段长度，斜井立面布置一条中平段。上、中、下三层的控制高程拟定为：为减少引水隧洞所受压力及满足上弯点压力的要求，上平段末端高程确定为 1330m；为使上、下斜井高差相近，且尽量减少中平段所受压力并满足围岩分担内水压力的岩体覆盖厚度，中平段高程确定为 1000m；下平段高程根据机组安装高程确定为 596m，斜井倾角为 55°，开挖断面为马蹄形 6.8m ×

5.0m（高×宽）。根据以上布置原则，高压管道立面布置比较方案拟定为设一条中平段的双斜井方案和双竖井方案。比较结论认为：①从围岩地质条件比较，高压管道采用竖井或斜井方式地质条件相当。②从结构布置上分析，两个方案都可行；双竖井方案比双斜井方案高压管道长 284.21m，相应工程量、水头损失均大于双斜井方案。另外，双竖井方案的压力水道水流惯性时间常数为 2.6，远高于双斜井方案的 2.1，调压井的调速效果较差，压力管道水击压力上升值大，不仅增加压力管道压力，而且电站运行稳定性也较差。③从投资造价上分析，双斜井方案投资 81116 万元，双竖井方案总投资为 87166 万元，双斜井方案投资较双竖井方案少 6050 万元，造价更优。④施工技术及工期比较，施工布置、施工工期基本相同，施工方法因竖井和斜井有所区别，竖井采用反井钻机开挖，斜井采用爬罐施工，施工支洞工程量略有差别，总体而言各方案施工条件没有明显差别。

综合分析认为，两方案地质条件、水工布置、施工布置等方面差别不大，而双斜井方案线路短、工程量小、水头损失小，投资较双竖井方案少 6050 万元，对水力过渡过程有利，故推荐采用设一条中平段的双斜井立面布置方式。

以青海哇让抽水蓄能电站为例，可以在立面布置比较基础上，深入理解竖井布置的优势。该工程引水隧洞平面投影长度约 621.6m（沿 1 号机组），上平洞与下平洞高差约 446.7m。立面方式比较时，对斜井竖井方案进行比较。斜井方案采用两级斜井布置，在高程约 2582m 设置中平洞，引水隧洞自上平洞末端至厂房采用钢管衬砌，其余洞段采用钢筋混凝土衬砌方案；竖井方案采用一级竖井布置，钢衬起始点位置位于上平洞段距上水库事故闸门井约 250m 处，其余洞段与斜井方案相同。两方案上水库进出水口、引水岔管、引水支管、地下厂房及尾水系统布置及尺寸均相同。两方案立面布置如图 2.1.2 - 2 所示。尽管从布置条件上看，竖井方案引水系统长度相对增加约 155.5m，发电和抽水工况水头损失相应增加 0.41m 和 0.31m，且发电量比斜井方案少、抽水消耗电量比斜井方案大。但考虑到竖井方案无须设置中平洞施工支洞，其总体投资较斜井方案可减少 905 万元。另外，竖井方案有利于压力钢管吊装、就位，施工组织更为简单，施工安全性高；特别是运行检修时，采用竖井方案时，利用施工过程中在竖井顶部设置的检修通道，人员和设备通过起吊设备即可对竖井进行检修，相比斜井底部搭设满堂脚手架方案更为方便。综合上述考虑，最终选用竖井方案。

采用竖井和斜井相结合布置方式的典型工程案例还有日本的奥美浓抽水蓄能电站，该工程最大设计水头 770m，最初计划采用长斜井布置（见图 2.1.2 - 3），但根据地形条件及渗漏等方面深入研究，最终采用上部竖井＋下部斜井的布置，使围岩分担内压的范围扩大，进一步节约了投资。

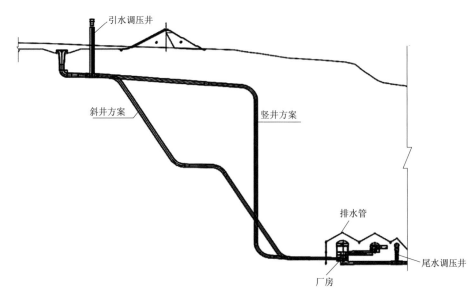

图 2.1.2-2 青海哇让抽水蓄能电站立面布置形式方案比较示意图

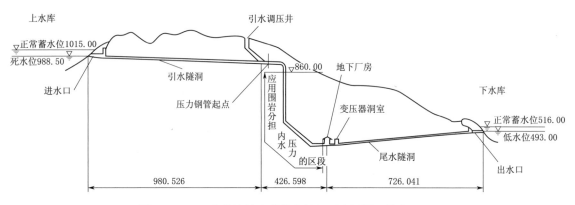

图 2.1.2-3 奥美浓抽水蓄能电站立面布置图（单位：m）

2.2 斜（竖）井开挖支护设计

2.2.1 开挖设计

斜（竖）井开挖设计一般根据其功能定位，按照体型设计考虑开挖断面。对于引水隧洞高压管道斜（竖）井，其开挖断面一般按照圆形考虑。调压室开挖断面通常也按圆形设计，其尺寸根据地形条件，按照水力计算要求确定。闸门井受体型控制，开挖断面一般为矩形，也有设计成圆形的情况。抽水蓄能电站斜（竖）井的开挖技术以反井钻法、爬罐法为主，相关内容在本书第 3 章节有着更为详细的论述，本节不再赘述。

随着 TBM 技术在河南洛宁、缙云等抽水蓄能电站斜（竖）井中成功应用，该技术逐渐成为抽水蓄能斜（竖）井施工的新趋势。但这种开挖技术受施工机械适应性制约，在一定程度上对斜（竖）井布置提出了不同要求。首先，采用斜井 TBM 施工，斜井可以不分级施工，斜井长度和水平垂直高度大幅增大。以洛宁抽水蓄能电站为例，采用斜井 TBM 施工后，斜井长度由 300m 级增加到 900m 级，在没有采用 TBM 技术时一次施工长度不超过 400m。其次，采用斜井 TBM 施工时，设计倾角选择不需要考虑溜渣、堵井的影响，但受 TBM 设备爬坡能力影响制约，斜井最大倾角目前为 39°，导致同样高差条件下斜井长度增加。最后，钻爆法开挖时，炸药爆炸会在开挖面附近形成岩石裂纹区，而 TBM 开挖时就没有这一裂纹区，并且 TBM 开挖时岩体中储存的变形能是逐步释放的，围岩应力应变曲线的连续性和过渡性较好，围岩变形比钻爆开挖时小。因此，应深入开展基于 TBM 设备的围岩分类系统评价及支护措施研究。

为满足 TBM 施工要求，需要布置 TBM 组装场地、始发洞室、拆卸场地（见图 2.2.1-1）。TBM 组装场地依据 TBM 直径、主机长度、不可分割件尺寸及刀盘的翻转等因素进行方案布置和设计（张兴彬等，2021）。以河南洛宁抽水蓄能电站为例，满足 TBM 组装的洞室尺寸为 40m×15m×16.2m（长×宽×高）；TBM 始发洞室根据刀盘的开挖直径、设备主机支撑的位置及 TBM 姿态控制等因素考虑，断面设计为马蹄形，洞室长度为 15m，断面直径为 7.5m；斜井 TBM 拆机场地要求与组装洞室类似，河南洛宁抽水蓄能电站按满足 TBM 拆机要求的洞室尺寸为 35m×11.2m×17m（长×宽×高）。

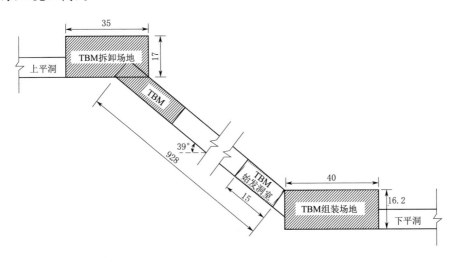

图 2.2.1-1　辅助洞室布置图（单位：m）

采用传统施工方法时，抽水蓄能工程引水隧洞、厂房、尾水隧洞、通风洞、交通洞等地下洞室独立施工，多采用不同断面开挖设计。采用 TBM 施工后，可以尽可能将不同类型洞室的开挖断面取为一致，统一规划 TBM 开挖线路及施工程序，这有助于节约 TBM 法施工时的工程投资。为进一步提高 TBM 设备的利用率，国家电网有限公司已开展对拟建抽水蓄能电站高压管道单级斜井管径的归并研究，以实现多个抽水蓄能电站高压管道斜井共用一台 TBM 进行开挖施工，降低设备摊销费用。

2.2.2　支护设计

斜（竖）井初期支护设计方案与引水隧洞基本一致。理论上讲，同样地质和开挖断面条件下，竖井开挖断面受力条件优于斜井，其开挖支护均较隧洞安全度更易保障，但实际支护设计仍需要结合不同洞室开挖断面及揭露的水文地质条件考虑。对于Ⅰ类、Ⅱ类围岩地质条件，通常进行素混凝土喷护即可；对于Ⅲ类围岩地质条件，考虑布置系统锚杆、随机锚杆，开展喷锚支护；对于Ⅳ类、Ⅴ类围岩地质，需要同时采取钢拱架、超前小导管等措施，必要时进行超前灌浆，采用高压固结灌浆等措施。另外，根据围岩地下水出露情况，布置排水管。地下水特别丰富时，地下水治理可能对永久衬砌产生不利影响，通常与永久衬砌外水压力降低措施一并考虑，该部分内容在第 2.3.2.2 小节详细论述。

（1）系统锚杆、随机锚杆。系统锚杆一般采用 $\phi20\sim32mm$ 砂浆锚杆，也有工程采用锚固剂锚杆或自进式注浆锚杆的，同样取得良好的工程实践效果。通常采用 2 级螺纹钢，现有斜（竖）井洞径多在 10m 以内，考虑施工方便，一般将钢筋一分为二，采用长 4.5m、外露 10cm 的方法，锚杆间隔布置形式多采用梅花形。Ⅲ类围岩锚杆间排距一般采用 $3m\times3m$ 左右，Ⅳ类、Ⅴ类围岩间排距可加密至 $1.0m\times1.0m$ 左右。

（2）素喷混凝土及挂网混凝土。混凝土强度等级多采用 C20～C30，近年来强度等级有提高的趋势。厚度多为 10～15cm，挂网钢筋一般为 $\phi6\sim8@15cm\times15cm$。为了进一步提高混凝土的抗拉强度，有的工程采用掺加钢纤维或其他纤维类材料的方法。混凝土施工要求采用湿喷工艺。

（3）钢拱架。钢拱架采用 18～20b 型工字钢制作，提前预制，Ⅲ类、Ⅳ类围岩间距一般采用 2m 左右，Ⅳ类、Ⅴ类围岩间距一般可加密至 1.0m 左右。洞内钢拱架连接使用螺栓连接或焊接的方法。钢架与初喷混凝土要求紧密接触，空隙处用混凝土垫块楔紧。钢拱架架设时利用系统锚杆作为定位钢筋。

（4）超前小导管固结灌浆。超前小导管一般适用于Ⅳ类、Ⅴ类围岩超前支护。采用 $\phi38\sim50mm$ 的无缝钢管制作，长度 3～5m，环向间距为 30～50cm，纵向间距为 0.5～2cm，外插角 8°～10°。在小导管的前端做成约 10cm 长的圆锥状，在尾端焊接 $\phi6\sim8mm$ 钢筋箍。小导管是受力杆件，因此两排小导管在纵向应有不小于 1m 的搭接长度。导管注浆宜采用纯水泥浆或水泥砂浆，钢管距后端 100cm 内不开孔，剩余部分按 10～30cm 梅花形布设直径 6mm 的溢浆孔。注浆压力控制在 2MPa 左右。浆液扩散半径一般为 0.5m，为保证灌浆质量防止漏浆，小导管的尾部需设置封堵孔。

岩层灌浆是治理破碎岩石条件下塌方段的有效措施。河南宝泉抽水蓄能电站斜井工程穿越古风化壳地层（崔雪玉等，2008），由于跨越长度较大，岩石风化严重、夹泥较多、基岩裂隙发育、地下水量丰富，在开挖过程中古风化壳部位均出现塌方现象。该工程 1 号上斜井长为 398.8m，2 号上斜井长为 393.74m，洞向为 NE55°E，倾角为 50°，开挖洞径为 7.5～8.9m，衬砌后洞径为 6.5m。由于地下水极为丰富，原设计拟采用超前小导管固结灌浆。现场生产性试验表明，由于古风化壳岩石破碎，塌孔现象较为普遍，小导管安装的成功率很低；另外，由于古风化壳含水量较大，漏水严重，在导洞已经形成的部位浆液大部分都随水流流到导洞里，很难形成固结层。实际施工时采用阻水帷幕灌浆，并进一步开展了生产性试验，经过试验确定了灌浆布置及参数。以 1 号上斜井上部古风化壳 675.4m 部位为例，沿断面环向布置了 30 个孔，中心线上游半环孔向外倾斜 16°，中心线下游半环孔向外倾斜 15°，孔深 23.4～37.3m，帷幕灌浆第一单元灌浆孔布置见图 2.2.2-1。

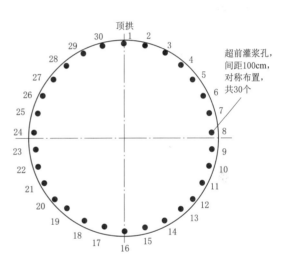

图 2.2.2-1　帷幕灌浆第一单元灌浆孔布置图

灌浆采取分段卡塞、孔内循环、自上而下分段灌浆的方法，水泥浆液水灰比为 2:1、1:1、0.8:1、0.6:1、0.5:1 五个等级，浆液逐级变浓。根据耗浆量情况在水泥浆液中掺入了一定比例的砂、粉煤灰、水玻璃速凝剂等其他掺合料。灌浆压力以孔口回浆管压力为准，第一段段长 4m，灌浆压力为 0.8MPa；第二段段长 6m，灌浆压力为 1.5MPa，逐级加压。灌浆结束标准为：在规定的压力下注入率不大于 1L/min 时，继续灌注 30min 结束灌浆。灌浆后，涌水现象基本消除。

2.3　斜（竖）井衬砌

2.3.1　一般原则

斜（竖）井工程作为引水隧洞的一部分，衬砌形式与引水隧洞统筹考虑。一般较常采用的衬砌型式有：预应力混凝土衬砌、钢筋混凝土衬砌、钢板衬砌、钢纤维混凝土衬砌等。预应力混凝土衬砌受施工难度、造价等多方面影响，在斜（竖）井工程中较少采用。采用钢筋混凝土衬砌时，应开展相关分析，满足围岩最小覆盖厚度准则、最小地应力准则、围岩渗透准则，同时考虑渗漏量对电站运行的影响。钢管衬砌与钢筋混凝土衬砌相比，能提供更好的防渗、结构受力效果。钢纤维混凝土是在常规钢筋混凝土中掺加一定比例的钢纤维，提高混凝土抗拉裂性能，一般用于需要较好防渗能力的特殊地段。

1. 围岩最小覆盖厚度准则

该准则是基于内水压力上抬理论的经验性准则，包括挪威准则（图 2.3.1-1）和雪山准则（见图 2.3.1-2）。对于斜（竖）井工程特别是其下部，水头一般较高，应注意复核围岩厚度是否满足内水压力要求，容易忽视的是其侧部与相邻沟道、洞室的围岩覆厚，此时需要按照雪山准则复核。

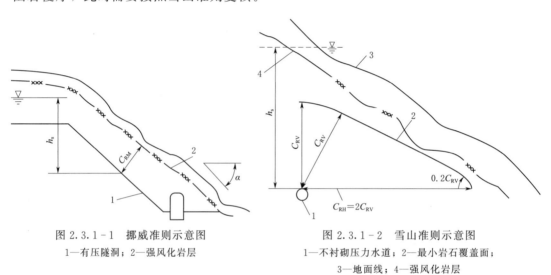

图 2.3.1-1 挪威准则示意图
1—有压隧洞；2—强风化岩层

图 2.3.1-2 雪山准则示意图
1—不衬砌压力水道；2—最小岩石覆盖面；
3—地面线；4—强风化岩层

（1）挪威准则：

$$C_{RM} = \frac{h_s \gamma_w F}{\gamma_R \cos\alpha} \qquad (2.3.1-1)$$

式中：h_s 为洞内静水压力水头，m；γ_w 为水的容重，kN/m^3；F 为经验系数，一般取 1.3～1.5，地质条件差时取高值；γ_R 为岩体的容重，kN/m^3；α 为河谷岸边边坡倾角，当 $\alpha > 60°$ 时取 60°；C_{RM} 为岩体最小覆盖厚度（不包括覆盖层、全风化层、强风化层），m。

在应用挪威准则计算围岩最小覆盖厚度时，当线路位于山脊，两侧发育有较深冲沟时，考虑到应力释放因素，应消除凸出的山梁的影响，对地形等高线适当修正。

（2）雪山准则：

$$C_{RV} = \frac{h_s \gamma_w}{\gamma_R} \qquad (2.3.1-2)$$

$$C_{RH} = 2C_{RV} \qquad\qquad (2.3.1-3)$$

式中：C_{RV} 为垂直方向最小岩层覆盖厚度，m；C_{RH} 为水平方向最小岩层覆层厚度，m；其他符号意义同前。

2. 最小地应力准则

该准则作为围岩承载准则最关键的判断准则，能够反映岩体结构面、节理、地质缺陷等的影响。该准则建立在"岩体在地应力场中存在预应力"概念的基础上，其原理是要求不衬砌输水隧洞沿线任一点围岩中的最小主应力应大于该点洞内静水压力，并有静水压力 1.2～1.5 倍的安全系数，以防止发生围岩水力劈裂破坏。工程经验表明对于 100m 以上内水压力钢筋混凝土隧洞，围岩将直接承受内水压力，山西西龙池、吉林敦化抽水蓄能电站斜井受力分析中限制围岩对内水压力的分担比分别不超过 40%、45%，要求围岩地应力满足该内水压力基础上保持一定的安全裕度。重要工程根据地应力测试及工程类比获得一定数量的地应力测量值，并配合地应力场有限元反演回归分析确定。

3. 围岩渗透准则

该准则是对最小地应力准则的补充完善，要求检验岩体及裂隙的渗透性是否满足渗透稳定要求，即内水外渗漏量不随时间持续增加或突然增加。围岩渗透准则判别标准一般包括两个方面内容：一是根据相关规范和工程经验，在设计内水压力作用下隧洞沿线围岩的平均透水率 $q \leqslant 2Lu$，经灌浆后的围岩透水率 $q \leqslant 1Lu$；二是根据以往工程经验，Ⅱ类硬质围岩长期稳定渗透水力梯度一般控制不大于 10。对于北方地区，引水系统内水外渗渗漏量过大，将影响水库功能发挥，需通过额外的措施进行补水，每年都要增加额外的费用，因此一般采用钢板衬砌等严格的衬砌防渗措施；而对于南方地区，由于降雨充沛不存在上述影响，常采用钢筋混凝土衬砌。

资料分析表明（见图 2.3.1-3），最小埋深与最大静水头的比值随最大静水头呈近似反比趋势，最大静水头 400m 以下工程最小埋深与最大静水头的比值大多在 0.8 以上，而 400m 以上时，比值稳定在 0.8 以内，表明随着水头增大，最小埋深相对于最大静水头的安全裕度减小。同时，600～700m 甚至以上水头这些电站大部分都出现了不同程度的渗漏。

吉林敦化抽水蓄能电站引水隧洞高压段位于整体块状结构的新鲜岩体内，按照挪威准则开展了围岩最小覆盖厚度分析，安全系数为 1.52～2.24，满足要求；按照最小地应力准则，采用水压致裂法对沿线不同工程部位区域进行了地应力实测，分析水道系统沿线地应力。结果表明最不利的下平段及高压岔管区最小主应力值为 10.25～16.07MPa，最小主应力是最大静水压力（795m）的 1.29～2.02 倍，满足最小地应力准则要求；按照渗透准则开展了高压压水试验结果表明，岩体透水率小于 0.5Lu，属微透水。岩体的抗劈裂能力试验裂压力值为 10～14MPa，具备较好承载性。虽然上述

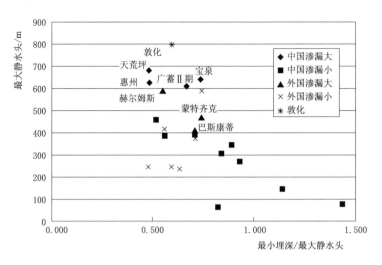

图 2.3.1-3　典型工程最小埋深与最大静水头
比值—最大静水头关系

分析表明，覆盖层厚度、围岩最小地应力和抗渗性都基本满足混凝土衬砌要求，但实际工程中，考虑到吉林敦化抽水蓄能电站最大静水头795m，采用钢筋混凝土高压管道衬砌的风险较大，一旦出现事故，处理施工难度大，费时费钱，而且影响电站运行。最终仍然推荐了钢板衬砌方案。

在内蒙古芝瑞抽水蓄能电站引水隧洞工程设计中，高压管道围岩以Ⅲ类为主，穿越断层、裂隙密集带部位围岩为Ⅳ～Ⅴ类，围岩条件相对较差，不具备采用钢筋混凝土衬砌的良好地质条件。开展的围岩覆盖厚度计算表明，中平段以下部位安全系数仅为1.10～1.23，不能满足挪威准则的要求；地应力测试成果表明，最小主应力为1.59～7.64MPa，平均值为4.60，最小主应力仅为内水压力的0.81倍，最小主应力不满足1.2～1.5倍内水压力的准则要求；按照渗透准则复核表明，围岩以Ⅲ类为主，穿越断层、裂隙密集带部位围岩为Ⅳ～Ⅴ类，透水性相对较强。劈裂临界压力除两段为8.19MPa、9.19MPa外，其余七段为2.19～6.19MPa，岩体抗高水头压力的能力相对差，进一步估算采用钢筋混凝土衬砌时渗漏量为290万 m^3/a。通过以上分析，引水系统围岩条件相对较差，并且钢筋混凝土衬砌不能满足渗漏要求，推荐采用钢板衬砌。

上述准则是随着工程实践不断发展提出的，最早采用的是围岩最小覆厚准则，但仍然有部分工程发生严重渗漏，如哥伦比亚某引水隧洞，围岩为沉积岩，层面为陡倾角，地面坡倾角为25°，最大内水头为310m，最小埋深为200m。虽然按挪威准则计算的安全系数为1.58，满足设计要求，但实际工程在斜井上弯段产生水力劈裂，形成漏水，衬砌也发生裂缝。美国某供水隧洞围岩为石灰岩，有溶洞并存在泥质充填，斜井混凝土衬砌在围岩厚度100m处破坏。该处内水水头200m，地面坡度为0°，而仅考虑上抬理论的安全系数为 1.35，也是满足要求的；广州抽水蓄能电站二期工程有压隧洞分岔洞采用钢筋混凝土衬砌，最小埋深 425m，最大静水头 610m。围岩容重 27.5kN/m³。按挪威准则计算安全系数 $F=1.92$。进一步分析也满足最小主应力原则，但在充水试验阶段，其上部排水廊道仍然出现射水现象，表明沿有压隧洞至排水廊道的岩体裂隙产生了水力劈裂。经放水检查，发现衬砌裂缝增多，原有裂缝缝宽加大。虽然广州抽水蓄能电站二期工程有压隧洞水力劈裂并非发生在斜（竖）井部位，但仍然对斜（竖）井工程具有借鉴价值。在斜（竖）井工程设计时，应结合工程实际地形地质条件，按照最小覆厚准则、最小地应力准则、围岩渗透准则开展充分分析，同时考虑渗漏量对电站运行的影响，保证工程安全。

斜（竖）井工程衬砌受力及施工与一般引水隧洞具有较大的差异，其灌浆技术应用也较为不同。竖井工程衬砌一般采用圆形衬砌，能较好发挥围岩衬砌联合受力。斜井角度一般在 45°以上，目前国内施工较为普遍地采用微膨胀混凝土技术，也能保证衬砌结构与围岩的良好接触。基于上述原因，斜（竖）井工程一般不需要进行回填灌浆，钢衬结构的接触灌浆也鲜有采用。但在斜井弯段等特殊部位，可能存在混凝土与围岩脱空现象，需要进行回填灌浆。灌浆范围一般在斜井顶拱 120°范围开展，其目的在于填补顶拱混凝土与围岩结合不密实而留下的空隙。灌浆孔深理论上均以打穿混凝土遇到空腔为准，若无空腔时则伸入岩石 5cm 以上。实际工程中孔深一般钻入岩石 10cm。采用风钻钻孔，孔径可采用 42mm，采用纯压式灌浆，灌浆压力 0.5MPa，由低处往高处分序灌注，可采用水灰比 0.6∶1 的水泥浆灌注，空腔大的部位可采用 0.6∶1∶0.8（水∶灰∶砂）的水泥砂浆灌注。

帷幕灌浆作为截水措施，通常用于钢板衬砌段与混凝土衬砌段相连接部位，一般在钢板衬砌的起始管节上布置 3 道帷幕灌浆孔，帷幕的有效宽度为 3～4m，主要目的是阻止混凝土衬砌渗水进入到钢管外部，减小钢衬外水压力，避免钢板衬砌段管道的破坏。

斜（竖）井工程一般承受较高压力水头，高压固结灌浆除了起到加固围岩、提高围岩分担率、降低围岩的渗透系数作用、防止水力劈裂外，可对钢筋混凝土衬砌形成一定的预压应力，将钢筋应力限定在一定范围内，使内水压力作用下的混凝土衬砌的裂缝开展宽度得到控制。此外对围岩应力释放区的高压固结灌浆，可使围岩的地应力得到调整。对穿越断层的斜（竖）井工程，高压固结灌浆可进一步提高该区域围岩的整体性及抗渗性。对于钢筋混凝土衬砌的斜（竖）井工程，一般在混凝土浇筑完成后，开展高压固结灌浆。虽然日本有多座抽水蓄能电站钢管衬砌后开展了固结灌浆，证明可有效改善钢衬结构受力［喜撰山抽水蓄能电站进行接触灌浆和固结灌浆的部位，围岩分担率为 0.63～0.74。木曾抽水蓄能电站经高压灌浆（50%～100%的设计内水压）后，围岩的弹性模量由 4GPa 提高到 10GPa］，但由于施工时需开展高强钢钢管开孔并进行后期封堵，施工难度及费用均较高，因此采用钢管衬砌时，高压固结灌浆通常在衬砌前完成。

2.3.2 钢筋混凝土衬砌

2.3.2.1 结构设计

斜（竖）井钢筋混凝土衬砌横断面型式一般为圆形、马蹄形。圆形断面具有在内水压力作用下受力分布均匀的特点，一般不存在应力集中，因此是斜（竖）井首选的断面形状。考虑到不同围岩条件及开挖方式，也有工程采用马蹄形断面开挖，最终衬砌成圆形断面。

按照《水工隧洞设计规范》（NB/T 10391—2020），仅按构造要求考虑，初选钢筋混凝土村砌厚度时可取内径的 1/16～1/12，单层钢筋混凝土衬砌厚度不宜小于 0.3m，双层钢筋混凝土衬砌厚度不宜小于 0.4m。斜（竖）井工程一般要求在地质条件变化处及可能产生较大相对变形处设置变形缝，围岩条件均一的洞段可仅设置施工缝。施工缝间距可根据施工方法、混凝土浇筑能力及气温变化等具体情况确定，宜采用 6～12m。钢筋混凝土衬砌与钢板衬砌连接处不应分缝。钢板衬砌伸入钢筋混凝土段应有不少于 1.0m 的搭接长度，连接处应设置阻水措施。

水工隧洞衬砌结构采用概率极限状态设计原则，依据《水工隧洞设计规范》（NB/T 10391—2020）的要求，按《水利水电工程结构可靠性设计统一标准》（GB 50199—2013）的规定，包括承载能力极限状态、正常使用极限状态。按分项系数设计表达式进行设计，包括持久状况、短暂状况、偶然状况。承载能力极限状态设计持久状态或短暂状态应采用基本组合，偶然状态采用偶然组合。正常使用极限状态设计应采用标准组合并考虑长期作用的影响。斜（竖）井衬砌结构的应力计算方法包括结构力学方法、弹性力学方法、边界元法、有限元法等。在斜（竖）井衬砌与围岩的联合受力分析中，围岩承受的内水压力可通过有限元分析或变形协调条件推导的公式求得。在围岩质量良好的条件下，钢筋的作用主要是限制混凝土裂缝开展宽度。

结构力学方法计算斜（竖）井在正常运行持久状况下的受力及配筋时，对于围岩相对均质且岩体覆盖厚度满足要求的有压圆形隧洞，规范推荐采用厚壁圆筒理论。厚壁圆筒理论可以考虑弹抗作用，力学观点明确，计算方法简单，计算成果切合实际，在工程设计中得到广泛的应用，另外，边值法是规范推荐可适用于各类非圆形有压隧洞结构的计算方法。在工程实践中，对于Ⅰ类、Ⅱ类围岩中的斜（竖）井工程其直径小于 6m 时，可不考虑其他荷载，只按内水压力作用的衬砌静力计算公式计算钢筋面积，并按不小于最小配筋率要求综合确定钢筋面积。计算出钢筋应力后，进一步复核混凝土裂缝开展宽度。当Ⅰ类、Ⅱ类围岩中的斜（竖）井直径大于 6m 时，以及通过Ⅲ类、Ⅳ类围岩的斜（竖）井工程，计算内水压力作用下的钢筋截面积和其他不利荷载作用下的钢筋截面积，最后叠加，其配筋率不得小于衬砌最小配筋率。根据应力复核混凝土衬砌裂缝开裂宽度，确定钢筋面积。

有限元法将衬砌与围岩当作整体来研究，可以充分考虑衬砌和围岩的联合承载，还可模拟钢筋和混凝土的组合作用。因此对于规模较大的高压斜 (竖) 井工程，优先考虑有限元法。由于高压隧洞采用常规的线弹性有限元法计算时，会存在衬砌刚度考虑偏大、围岩分担荷载偏小、衬砌配筋偏大的问题；因此一般采用考虑衬砌开裂的非线性有限元法，即考虑初始裂缝的围岩-钢板-混凝土联合受力分析法，虽计算工作量更大，但其应力和配筋计算时衬砌本构关系一致性较好，更切合实际。可以模拟围岩初始地应力及开挖造成的二次应力场的影响，能够体现围岩中节理、裂隙、断层等地质构造的影响以及围岩和衬砌的弹塑性性质，还可以进行渗流场和应力场的调和作用，更能充分体现围岩和衬砌的实际受力及变形情况。其计算假定一般包括：①围岩为均匀介质；②衬砌与围岩之间无缝隙，两者在边界上保持位移连续；③不考虑温度和地震影响。

《水工隧洞设计规范》（NB/T 10391—2020）对承载能力极限状态、正常使用极限状态不同组合提出了具体要求。据此提出的抽水蓄能电站斜 (竖) 井工程不同极限状态作用效应组合见表 2.3.2 - 1。

表 2.3.2 - 1　　抽水蓄能电站斜 (竖) 井工程不同极限状态作用效应组合

极限状态	设计状况	作用效应组合	工况考虑	作用类别							
				围岩压力、地应力	衬砌自重	静水压力	水击压力、涌浪压力	脉动压力	地下水压力	回填灌浆压力	地震作用力
承载能力极限状态	持久状况	基本组合	正常运行	√	√	√	√	√	√	—	—
	短暂状况	基本组合	施工期	√	√	—	—	—	√	√	—
			检修期	√	√	—	—	—	√	—	—
	偶然状况	偶然组合	校核洪水位	√	√	√	√	√	√	—	—
			地震	√	√	√	√	√	√	—	√
正常使用极限状态	持久状况	标准组合	正常运行	√	√	√	√	√	√	—	—
	短暂状况	标准组合	施工期	√	√	—	—	—	√	—	—
			检修期	√	√	—	—	—	√	—	—

注　"√"和"—"分别表示需要考虑和不需要考虑。

值得注意的是，对于厂房出现事故、水道发生水锤压力的情况，表 2.3.2 - 1 没有单独列出。对于抽水蓄能电站，斜 (竖) 井一般位于调压室的下游，当厂房出现事故、水道发生水锤压力时，应按照实际水锤压力作为内水压力开展分析，但如何开展不同极限状态作用效应组合分析，《水工隧洞设计规范》（NB/T 10391—2020）尚无明确规定。按照广州抽水蓄能电站二期及天荒坪抽水蓄能电站实践，仅在承载能力极限状态中考了水锤计算，正常使用极限状态的裂缝不考虑水锤压力作用，可供类似工程参考。

围岩压力、地应力计算应按现行行业标准《水工建筑物荷载标准》（GB/T 51394）的有关规定执行。地震作用力及隧洞结构抗震安全验算应按现行行业标准《水电工程水工建筑物抗震设计规范》（NB 35047）的有关规定执行。围岩压力除与地质条件、隧洞开挖尺寸有关外，与施工方法、支护措施、支护时间有很大关系。采用掘进机开挖、光面爆破、控制爆破可减少对围岩的扰动和破坏，可有效发挥围岩的自承能力，使围岩作用在衬砌上的压力减少；采用紧跟掌子面喷射混凝土，或根据变形监测成果采取及时锚喷支护，以控制围岩变形，即使在地质条件较差的围岩中，也可大大减少围岩变形造成的压力。但是，围岩压力究竟取多少，目前还只能靠工程经验和对变形监测的分析采用类比法决定。斜（竖）井工程围岩压力一般计算原则为：

（1）变形稳定性较差的块状、中厚层至厚层状围岩，可根据斜（竖）井开挖揭露的不稳定块体，开展楔形体分析确定围岩压力。

（2）变形稳定性较差的碎裂散体结构的围岩，可按该散体结构厚度、斜（竖）井开挖直径，依据松散介质平衡理论（如普氏理论、太沙基理论）分析确定围岩压力。

（3）对于自稳条件好、开挖后变形很快稳定的围岩，或在开挖过程中采取支护措施后基本稳定的围岩，斜（竖）井工程围岩压力取值可在上述计算结果基础上适当减小，甚至不计。

（4）具有流变或膨胀等特殊性质的围岩，对衬砌结构可能产生变形压力时，应在专门研究基础上确定围岩压力。

岩体地应力荷载宜根据现场实测资料，结合区域地质构造、地形地貌、地表剥蚀程度及岩体的力学性质等因素综合分析确定。当具有实测资料时，也可通过模拟计算或反演分析成果经综合分析。《水工建筑物荷载标准》（GB/T 51394—2020）规定，对于工程区域内地震基本烈度小于 VI 度、岩体纵波波速小于 2500m/s、工程区域岩层平缓并未经受过较强烈的地质构造变动时，可将岩体初始地应力场视为重力场，按照洞室上覆岩体厚度、考虑侧压力系数分析其地应力标准值。当无实测资料、但地质勘察表明该工程区域曾受过地质构造变动时应考虑重力场与构造应力叠加，可在重力场计算成果基础上考虑构造应力的影响系数计算，其侧压力系数可按 1.1～3.0 考虑。在上述计算基础上，应进一步结合工程经验及类比分析，确定岩体的初始地应力。对于高地应力地区，宜通过现场实测取得地应力资料。吉林蛟河抽水蓄能电站实测地应力为 17MPa。吉林敦化抽水蓄能电站针对沿线不同工程部位区域进行了水压致裂法地应力实测，分析得到水道系统沿线地应力，其中下平段及高压岔管区最小主应力为 10.25～16.07MPa。四川双江口水电站引水发电建筑物所在岩层为微风化～新鲜似斑状黑云钾长花岗岩。根据平洞不同深度应力测试成果，左岸厂区岩体中地应力存在分带现象，即在表层 0～100m 范围，由于卸荷作用，地应力得到释放，为地应力降低带；在水平深度 100～400m 范围，最大主应力有一定倾角，表明有自重压力的叠加，随洞深的加深，主应力值有上升趋势，在 400m 处上升至 37.82MPa，为地应力增高带；在洞深 400m 以后，其倾角变缓，以水平应力占主导，最大主应力为 20～30MPa，为地应力相对平稳带。

水荷载按其作用方式可按面力和体力理论考虑。水荷载的面力理论假定内、外水压力作为一种边界力，作用在衬砌的表面，衬砌与围岩在边界上保持位移连续条件，是一种简化分析理论。水荷载的体力理论认为内、外水压力是一种体积力，作用在衬砌与围岩体积范围内，衬砌为透水结构，可以通过衬砌的渗透特征反映衬砌混凝土对水荷载分布的影响，由于水压力作为体积力，其作用机理和计算方法较为复杂，用于开展三维有限元渗流分析，是高压隧洞透水衬砌理论的基础。

隧洞断面尺寸较大以及内外水头较高时，经论证可按透水衬砌进行计算。广东广州、浙江天荒坪、山东泰山等抽水蓄能电站监测资料表明，内水压力超过 100m 后，衬砌外渗压计测值会突然增大，并接近内外压力数值，表明混凝土防渗结构在高水头条件下成为透水结构。福建仙游抽水蓄能电站充排水试验中，这一临界值为 100m，即 1MPa。部分工程混凝土设计或施工抗渗要求低、施工质量出现缺陷时，这一数值会有所降低，如安徽响水洞抽水蓄能电站。因此，高压隧洞正常运行状态时，可按透水衬砌理论设计，采用有限元法模拟衬砌与围岩的三维渗流场，基于应力场与渗流场耦合理论，开展三维非线性弹塑性有限元结构分析。

确定山体渗透水压力数值是较复杂的问题，外水压力最大值选取与地下水位、灌浆、排水措施、岩石破碎情况相关。天然地下水位不仅与工程区的地形、地质、水文地质及气象条件密切相关，还常随着季节而变化。实际工程运行时，运行期地下水位与原始实测值会发生变化，如上下水库和其他水工建筑物可能使地下水位抬高，引水隧洞中设置排水洞、排水系统又会降低地下水位，影响因素很多，因此实际取值一般按偏安全考虑，近似确定。重要工程可以通过开展三维渗流计算综合确定，如山西西龙池抽水蓄能电站根据三维渗流场计算分析结果，结合实际地形地质条件、水文地质条件及排水洞的布置分部位确定外水压力，中平段以上外水压力控制值取 0.5MPa，其余部位按 0.6MPa 控制。该电站运行 10 年的监测数据显示，除高压管道上斜井部位渗压计渗压水头较高为 43.57m 外，其余部位渗压水头均较小。

2.3.2.2 灌浆、排水

钢筋混凝土斜（竖）井衬砌的防渗与排水设计，应根据管道沿线围岩的工程地质、水文地质、设计条件，采用堵（如衬砌、灌浆）、截（设置防渗帷幕）、排（排水廊道、排水孔）等综合措施，以改善衬砌结构和围岩的工作条件。

对于钢筋混凝土衬砌结构，防渗主要靠围岩、衬砌以及高压深孔固结灌浆，包括防止内水外渗和外水内渗。内水外渗对运行期工程安全影响较大，外水内渗是施工期重点考虑因素。内水外渗可能导致水量损失，因此北方干旱地区对采用防渗效果较好的钢衬结构。本节所述钢筋混凝土结构在南方水量充沛地区更为常用，同时针对高内水压力发展出透水衬砌理论，但此时需要关注围岩覆盖厚度及裂隙、断层的不利影响，必要时采取高压深孔固结灌浆，保证内水外渗时围岩结构的整体安全。而对于地下水丰富的地区，高压深孔固结灌浆同时有助于保证施工期安全，另外，通常需要在不同的施工支洞位置布置放空用的排水设施。同时，需要在混凝土衬砌的支洞封堵部位考虑堵的措施，即支洞封堵部位不仅要满足稳定要求，还需进行接触灌浆，堵头的长度要满足最小水力梯度的要求。截水措施通常用于钢板衬砌与混凝土衬砌相连接部位，在钢板衬砌的起始管节上布置 3 道帷幕灌浆孔，帷幕的有效宽度为 3～4m，主要目的是阻止内水外渗，减小钢衬外水压力，避免钢板衬砌段管道的破坏。排水措施主要是对钢筋混凝土衬砌段与厂房之间的钢板衬砌段而言。钢筋混凝土衬砌在高水头的长期作用下，内水外渗形成一个稳定的渗流场，在钢板衬砌段会形成较高的外水压力，直接威胁钢板衬砌段的稳定，为了有效地降低外水压力，一般是在钢板衬砌段的上方布置间接、直接排水系统，通过管路将直接作用在钢管外壁的渗水排入集水系统（见 2.3.3.2 节）。但应注意围岩可承受的水力梯度，防止高压水内水外渗。在排水洞和排水孔布置时，一定要注意和主洞的距离，防止因水力梯度较大而形成水力劈裂，导致渗透破坏。

2.3.3 钢板衬砌

2.3.3.1 结构设计

钢板衬砌具有防渗效果好、糙率小、耐久性强、水头损失小等优点，因此钢板衬砌广泛应用在抽水蓄能电站斜（竖）井工程中。由于斜（竖）井结构钢板衬砌为圆形封闭结构，故衬砌施工包括钢管安装与回填混凝土浇筑两个部分。

钢板厚度一般根据强度等级选择适宜厚度。原则上 500MPa 级钢板最大厚度为 38mm，600MPa 级钢板最大厚度为 46mm，在 600MPa 级钢板厚度大于 46mm 时采用 800MPa 级钢板。

压力钢管的防腐措施直接影响到压力钢管的使用年限，因此必须对钢管内壁的涂装过程进行严格的过程控制，包括钢材的表面预处理、涂装材料的采购、材料试验、防腐涂层系列的选用、涂层喷涂、涂层检查等。根据国内外工程经验，钢管内壁涂刷自养护底漆和面漆，防腐蚀涂层推荐厚度为 800μm，分两层喷涂，每层漆膜厚度为总膜厚的一半。钢管外壁采用均匀涂刷一层黏结牢固、不起粉尘的水泥聚合物。河南宝泉抽水蓄能电站斜井渗漏处理采用了钢管内衬的处理方案，钢管内壁底漆、面漆均采用超厚浆型无溶剂耐磨环氧漆，漆膜（干）厚度 400μm、总漆膜厚度 800μm。

根据国内已建成运行的抽水蓄能电站工程实践，回填混凝土强度等级大多为 C20

混凝土。考虑到混凝土自身的收缩变形，大多数工程在回填混凝土中添加了微膨胀剂，以减小钢衬与回填混凝土间的缝隙，部分电站在斜井中采用了自密实混凝土，效果良好。国内部分已建抽水蓄能电站斜（竖）井工程回填混凝土特性见表2.3.3-1。

表2.3.3-1　国内部分已建抽蓄蓄能电站斜（竖）井工程回填混凝土特性

工程项目	钢衬段洞径/m	混凝土厚度/m	混凝土强度等级
天荒坪	3.2	0.6	
桐柏	5.5	0.6	
泰安	4.8	0.6	
宜兴	6.0～3.4	0.6	微膨胀混凝土 C20
张河湾	6.4～3.6	0.6	微膨胀混凝土 C15
西龙池	4.7～2.5	0.6	微膨胀混凝土 C15
宝泉	3.5	0.6	
蒲石河	5.0	0.6	
呼和浩特	6.0～3.2	0.6	微膨胀混凝土 C15W6F50
洪屏	5.2～2.1	0.6	自密实微膨胀混凝土 C25F50
敦化	5.6～2.7	0.6	自密实微膨胀混凝土 C25W6F50

微膨胀混凝土中膨胀剂的掺量按胶凝剂（水泥＋膨胀剂）总量的百分比计量，水泥用量、膨胀剂的掺量和胶凝剂总量应根据配合比试验确定。掺膨胀剂混凝土的14d约束膨胀率一般为$2\times10^{-4}\sim33\times10^{-4}$。钢衬段回填微膨胀混凝土产生的压力要求小于0.5MPa，应按照部位设置控制标准，一般为0.25～0.5MPa。某工程钢衬段回填微膨胀混凝土的压力控制标准见表2.3.3-2。各压力级别的微膨胀混凝土配合比均应通过试验确定。试验用水泥、骨料等应和拟用于微膨胀混凝土中的材料相同。

表2.3.3-2　某工程钢衬段回填微膨胀混凝土的压力控制标准

部　位	压力控制标准/MPa	备　注
高压管道上斜井	0.25～0.3	含弯管
高压管道中平段（施工支洞前）	0.25～0.3	
高压管道中平段（施工支洞后）	0.3～0.4	
高压管道下斜井	0.4～0.5	
高压管道下平段	0.4～0.5	

钢板衬砌结构受力分析采用概率极限状态设计原则，设计工况、荷载组合与2.3.2.1节中钢筋混凝土结构设计原则基本一致。对于一般钢板衬砌的斜（竖）井工程，计算方法依据《水电站压力钢管设计规范》（NB/T 35056—2015）附录B的方法进行计算。对于重要的斜（竖）井工程，需要按照考虑初始裂缝的围岩-钢板-混凝土联合受力方法，开展有限元分析。

一般认为内水压力由钢板、混凝土、围岩三者共同承担。但由于混凝土结构存在径向裂隙，不承担环向应力，仅将部分内压从钢板传给围岩，同时自身产生压缩，因此混凝土只起到部分压力传递作用。采用《水电站压力钢管设计规范》（NB/T 35056—2015）附录 B 的方法计算时，当覆盖岩层厚度满足规范要求时，内水压力可根据围岩物理力学指标，考虑围岩分担比。对于Ⅰ～Ⅲ类围岩，高压管道应充分考虑围岩分担，对于Ⅳ类、Ⅴ类可不考虑或少考虑围岩分担，且分担率不大于 15。外水压力一般按全部由钢衬承担考虑。轴向应力一般不大，钢管自重、管内水重、地震力等影响较小，简化计算可忽略。

除按照表 2.3.2－1 开展抽水蓄能工程斜（竖）井工程不同极限状态作用效应组合分析外，应重视施工工况不同阶段分析，注意按运输、吊装、安装等不同工况受力条件开展应力应变分析，确保压力钢管在各工况下的应力及变形范围在设计要求范围内。有钢管内支撑时应充分考虑钢管内支撑作用。近年来通过施工期模拟仿真，无内支撑运输安装技术得到充分发展。如乌东德水电站，通过对钢管组圆、运输、安装三阶段的模拟仿真，确保应力均在设计安全范围，通过施工技术突破，进一步实现了 13.5m 超大型压力钢管无内支撑施工技术。浇筑混凝土时，所造成的施工期外压与浇筑速度有关，对大 HD（水头与管径乘积）钢管而言，因受运输条件的限制，其速度不可能很快（北京十三陵抽水蓄能电站钢管外层混凝土浇筑速度约为 15m/d），即使按 10m 段长的液态混凝土计，其形成的压力也只有 0.2MPa 左右。

斜（竖）井工程钢衬结构作为高压管道的一部分。其内水压力按照高压管道最大内水压力沿程线性分布原则计算确定。由于抽水蓄能电站机组启停频繁，工况组合复杂，高压管道内锤作用力大。计算内水压力时，一般都是根据电站机组的特性曲线、调速器参数、机组关闭规律等。通过不同工况下的过渡过程计算确定的蜗壳进口前最大内水压力调节保证值，可作为高压管道压力钢管末端的内水压力标准值。压力管道沿线内水压力则按沿程线性分布来确定，当布置有引水调压室时，靠近调压室部位的内水压力取值，应是调压室最高涌浪水位对应的底部隧洞的最大内水压力与压力管道沿程线性分布内水压力的大值。在项目前期设计阶段，根据工程经验，高压管道内水压力标准值可取 1.4 倍最大静水压力。

斜（竖）井工程抗外压稳定分析主要考虑外水压力、施工时的流态混凝土压力。钢管必须能承受这些因素引起的可能最大外压。对大 HD 钢管而言，除特殊情况外，控制外压稳定的主要因素是山体渗透水压力。稳定分析主要包括计算公式选取、设计外压值确定、排水措施等几个方面。关于计算公式，《水电站压力钢管设计规范》（NB/T 35056—2015）已有明确推荐。

斜（竖）井钢衬结构工程设计中如何采用围岩物理力学参数，则是一个集经验、经济、安全于一体的综合性问题。一般不会单独开展斜（竖）井工程的围岩力学试验，根据引水隧洞和厂房等部位围岩力学试验综合类比确定，甚至很多工程不单独开展斜（竖）井的结构计算，采用下平段高压管道结构计算成果类比。在日本11座抽水蓄能电站钢管道中，围岩物理力学参数选用最小值或以下值作为设计值的有5个工程，取平均值与最小值之间的有3个工程，按不同部位取最小值或平均值的有1个工程，取比该部位更差的围岩等级处的试验平均值的有2个工程。所有数据均考虑了安全系数，纵观这11座钢管设计采用的弹性模量值，最大者仅为7.5GPa。关于塑性变形系数，尽管这些工程试验结果差别较大，但大多采用0.5，地质条件差的采用1.0（由平板荷载试验直接求变形模量的4个工程除外）。北京十三陵抽水蓄能电站压力管道围岩参数，根据原位缩尺模型水压试验和平板荷载试验综合分析依地质现场调查结果类比综合分析确定。北京十三陵抽水蓄能电站钢管围岩物理特性试验成果及设计取值见表2.3.3-3。

表2.3.3-3 北京十三陵抽水蓄能电站钢管围岩物理特性试验成果及设计取值

试验洞编号		I	II
位置		电站厂房上游探洞内	压力管道中部支洞内
岩性		侏罗系安山岩（块状）	复成分砾岩（f_2张裂带内）
围岩类别		III_a	III_b、IV、V
弹性模量/GPa	测试结果	平板荷载试验31.7	平板荷载试验8.6～16.7，破碎带0.4～0.65
		平洞水压试验14.4～18.2	平洞水压试验3.0～8.9
	设计取值	6	5，2，0
塑性变形系数	测试结果	平板荷载试验0.36	平板荷载试验0.458～0.60，破碎带1.24
		平洞水压试验（0）	平洞水压试验0.49～0.52
	设计取值	0.5	0.5

应力分析一般应遵照《水电站压力钢管设计规范》（NB/T 35056—2015）的附录B执行，也可参考附录A。有限元法分析应尽可能考虑岩体各向异性以及塑性变形、蠕变等非线性性状。此外，采用围岩分担内水压理论分析时需要妥善选取弹性模量、塑性变形系数，合理设置钢衬、混凝土、围岩之间的初始缝隙值。

2.3.3.2 钢板设计及技术进展

应用在抽水蓄能电站的钢板按照品种主要分为碳素钢、低合金钢、调质高强钢、低焊接裂纹敏感性高强钢。上述钢材具有良好的韧性、伸长率、低温抗冲击能力、可焊性，能够适应抽水蓄能电站水位水头变化。按照钢板抗拉强度分为500MPa级、600MPa级、800MPa级和1000MPa级，其中600MPa级、800MPa级和1000MPa级钢板为高强钢板（标准屈服强度下限值大于等于450N/mm²，且抗拉强度下限值大于等于570N/mm²）。

由于钢板超过一定厚度后，钢板焊接后接头部位的焊接残余应力较大，会引起钢板的脆化、硬化、裂纹等现象，需要通过焊后热处理来消除残余应力。但钢板热处理工艺较为复杂，一般的钢管加工厂不具备热处理能力，故根据钢板特性，一般500MPa级钢板结构厚度超过38mm就需要改为600MPa级钢板，600MPa级钢板结构厚度超过46mm就需要改为800MPa级钢板。目前我国抽水蓄能电站高压管道采用800MPa级钢板的最大厚度为66mm。

随着我国抽水蓄能电站压力钢管向高水头大 HD 值发展的趋势，高强度钢板得到了广泛的应用，已建的北京十三陵、浙江天荒坪、河北张河湾、山西西龙池、内蒙古呼和浩特、河南宝泉、浙江仙居、吉林敦化等抽水蓄能电站均采用了抗拉强度为800MPa级的钢板。日本HT100（800MPa级）高强钢板具有良好的应用业绩，在我国早期抽水蓄能工程的高水头压力钢管上使用较多，如北京十三陵、浙江天荒坪、山西西龙池等，河北张河湾抽水蓄能电站采用的是欧洲钢板。近年来国产800MPa级钢板逐渐大规模应用于抽水蓄能电站中，如内蒙古呼和浩特、河南宝泉、浙江仙居、吉林敦化等，其中吉林敦化压力钢管、高压钢岔管实现了钢材、焊材完全国产化制造。部分已建斜竖井工程采用钢板衬砌的参数见表2.3.3-4。

表 2.3.3-4　　　　部分已建斜（竖）井工程采用钢板衬砌的参数表

电站名称	国家	设计水头 P/m	管道内径 D/m	HD 值 /(m·m)	钢种	管壁厚度 δ/mm	D/δ
今市	日本	830	5.5	4565	HT100	64（77）	86
奥吉野	日本	833	4.3	3582	HT100	50（60）	86
俣野川	日本	825	4.2	3465	HT100	72	58
玉原	日本	817	4.2	3431	HT100	56	75
蛇尾川	日本	584	5.5	3212	HT100	62	88.7
下乡	日本	609.4	4.2	2559	SM58Q	49	86
十三陵	中国	684	3.8	2599	SHY685NS-F	38	100
明湖	中国	440	5.8	2552	SM58Q	58	100
羊卓雍湖	中国	1000	2.0	2000	62CF	54	37
西龙池	中国	1015	3.5	3553	HT100	57	61.4
呼和浩特	中国	900	4.6	4140	HT100	66	69.7
张河湾	中国	515	5.2	2678	SHY685	52	100
丰宁	中国	762	4.8	3658	Q690	70	68.6
敦化	中国	1160	3.8	4408	HT100	66	57.6
沂蒙	中国	678	5.4	3659	HD780CF	68	79.4
长龙山	中国	1200	4	4800	SX780CF	68	58.8
天台	中国	1230	4	4920		70	57.14

通常，钢材的强度越高、厚度越大，其制造和焊接时出现的问题也就越多。诸如焊接裂纹、消除应力退火的副作用、焊接区的疲劳强度以及开孔禁忌等问题，应予以高度重视。北京十三陵抽水蓄能电站月牙肋内加强钢岔管，最大 HD 为 2880m・m，管壳厚度为 62mm，使用 SHY685NS－F 钢板；肋板厚度为 124mm，为 SUMITEN780Z 钢板，肋板与壳间焊接条件复杂，约束度大，对外招标时招标文件提出了消除应力要求，但德国和日本的投标商均未响应。日本投标商提出在严格焊接工艺和管理的条件下，无须进行 SR 处理，仍可保证焊接接头质量，且在日本，同样条件下均不进行 SR 处理。该岔管最终由日本三菱重工神户造船厂承造，不进行 SR 处理。但安排了水压试验，以验证设计及明确钢板和焊接接头的可靠性，同时也可起到消除残余应力的作用。河北张河湾、山西西龙池、内蒙古呼和浩特、吉林敦化、山东沂蒙等抽水蓄能电站的钢岔管均未进行消除残余应力的热处理。

对焊接结构而言，疲劳破坏是一种常见的破坏形式。影响焊接区疲劳强度的因素包括焊缝加强区的应力集中、焊接残余应力、热影响区的材质变化、焊接金属的组织与强度以及焊接缺陷等。试验表明，随着钢材强度的提高，其应力集中系数也增大，而且高强度钢在疲劳时的缺口敏感性要比低碳钢大。对抽水蓄能电站而言，由于机组运行工况转换多，造成钢管中的压力变化、水流方向变化引起的推力变化以及水泵工况下压力脉动等，与常规水电站相比，使压力钢管处于更苛刻的疲劳条件下。但是，考虑到压力钢管设计时所采用的水锤压力出现的概率极小；在工况转换时，通过合理运行操作，可以减轻水锤压力；在钢管制造时又能严格控制焊接工艺，防止缺陷发生，因此抽水蓄能电站使用高强钢一般不会出现焊接区疲劳问题。

从北京十三陵抽水蓄能电站开始，经历西龙池、张河湾、长龙山、仙居抽水蓄能电站及白鹤滩水电站压力管道的制造与安装实践，说明只要严格控制焊接工艺，800MPa 级高强钢焊接质量是能够保障的。某工程 800MPa 级钢板焊接工艺参数见表2.3.3－5。

表 2.3.3－5　　　　　　　　某工程 800MPa 级钢板焊接工艺参数

焊接方法	板厚/mm	预热温度/℃	层间温度/℃	线能量/(k/cm)		后热
				F、H、OH	V	
手工电弧焊	$d \leqslant 50$	125	125～200	≤25	≤40	160℃×2h
	$d > 50$	125	125～200			160℃×2h
埋弧自动焊	$d \leqslant 50$	125	125～200	≤40	—	160℃×2h
	$d > 50$	125	125～200			160℃×2h

注　F、H、OH、V 表示不同的焊接姿势，F 为俯焊，H 为平焊，OH 为仰焊，V 为立焊。

随着高水头大容量抽水蓄能电站的发展，压力钢管采用钢板的级别也在逐步提高，1000MPa 级钢板已开始应用。最早采用此级别钢板的电站是瑞士的克罗森狄克桑斯水电站，采用的钢种为 S890QL 和 SUMITEN950。日本最早采用 HT100 钢板的（1000MPa 级）是神流川抽水蓄能电站，而后是小丸川抽水蓄能电站。神流川抽水蓄能电站 HD 值已达 4238m·m，采用 HT100 钢板的最大厚度为 62mm；小丸川抽水蓄能电站高压管道最大设计内水压力高达 1050m（10.3MPa），采用 HT100 高强钢的最大厚度为 66mm。

日本 HT100 高强钢除了保证其必需的高强性能外，结合水电站压力钢管的实际使用条件，要求钢材具有良好的韧性和优异的焊接性能。基于此，提出以下要求：对于脆性破坏，要求母材在容许应力作用下有停止脆性破坏传播的功能，且焊缝在许用应力作用下不发生脆性破坏；对于韧性，要求母材应具有 0℃时停止脆性裂纹扩展的功能，焊接区在 0℃时不发生脆性破坏。同时要求 HT100 钢材焊接性能和 HT80 基本相似。

日本 HT100 高强钢的性能要求如下：钢板的化学成分标准见表 2.3.3-6，钢板的力学性质标准见表 2.3.3-7，焊缝的力学性质标准见表 2.3.3-8。

表 2.3.3-6　　　　　日本 HT100 钢板的化学成分标准

板厚 d/mm	C/%	P/%	S/%	C_{eq}(1)/%	P_{CM}(2)/%
$d \leqslant 50$				$\leqslant 0.59$	$\leqslant 0.29$
$50 < d \leqslant 100$	$\leqslant 0.14$	$\leqslant 0.010$	$\leqslant 0.005$	$\leqslant 0.62$	$\leqslant 0.33$
$100 < d \leqslant 200$				$\leqslant 0.71$	$\leqslant 0.36$

表 2.3.3-6 中碳当量 C_{eq} 和焊接裂纹敏感性系数 P_{CM} 分别由式（2.3.3-1）和式（2.3.3-2）计算：

$$C_{eq} = C + Mn/6 + Si/24 + Ni/40 + Cr/5 + Mo/4 + V/14 \qquad (2.3.3-1)$$

$$P_{CM} = C + Si/30 + Mn/20 + Cu/20 + N/60 + Cr/20 + Mo/15 + V/10 + 5B$$

$$(2.3.3-2)$$

表 2.3.3-7　　　　　日本 HT100 钢板的力学性质标准

板厚 d/mm	$d \leqslant 50$	$50 < d \leqslant 75$	$75 < d \leqslant 100$	$100 < d \leqslant 200$
0.2%屈服强度/(N/mm)	$\geqslant 885$			$\geqslant 865$
拉伸强度/(N/mm²)	950~1130			930~1110
延伸率/%	$\geqslant 12$			
厚度方向的拉延值/%	$\geqslant 25$			
断裂面临界温度/℃	$\leqslant -55$		$\leqslant -60$	
吸收能	$-55℃$	$-60℃$		
	$\geqslant 47J$			

表 2.3.3 - 8 日本 HT100 钢板焊缝的力学性质标准

板厚 d/mm	$d \leqslant 100$	$100 < d \leqslant 200$
拉件强度/(N/mm^2)	$\geqslant 950$	$\geqslant 930$
断裂面临界温度/℃	$\leqslant -10$	$\leqslant -15$
吸收能	-10℃	-15℃
	$\geqslant 47J$	

与一般的软钢相比，高强度钢材由于添加了各种合金元素并进行了淬火回火等热处理。具有较高的强度和优异的韧性。另外，焊接的热循环对缺口敏感性的影响较大，为在焊接时不损害钢材的特性，施工上有若干限制。施工时如不能满足这些条件，就会随着焊接裂纹的形成和韧性的降低，产生部分焊接残余应力，有产生脆性破坏的可能性。因此，在使用高强度钢材的压力钢管施工时，除以下基本条件外，尚应充分考虑焊接方法的细节，确保焊缝质量良好。对于 HT100 钢焊接施工法应从适应作业环境的方法中选择，通过焊接工艺评定确定。一般需进行如下试验：

1) 焊接性试验。焊接性试验包括 Y 形坡口焊接裂纹试验、U 形坡口焊接裂纹试验、多层焊接裂纹试验（埋弧焊）。

2) 焊缝质量力学性能评价试验。焊缝质量力学性能评价试验包括焊缝拉伸试验、焊缝侧弯曲试验、焊缝夏比 V 形缺口冲击试验、焊缝硬度试验。开展焊接性能试验的材料应适合母材材质、焊接方法及施工条件，且经焊接施工法试验确认合格。焊接应由经技能确认的焊接技术员进行。预热温度、焊道间温度及后热条件应考虑钢的化学成分、焊接材料、焊接热量、焊接方法和作业环境等加以确定。日本 HT100 钢板预热温度和焊道间温度要求见表 2.3.3 - 9。

表 2.3.3 - 9 日本 HT100 钢板预热温度和焊道间温度要求

焊接方法	板厚 d/mm	预热温度/℃	焊道间温度/℃
手工电流焊	$d \leqslant 50$	$\geqslant 100$	$100 \sim 230$
	$50 < d \leqslant 200$	$\geqslant 125$	$125 \sim 200$
埋弧焊	$d \leqslant 50$	$\geqslant 100$	$100 \sim 250$
	$50 < d \leqslant 200$	$\geqslant 125$	$125 \sim 230$
MAG 焊	$d \leqslant 50$	$\geqslant 80$	$80 \sim 230$
	$50 < d \leqslant 200$	$\geqslant 100$	$100 \sim 230$
TIG 焊	$d \leqslant 50$	$\geqslant 80$	$80 \sim 230$
	$50 < d \leqslant 200$	$\geqslant 100$	$100 \sim 230$

焊缝的平均焊接输入热量和各焊道的最大输入热量应考虑焊接材料、焊接方法和作业环境。日本 HT100 高强钢焊接输入热量要求见表 2.3.3 - 10。

表 2.3.3 - 10 日本 HT100 高强钢焊接

输入热量要求 单位：J/cm

各焊道的最大输入热量	平均焊接输入热量
5000 以下	≤4000

对于 HT100 高强钢，从防止脆性破坏看，对焊接区进行应力消除退火（焊后热处理），与 SHY685NS - F 的情况一样，改善效果不大，而在焊缝边有产生焊后热处理裂纹的危险，因此规定原则上不进行。

随着我国钢铁制造业技术的快速发展，1000MPa 级高强度水电工程用钢板目前已由南京南钢钢铁联合有限公司、首钢集团有限公司等厂家研制成功，正在进行各项试验，以推广应用到高压管道钢板衬砌中。国产 1000MPa 级钢板的化学成分标准见表 2.3.3 - 11，钢板的力学性质标准见表 2.3.3 - 12。

表 2.3.3 - 11 国产 1000MPa 级钢板化学成分标准

钢板厚度/mm	各化学成分的质量分数/%												
	C	Si	Mn	Mi	Cr	Mo	Ti	Nb	V	Cu	B	P	S
6～50	≤0.12	≤0.40	0.70～1.50	0.80～2.00	0.7	0.7	0.05	0.05	0.06	0.5	0.004	0.018	0.008
50～80	≤0.14	≤0.40	0.70～1.50	1.00～2.50									
80～150	≤0.15	≤0.40	0.70～1.50	1.20～3.00									

表 2.3.3 - 12 国产 1000MPa 级钢板的力学性质标准

钢板厚度/mm	拉 伸 试 验			180°弯曲试验
	屈服强度/MPa	抗拉强度/MPa	断后伸长率/%	弯曲压头直径 D $b=2a$
6～50	890	940～1140	≥14	D＝3a
50～80	880	930～1130		
80～150	860	920～1120		

注 a 为试样厚度，b 为弯曲试样宽度。

2024 年，宝山钢铁股份有限公司生产的 1000MPa 级高强钢在天台抽水蓄能电站成功应用，实现了该领域的又一项技术突破。

2.3.3.3 灌浆、排水

斜（竖）井工程采用钢管衬砌时，钢管与岩体间回填混凝土采用膨胀性混凝土或自密实混凝土，一般不开展回填灌浆、接触灌浆，帷幕灌浆仅作为截水措施。由于斜（竖）井承受压力水头较高，高压固结灌浆在其中应用广泛，除了起到加固围岩、提高围岩分担率作用外，可有效降低围岩的渗透系数、防止水力劈裂。采用钢板衬砌时，高压固结灌浆通常在衬砌前完成。由于高压固结灌浆在斜（竖）井工程中广泛应用，本书在 2.3.4 节中专门论述。

斜（竖）井工程降低外水压力的排水系统通常分为直接排水系统和间接排水系统。直接排水系统是指在钢管外壁布置排水措施，间接排水措施是指在距钢管一定距离为降低钢管外地下水位而布置的排水洞或排水孔等措施。直接排水系统布置在钢管外壁，直接将钢管外侧的渗水排出，对降低钢管外水压力最有效，但由于施工时混凝土及岩石的含钙物质析出等造成堵塞可能使排水失效，又不易修复，道常只将其作为安全储备。间接排水系统利用已有的施工支洞或开设专用的排水洞，在洞壁布置排水孔以达到降低钢管周围地下水位的目的，是目前普遍采用的钢管外排水。

北京十三陵抽水蓄能电站压力管道沿线地质条件复杂，采用了直接排水系统和间接排水系统，其布置图如图 2.3.3-1 所示。

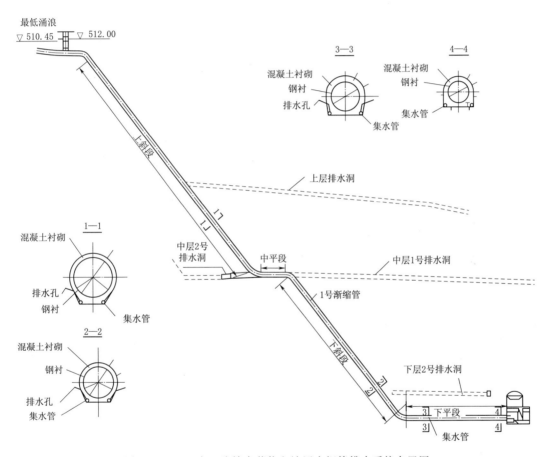

图 2.3.3-1 十三陵抽水蓄能电站压力钢管排水系统布置图

间接排水系统主要是利用勘探洞和施工支洞改建作为排水洞，共有 4 条。其中 2 条处于厂房顶部高程，控制斜井下段及下平段地下水位，1 条处于中平段高程，在其末端还布设了三个深 30m 的排水钻孔，方向平行于上斜段轴线，因此，这一排水洞向上控制了上斜井下段，向下控制了下斜井地下水位；最顶部 1 条排水洞位于上斜井中部，可控制上斜井范围地下水位。

直接排水系统，系沿钢管洞底两侧，各埋设 $DN159$ 排水主管一条，排水钻孔设于岩壁中下部，排距 5m，孔深 1.5m，孔径 38～45mm，由插入钻孔的 ϕ32mm 硬质聚乙烯管与主管相连，深入孔内的花管用无纺布包裹作为反滤层。此系统以中平段为界，分为两个独立单元，上部集水排入中部排水洞，下部集水排入厂房排水沟。

根据十三陵抽水蓄能电站斜井上、中、下三层排水洞排水流量统计，1999—2004年监测排水流量有逐域少的趋势，可能与华北地区连续旱年有关。1 号、2 号斜井下平段直接排水流量监测成果表明，斜井段所设排水措施能起到较好的作用，排水系统的作用是明显的。

在仙居抽水蓄能斜井钢衬设计时，为降低钢衬外水压力，提高钢衬抗外压失稳能力，同样延续了这种间接和直接排水系统相结合的思路。间接排水系统根据引水隧洞的全钢衬布置形式及推测的地下水位线共设置了两层排水廊道。上层排水廊道位于两条中平洞之间，与中平洞施工支洞垂直相交，排水廊道顶拱向上布置倒八字形排水深孔，间距 6m，孔深 50m，排水孔水平投影范围覆盖中平洞及下斜井上方区域，能够对上斜井底部、中平洞及下平洞外水形成有效的降压作用。下层排水廊道位于引水支管上方约 35m 处，平面上呈三纵一横布置，并与厂房上层排水廊道衔接。排水廊道向上布置人字形排水深孔，间距 6m，孔深 40m，同时向下布置竖直深孔，间距 6m，孔深 50m，形成对引水下平洞及支管全方位的降压体系。直接排水系统在排水廊道降压的基础上，沿钢衬外壁全长贴壁设置，以提高钢管安全裕度。钢管外壁布置排水角钢，并且每 30m 间隔设置一道环向集水槽钢，提高外排水系统通畅的可靠度。为了能够有效地监测外排水情况，上斜及中平洞外排水自中平洞施工支洞引出，设置量水堰；下斜井及下平洞外排水引排至厂房下层排水廊道，设置流量仪监测。

2.3.4 围岩高压固结灌浆

斜（竖）井高压固结灌浆目的是加固围岩、封闭周边岩体裂隙，提高围岩的整体性和抗变形能力，增强围岩抗渗能力和降低长期渗透比降，斜（竖）井高压加固灌浆圈是隧洞围岩承载和防渗阻水的主要结构，也是控制渗漏量的重要结构。对于前期地质揭露地下水流量大、压力较高的工程，依靠常规的钢筋混凝土衬砌承载巨大的外水压力是不可能的，通过灌浆加固周边围岩形成一定厚度的有效防渗灌浆圈，以降低围岩的渗透系数，使其成为承载和防渗阻水的主要结构，是围岩高压固结灌浆设计的主要思想。国内部分抽水蓄能工程钢筋混凝土衬砌斜井高压固结灌浆参数见表 2.3.4－1。

表 2.3.4－1　国内部分抽水蓄能工程钢筋混凝土衬砌斜井高压固结灌浆参数表

抽水蓄能电站名称	围岩	内水压力水头/m	水泥灌浆压力/MPa	间排距/m	孔深/m
深圳	Ⅱ类、Ⅲ类	426/594	2.5～7.5	2	5～7
	断层	辅助化学灌浆 3.5～4.5MPa，孔深 5m			
惠州	Ⅰ～Ⅳ类		4～7.5	3	3.7、5

抽水蓄能电站 名称	围岩	内水压力水头 /m	水泥灌浆压力 /MPa	间排距 /m	孔深 /m
阳江	Ⅰ类、Ⅱ类围岩为主，局部为Ⅲ类、断层	799/1108	8～16	2～2.5	6
			辅助化学灌浆 8MPa，孔深 5m		
黑麋峰	Ⅱ₂类、Ⅲ₁类为主，局部为Ⅲ₂～Ⅳ类	386/452	3～6	排距2.5～3；间距1.25～2.6	5
仙游	Ⅱ类、Ⅲ类	515	6～7	2	4、5
桐柏	Ⅱ类为主，Ⅲ类、Ⅳ类		1.5～5.2	2～3	5、6

注 内水压力水头"/"前后数字分别代表静水头和动水头，无"/"时仅为静水头。

根据《水工隧洞设计规范》（NB/T 10391—2020），固结灌浆压力一般为 1～2 倍的内水压力，深入围岩的深度不低于 1 倍竖井半径，通常为 5～7m，固结灌浆的排距一般为 2～4m，梅花形布置，采用环间分序，从低处往高处灌注。水泥灌浆压力一般采用全孔一次性灌注，灌浆孔遇结构缝时，微调至距结构缝 0.5m 处。对于Ⅲ类或更差围岩、有断层裂隙段，需要开展加密灌浆的措施，深圳、阳江等部分抽水蓄能电站考虑先进行水泥灌浆，再扫孔进行化学灌浆低压慢灌的方法，此时化学灌浆压力可适当降低，一般为水泥灌浆的 0.6 倍。惠州、桐柏等抽水蓄能电站斜井充水后，均出现了较大渗漏，为此开展高压固结灌浆作为充水后的加固措施，其灌浆间排距一般均较小，并增设了随机深孔水泥灌浆，惠州斜井随机深孔孔深达 15.0～20.0m。

灌浆质量检测一般采用压水试验，需要达到岩石透水率设计值。仙游抽水蓄能电站 1 号下斜井高压固结灌浆灌前压水试验透水率最大值为 7.39Lu，最小值 1.83Lu，平均透水率 3.72Lu。灌后检查孔压水试验透水率最大值为 0.36Lu，最小值 0.16Lu，平均透水率 0.26Lu。灌后压水检查全部满足设计要求。黑麋峰抽水蓄能电站 1 号斜井灌后透水率最大透水率为 0.043Lu，压水检查合格率 100%。桐柏抽水蓄能电站斜井灌前平均透水率为 1.485Lu，灌后平均透水率为 0.169Lu。深圳抽水蓄能电站斜井采用了水泥辅以化学灌浆的方法，水泥灌浆灌后透水率小于 3Lu，化学灌浆小于 1.5Lu。

高压固结灌浆分为全孔一次灌浆法、自上而下分段灌浆法、自下而上分段灌浆法，一般采用纯压式灌浆。高压固结灌浆采用环间分序、环内加密的原则进行。全孔灌浆段的长度不大于 6m，灌浆压力小于混凝土抬动临界压力。采用全孔一次灌浆法，灌浆塞应阻塞在混凝土内 0.3～0.5m 处，对于灌浆压力大于混凝土抬动临界压力的灌浆孔，为保证结构混凝土的安全，一般采用自上而下分段灌浆法。第一段为浅层固结灌浆，入岩 2～3m，灌浆塞应阻塞在混凝土内 0.3～0.5m 处；第二段为深层高压固结灌浆，入岩至孔底，灌浆塞应阻塞在入岩 1.0～1.5m 处。对于地质条件较好，无绕塞渗浆现象的灌浆区段，可采用自下而上分段灌浆法，一次成孔至设计孔深，先进行深层高压固结灌浆，后移塞至混凝土内进行浅层固结灌浆。

在灌浆过程中，应开展对井壁衬砌混凝土的抬动监测，通常做法是在混凝土表面安装径向变形装置，用千分表进行观测，混凝土表面抬动值一般不超过 0.2mm。黑麋峰抽水蓄能电站斜井高压灌浆中，通过埋设千分表进行了 6 组抬动观测，均未观测到变形情况发生，说明灌浆孔周围衬砌混凝土没有发生抬动变形（李宝勇，2010）。桐柏抽水蓄能电站斜井进行高压灌浆的过程中，在高程 150m、194m 顺水流方向底板左侧发生混凝土抬动破坏。经查发现，两次抬动均发生于预埋在混凝土的排水管附近，而且长度、宽度也相似。说明混凝土与排水管之间结合较差，且两处抬动位置岩石节理较发育，岩体内渗水较大。在灌浆压力达到设计压力的 50% 左右时，围岩内节理发育区域形成缝串浆现象，到达混凝土薄弱部位时，在灌浆压力与外水压力的共同作用下引起抬动破坏。根据抬动混凝土的凿除情况及 1 号斜井混凝土抬动处理的方案，对两处混凝土抬动处理的主要步骤如下：①凿除松动混凝土，将松散混凝土凿除至密实混凝土或基岩处，并不少于主筋下面 5cm，边口齐整；②布置锚筋，在已经凿除的岩面和混凝土表面布置 L 型锚筋，插筋参数为 Φ25@100cm × 100cm，$L = 200cm$，其中弯头长度 20cm，与面层钢筋绑牢；③凿毛混凝土面，形成麻面，用钢丝刷清除表面浮渣和浮尘，将基础面冲洗干净，用 SBR 乳液净浆打底，保持潮湿状态以做进一步处理；④拌制 SBR 聚合物混凝土（该混凝土具有较强的物理性能，与老混凝土的黏结强度高，具有优良的抗渗性能和耐老化性能，并可以在潮湿面施工），拌和好的混凝土及时入仓，平仓振捣，拆模后修补表面气泡及麻面，保证混凝土表面光滑密实；⑤SBR 混凝土终凝后，保持潮湿养护 5～7d。抬动部位修补混凝土强度达 70% 后进行灌浆施工。灌浆按引水岔管段要求进行：第一段孔入岩 2m，压力 3MPa，灌浆塞入岩 0.5m，灌好后退塞至混凝土内继续灌注，压力 1MPa；第二段达到规定的孔深和压力，灌浆塞入岩 1.5m。

重要工程为确定优化灌浆参数，开展了系列高压固结灌浆试验（饶柏京等，2023）。阳江抽水蓄能电站施工图阶段利用已有地质探洞，采用 1:1 原型开展了一系列科研试验，结合高压隧洞裂隙岩体渗透稳定研究成果，提出高压固结灌浆优化设计参数，为阳江抽水蓄能电站超高压段灌浆设计提供依据。试验洞段的选择应包括Ⅰ～Ⅱ类、Ⅲ类和Ⅳ类围岩的 PD01 探洞 0+890～1+026 段。高压固结灌浆深度分别取 4m、6m、8m 进行渗流场规律及隧洞内水外渗量分析。

为研究围岩在灌浆前后的力学性能及其变化规律，试验分为阶段Ⅰ（固结灌浆前）、阶段Ⅱ（水泥灌浆结束后 14d）、阶段Ⅲ（化学灌浆结束后 7d）三个不同阶段对围岩的力学指标进行现场测试，获得不同围岩的力学性能指标（弹性模量、变形模量）及其在灌浆前后的变化，以分析灌浆效果。

为进一步获得灌浆前后隧洞围岩的力学参数，作为稳定分析、支护设计计算依据，应按不同围岩类别分别进行变形试验。试验采用承压板法和钻孔径向加压法。承压板法采用圆形刚性承压板，适用于未灌浆岩体，钻孔径向加压法在灌浆后钻孔中进行，沿钻孔径向加压，在试验最大压力按最大内水压力确定为15MPa；为获得不同围岩类别在灌浆前后的动（静）弹性模量、泊松比，在钻孔中进行单孔超声波测试，每个钻孔中从孔底向上依次检测，点距为0.2m。

高压压水试验用于评价不同围岩灌浆前后高压水头作用下的渗透性改善效果，在Ⅰ～Ⅱ类、Ⅲ类和Ⅳ类三种围岩段中分别进行高压压水试验。高压压水试段长度为3～4m，最大压力不小于1.2倍最大水头，最大压力采用10MPa。为获得不同围岩类别裂隙在灌浆前后的劈裂压力，对不同围岩类别在钻孔中进行水力劈裂试验，每个阶段、每个测试孔布置1段，共测试21段。

根据不同灌浆方案的效果评价，最终确定了Ⅰ类、Ⅱ类围岩采用普通水泥灌浆、断层及部分与Ⅲ类围岩邻近的区域增加辅助化学灌浆的方案。

Ⅰ类、Ⅱ类围岩水泥灌浆参数为：灌浆孔排距2.5m、孔深6m，分两段灌浆，第1段段长2m、灌浆压力4.5MPa，第2段段长4m、灌浆压力9.0MPa。在单位灌入量大于50kg/m³的灌浆孔开展加密灌浆。

Ⅲ类围岩先进行普通水泥灌浆，水泥灌浆完成后，原孔扫孔进行化学灌浆。水泥灌浆参数为：孔排距2m，第2段灌浆压力10MPa，其他水泥灌浆参数及方法同Ⅰ类、Ⅱ类围岩。化学灌浆采用全孔1次灌浆，灌浆孔深为5m，灌浆压力为8MPa。

断层带先进行水泥灌浆，水泥灌浆完成后，原孔扫孔进行化学灌浆。按照系统孔、斜穿断层孔和顺断层孔的顺序开展水泥灌浆。系统孔水泥灌浆参数为同Ⅲ类围岩，顺断层孔灌浆深度为12m，沿着断层的位置进行钻孔并预埋灌浆管。钻孔孔向在断层平面上，并通过隧洞中心线，孔距2m。按照不同水泥灌浆工艺分三段灌浆，第1段段长2m、灌浆压力4.5MPa，第2段段长5m，第3段至设计孔深，第2段、第3段灌浆压力为10MPa；斜穿断层孔灌浆孔深度同样为12m，斜孔布孔结合各断层特点有针对性布置，其灌浆参数及方法同顺断层孔。化学灌浆参数为：系统孔化学灌浆参数与Ⅲ类围岩相同。顺断层孔和斜穿断层孔化学灌浆孔深9m、灌浆压力8MPa。

2.4 输水系统充排水试验

2.4.1 充排水试验的目的

抽水蓄能或引水式电站输水系统建设完成并通过验收后，需要开展充水和排水试验。通过开展一系列加载、卸载、检查、监测工作，对输水系统工程质量、安全运行进行首次检验，查找输水系统可能存在的问题，以便及时采取措施处理，消除隐患，为电站正式发电运行提供可靠的质量保证。《抽水蓄能电站输水系统充排水技术规程》（DL/T 1770—2017）规定了抽水蓄能电站输水系统的充排水程序和技术要求，适用于抽水蓄能电站建设期和运行期充排水。

斜（竖）井工程作为输水系统的重要组成部分，是充排水试验的重点内容，但充排水试验本身涉及的内容非常丰富，涉及土建、机电、监测等多专业协调一致的工作，往往无法分割，因此，本节内容将针对整个输水系统充排水试验进行论述。其目的是通过试验检验和观测以下几个方面：

（1）检验整个输水系统及施工支洞堵头的设计及施工质量。

（2）观测输水系统所处部位围岩的工程地质及水文地质变化情况。

（3）检验各项预埋监测仪器的运行情况、开展监测成果的分析。

（4）检验钢管外排水措施和排水廊道系统的效果及其可靠性。

（5）检验输水系统放空排水设备的操作程序及运行安全。

（6）进行上下水库进出水口闸门及尾水事故闸门静水调试，检查开关、调节及联锁功能，与计算机监控系统 LCU 远方联动调试，进行调速器、活动导叶静水调试。

（7）检查机组尾水管、导水机构、蜗壳、相关密封及测压系统管路的渗漏水情况。

引水系统充水后，相关水工建筑物和机电设备如无异常，可不进行排水试验工作。

2.4.2 充排水试验方案

输水系统充排水试验方案包括充水量计算及充排水通道选择、充排水试验程序制定、监测监控、异常情况的处理等。实际充排水试验前，应根据充水试验方案制订技术要求，并对试验前工程形象提出要求。

按照《抽水蓄能电站输水系统充排水技术规程》（DL/T 1770—2017）要求，首次充水时，上水库和下水库总蓄水量不宜小于上水库和下水库的死库容、输水系统充水量及机组初期调试所需用水量之和。实际上，鉴于各工程开展充排水试验的具体情况不同，很多工程充排水程序无法按照 DL/T 1770—2017 要求严格实施，因此，需要根据实际流程分阶段开展充水量的计算。输水系统充水试验一般分级开展，水道部分所需水量依据分级水位，按照水道形体计算得到，一般需建立蓄水量与高程关系曲线。

DL/T 1770—2017 要求的充排水试验程序为先进行尾水道充水，再进行机组过流段充水，最后开展引水系统充水。但实际施工中，由于工期要求，很多工程需要在机组尚不具备过水条件下，开展引水系统［含斜（竖）井段］充水试验。安徽绩溪、江苏溧阳、福建周宁抽水蓄能电站充水试验前，均因机组设备未完成安装及调试，机组不具备过流条件，首先开展尾水道充水和引水道充水，最后进行机组过流段充水。

尾水道充水的水源一般为下水库，由进出水口闸门充水阀（或其他充水设施）充水。此时应保证下水库水量满足尾水道充水要求。机组过流段充水时,开启尾水事故闸门旁通阀充水,由下水库提供水源。此时应保证下水库水量满足机组过流段充水要求。引水系统充水方式有两种:一种是利用上水库进出水口事故闸门充水阀对引水系统充水;另一种是利用厂房内充水泵对引水系统充水。在实际充排水试验时,也可采用上述两种方式相结合的充水方式。从各工程实践来看,采用上水库进出水口事故闸门充水阀不需要从下水库提水耗费电能,应优先采用这种充水方式。但实际上,许多抽水蓄能工程上水库没有足够的来水满足充水要求,此时需要采取厂房内充水泵对引水系统充水,水源则来自下水库。另外,部分水头较高的抽水蓄能电站,直接从上水库进出水口事故闸门充水阀充水时,考虑到流道充水过程水位上升速率过快对结构受力造成不利影响,需要利用厂房内充水泵对引水系统充水。在厄瓜多尔辛克雷水电站引水系统充水试验中,针对高程 850~1050m 存在的塌腔段,为严格控制充水速率,采用厂房内充水泵抽水对引水系统充水,其余段仍采用充水阀从上水库充水(吴建军等,2022)。

在工程实践中,仍然有一些特殊情况需要考虑。以天荒坪抽水蓄能电站为例(孙殿国,1998),上水库于 1997 年 10 月 6 日开始利用施工供水系统充水,下水库于 1998 年 2 月 10 日下闸蓄水,为加快施工进度,1 号上游输水系统于安排在下水库下闸蓄水前进行充排水试验。实际的充排水试验方案为,利用施工供水系统从下水库拦沙坝取水抽往上水库,由上水库供水,通过上水库进出水口事故检修闸门上设置的 $\phi500mm$ 充水阀门向上游输水系统充水。此时,水源均为施工供水系统提供。

相对充水方案,排水通道及方案相对简单,但高压隧洞排水速率比充水速率控制更严格,因为过快的排水速率会导致外水压力过高,造成隧洞破坏。因此输水系统排水时,应控制衬砌最大外水压力与内水压力之差不大于允许的设计外水压力值,同时钢筋混凝土衬砌时排水水位下降速率宜控制在 2~4m/h。当尾水道、机组过流段排水时,开启尾水管排水阀进行排水。引水道排水,宜通过开启不同高程的排水设施分级进行,利用压力钢管排水管排水时,宜首先通过尾水道直接排入下水库或下游河道。当引水道的水位降至下水库水位高程后,关闭尾水事故闸门,通过厂房排水系统进行后续排水。绩溪抽水蓄能电站引水系统排水方案中(张增,2022),放空路径按机组不具备过水条件考虑,采用临时排水方案,需在 1 号单元引水隧洞充水管 $DN200$ 球阀前垂直管路段中增加 2 个孔板式消能减压调节阀作为消能措施,整个排水过程分引水系统最高水位至下水库水位平压阶段和下水库平压水位至排空两个阶段进行。

2.4.3 充排水试验对工程面貌的要求

输水系统首次充水时,土建工程应满足以下条件:

(1)充水水道施工完成并通过验收。

(2)与充水水道相关的厂房系统建筑物施工完成并通过验收。

（3）与充水水道相关的勘探孔、临时孔洞等封堵完成并通过验收。

（4）钢筋混凝土衬砌输水系统充水时，未充水的相邻水道存在渗漏风险部位的衬砌及灌浆应完成施工并通过验收。

（5）进出水口围堰等临时设施拆除并通过验收。

（6）相关监测仪器具备自动监测功能。

充水相关的机电设备应具备的条件见表 2.4.3 － 1，与充水相关的机电设备状态见表 2.4.3 － 2。

表 2.4.3 － 1　　　　　　　　充水相关的机电设备应具备的条件

序号	设 备 名 称	尾水道充水前	机组过流段充水前	引水道充水前
1	下水库进出水口闸门、启闭机及其控制系统	√	√	√
2	尾水调压室水力测量装置	√	√	√
3	充水相关的尾水事故闸门、启闭机及其控制系统	√	√	√
4	厂房渗漏排水系统	√	√	√
5	厂房检修排水系统	√	√	√
6	相关机组顶盖排水系统	√	√	√
7	与尾水道相连接的管路和阀门	√	√	√
8	水淹厂房保护系统	√	√	√
9	相关厂用电系统	√	√	√
10	相关直流系统	√	√	√
11	相关区域照明系统	√	√	√
12	引水道充水泵	√	√	√
13	相关的进水阀及操作系统	√	√	√
14	与机组过流段相连接的管路和阀门	√	√	√
15	相关水泵水轮机及其附属设备，包括调速器系统、水力测量装置等		√	√
16	相关机组主轴密封	√	√	√
17	相关发电电动机制动系统、高压油减载系统等		√	√
18	技术供水系统		√	√
19	相关气系统		√	√
20	与引水道相连接的管路和阀门			√
21	引水调压室水力测量装置			√
22	上水库进出水口闸门、启闭机及其控制系统			√

注　1.　"√"指设备应安装调试完成并通过验收。

　　2.　对于尾部式开发电站，尾水道与机组过流段同时充水，充水前相关事故检修门应安装调试完成并通过验收，其他机电工程条件参照本表"机组过流段充水前"应具备的条件执行。

表 2.4.3－2　　　　　　　　　　　充水相关的机电设备状态

序号	设 备 名 称	尾水道充水前	机组过流段充水前	引水道充水前
1	下水库进出水口闸门	关闭		开启
2	下水库进出水口闸门充水阀	关闭		
3	相关排气阀和水力测量仪表的检修隔离阀	开启	开启	开启
4	与尾水道相连接的阀门	关闭	关闭	
5	相关的尾水事故闸门	关闭	关闭	开启
6	相关的尾水事故闸门旁通阀	关闭	关闭	关闭
7	尾水管排水阀	开启	关闭	关闭
8	相关机组导水机构		关闭并锁定	
9	相关机组主轴密封		投入	投入
10	相关机组机械制动		投入	投入
11	与机组过流段相连接的阀门		关闭	关闭
12	水道相关进人孔	关闭	关闭	关闭
13	相关进水闸（含上下游密封）		关闭并锁定	关闭并锁定
14	与引水道相连接的阀门			关闭
15	上水库进出水口闸门			关闭
16	上水库进出水口闸门充水阀			关闭

注　对于尾部式开发电站，尾水道与机组过流段同时充水，充水前相关事故检修门处于关闭状态，其他设备状态参照本表"机组过流段充水前"设备状态执行。

值得注意的是，《抽水蓄能电站输水系统充排水技术规程》（DL/T 1770—2017）的要求是按照尾水道充水—机组过流段充水—引水道充水的顺序提出的，而前述绩溪、溧阳、周宁抽水蓄能电站均按照尾水道充水—引水道充水—机组过流段充水的顺序，此时可根据实际充水顺序对相关土建、设备状态要求进行分析调整。

为确保输水系统充水的安全顺利进行，在充水前，还需对输水系统再次进行全面详细检查。输水系统充水前检查主要包括以下内容：

（1）水道衬砌结构、外观检查，灌浆部位质量及灌浆孔封堵情况检查。

（2）水道灌浆后有无渗水情况，通过厂房周围间接观测水道渗漏水情况。

（3）水道有无遗漏物件，杂物清理情况检查。

开展排水试验前，应确认相关设备状态满足表 2.4.3－3 要求。

表 2.4.3－3　　　　　　　　　　　排水试验前相关设备状态

序号	设 备 名 称	尾水道排水前	机组过流段排水前	引水道排水前
1	下水库进出水口闸门	关闭		开启
2	相关排气阀和水力测量仪表的检修隔离阀	开启	开启	开启
3	与尾水道相连接的阀门	关闭	关闭	关闭
4	相关尾水事故闸门	关闭	关闭	开启

续表

序号	设 备 名 称	尾水道排水前	机组过流段排水前	引水道排水前
5	相关尾水事故闸门旁通阀	关闭	关闭	关闭
6	与相关机组过流段水道相连接的阀门		关闭	关闭
7	相关进人孔	关闭	关闭	关闭
8	相关进水阀	关闭	关闭	关闭
9	与引水道相连接的阀门			关闭
10	上水库进出水口闸门			关闭

注 对于尾部式开发电站，尾水道与机组过流段同时排水，排水前相关事故检修门处于关闭状态，其他设备状态参照本表"机组过流段充水前"设备状态执行。

2.4.4 充排水试验过程中的技术要求

2.4.4.1 充排水试验分级及充排水速率

抽水蓄能输水系统充排水试验是按照不同充排水部位分阶段开展工作的，不同阶段和部位的充水流量应满足水道水位上升速率控制要求，并考虑水道抗冲刷能力综合因素后确定，实施过程中可根据水工安全监测数据进行调整。

输水系统充水时，应结合工程布置特点，按水头段分级确定稳压高程和时间，确认监测数据无异常后方可进行下一水头段充水。DL/T 1770—2017 要求，钢筋混凝土衬砌引水道充水时，水位每上升 100～150m 进行稳压，每级稳压时间宜取 24～48h；钢衬引水道充水时，水位每上升 150～200m，进行稳压，每级稳压时间宜取 24～48h；稳压高程宜选取在斜（竖）井部位，便于同时进行水道渗水量测量。也可采用小流量缓慢充水代替稳压，总用时应不少于采用分级稳压方式充水的总用时；钢筋混凝土衬砌引水道采用小流量缓慢充水时，在斜（竖）井部位暂停充水，以测量水道渗漏量。尾水道和机组过流段充水过程可不分级一次完成，两阶段稳压时间宜分别取 24～48h。钢筋混凝土衬砌输水系统斜（竖）井水位上升速率宜控制在 5m/h 以内；钢板衬砌水道系统斜（竖）井水位上升速率宜控制在 10m/h 以内。充水水位由平洞段上升至斜（竖）井段时，应提前减小充水流量，控制水位上升速率。

输水系统排水时，应控制衬砌最大外水压力与内水压力之差不大于允许的设计外水压力值，同时钢筋混凝土衬砌时排水水位下降速率宜控制在 2～4m/h。排水水位由平洞段下降至斜（竖）井段时，应提前减小排水流量，控制水位下降速率。钢筋混凝土衬砌引水道宜在斜（竖）井部位暂停排水，以测量水道渗漏量。在仙游抽水蓄能电站输水系统排水试验中，增加了在中间高程进行稳压的要求。

实际工程中，充排水试验分几级进行，主要取决于输水系统的工作水头，工作水头越大分级越多，反之则分级较少。一般来说，每级之间的水头差宜控制在 50～150m，且自下而上每级水头差呈递减趋势，水位上升速率自下而上逐渐减小、稳压时间自下而上递增的特点，部分工程稳压时间达到 72h。

天荒坪抽水蓄能电站 1 号上游输水系统充水试验共分 7 级进行，其主要试验参数见表 2.4.4－1，可以看出下部第一级最大水头为 176m，稳压时间 48h；分级水头差自下而上逐渐减少至 150m、100m、50m，自高程 650m 以上稳压时间均为 72h。

表 2.4.4－1　　　　天荒坪抽水蓄能电站 1 号上游输水系统充水试验参数

分级	高程/m	水头/m	水位上升速率/(m/h)	稳压时间/h
1	224～400	176	10	48
2	400～550	326	10	48
3	550～650	426	10	48
4	650～700	476	5～10	72
5	700～750	526	5～10	72
6	750～800	576	5～10	72
7	800～856	632	5～10	72

2.4.4.2　尾水系统及机组流道充排水试验案例——敦化抽水蓄能电站

敦化抽水蓄能电站输水系统（含引水、尾水系统）均采用一洞两机的布置形式，设置调压室。引水系统建筑物包括上水库进出水口（包括引水事故闸门井）、引水隧洞、引水调压室、高压管道（包括主管、岔管和支管）。尾水系统建筑物包括尾水支管、尾水事故闸门室、尾水混凝土岔管、尾水调压室、尾水隧洞和下水库进出水口（包括尾水检修闸门井）等。输水系统充排水试验首先开展尾水系统部分，由尾水检修闸门至尾水事故闸门段，以及尾水事故闸门至机组段两阶段组成。充水时分别由检修闸门充水阀及尾水事故闸门旁通阀进行充水。

尾水检修闸门至尾水事故闸门段充水试验：该段充水量为 4.58 万 m³。尾水系统最大静水头约为 100m，因而此段尾水系统充水采用尾水检修闸门上的充水阀进行充水，充水至与下水库水位平压，平压后稳定 48h 以上。完成此段尾水系统充水试验约需 72h，约合 3d。

尾水事故闸门至机组进水阀段充水试验：该段充水量为 0.21 万 m³。采用 1 号尾水事故闸门旁的旁通阀进行尾水管充水，同时开启蜗壳检修排水管隔离阀及排气阀，开始向尾水支管、机组转轮室及蜗壳、高压管道下平段充水，待高压管道内水位与下水库水位平齐时，平压后稳定 48h 以上。完成此段尾水系统充水试验约需 50h，约合 2d。

1 号尾水系统充水阶段及充水量参数见表 2.4.4－2。

表 2.4.4－2　　　　　　1 号尾水系统充水阶段及充水量参数表

充 水 部 位	水位（起始～结束）/m	充水量/m³	最大充水流量/(m³/h)	预计充水时间/h	水位实际上升速度/(m/h)	稳压时间/h
尾水检修闸门—尾水事故闸门	585.56～701.00	45788.39	1955.8	23.4	4.9	48
尾水事故闸门—进水球阀	585.56～596.00	2123.42	1000.0	2.1	4.9	24

在整个尾水系统充水试验结束后，开始排水放空尾水系统。整个尾水系统排水试验通过机组尾水管底部的检修排水管路，进行自流排水，将水排至自流排水洞。排水时，应控制尾水系统水位下降速率，水位下降速度不应大于 5m/h。经估算完成该段尾水系统排水试验约需要 76.5h，折合约 4d。1 号尾水系统分阶段排水参数见表2.4.4-3。

表 2.4.4-3　　　　　　1 号尾水系统分阶段排水参数表

排 水 部 位	排水量/m³	最大排水流量/(m³/h)	预计排水时间/h	水位实际下降速度/(m/h)	稳压时间/h
尾水检修闸门—尾水事故闸门	4175.34	150.3	27.8	4.5	24
尾水事故闸门—进水球阀	33207.85	1346.3	24.7	3.0	

2.4.4.3　引水道充排水试验案例——安徽绩溪抽水蓄能电站

安徽绩溪抽水蓄能电站引水系统按两阶段 6 级充水。第一阶段（下水库水位以下），进行平压充水，充水路线：1 号公用供水滤水器→全厂公用供水总管→3 号机组全厂公用取水管（埋管段）→1 号上水库充水泵管路→2 号机压力钢管排水管→引水系统。第二阶段（下水库水位以上），采取启动 1 号上水库充水泵方式进行充水，此时关闭 1 号上水库充水泵出水与进水连通阀，全开 1 号上水库充水泵进水阀及出水阀，期间地下厂房 1 号、2 号机球阀部位为重点监测部位，严密监测球阀检修密封及压力钢管凑合节上连接的第一道阀门。

厂房内充水泵流量为 280m³/h。当斜井段充水时，水泵需控制运行，水位上升速率不超过 15m/h；平洞段充水时，充水泵可全功率运行，按不大于 1000m³/h 充水能力充水。充水时，应对水位进行实时监测，并安排专人控制水泵出口阀门的开度（以保证水泵在允许的运行范围内运行）以及水泵的启停。

6 级充水充水量及充水分级参数见表 2.4.4-4。上水库进出水口挡渣坎顶部高程911.3m 及下游的 1 号引水系统充水试验所需水量约为 3.942 万 m³。

表 2.4.4-4　　　　　　6 级充水充水量及充水分级参数表

级数	高程/m	分级充水量/万 m³	累计充水量/万 m³	水头/m	水位上升速率/(m/h)	稳压时间/h
1	233~383	0.494	0.494	150	15	24
2	383~533	0.278	0.772	300	15	24
3	533~683	0.523	1.295	450	15	24
4	683~833	0.331	1.626	600	15	48
5	833~880.468	0.111	1.737	647.468	15	48
6	880.468~911.3	2.205	3.942	679.814	5	60

注　平洞段充水速率不大于 1000m³/h。

1号引水系统充水试验先平压充水至下水库水位332m，下水库蓄水位以上通过1号上水库充水泵充水，充水过程见表2.4.4－5，累计时间约15.6d。

表2.4.4－5　　　　　　　　1号引水系统充水方式及过程表

步骤	高程 /m	充水方式	水位上升速率 /(m/h)	充水量 /万m³	充水速率 /(m³/h)	充水时间 /h	稳压时间 /h
1	233～383	①利用尾水洞内回充水对引水系统下平段及下斜井底部进行先期平压充水至下水库水位；②通过启动1号上水库充水泵进行充水到383m	①下平洞段平压至242.45m 按充水速率控制，下斜井平压至下水库水位332m 水位上升速率≤15m/h；②下斜井332～383m，水位上升速率≤15m/h	①0.399；②0.095	①平洞平压：950；下斜井平压至下水库水位：260；②充水泵：260	①9；②3.7	24
2	383～533	通过启动1号上水库充水泵进行充水	水位上升速率≤15m/h	0.278	充水泵：260	11	24
3	533～683	通过启动1号上水库充水泵进行充水	①下斜井533～560.3m，水位上升速率≤15m/h；②中平洞560.3～567.2m，水位上升速率（按充水速率计）≤1000m³/h；③上斜井567.2～683m，水位上升速率≤15m/h	①0.056；②0.205；③0.262	①充水泵：260；②充水泵：260；③充水泵：260	①2.2；②7.9；③10.1	24
4	683～833	通过启动1号上水库充水泵进行充水	上斜井水位上升速率≤15	0.331	充水泵：260	12.7	48
5	833～880.468	通过启动1号上水库充水泵进行充水	上斜井水位上升速率≤15	0.111	充水泵：260	4.3	48
6	880.468～911.3	通过启动1号上水库充水泵进行充水	上平洞水位上升速率≤5	2.205	充水泵：260	84.8	60
7		累计时间				145.7	228
						373.7（约15.6d）	

引水系统充水试验结束后，按机组不具备过水条件进行排水试验，控制排水速率及内外水压差（不大于设计的最大外水压力），排水分级、排水量及排水速率参数控制详见表2.4.4－6。

表 2.4.4 - 6　　　　　　　　　1 号引水系统排水量及排水分级参数表

级数	高程 /m	排水量 /万 m³	累计量 /万 m³	水头 /m	水位消落速率 /(m/h)
1	911.3～880.468	2.205	2.205	30.8	4
2	880.468～833	0.111	2.316	78.3	10
3	833～683	0.331	2.647	228.3	10
4	683～533	0.523	3.170	378.3	10
5	533～383	0.278	3.448	528.3	10
6	383～233	0.494	3.942	678.3	10

注　平洞段排水速率不大于 1000m³/h。

整个排水过程分两个阶段进行：

（1）引水系统最高充水水位至下水库水位平压阶段，通过 2 号机压力钢管排水阀→1 号上水库充水泵旁通管→全厂公用供水总管→1 号公共滤水器排至下水库至与下水库平压，通过控制阀门开度控制排水速率。

第一阶段排水时，引水系统最高压力约为 6.5MPa，而电站公用供水总管设计压力为 2.5MPa，为保证 1 号引水系统第一阶段排水过程中排水路线上管路安全可靠运行，公用供水总管处水压力不应超过 2.5MPa，需在 1 号单元引水隧洞充水管处增设消能减压措施。在排水过程中，于 1 号单元引水隧洞充水管 DN200 球阀前垂直管路段中增加 2 个孔板式消能减压调节阀及配套临时管路（图 2.4.4 - 1），阀门材料为不锈钢，压力等级为 10.0MPa，接口口径为 DN200。该段管路需提前定制并预装完成，正式排水前将原永久管路拆除，安装该段临时消能减压阀及配套管路后进行排水。

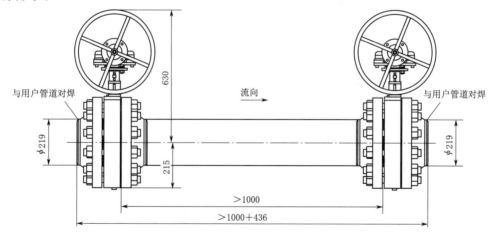

图 2.4.4 - 1　消能减压调节阀布置示意图（单位：mm）

（2）下水库平压水位至放空，打开1号、2号压力钢管排水针阀→1号、2号尾水肘管→打开1号、2号机组检修放空液动阀→开启检修排水泵排水（在检修排水泵第一次开启前需先打旁通阀进行水泵前后平压）将引水系统内剩余水量排空。

1号排水系统排水方式及过程详见表2.4.4-7，考虑排除底板积水时间，总排水时间需要约4.4d。

表 2.4.4-7 1号引水系统排水方式及过程表

步骤	高程/m	排水方式	水位消落速率/(m/h)	分段水头/m	排水量/万 m³	排水速率/(m³/h)	排水时间/h
1	911.30～880.47	引水系统最高水位至下水库水位平压阶段：通过2号机压力钢管排水阀→1号上水库充水泵旁通管→全厂公用供水总管→1号公共滤水器排至下水库至与下水库平压（下水库水位预计332m）	≤1000m³/h	30.8	2.205	自流：850	26
2	880.47～567.20（上斜井）		10m/h	345.6	0.704	自流：210	33.5
3	567.20～560.30（中平洞）		≤1000m³/h	352.5	0.205	自流：850	2.5
4	560.30～332.00（下斜井至下水库水位）		10m/h	232.3	0.429	自流：180	23.8
5	332.00～242.45（下斜井下水库水位至下平洞）	下水库平压水位至放空阶段：打开1号、2号压力钢管排水针阀→1号、2号尾水肘管→打开1号、2号机组检修放空液动阀→开启检修排水泵排水（在检修排水泵第一次开启前需先打旁通阀进行水泵前后平压）将引水系统内剩余水量排空	10m/h	85.55	0.171	排水泵：180	9.5
6	242.45～233.00		≤1000m³/h	9.45	0.228	排水泵：260	8.5
7	累计时间					103.8h（约4.4d）	

排水注意事项如下：

（1）排水时根据公用供水总管压力调整消能阀，压力严格控制在2.5MPa以下。

（2）将引水系统383m以下水位排至1号、2号尾水肘管时，关注尾水肘管水位。

（3）排水时派专人观测并记录水位，确保满足设计要求水位下降速率。

2.4.4.4 充排水试验的监测监控

抽水蓄能电站输水系统充排水试验的目的，就是通过观察巡视，结合对监测资料的分析，检查发现输水系统存在的问题，及时采取措施处理。因此充排水试验过程中应重视对相关建筑物和设备的监测监控，提出监测项目及频次技术要求，定期对监测数据进行分析。充排水试验过程安全检测项目及检测频次见表2.4.4-8。重点监测内容如下：

表 2.4.4－8　　　　　　　　充排水试验过程安全检测项目及检测频次

序号	监测项目	监测频次			
		充水前 1 个月	充排水中	充排水后 7d	充排水后 1 个月
1	上下水库水位	1 次/周	4～6 次/天	1 次/天	1 次/周
2	水道水位		2 次/h		
3	地下水位	1 次/周	4～6 次/天	1 次/天	1 次/3 天
4	内外水压力		4～6 次/天	1 次/天	1 次/3 天
5	渗流量	1 次/周	4～6 次/天	1 次/天	1 次/3 天
6	锚杆、钢筋、钢板应力	1 次/周	6 次/天	1 次/天	1 次/3 天
7	围岩变形	1 次/周	4～6 次/天	1 次/天	1 次/3 天
8	接缝、裂缝	1 次/周	4～6 次/天	1 次/天	1 次/3 天
9	温度	1 次/周	4～6 次/天	1 次/天	1 次/3 天
10	应力应变	1 次/周	4～6 次/天	1 次/天	1 次/3 天
11	巡视检查	1 次/周	2 次/天	1 次/天	1 次/3 天

（1）特别应重点监控进水阀、尾水事故闸门、进人孔、顶盖、主轴密封、充排水设施、与水道相连接的管路阀门、排气阀及检修渗漏排水系统等设备的状态，发现异常情况应及时分析原因并采取相应措施。

（2）涉及结构安全的监测数据须与设计值进行比对，发现异常情况应及时分析原因并采取相应措施。

（3）实时监控斜（竖）井水位及其变化速率、地下水位、衬砌外水压力与内水压力差等关键控制指标，接近控制值时，应及时调整充排水流量，必要时暂停充排水工作。

敦化抽水蓄能电站引水系统充排水完成后，要求对所有 800MPa 级、600MPa 级钢管段焊缝（含异种钢焊缝）进行外观检查，若有异常情况应进行超声波、TOFD 探伤检查，进行裂缝和缺陷的处理。

渗漏量监测时，应在分析实际排水流量基础上开展工作，以绩溪抽水蓄能电站 1 号引水系统充排水试验监测监控为例，上斜井钢管外排水在中平洞施工支洞内观测，中平洞至高压支管段钢管外排水在下层排水廊道内观测，观测时采用容积法，检测前确定容积，通过测量单位时间内进水量来计算渗流量。同时，应特别关注相邻洞室渗漏情况及监测仪器的变化。1 号引水系统充排水试验监测仪器统计见表 2.4.4－9。

表 2.4.4－9 1号引水系统充排水试验监测仪器统计表

工程部位		监测类别	监测项目	监测仪器、设施		
				名称	单位	数量
1号引水系统	引水隧洞	变形	围岩内部变形	多点位移计	套	4
			围岩与衬砌混凝土接缝监测	测缝计	支	10
			钢管与衬砌混凝土接缝监测	钢管测缝计	支	14
		应力应变	支护结构受力监测	锚杆应力计	支	12
			钢筋应力监测	钢筋计	支	4
			混凝土应变监测	单向应变计	支	4
				无应力计	支	1
			钢管应变监测	钢板应力计	支	14
		渗流	围岩渗透压力监测	渗压计	支	12
	岔管	变形	围岩内部变形	多点位移计	套	4
			围岩与衬砌混凝土接缝监测	测缝计	支	8
			钢管与衬砌混凝土接缝监测	钢管测缝计	支	10
		应力应变	支护结构受力监测	锚杆应力计	组	7
			混凝土应变监测	单向应变计	支	6
				无应力计	支	1
			钢管应变监测	钢板应力计	支	35
		渗流	围岩渗透压力监测	渗压计	支	5
	调压室	变形	围岩内部变形	多点位移计	套	6
		应力应变	支护结构受力监测	锚杆应力计	组	12
			钢筋应力监测	钢筋计	支	10
		渗流	围岩渗透压力监测	渗压计	支	4
其他相关部位	上水库进/出水口	变形	边坡内部变形	多点位移计	套	10
			边坡表面变形监测	垂直工作测点	个	2
		应力应变	支护结构受力监测	锚杆应力计	组	9
		渗流	围岩渗透压力监测	渗压计	支	6
	地下厂房排水廊道	渗流	围岩渗透压力监测	渗压计	支	21
				测压管	个	21
			渗流量监测	量水堰计	支	2
				量水堰	座	2
	输水系统排水廊道	渗流	围岩渗透压力监测	渗压计	支	16
				测压管	个	16
			渗流量监测	量水堰计	支	2
				量水堰	座	2
	输水系统沿线山体	渗流	地下水位监测	地下水位孔	个	3
				渗压计	支	3

监测仪器作为充排水试验的"眼睛"，在试验期间发挥着重要的作用。通过监测资料分析，可及时发现充排水过程中的内外侧水压、应力应变、缝隙开合及围岩变形等监测值异常情况，必要时采取稳压、停止试验等手段，并对出现问题及时处理，确保充排水试验全过程安全。通过对广州、天荒坪、仙游、溧阳等抽水蓄能电站监测资料成果进行总结分析，可发现以下规律。

（1）高水头条件下钢筋混凝土衬砌结构普遍呈现强透水特点。根据广州、天荒坪、泰山、仙游（叶永进，2016）等抽水蓄能电站充排水试验监测资料分析，内水压力超过100m后，衬砌外渗压计测值会突然增大，并接近内水压力数值，表明混凝土防渗结构在高水头条件下成为透水结构，内水压力基本会无障碍地施加在衬砌外渗压计上。

但对于部分混凝土设计或施工抗渗要求低、施工质量出现缺陷时，这一数值将会降低，如安徽响水涧抽水蓄能工程（陈益民等，2018），在小于100m水头时，钢筋混凝土衬砌洞段的渗压与充水水位呈强相关性，分析认为该现象与施工期间混凝土衬砌缺陷较多相关，虽然开展了混凝土缺陷全面消缺，但对衬砌防渗质量仍存在一定影响。

在低于上述透水临界内水压力值时，混凝土外渗压计测值仍然会随着水头上升而增长，但基本与内水压力保持一定比例，在洪屏抽水蓄能电站尾水系统充排水试验中（姚敏杰等，2016），最大水头约75m，此时混凝土仍然处于限裂状态。监测数据显示，渗压计读数显示有两个稳定阶梯，每个阶梯最大测值分别在300kPa、500kPa附近，相应隧洞充水的两个阶梯内水压力值约为487kPa、749kPa，渗透压力与内水压力比值约为0.6，后续复充水期间比值也基本接近这一数值，表明该工程钢筋混凝土衬砌承担了40%的内水压力。

（2）钢筋混凝土与钢衬结构受力呈现不同的应力应变状态。多个抽水蓄能电站充排水试验监测成果分析表明，在钢筋混凝土衬砌结构充排水过程中，在低水头条件下，混凝土与围岩共同承担内水压力，此时钢筋受力较小，而随着水头增大，钢筋承担应力逐渐增大，但随着内水压力进一步增大，衬砌混凝土开裂，内水外渗，大部分内水压力将由围岩固结圈承担，钢筋与混凝土应力均呈现减少趋势。洪屏抽水蓄能电站尾水系统充排水试验中，属于中低水头条件，内水压力基本由混凝土与围岩共同承担，衬砌内钢筋应力为$-11.88 \sim 1.34$MPa（负值为压应力），钢筋承担拉应力并不大。

以仙游抽水蓄能电站充排水监测成果为例（王增武等，2013），充水时，随着隧洞内水位的升高，钢筋计应力总体呈现保持不变、应力增加、急剧下降三个阶段。充水水位达到471m时，内水水头为269.5m，钢筋应力由初始的19.95MPa变化为19.72MPa，变化微弱，此阶段抵抗水压力的主体是混凝土与围岩；当充水水位达到

541m（对应内水水头 337.9m，外水水头 325.1m，内外水压力差 12.8m），钢筋计应力达最大 20.41MPa，此阶段混凝土和钢筋共同抵抗水压力；随着充水水位继续上升，钢筋应力急剧下降，当水位为 689.4m 时，钢筋应力为 17.55MPa，低于初始值，说明在混凝土衬砌呈现透水特征，内水外渗，内外水相通，抵抗水压力的主体变为围岩。

压力钢管段由于钢衬本身的不透水性，其渗压计读数在充排水过程中变化均比较小。随着洞内水位的上升，钢管拉应力增加，随着水位下降，拉应力降低，隧洞放空后，钢衬所受应力基本恢复至充水前水平。充排水过程中钢衬所受拉应力值远小于钢材本身的屈服强度。

（3）钢筋混凝土与钢衬衔接处是渗漏易发部位。对于采用钢筋混凝土衬砌的隧洞，其下平段与钢管衔接处，要求采取首部帷幕灌浆、周边排水等措施，能对内水外渗起到有效截、排作用。蒲石河抽水蓄能电站在钢筋混凝土衬砌末端与压力钢管段相接部位设置了阻水帷幕，并分别在帷幕内外两侧埋设 4 支渗压计。充排水试验期间，4 支渗压计测值均随引水系统水位增加而增大，说明灌浆帷幕作用效果不明显，可能存在细小的过流通道。引水系统排水放空检查发现，岔管段 1 号压力钢管与混凝土衬砌结合处周围析钙严重，有水流沿缝涌出；弯段处有 3 条环向裂缝，宽度约为 1mm；岔管处有 5 条不规则裂缝，长度为 1～3mm，也存在析钙现象，有水流渗出。分析认为钢管与岔管承担内水压力的结构不同，而岔管结构相对复杂，其月牙肋部位往往是应力集中点，在承担近似内水压力的时候，不同结构产生的变形量有差别，故在其结合处易形成裂缝。因此，应重视帷幕灌浆效果，以及压力钢管与混凝土衬砌结合部位受力结构的分析。

2.4.5 异常情况的处理

2.4.4.4 小节中，已经结合抽水蓄能电站充排水试验监测资料的分析，初步介绍了充排水试验中遇到的异常问题，以下结合具体案例，对几类常见问题及处理措施进行归纳总结。

2.4.5.1 钢筋混凝土衬砌及钢衬结构渗漏处理

抽水蓄能电站充排水试验，本身主要是为了检验输水系统结构是否满足高水头抗渗及应力应变相关要求，而其他部位的渗水及破坏，大多数也是由于输水系统结构自身出现渗漏引起的。因此，要特别关注输水系统结构自身的渗漏及处理。比如蒲石河抽水蓄能电站，由于钢筋混凝土与钢衬衔接处出现渗漏，由此带来相邻 3 条排水廊道渗漏量增加，而由于 1 号排水廊道与断层相交，顶拱围岩在渗漏水压力作用下出现持续渗水、局部裂隙射水现象，渗漏量变化随整个过程变化较大，最大达到 7.87L/s。

在桐柏抽水蓄能电站充排水试验中（俞南定，2014），对关键部位渗漏水进行了监测。第一阶段渗漏水总量 5L/s，第二阶段渗漏水总量 10L/s，第三阶段渗漏水总量 32L/s，第四阶段渗漏水总量 36L/s，到排水阶段下降到 30L/s 左右。充排水试验结束后，检查发现混凝土衬砌段出现不同程度的渗漏水，且主要集中在下平洞，在岔管段以裂缝渗水为主，下平洞段渗漏水主要出现在原灌浆孔处及施工缝处，高压钢管未出现鼓包、渗水等现象。为防止渗漏通道岩体中细颗粒被带出，进一步影响结构安全，对排水廊道、5 号施工支洞堵头等渗漏点进行补充灌浆，对 PD03 探洞进行封堵、同时对排水廊道渗漏水较大点进行挂网喷混凝土、埋设排水管处理，同时在引水道内部针对下平洞、岔管开展补充灌浆。施工中根据压水和灌浆的情况、及时调整补充灌浆的数量和参数。针对渗水裂缝则进行化学灌浆处理。其中 1 号下平洞先后分 6 批共布置了 264 个补充灌浆孔、灌浆工程量为 1612m。1 号岔管位置先后分 3 批共布置了 55 个孔，进一步试验表明输水系统总渗漏量稳定在 16L/s 左右，5 号、6 号施工支洞堵头未发现异常、堵头稳定、安全。

2.4.5.2 相邻排水廊道、施工支洞及厂房等部位渗漏处理

以广州抽水蓄能电站二期工程充排水试验渗漏最为典型，该工程输水系统末端靠近厂房部位存在南支洞、西支洞、东支洞、1 号排水廊道、厂房上层廊道等多条洞室，渗水通道相互影响，渗漏问题较为复杂。

试验中发现，由于南支洞三角堰（LDF-8）汇总了东支洞、西支洞、1 号排水廊道和南支洞本身的渗水量，充水前渗水量为 0.138L/s，充水结束时（8 月 28 日 15 时）渗水量为 1L/s，29 日 5 时左右（水道稳压 14h），南支洞桩号 0+94 和桩号 0+125 附近洞壁、东支洞桩号 0+66 附近洞壁出现较大喷水、渗水，1 号排水廊道西洞段的 20~24 号排水孔也普遍出水，南支洞 F_2 断层的漏水量则相对稳定，当时 LDF-8 测得漏水量为 4.7L/s，稳压 24h 后，LDF-8 漏水量达 11L/s，其中以南支洞桩号 0+125 和桩号 0+90~0+96 段渗漏水最为严重，呈喷射状，并发出阵阵呼啸声。

1 号排水廊道共设有 24 个排水孔，充水前所有排水孔都没水，充水结束时西洞段的 16 号孔、18 号孔和 20 号孔有出水，压力分别为 0.07MPa、0.02MPa 和 3.1MPa，水道稳压 72h 后，16~18 号孔压力基本无变化，20 号孔压力升为 3.0MPa，21 号孔为 4.6MPa。该廊道上边墙的裂隙，在水道稳压 16h 左右开始出现喷水，一些肉眼难以看清的裂缝也有雾状的水喷射出来，由这些现象来判断，岩体节理面被高压水压开了，发生了水力劈裂，到充完水后的第六天，探洞渗水量达 32L/s 才趋于稳定。这个漏水量已接近美国巴斯康蒂抽水蓄能电站的探洞漏水量，对于广州抽水蓄能电站这样的地质条件，这个漏水量是偏大的，对引水系统的运行是极为不利的。

厂房上层排水廊道（主探洞）和北支洞上层排水廊道向厂房侧钻倾斜排水孔共有 81 个，充水前有 7 个孔滴水，充水结束时渗水量无变化，水道稳压 72h 后，这些排水孔有 80% 出现滴水、渗水。北支洞向上斜孔共有 16 个，充水前有 3 个孔滴水，到水道稳压 72h 滴水孔增加到 13 个。这说明岔管至厂房这一带的渗水压力高，渗水通道

畅顺,排水廊道虽然起到了排水降压保护厂房安全的作用,但是未能完全隔断渗水。

施工支洞堵头。1号堵头充水前渗水量为0.05L/s,充水结束时为1L/s,并保持稳定;2号堵头在水道水位到达500m水头时开始有水渗出,充水结束漏水量为0.822L/s。稳压72h漏水量减少至0.537L/s。与同类规模的施工支洞堵头相比,这个漏水量是相当小的。

由于在施工过程中取消了引支钢衬的固结灌浆,因此4条引水支洞围岩松动圈是容易引起渗水的通道。稳压72h后,埋设于5号、6号引水支洞钢管之间的渗压计S-8测得渗水压力高达325m水头,钢管外排水及围岩外排水的漏水量分别达0.667L/s和0.659L/s,但厂房上游边墙的引支钢管附近墙面一直保持干爽,可见钢管外排水和围岩外排水的排水降压的效果相当显著。

为此,对岔管、探洞等渗漏源头进行处理。

(1)岔管。岔管采用灌浆和塞缝两种方法来封堵岔管裂隙,为了保证灌浆效果和缩短工期,直接采用化学材料EAA改性环氧进行灌浆,灌浆范围为所有原水泥灌浆孔和较宽的裂缝。对原灌浆孔施加高压灌浆,对于较宽的裂缝则采用塞缝和低压灌浆;8号引水支洞弯管段采取逐排逐孔施灌,主管段采取隔排隔孔施灌,孔深5m,压力5MPa,共补灌98孔,耗浆量共计24392L,平均耗浆量49.8L/s,单孔吸浆量最大值为2395L。说明高压岔管段围岩原来闭合的节理在充水期间被洞内的高压水挤开,其范围和深度相当大。

(2)探洞。探洞底板高程为245.00m,比岔管顶高出32m,最大水力梯度约为18。为了减少探洞的漏水量,除了对南支洞漏水较严重的几组北西向裂隙进行高压灌浆外,还对南支洞(从东支洞至1号排水廊道段)进行了混凝土回填,做成混凝土塞子,以延长渗径和减小水力梯度,在三个支探洞混凝土塞段的底部各埋了一根排水管,一直引到南支洞混凝土塞段的下游侧,出口处各加一道阀。S-5渗压计安装于高程217.00m处,测得渗水压力为543m水头。分析认为,连通岔管的某组裂隙通过S-5渗压计,这组裂隙有可能是南支洞渗漏水的重要通道之一,因此在做混凝土塞子前扫开S-5渗压计,并以6MPa压力和1:1水泥浆施灌。

进一步充排水试验表明,渗漏量减小幅度在84%以上,出水点减少,渗压计压力降低,处理效果明显。

2.4.5.3 相邻山体、边坡等部位渗漏处理

以宝泉抽水蓄能电站引水系统为例进行说明(王洋等,2012)。该工程在2010年3月24—30日充排水试验中,引水渗漏量最大达800L/s,出现渗水量较大的异常情况。同时根据山体巡查,在下古风化壳出露部位出现山体地表出露,出露点距引水系统水平距离1.2~2.5km泉(出露)水高程比较集中。进一步分析表明,山体表面渗水和斜井内水外渗关系紧密,且个别渗水处边坡崩塌堆积体出现浅层失稳现象,沿线

出露的下古风化壳所在高程山体表面大部分有润湿现象。

经对输水系统上斜井放空检查并开展渗漏原因分析，认为渗漏点应在上斜井上、下古风壳之间，钢筋混凝土衬砌圆形隧洞在承受 100m 以上水头时出现内水外渗的透水衬砌现象，而上、下古风化壳之间的上斜井外部围岩为中元古界汝阳群石英岩状砂岩，该岩层顶部受风化、卸荷作用的影响，风化及构造节理发育，成为渗漏的主要通道。为此采取以下处理措施。

（1）内衬钢衬：对上述渗漏通道范围内上斜井斜直段采用钢衬进行处理，内套钢管直径综合考虑结构设计要求、钢管吊装、钢管焊接、水头损失等因素，选定为 5.8m，加劲环环高 0.1m，钢管与原混凝土衬砌预留约 0.25m 的空间。经综合计算分析，钢材采用 Q345R，厚度分别为 28mm、24mm、20mm。

（2）补充灌浆：为确保上斜井钢衬范围内的干燥环境，为内套钢管焊接安装提供质量保证，在钢衬安装前进行上斜井浅层堵水灌浆处理，浆液采用聚氨酯类。对钢衬范围内原钢筋混凝土衬砌及围岩脱空部位进行补充固结灌浆，灌浆排距 2m，每排 14 孔，入岩 5m，浆液采用湿磨细水泥浆液和环氧浆液。钢衬首末端开孔进行帷幕灌浆，首末各两环，每环 8 孔，首端孔深 5m、末端孔深 8m，浆液采用环氧浆液。斜井高程 450m 以下钢衬段和中平段，根据压水试验成果对围岩进行系统或随机固结灌浆处理。

（3）回填混凝土：为保证内套钢管与原混凝土衬圈间不产生超出设计允许的缝隙，同时考虑外部空间较小振捣困难，钢衬外回填自密实微膨胀混凝土。混凝土强度等级为 C25W6，自密实性能等级为二级。为确保新建内套钢管结构安全及原混凝土衬砌结构的整体性，采用老混凝土凿毛并设置锚筋的综合处理，在高程 450m 定位节部位凿去原混凝土衬砌后进行整体回填。

（4）防腐处理及其他：考虑斜井内钢管运行期日常检修维护困难，钢管内壁和面漆均采用超厚浆型无溶剂耐磨环氧漆，漆膜厚度（干）均为 400μm，总漆膜厚度（干）为 800μm。

后续引水系统充水试验表明，山体渗水总量（包括自流排水洞）仅为 50L/s 左右，处理效果明显。

2.4.5.4　其他部位异常的处理

充排水期间结构缝、施工缝、施工支洞堵头渗漏均是较为常见的渗漏问题，要求施工单位严格按规范做好结构缝和施工缝处理。同时，需要针对可能出现的各种异常现象及时分析处理。比如仙游抽水蓄能充排水试验中，中检洞进人孔发生异常渗水，渗流量达 190L/s，采用对堵头开展补充化学灌浆，并采取更换中检洞进人孔闷盖法兰止水垫片、紧固闷盖法兰等措施，处理效果较为理想。

第3章 斜（竖）井开挖支护施工技术

抽水蓄能电站输水系统斜（竖）井开挖施工基于不同导井开挖工序及设备，形成了正井、反井法，以及爬罐法、反井钻法、定向反井钻法等不同技术；支护工序主要依据地质条件，采取喷混凝土、锚杆支护、挂钢筋网以及排水等手段，目前已经形成较为成熟的成套工艺。因此，本章主要按照不同开挖施工工艺划分，支护作为开挖工艺的重要工序组成，不单独叙述。

3.1 不同开挖施工技术选择

抽水蓄能工程引水斜（竖）井下部为引水隧洞下平段，利用下平段作为出渣通道，采用先开挖导井，改善通风排烟条件，再扩挖成洞的技术优势极大。目前，国内施工的最深导井达562m，国外最深导井深度达1000m以上。因此，在斜（竖）井开挖中，导井法已经成为常规施工工艺。但在部分地质条件极差、不具备导井施工条件，以及施工长度超过导井开挖设备能力的情况下，全断面正井开挖依然是不可或缺的辅助手段。

液压伞钻全断面正井法在煤矿工程中应用较多，伞钻钻具具有钎杆粗、刚度好、成孔质量好、爆破效率高等特点。由于其冲击功率大，凿孔速度可较普通气动伞钻提高2～3倍，对于岩石硬度系数 $f=10$ 以上的硬岩效果尤为明显。凿眼时采用水力排屑、液压传动冲击，减少了粉尘，降低了噪声，改善了工作环境。这种施工方法已在少部分水利工程中得到应用，值得进一步在水利水电行业推广。以新疆某水利工程竖井为例，其设计深度为687m，开挖净直径为7.2m，采用液压伞钻法实施全断面正井开挖，实际施工总工期仅为9.5个月。部分工程也开展了气动伞钻法的工程实践，在中国电建集团西北勘测设计研究院有限公司 EPC 总承包的厄瓜多尔德尔西水电站调压井和管道竖井施工中，采用气动伞钻法实施全断面正井开挖月进度达到92m，调压井设计总深度为432.1m，开挖直径为10.4～5.1m。

导井法是指首先开挖小断面导井，再扩挖成洞的技术。导井法按施工工序分为正井法和反井法。反井法导井指由下向上掘进导井，正井法则相反，由于反井法有利于破碎的岩石靠自重溜到下部，省去岩石的装、提工序，施工速度高于正井法。导井法按照不同施工设备工艺，分为人工正井法、吊罐法、爬罐法、深孔分段爆破法、反井钻法、定向反井钻法。不同导井施工方法技术工艺对比见表 3.1.0-1。上述各种方法中，吊罐法由于工序诸多、安全性较差、进度慢，基本已经被淘汰。

表 3.1.0-1　　　　　　　　　不同导井施工方法技术工艺对比

施工方法	反井钻法	人工正井法	爬罐法	吊罐法	深孔分段爆破法	定向反井钻法
施工工序	钻机安装、导孔、扩孔、钻进	打孔、装药、放炮、出渣、排水、临时支护	爬罐安装、打孔、放炮、临时支护、轨道安装	钻绳眼、安装绞车、打眼、放炮	钻孔、装药、爆破	定向钻导孔、反扩；反井钻扩孔、钻进
主要设备	反井钻机	绞车、水泵	爬罐	钻机、绞车、吊罐	钻机	定向钻机、反井钻机
适用条件	无大地质构造的岩石	岩石地质条件不良、开挖直径较大、深度不宜过深	较稳定的岩石，有害气体涌出量少	较稳定的岩石，有害气体涌出量少	稳定岩石	无大地质构造的岩石
主要优点	导孔施工不需人工直接在工作面作业，安全、高效	成本低、可用于处理复杂地层	井孔较浅时，施工速度快	施工设备简单	安全	导孔施工不需人工直接在工作面作业，安全、高效
主要缺点	需要技术水平高的施工人员，设备投入大	安全条件差，工效低	安全条件及作业环境差	作业空间狭小，安全条件差	工程质量很难保证	需要技术水平高的施工人员，设备投入大
施工速度	导孔施工速度快，一般 200～300m/月	施工速度慢，一般 30～40m/月	施工速度较快，一般 80～150m/月	施工速度较慢，一般 40～80m/月	取决于钻孔时间	导孔施工速度快，一般 200～300m/月
工程质量	机械破岩孔壁光滑，质量好，精准成型	一般	一般	一般	较差	机械破岩孔壁光滑，质量好，精准成型
相对成本	高	低	较高	较低	较高	高

此外，针对复杂覆盖层的开挖施工技术还有沉井法，该施工方法具有占地少、临时支护与永久衬砌相结合等特点。白龙江喜儿沟水电站项目竖井开挖断面直径 25.2m，高度 102m，上部 65m 采用沉井法施工，其中最上层 30m 为漂卵砂砾石地层，30～65m 为胶结砂砾石。

3.1.1　人工正井法

人工正井法指由上向下人工挖掘小直径导井。由于这种方法工效低、安全性差，目前仅用于长度短、围岩稳定性非常差的特殊情况，或下部不具备出渣通道情况。受通风排烟等环境影响，一般适用开挖深度在 100m 以内。部分斜井采用反井法施工时，由于斜井长度超出了反井法设备适宜长度，为加快进度，可同时从上部开挖正井。

3.1.2 反井钻法

反井钻法利用反井钻机先自上而下钻设导孔，再安装反拉钻头，自下而上反拉形成导井。反井钻机法于 20 世纪 90 年代开始在水电水利行业应用，进行施工作业时要求有较陡的倾角，一般为 50°以上。国产反井钻机一般适用于竖井长度小于 250m 的情况。

反井钻机法相继在我国惠州抽水蓄能电站、蒲石河抽水蓄能电站和烟岗水电站等工程成功应用。其具有机械化程度高、人员投入少、安全、开挖速度快的优点，几乎适应各类围岩，开挖速度是爬罐法的 1.5 倍。但单纯采用反井钻机法施工时，钻孔孔向精度控制难度较大，施钻过程中隐蔽因素多，利用常规测量仪器无法测量孔位的几何位置，无法及时有效控制钻孔方向。特别对于长度大于 200m、与水平面夹角小于 60°的长斜井，受重力等因素影响，孔向偏差更为突出。另外，对地质条件要求较高，对于软岩和过硬的岩石不宜采用；施工准备工作量大，对工人的技术要求高；设备投资费用高，一般为爬罐法的 5～10 倍；掘进费用高，一般为爬罐法掘进费用的 1.5～2.0 倍。

部分进口反井钻机，如澳大利亚 TR－3000 型反井钻机，由于配套了 CX－6 型无线光纤陀螺测斜仪，具有测量精度高、稳定性好、抗干扰性强等优点，能准确显示钻孔的顶角、方位角等，并能根据测量结果显示出三维图和平面图，孔向精度控制效果好，该设备在荒沟抽水蓄能电站斜井中成功创造 368m 斜井开挖纪录。中国水电十四局利用芬兰生产的犀牛（RHINO1088DC 型）反井钻机，在厄瓜多尔辛克雷水电站成功创造了 600m 级深竖井开挖纪录。

3.1.3 爬罐法

爬罐法利用爬罐自下而上开挖导井，该方法在我国桐柏、天荒坪和仙游等抽水蓄能电站均得到成功应用。由于爬罐轨道需附着在井壁上，因此只能用于较好的Ⅰ类、Ⅱ类、Ⅲ类围岩，适用于深度为 100～300m 的导井。

该方法的优点是开挖作业工艺成熟、开挖过程较安全、导井开挖成型质量高，月开挖进度可达到 70m。但通风排烟效果较差，当斜井斜长较长或倾角较大时，施工测量控制难度增大，设备安装更加困难，保证设备正常运行的安全防护措施也大量增加，使施工效率大大降低，施工成本不断增加。

3.1.4 深孔分段爆破法

深孔分段爆破法是指一次钻孔、依次分段爆破成井的施工方法，具有成井速度快的特点。深孔分段爆破法适用于倾角 70°以上、深度小于 40m、下部有施工通道和堆渣空间的竖井或斜井。一般布置 1 个中心孔，中心孔周围布置掏槽孔、周边孔和补偿孔。中国水电五局施工的白鹤滩水电站泄洪通风竖井，井深 10～20m 不等，导井采取深孔分段爆破法施工，先采用 YQ - 100B 潜孔钻，按照 1.5m 自下而上分段爆破形成导井，再利用手风钻钻爆扩挖，有效加快了施工进度，节约了人工和设备成本。

3.1.5　定向反井钻法

定向反井钻法首先采用定向钻机自上而下施工导孔，并二次扩大为较大直径导孔，然后采用反井钻机自下而上反拉形成导井，适用于长度大于 250m 的竖井。该方法是反井钻机国产化后的创新技术，在吉林敦化、河北丰宁抽水蓄能电站斜井施工中成功应用后，已成为我国斜（竖）井开挖施工的主流技术。

该方法的优点表现在以下两个方面：首先，在反井钻法基础上提出了采用定向钻机进行导孔施工，通过定向纠偏实现超长斜井导孔的精确钻孔，保证反井钻机反拉导井精确成型。其次，采用反井钻机开挖导井为机械化作业，施工过程自动化程度高，工序较为简单，开挖进度优于采用爬罐法开挖导井，月平均进尺达 100～120m，从而实现了导井开挖全机械化作业，降低了安全风险。该方法的缺点在于，定向钻机施工导孔的专业操作水平要求高，钻孔过程中应根据围岩类别及井身全角变化率及时调整钻孔参数，同时需投入定向钻机和反井钻机两种设备，成本投入相对较大。

采用上述方法的组合方法可以提高功效，部分工程开展了有益的探索。如黑麋峰、宝泉等抽水蓄能工程接近 400m 长度斜井施工时，采用上部正井法开挖 100m、下部爬罐法同时施工 260m、290m 的组合技术。黑麋峰抽水蓄能工程存在云母含量高、破碎带发育问题，宝泉抽水蓄能工程受古风化壳地层影响地质条件复杂。这几个工程正反井法相结合，仍然基于正井法适用于地质情况较差的情况。该方法在绩溪抽水蓄能工程实践后，发现上部人工正导井随着进尺加深，施工效率降低明显，测量、出渣难度增大，不安全因素增多，人工正导井方法取消，仅采用反导井法施工。随着技术的进步，除非存在围岩稳定性非常差的特殊情况，不建议采用人工正井＋爬罐法的组合。

反井钻机与爬罐组合技术（反井钻机＋爬罐法），是指从斜井下部先采用爬罐法向上开挖反导井至一定高程，与从上部采用反井钻机向下钻设导井对接的方法。黑龙池、呼和浩特、绩溪等抽水蓄能工程采用这种方案。随着定向纠偏精度控制水平的不断提高，该技术仍然为许多工程采用，其优点在于可同时从上下两个工作面同时施挖，有利于提高工效，但缺点是需要两套设备、造价要求高，施工中需要上下导井精确对接，同时下部爬罐开挖反导井作业条件差、危险性高。

布置施工支洞，为斜（竖）井施工创造条件，是保证工期和安全的重要措施。施工支洞的布置，与开挖设备适宜长度相关，爬罐一般不超过 300m，国产的反井钻机一般不超过 400m。因此，当竖井深度、斜井长度超过 400m 时，一般需要设施工支洞。部分国外设备开挖能力较强，可以取消施工支洞，如芬兰生产的 RHINO1088DC 型反井钻机，在厄瓜多尔辛克雷水电站成功实现一次开挖 600m 深竖井。布置施工支洞按上、下两段同时施工时，两段之间应保留岩塞，岩塞长度不应小于 2 倍洞径并不小于 15m。同时，设置施工支洞后，需要严格克服烟尘雾气对上下洞室定位的干扰，确保贯通精度。

本章主要介绍定向反井钻法、反井钻＋爬罐法、人工正井法、伞钻全断面正井法、深孔分段爆破法。

3.2 定向反井钻法施工

我国反井钻机经过多年的研发和工程实践，已取得了不少成功的案例，但在定向测斜技术方面，仍然与国外存在一定差距。国外 Robbins 系列、TR-3000 型等反井钻机，在荒沟等抽水蓄能工程斜井施工中实现了高精度、大直径导井的开挖，但价格不菲，成本较高。为了解决该技术瓶颈，我国反井钻机技术另辟蹊径，探索形成定向钻机测斜定位，与反井钻机联合使用的新模式，在敦化抽水蓄能工程等一系列斜井工程中取得了良好的实践效果，并成为国内斜井开挖主流技术。

3.2.1 反井钻机发展

反井钻机由潜孔式钻机和煤矿掘进机发展而来。德国于 1960 年研制出首台无钻杆反井钻机，并成功完成一座暗立井施工。1962 年，美国 Robbins 公司成功研发出首台有钻杆反井钻机 Robbins41R1101，并完成一条直径 1m、深度 60m 的反井施工。此后，多国相继研发出多款类似结构的反井钻机。其中，主流反井钻机型号及参数见表 3.2.1-1。

表 3.2.1-1　　　　　　　　国际上主流反井钻机型号及参数

钻机参数	钻 机 型 号					
	HG 380-SP	Robbins 191Rh	RHINO 2000	RAISER 1000	Redbore 100	Bigman BM-500A
导孔直径/mm	—	381	349	470	445	349
最大扩孔直径/m	7.0	6.0	7.2	8.23	8	4
设计井深/m	1300	1400	—	1200	1000	400
额定拉力/kN	12000	11600	6800	13289	15569	4810
额定扭矩/(kN·m)	710	824	380	1000	725.36	450
钻杆直径/mm	ϕ327	ϕ375	—	ϕ378	ϕ368.3	—
主机功率/kW	500	750	—	500		
制造商	Wirth	Atlas	Sandvik	Indau	Redpath	Koken
备注	扩孔7.1m，深1260m	目前设计最深的钻机	—	目前扭矩最大的钻机	目前额定拉力最大的钻机	扩孔4.75m，深192.6m

荒沟抽水蓄能工程，采用澳大利亚进口的专用 TR-3000 型反井钻机，研发改进开孔、钻进、纠偏、不良地质处理等施工工艺，一次性高精度成型达 2.4m 大直径导

井，方便扩挖溜渣，并解决了长期困扰斜井施工的堵井难题，为后期导井扩挖创造了良好的条件。

我国的反井钻机研发和施工比国外晚了大概十几年，从引进到成熟装备和工艺经历了三个主要阶段。

3.2.1.1　模仿国外设备阶段（1980—1989年）

我国从20世纪80年代初，由冶金行业率先引进和使用。长沙矿山研究总院研制出首台国产反井钻机，解决困扰金属矿山的通风井、出渣竖井、溜渣井等。随后相继研发出 TYZ 系列的 TYZ-1000、TYZ-1500、TZ-1200、TZ-2000 反井钻机，反井钻机钻杆及其接头采用 API 标准，主机为框架式结构，采用软岩滚刀、液压控制系统，这一时期钻机能力仅能达到120m左右，其扩孔直径也很小，都在1.5m以内。

3.2.1.2　装备和工艺大发展阶段（1990—2005年）

这一时期，反井钻机的各项技术参数（扭矩、推力、拉力）提高，滚刀破岩尤其是硬岩滚刀有了长足的进步，反井钻机工艺逐渐趋于成熟。反井钻机的适用范围从煤矿逐步扩展到水电站、金属矿山等，从只能钻进竖井扩展到钻进斜井。

反井钻机主要以煤炭科学研究院建井研究所（现煤炭科学研究总院建井研究分院）研制的 LM 和 BMC 系列为代表。LM-120 型反井钻机于1986年7月试制完成，1987年5月在开滦矿务局赵各庄煤矿完成工业性试验。1992年研制成功当时国内最小的 LM-90 型反井钻机，在山东横河煤矿应用，钻成国内第一个倾角60°、斜长64m、直径0.9m的斜井，并通过了技术鉴定。LM-200 型反井钻机项目起止时间为1987—1989年。在山东省新泰市汶南煤矿钻成直径1.4m、深度316m的新立井溜矸孔工程。该钻机先后成功应用于十三陵抽水蓄能电站极硬岩斜（竖）井、泰安抽水蓄能电站竖井的反井开挖中。其中十三陵抽水蓄能的导孔1.4m、倾角50°、长度203m的斜井开挖，是反井钻机应用于水电系统的首例；泰安抽水蓄能电站花岗岩饱和抗压强度在160MPa以上，最大达350MPa，是硬岩破碎的成功案例。这得益于2003—2005年"系列破岩滚刀"专项研究的成功，突破了普通滚刀硬岩破碎寿命只有5～10m，刀具费用达到万元以上的技术瓶颈，寿命达到125m。LM 系列反井钻机型号及主要技术参数见表3.2.1-2。

表3.2.1-2　　　　　　　　LM 系列反井钻机型号及主要技术参数

钻机型号 主要技术参数	ZFY0.9/90 （LM-90）	ZFY1.2/120 （LM-120）	ZFY1.4/200 （LM-200）	ZFY1.8/250 （LM-250）	ZFY1.4/280 （LM-280）	ZFY1.4/300 （LM-300）
导孔直径/mm	190	244	216	244	250	250
扩孔直径/m	0.9	1.2	1.4	1.8	1.4	1.4
钻孔深度/m	90	120	200	250	280	300
出轴转速/(r/min)	5～33	5～33	5～33	5～33	5～36	5～36

钻机型号 \ 主要技术参数	ZFY0.9/90 (LM-90)	ZFY1.2/120 (LM-120)	ZFY1.4/200 (LM-200)	ZFY1.8/250 (LM-250)	ZFY1.4/280 (LM-280)	ZFY1.4/300 (LM-300)
导孔额定扭矩/(kN·m)	7	15	20	17	—	36
扩孔最大扭矩/(kN·m)	15	30	40	52	—	70
钻头许用最大推力/kN	150	250	350	700	550	550
扩孔最大拉力/kN	380	500	850	1250	1250	1300
钻孔倾角/(°)	60~90	60~90	60~90	60~90	60~90	60~90
主机质量（包括搬运车）/t	4.5	6	8.3	8.5	12	10
主机运输尺寸（长×宽×高）/(mm×mm×mm)	1900×950×1115	2290×1110×1430	2950×1370×1700	2670×1380×1560	3000×1410×1740	3000×1410×1740
主机工作尺寸（长×宽×高）/(mm×mm×mm)	2380×1275×2847	2977×1422×3277	3230×1770×3448	3350×1650×3940	3280×1810×3488	3280×1810×3488
钻杆有效长度/mm	1000	1000	1000	1000	1000	1000
钻孔偏斜率/%	≤1	≤1	≤1	≤1	≤1	≤1
电机功率/kW	52.7	66	86	86	86	129.6
驱动方式	全液压驱动	全液压驱动	全液压驱动	全液压驱动	全液压驱动	全液压驱动
适应岩性	岩石单向抗压强度小于140MPa					

3.2.1.3 大型反井钻机和大直径反井钻井工艺完善阶段（2006年至今）

这一时期，反井钻机硬岩滚刀、多油缸推进、多马达驱动、电控数控技术不断成熟，推动了大直径反井钻机的研发和生产。其中以BMC系列反井钻机为代表。国产BMC系列反井钻机型号及主要技术参数见表3.2.1-3。2006年在溪洛渡水电站通风系统施工中，采用BMC300反井钻机在弱风化的坚硬玄武岩中完成了直径8m、总长818m的斜（竖）井开挖。2018年，长龙山抽水蓄能电站引水下斜井采用BMC600反井钻机，解决了抗压强度达280MPa极硬岩施工难题，创造了400m级长斜井一次贯通的纪录。

表3.2.1-3　　　　国产BMC系列反井钻机型号及主要技术参数

钻机型号 \ 主要技术参数	BMC300	BMC400	BMC500	BMC600
导孔直径/mm	216	270	295	380
扩孔直径/m	1.4	2.0	3	5
转速/(r/min)	0~43	0~30	0~22	0~18
最大拉力/kN	1300	2450	4300	6000
最大推力/kN	550	1650	2900	1300
额定扭矩/(kN·m)	50	80	120	300

续表

钻机型号 主要技术参数	BMC300	BMC400	BMC500	BMC600
最大扭矩/(kN·m)	70		180	450
主机额定功率/kW	86		176	264
操控方式	恒功率液压控制		智能化电液操控	自由轮液压控制
钻孔倾角/(°)	60～90	60～90	50～90	60～90
钻杆直径/mm	200	228	254×1500	328
主机重量/t	7.5	12.5	13.1	25

3.2.2 设备选择

3.2.2.1 反井钻机参数及选择

反井钻机的施工工艺分为导孔钻进、反拉扩孔两个工序。导孔钻进时，其工作原理与普通钻机，如石油钻机、地质勘探钻机基本一致，由于钻孔直径小，钻杆承受的拉、扭载荷相对也较小；但在反拉扩孔钻进时，钻杆接头不仅要承受钻具自重，而且还要承受来自扩孔钻头钻压的反力和旋转的反扭矩，因此扩孔时的载荷尤其是反扭矩数倍于导孔钻进，因此在考虑反井钻机参数选择时，一般按照反拉扩孔阶段受力对钻机提升力、扭矩安全系数进行验算。

以斜井为例，说明反拉扩孔钻进时钻具受力情况，此时钻具受到下部岩石反力为受拉状态，拉力安全系数 k_1 计算公式为

$$k_1 = \frac{T_{\max}}{T} \tag{3.2.2-1}$$

式中：$T_{\max}$ 为钻机设计最大提升力，kN；T 为工作实际提升力，kN。

$$T = (G_1 + G_2 + G_3)(\sin\alpha + \mu\cos\alpha) + P \tag{3.2.2-2}$$

$$P = \sum_1^n p_i$$

式中：G_1、G_2、G_3 分别为动力头重量、扩孔钻头重量、钻杆重量，kN；α 为导井倾角，(°)；μ 为摩擦系数，花岗岩与金属在有水湿润情况下通常取 0.46～0.53；P 为破岩钻压，kN；n 为钻头上布置的滚刀数量，把；p_i 为每把滚刀破岩所需的钻压值，kN。

扩孔钻进时，不同的扩孔直径配置不同数量的滚刀；中硬岩和硬岩中，需配置 4 圈或 5 圈刀齿。根据试验结果，中硬岩中，单把滚刀所需钻压为 125kN，硬岩一般为 175kN，软岩为 60～90kN。因此，中硬岩破岩钻压为 500～625kN，硬岩破岩钻压一般为 700～875kN，软岩破岩钻压为 240～450kN。

扩孔钻进扭矩安全系数 k_2 计算公式为

$$k_2 = \frac{M_{\max}}{M} \tag{3.2.2-3}$$

式中：M_{max} 为钻机设计最大扭矩，$kN \cdot m$；M 为工作实际扭矩，$kN \cdot m$。

一般可认为 M 由破岩阻力矩 M_1、摩擦阻力矩 M_2 两部分组成，即

$$M = M_1 + M_2 \qquad (3.2.2-4)$$

工程实践中，尚未形成破岩阻力矩、摩擦阻力矩的具体算法，可按照式（3.2.2-5）估算工作实际扭矩：

$$M = \frac{k_3 f F P D \sqrt{\delta}}{2} \qquad (3.2.2-5)$$

式中：k_3 为考虑附加卸扣扭矩等的扩大系数；f 为静摩擦系数，可取 0.06；F 为动摩擦系数，可取 0.65；D 为钻头直径，m；δ 为压入深度，一般为 3mm。

上述 $k_1 \sim k_3$ 安全系数要求不小于 1.67，一般为 2～3。

以某工程为例，该工程为新鲜花岗岩，岩石抗压强度 100MPa 左右，最大钻进深度 374m、钻孔直径 2.5m，该工程反井钻提升力计算成果见表 3.2.2-1。

表 3.2.2-1　　　　　　某工程反井钻提升力计算成果

项目	G_1/kN	G_2/kN	G_3/kN	P/kN	α	μ	T/kN	T_{max}/kN	k_1
计算值	100	100	374	500	55	0.53	1900	3800	2

最大扭矩计算成果为 84～126kN·m。最终选取 ZFY3.5/150/400 型反井钻机，具体参数见表 3.2.2-2。

表 3.2.2-2　　　　　　ZFY3.5/150/400 型反井钻机主要参数表

项　目	参　数	项　目	参　数
导孔直径/mm	295	最大扭矩/(kN·m)	180
扩孔直径/m	1.5（600m）、2.5（500m）、3.5（400m）	主机额定功率/kW	176
		操控方式	智能化电液操控
转速/(r/min)	0～22	钻孔倾角/(°)	50～90
最大拉力/kN	3800	钻杆直径×有效长度/(mm×mm)	254×1500
最大推力/kN	2450		
额定扭矩/(kN·m)	120	主机质量/t	13.1

其余钻进参数还包括转数、钻速以及导孔钻进洗井液排量等，其中钻压、转数和洗井液排量与钻机和所采用的循环泵有关，可在钻进时控制。

3.2.2.2　定向钻机选择

定向钻机主要有六大系统，分别为主机系统、钻具系统、换杆系统、循环系统、测量定向系统、动力系统。通过六大系统正常运作，累计进尺到达指定靶域。定向钻机最初应用在煤矿斜井施工中，根据水电行业发展需要，用来施工定向孔，它的核心

是井下动力钻具，可以随时钻进随时测量，随时纠偏。钻进过程中以泥浆为传输通道，将井眼状态（井斜、方位等参数）通过编码转换为电脉冲信号反馈到仪器上供测斜人员使用。

定向钻机的导孔直径一般为 216～295mm，导井轴线与水平线夹角一般为 55°～60°，钻孔偏斜率不大于 0.5%。同时受到洞室内运输及施工场地限制，所选取定向钻机工作高度不能超过 7m。

以敦化、缙云抽水蓄能电站采用的 FDP-68 型定向钻机（非开挖导向钻机）为例，其主要特点包括：采用全液压驱动，履带双速行走；双低速马达驱动动力头双速钻进，齿轮齿条传动系统，运动平稳可靠；桅杆可在 8°～16° 范围内调节开孔角度，整机重心低，稳定性好；配备辅助吊机。钻孔倾斜角度（与水平方向夹角）为 12°～70°；偏斜控制在 5‰ 以内；最大钻孔斜长 500m；动力头转速 0～90r/min；钻机额定扭矩 27kN·m；最大提升力 680kN。FDP-68 型具体参数见表 3.2.2-3。

表 3.2.2-3　　　　　　　　　　　FDP-68 型定向钻机参数

回拖力/kN	680	提升力/kN	680
额定扭矩/(kN·m)	270　45r/min	回转速度/(r/min)	0～90
给进行程/mm	3000	钻杆规格/mm	$\phi102\times3000$
导向孔直径/mm	$\phi240$	钻进角度/(°)	12～70
液压系统压力/MPa	31.5	行走速度/(km/h)	0.75/1.5
电动机功率/kW	160	主机重量/t	23
外形尺寸/(mm×mm×mm)	7500×2750×3400		

3.2.3 测斜及纠偏

3.2.3.1 技术原理

在常规的导孔钻进过程中，钻头受地层的影响在钻进过程中会产生偏斜（即偏离预定的施工轨迹）。最典型的是地层软硬相间带来的偏斜，给超深竖井导孔施工带来了较大的不利影响。为解决这一问题，发展出了导孔测斜及纠偏技术，即通过测量仪器进行偏斜测量，一旦发现偏斜，采取措施及时纠正。测斜仪器一般要求达到：①顶角精度不大于 0.5°，方位角精度不大于 2°。在孔深 150m 以内时，测量偏距可控制在 0.93m 以内。②为了铁制钻杆在磁性地层达到随钻测量的效果，通常采用具有可靠的抗磁性的仪器。目前国内已研发出具抗磁性且精度较高的测斜仪，其核心装置为陀螺仪。

随钻测斜技术始于国外的石油钻井技术，按传输通道分为泥浆脉冲、电磁波、声波和光纤 4 种方式，以泥浆脉冲式使用最为广泛。MWD 型测斜仪是一种正脉冲无线随钻测斜仪。该仪器是将井下参数进行编码后，产生脉冲信号驱动脉冲发生器内的电磁阀动作，限制部分泥浆流入钻柱，从而产生泥浆正脉冲。地面上采用泥浆压力传感器检测来自井下仪器的泥浆脉冲信息，并传输到地面数据处理系统进行处理，井下仪器所测量的井斜角、方位角等数据可直观地显示在计算机和司钻阅读器上，见图 3.2.3-1。

无线随钻测斜仪在定向钻的工作全过程中，安装于螺杆钻具后的无磁钻铤内，见图 3.2.3-2。在正常钻进（又称复合钻进）时，钻机与螺杆钻具同时旋转，提供较高的转速进行钻进，见图 3.2.3-2（a）；在无线随钻测斜仪测定出偏斜的情况下，调整至滑动钻进（又称定向钻进），见图 3.2.3-2（b），进而对钻井轨迹进行控制，以使孔斜降

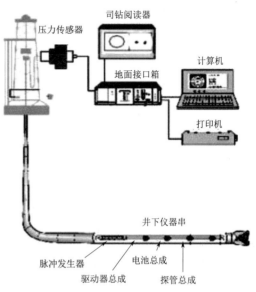

图 3.2.3-1 随钻测斜技术各组成示意图

低。通过内置脉冲发生器将探测的数值发送至地面计算机进行编码，由内置计算机解码，实时监控导孔偏斜情况。定向钻进的全过程中，如需要测斜，只需对无线随钻测斜仪发送开始测斜信号即可，在钻进过程中无须起钻、下钻等费时的操作，就可快速完成测斜，并根据测斜的结果来判断是否需要进行定向钻进。通常每钻进 3m 进行一次偏斜测定，实现对钻进轨迹的连续监测，确保偏斜得到控制。

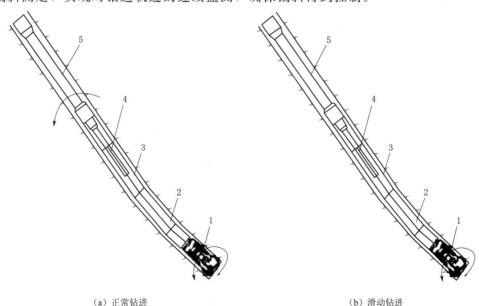

（a）正常钻进　　　　　　　　　　（b）滑动钻进

图 3.2.3-2 无线随钻测斜仪安装示意
1—钻头；2—螺杆；3—无磁钻铤；4—无线随钻测斜仪；5—钻杆

常用的 MWD-76 型无线随钻测斜仪参数见表 3.2.3-1。定向钻机先导孔施工剩余 50～100m 时，需在下部安装磁导向仪进行监测，参数见表 3.2.3-2，主要依靠角度及方位进行位置判定。

表 3.2.3-1 MWD-76 型无线随钻测斜仪参数

项 目	参 数	项 目	参 数
井斜测量精度/(°)	±0.1	抗压桶外径/mm	58
方位测量精度/(°)	±1.0	仪器总长/m	2.8、3.8（加延长杆）
工具面测量精度/(°)	±1.0	数据传输方式	泥浆脉冲式
最高工作温度/℃	150	磁信标支持	是
仪器外筒承压/MPa	50	γ 探管	无

表 3.2.3-2 磁导向仪参数表

项 目	参 数	项 目	参 数
电源	220V±10V，50Hz	方位角测量精度	0.5°
倾角范围	-90°～90°	工具角测量范围	0°～360°
倾角测量精度	0.1°	工具角测量精度	1°
方位角测量范围	0°～360°	工作温度	0～70℃

定向钻能够在孔内纠偏，主要依靠井下钻具组合，关键部位就是螺杆钻具。螺杆钻具是一种将循环冲洗液的压力能转化为转动的机械能的容积式井下动力钻具。螺杆钻具前端连接钻头，高压泥浆流经螺杆钻具时，螺杆马达在扭矩作用下旋转，带动下面的钻头工作。螺杆钻具的转子有单头和多头两种，多头螺杆钻具有扭矩大、转速低、压降小、容易启动等优点，目前被广泛应用在钻孔定向钻进中。螺杆钻具由旁通阀、马达、万向轴和传动轴组成，如图 3.2.3-3 所示。

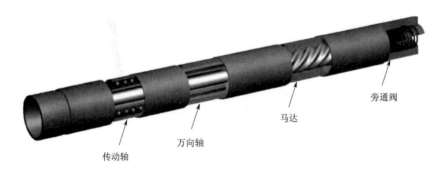

图 3.2.3-3 螺杆钻具各部分组成示意

旁通阀总成位于螺杆钻具组始端，由阀芯、阀套、弹簧、阀口等零件组成。在钻进时有两种工作状态，即开启状态和关闭状态，由钻井液流量控制。当钻头正常钻进时，旁通阀处于关闭状态，被压缩的弹簧上举阀芯，泥浆流经马达把压力能转换为机械能，推动钻头向前钻进。当钻头纠偏钻进时，旁通阀处于打开状态，一定流量的钻井液压入后，迫使阀芯向下动作，迫使弹簧压缩并关闭阀体上的通道。

马达由转子和定子两部分组成，转子为螺杆形，下段连接万向轴，上段为自由端，上边镀有抗磨耐腐蚀材料镉，定子为腔状结构，由硫化橡胶衬套和钢筒组成。从传动角度看，它们是一组特殊的啮合结构。螺杆马达的基本工作原理为：当具有一定能量的钻井液进入转子、定子形成的密封腔，通过时形成压力，驱动转子在定子内部转动，将液压势能转化为机械动能。所以说马达是螺杆钻具的动力部件。

万向轴连接马达和传动轴，它的主要作用是改变钻进方向和传递扭矩。把马达转子的运动转化为传动轴的定轴转动，在调整转进姿态的同时把扭矩向钻头方向传递。

传动轴由壳体、轴、推力轴承、径向轴承等组成，内部有一组角接触推力球轴承，具有较高的承载能力，作用是将万向轴传来的扭矩和转速传递给钻头，同时要承受钻进时地层作用于钻头的轴向力和径向力。

钻井泥浆是钻井过程中使用的一种特殊浆液，通过膨润土、氧化钙和化学处理剂按一定比例混合，高速离心机离散后采用循环泵和搅拌机调为均质乳状液体。钻井泥浆在钻井施工中的作用非常重要，其主要功能为冲洗井底、挟带岩屑、平衡地层压力、冷却与润滑钻头、稳定井壁、悬浮岩屑和密度调整材料、获取地层信息、传递功率（传给螺杆钻具等）。施工中应控制泥浆中的含沙量，保证泥浆性能的稳定，保持适当黏度，增强泥浆挟砂能力。

3.2.3.2 偏斜原因及控制措施

造成导井钻孔偏斜的原因很多。在加强测量及时掌握偏斜情况的基础上，开展偏斜原因分析，采取相应措施非常重要。

1. 地质条件方面

地质条件是造成钻孔偏斜的最主要的原因，岩性组成、抗压强度、岩层走向、倾向、完整性及裂隙发育程度等都会导致造孔孔向偏斜。若处于软硬岩石交替、裂隙发育、不良地质断层、破损带等地层时，较均质地层更易导致孔向偏斜。

如当钻孔周围岩层软硬不同时，反向钻机三牙轮钻头由于旋转中心偏离钻孔中心旋转的轨迹而发生钻头移步，这种移动必将引起钻孔圆形形状的改变和钻孔直径变大，软岩中发生钻头移步的偏斜量通常大于硬质岩层。同时，钻孔会向软岩层方向偏斜。在斜井的导孔造孔中受重力影响，钻孔往往向下偏斜，当下部岩层较软时，这种程度会加剧。当钻头钻进一组有一定倾角的地层时，钻头受地层反作用力不均，地层下倾方向的阻力大，而上倾方向的阻力小，促使井孔向上倾方向倾斜，以保持钻头按阻力最小的方向钻进，因而产生井斜。岩层倾角对井斜的影响规律一般为：地层倾角小于45°时，井孔一般沿地层上倾方向偏斜；地层倾角大于60°时，井孔将沿地层下倾方向倾斜；地层倾角为 $45°\sim60°$ 时，井孔倾斜不稳定。

对于裂隙发育、不良地质断层、破损带等地层引起的偏斜，应对地层进行相应处理（灌浆或砂浆回填法），砂浆回填法处理时采用与岩体强度相近的砂浆回填，需要纠偏的孔段，至少待凝 4d 后，重新钻进进行纠偏。

针对岩层自身特性以及地质变化造成的钻孔偏斜，可以通过合理控制钻进扭矩、转速和推力来减小孔位偏斜。在缙云抽水蓄能工程斜井施工中，根据岩层调整钻进扭矩、转速和推力进行纠偏。不同岩层的扭矩、推力和转速见表 3.2.3-3。由于在实施过程中，软岩层和过渡岩层使用较低的钻进压力，而硬岩层和稳定岩层应使用较高钻进压力，以获得最佳推力和钻井速度。

表 3.2.3-3 正 钻 导 孔 参 数 表

项目	扭矩/(kN·m)	推力/kN	转速/(r/min)
开孔	<10	60~90	5~8
完整岩层	<10	<260	17~19
破碎岩层	<10	60~90	15~17

2. 钻机参数控制

斜井施工中影响钻具的载荷可分为垂直分力和水平分力。垂直分力使钻头沿倾斜方向向下钻；水平分力迫使钻头斜向上钻。在重力的作用下，钻杆弯曲，钻杆的中间部分落在钻孔的下部。钻杆施加在钻头上的力不再沿导孔轴线的方向。在改变的力的作用下，钻头的钻孔方向向上移动。随着钻孔深度的增加，当钻孔深度达到一定距离且钻孔力较大时，由于钻杆与孔壁之间有间隙，钻杆会弯曲变形。钻头受力方向发生变化导致钻孔方向发生偏差，此时，钻孔的偏移方向可以是上下左右。因此，选择合理的钻具重量和钻压非常重要，当然这些都要和地质条件综合考虑。另外，纠偏时，可以让钻机向偏斜相反的方向微调相应的距离或者让钻机向偏斜相同的方向微调相应的角度，以抵消钻杆弯曲造成的孔位偏移。

有经验的操作人员可根据返水颜色、进尺速度、返水带出的颗粒物性状、钻机的稳定情况、钻杆在孔内的旋转与摆动情况等来判断孔内情况，并及时调整进尺速度、钻进压力、转速、冲洗液量大小及压力等参数，从而可减小偏斜的发生。一般情况下，当钻机轴向压力过小、钻进速度过慢时，钻孔效率降低、钻头磨损增大；当钻机轴向压力过大、钻进速度过快时，偏斜增大。根据反井钻机施工经验，在开孔环节应尽可能压低钻压，待钻杆全部稳定进孔后恢复至正常钻压。

在反井钻机钻进过程中，由于钻头和岩层破碎所产生的岩屑与岩渣最终将通过清水和泥浆冲出钻孔。根据相关研究与试验结果，沉积于钻孔底部的 $0.6\sim6mm$ 厚度岩屑与岩渣将降低钻进速度 40% 以上，尤其是斜井，岩屑与岩渣在重力作用下更容易堆积于钻杆底部和孔底，对钻杆形成向上的托举力而引发偏斜。

钻进时，当压力水在钻杆水孔、牙轮喷嘴、钻杆与导孔岩壁间环形空间等处不再流动或循环时，将出现不返岩渣或堵钻现象，易造成孔位向上偏斜。

3. 钻机定位安装方面

钻机安装不牢，钻进过程中因承受推拉力和扭矩，出现钻机机身摇动，造成钻机移位，致使钻孔偏斜。另外，开孔控制不当也会造成孔位偏移或钻孔偏斜，一般要求钻机垂直度在0.1%以内。缙云抽水蓄能工程斜井在施工前，预浇筑了一个与刀盘平行的混凝土基础，以承受钻进时受力不均导致的偏斜。同时要求：①表面平整度为±3mm；②混凝土必须浇筑在稳定的岩石上，浇筑前必须清除所有松散的岩石和碎屑，浇筑混凝土的厚度不得小于2m；③主机基础设有两层钢筋，导孔中心直径2.2m范围内不允许有钢筋（尺寸根据刀盘大小调整），避免与扩孔位置重合；④用于固定主机的锚杆采用φ28mm螺纹钢，长度为2.5m，用于固定主机。另外，混凝土基座的锚固螺栓扭力要拧到位，确保其稳定性。

4. 钻杆稳定性及钻头材料

钻探材料的选用：要选用适合地层的钻头，机具加工精度要满足同轴度、偏心度等。螺纹连接后应保证钻杆的同轴度小于0.1mm，端面与轴线的垂直度小于0.5mm。

配置稳定钻杆是控制造孔精度的重要措施。反井钻机的钻杆一般分为普通钻杆和稳定钻杆。稳定钻杆的长度约为1.5m。稳定钻杆与普通钻杆相比，多了4个3cm厚的钢肋，这些钢肋均匀分布在其圆周上，有助于增加稳定性，减少钻杆与孔壁的接触摩擦。稳定钻杆配置过多，则会影响导孔钻进过程中的排渣，甚至会导致堵孔；而配置过少或不合理均会影响造孔精度。一般情况下，操作人员在钻进2m时架设1根稳定钻杆，当钻进20m时再架设1根。若在检测过程中发现钻孔偏斜时，必须要调整稳定钻杆数量和间距，一般向下偏斜时减少稳定钻杆，向上偏斜时增加稳定钻杆。在惠州抽水蓄能电站4条长斜井实践中，开孔时钻头后连续安装6根稳定钻杆，随后安装3根普通钻杆、1根稳定钻杆，再放3根普通钻杆、1根稳定钻杆，共配置8根稳定钻杆。缙云抽水蓄能电站斜井开孔阶段采用导孔钻头+异形接头+稳定钻杆1根+普通钻杆3根+稳定钻杆2根+普通钻杆5根+稳定钻杆3根+普通钻杆7根的配置，共配置6根稳定钻杆。

5. 其他措施

（1）通过测钻原理进行纠偏。首先用高精度测斜仪测出偏斜角度及方位，制作木制封孔器，根据偏斜量将木制封孔器下入孔底，其余空余部分用水泥砂浆封填，待水泥砂浆等强后，下钻钻进，钻头会沿材质较软的木头方向钻进，达到纠偏的目的。

（2）通过纠偏钻具来纠偏。常用的纠偏钻具由以下几部分组成：由下向上依次为导向孔钻头、异形转换接头、螺杆钻具、斜向器、钻铤、转换接头、普通钻杆。使用斜向器，使螺杆钻具与上部钻机轴线产生一定的夹角，令下部钻具向特定方向偏斜，从而达到纠偏目的。根据钻孔偏斜角度的不同，采用不同偏斜角的斜向器，一般斜向器的偏斜角要小于钻孔的偏斜角。如偏斜较严重，即经测量出现了井斜角度大于 2°的偏斜。此时使用 1°斜向器进行纠斜钻进。如偏斜不严重，可使用 0.5°斜向器进行纠斜钻进。

（3）利用小孔导向纠偏法。通过变小 1 级或 2 级孔径钻进，确保小孔段消除偏差，然后利用小孔径导向，采用原孔径钻头进行扩孔，以达到纠偏的目的。清理现场后，全部钻孔工作结束。

另外需要说明的是，根据长龙山抽水蓄能电站等的实践经验，钻进过程中出现偏差时，不是"及时纠偏"，而是"适时纠偏"。比如目前井斜偏差为 0.43m，准备采取纠偏措施，打算在后续 50m 或 100m 钻进过程中全部纠回来，就在当前的钻深上设置一个靶点，每 3m 左右一次判断是否需要纠偏，最后在目标靶点之后井斜偏差会变为 0，实现纠偏。也就是说，不必绝对要求出靶点正在靶心上，而是要保证钻进轨迹平顺。

3.2.4 施工工艺

3.2.4.1 施工工艺流程及步骤

斜（竖）井开挖一般采用"先导井、再扩挖"的方法。定向反井钻法首先采用定向钻机自上而下进行导孔开挖，然后再自下而上将导孔直径反扩形成导井，以利于溜渣、通风，最后采用钻爆法自上而下分层全断面扩挖至设计尺寸。为确保围岩稳定，采取边开挖边支护的方法进行施工。

以缙云抽水蓄能电站斜井施工为例，定向反井钻法主要施工工艺流程为：施工准备→定向钻安装→导孔施工至贯通（自上而下）→刷孔至完成（自下而上）→定向钻拆除及反井钻安装调试→扩孔完成（自下而上）→反井钻机拆除→人工光爆全断面扩挖（自上而下）→锚喷支护→完成。

3.2.4.2 施工准备

1. 上下掌子面形成

为利于反井钻机设备安装及相关设施布置，对于竖井工程，上下掌子面一般为平面，斜井工程上部掌子面也是如此，但对于斜井下部掌子面，需要考虑掌子面设计成垂直的还是水平的。如设计成垂直的，导洞放在中心线下部，导洞底距斜井底一定距离，减轻了长距离溜渣对下口的较大冲击。另外，掌子面设计成垂直面，掌子面形状与设计断面形状一致，放线简单。如掌子面设计成水平的，溜渣洞放在中间，如爆破块径控制不好，溜渣直接冲向下口，易造成堵孔。特别是水平掌子面由于与设计断面有夹角，曲线形状与设计断面不一致，因此，下掌子面按照竖直面设置相对稳妥。

2. 洞室扩挖

采用定向钻机和反井钻机施工时，钻机高度一般比水工引水隧洞洞径大，钻进施工时需要开展钻杆接长、提拉以及装卸、调试，同时要在钻孔周边构筑施工平台，包括泥浆池及清水池设置、液压设备布置等。一般需在斜井上弯段进行技术性超挖，满足施工空间要求。

以敦化抽水蓄能电站2号上斜井为例，根据钻机所需空间，将上弯段断面向下游延伸，并将断面体型扩大为7.0m×7.0m（高×宽）的城门洞型，然后根据围岩类型进行一次支护，一般采取锚喷支护即可。图3.2.4-1为敦化抽水蓄能电站2号上斜井上弯段技术性扩挖图。

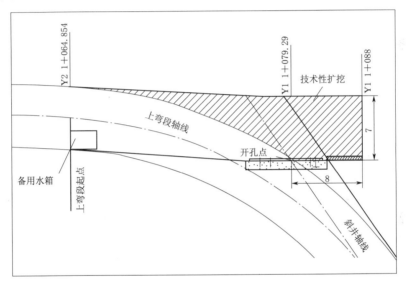

图3.2.4-1 敦化抽水蓄能电站2号上斜井上弯段技术性扩挖图（单位：m）

3. 洞顶吊装锚杆安装

定向钻机为履带式自行设备，自身通过电力驱动可以行走，无须吊装和拆卸。但扩挖时用的反井钻机和附属的液压泵站及制浆泵站等均需洞内吊装和拆卸，必须在洞顶部位施打吊装锚杆，进行多倒链联合吊装。仍以敦化抽水蓄能电站上斜井为例，在超挖洞身段开孔中心点两侧注装水泥砂浆锚杆，锚杆采用直径25mm、长4.5m螺纹钢制作，入岩4.0m，间排距2.0m，沿洞轴线对称布置6排，共布置12根，每根锚杆拉拔力不小于50kN。完成后进行拉拔试验，确定其承载力，端部采用同直径圆钢制成圆环，焊接在锚杆端部，双面施焊，单侧焊缝长度不小于25cm，焊接完成进行防锈涂装。也可采用2号上斜井自制台车进行吊装。

4. 开孔位置选择

因反井钻机施工精度的限制，为避免导井的导孔偏出竖井断面以外，采用反井钻机施工的导井宜布置在竖井断面的中心。断面较大时，也可以布置2个或2个以上导井，具体数量可由经济分析比较确定。

对于斜井，钻机开孔位置应综合考虑斜井地质条件、设计直径及倾角、导井扩挖及扒渣、工作安全平台布置等因素，合理确定。一般向斜井轴线下移 1m 左右，同时保证在导井壁不良地质部位出现塌滑后，安全工作平台宽度不小于 80cm。在水布垭水电站工程斜井施工中（项继来等，2007），有意识地对导井位置进行了方案比较，1号斜井的导井靠近顶拱布置，2 号斜井的导井靠近底板布置，3 号斜井的导井布置在轴线中下部位，如图 3.2.4－2 所示。开挖后发现，对于与水平夹角为 60°的马蹄形断面，若将导洞布置在轴线附近略偏向底板一侧时不仅减轻人工扒渣劳动强度，同时也节省了大量时间，加快了施工进度。

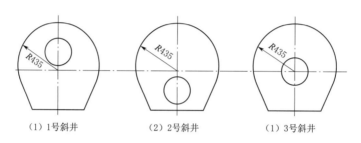

（1）1号斜井　　　　（2）2号斜井　　　　（1）3号斜井

图 3.2.4－2　导井不同位置示意图

5. 钻机作业平台设置

反井钻机工作时需要布设混凝土平台。首先将反井钻机基础及导井中心直径2.5m 范围内的浮岩、松动岩石进行清理，要求清理至完整稳定基岩，然后由测量人员放出导孔中心点，在清理好的基础面上进行混凝土浇筑，混凝土必须振捣密实。基岩面验收质量标准按照《水工混凝土施工规范》（DL/T 5144—2015）要求执行。

由于定向反井钻法需要定向钻机、反井钻机两种设备，通常需要浇筑两次基础。在缙云抽水蓄能电站斜井反井钻法施工中，基础混凝土浇筑采用一次浇筑、两机共用的做法，统筹考虑了两种钻机的基础固定方式、排渣方式、沉淀池的位置、承重和安全文明施工技术要求，以及混凝土平台的平整度、外部系统供水供电、排水的位置布置及两种机子的耗水、耗电等要求，避免了不同钻机基础浇筑重复施工。

以缙云抽水蓄能电站斜井钻机基础为例（图 3.2.4－3），开挖完成后清理干净基岩面浇筑混凝土基础，基础尺寸以钻孔中心为起点，上游面长 8m、下游面长1.5m（共计长 9.5m），宽 3m，厚度不低于 70cm，浇筑混凝土基础时，其强度必须能够承受设备的重量和扩孔时增加的负荷。基础面的平整度必须保持在±3mm/m。

6. 清水池、泥浆池设置

为满足钻机钻进时钻头冷却及钻孔洗孔需要，在钻机后部布置泥浆池、沉淀池，开挖形成长 6m、宽 1.5m、深 1.2m 的池室，另外基础周边布置排水沟。

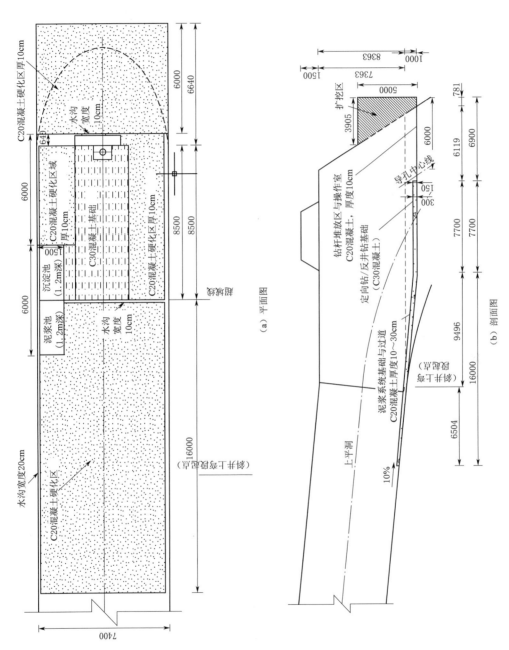

（a）平面图

（b）剖面图

图 3.2.4-3 缙云抽水蓄能电站斜井钻机基础布置示意图（单位：mm）

3.2.4.3 定向钻安装

定向钻机安装必须在混凝土浇筑等强后进行。非履带式钻机需利用卡车运送，利用预先在钻井中心顶板安装的起吊锚杆卸下主机，安装在轨道钢梁上；待主泵站、副泵站和操作台等构件就位即可连接管路和电路，再利用钻机主推缸立起主机，使钻机就位；随后利用水平尺和电子角度仪对钻机进行水平角度的初步调整，并用全站仪对钻孔角度（方位角、倾角）进行校核，要求误差不大于 0.1°。钻机钻孔方位角、井斜校准后，方可安装地脚螺栓，对钻机进行抄平找正后完成安装。采用履带式行走装置的定向钻机就位校正后即可安装固定。

3.2.4.4 导孔施工与反向刷孔

为确保开孔的角度，开钻前要在孔位基础上预留环形孔槽，钻进过程中应以轻压、慢转、大泵量为宜。敦化抽水蓄能电站上斜井施工转速控制在 60r/min，钻压 500kg，泵量 600～1200L/min。同时应做好钻进泥浆的控制。钻进硬岩段时，要求泥浆比重控制在 1.03～1.15，黏度控制在 20～35s，并根据钻孔情况及时加入泥浆添加剂调整泥浆。及时添加泥浆材料，处置漏失情况。

先导孔一般多为 $\phi 216mm$，自上而下施工完成后，换成 $\phi 295mm$ 钻头，将导孔正向刷大至反井钻机需要的导孔直径，刷孔直径一般为 $\phi 250～350mm$。刷孔期间要不断地冲洗孔壁，将岩粉及碎石全部排到井底，定时清理积渣。具体施工要点如下。

1. 无线随钻测斜仪安装

设备就位后，对设备固定位置、钻孔角度（方位角、倾角）进行校核，使其方位角、井斜角度在允许误差（≤0.1°）范围内。开钻前，再次复核安装角度，复测无误后，对钻头、钻具进行检查，然后进行开孔钻进。受无线随钻测斜仪工作机制和钻头、纠偏螺杆、无磁钻杆长度的限制，须先靠钻机、钻杆固定角度钻进 30m 后才可安装无线随钻测斜仪。在钻进 30m 后，提出钻杆、钻头，用有线陀螺测斜仪进行钻孔偏斜测量并安装无线随钻测斜仪，依据无线测斜仪测量数据进行纠偏。

井斜方位角的测量通常使用磁性测量仪器，测得方位角以磁北为基准。当使用非磁性测量仪器（如陀螺仪）时，测得的方位角以真北为基准；但在进行定向轨道设计和轨迹计算时使用的均是高斯投影坐标系，以网格北为基准，所以需要把测量的以磁北为基准的井斜方位角转换成以网格北为基准的井斜方位角。井斜方位角校正包括磁偏角校正和子午线收敛角校正。

方位角的校正公式为

$$\phi_c = \phi_s + \delta - \gamma \tag{3.2.4-1}$$

式中：ϕ_c 为经过方位校正之后用于轨迹计算的方位角，（°）；ϕ_s 为测量仪器测得的井斜方位角，（°）；δ 为磁偏角，（°），是某一地区内大地真北方向线与磁北方向线之间的夹角，其计算是以真北方向线为始边，以磁北方向线为终边，顺时针为正，逆时针为负；γ 为子午线收敛角，(°)，是地球椭圆体面上一点的真子午线与位于此点所在的高斯投影带的中央子午线之间的夹角，即在高斯平面上的真子午线与坐标纵轴线的夹角。当坐标纵轴线位于真子午线以东时称东偏，其角值为正，位于以西时称西偏，其角值为负。

在工程应用中，子午线收敛角简易计算公式为

$$\gamma = D\lambda \sin\psi \tag{3.2.4-2}$$

式中：γ 为子午收敛角，(°)；λ 为计算点与中央子午线之间的经度差，(°)；ψ 为计算点所在的纬度，(°)。

2. 过程测斜

继续钻进过程中采取每钻进一根钻杆，无线随钻测斜仪进行一次偏斜测量，并依据测量数据计算偏斜率、狗腿度，判断各控制参数是否超出最大限值，分析是否进行纠偏处理。《水电水利工程斜井竖井施工规范》（DL/T 5407—2019）规定，钻孔偏斜率不宜大于 1.0%，此标准为终孔验收控制标准。反映偏斜的参数还包括综合偏斜率、狗腿度，其中综合偏斜率是反映曲率的参数，狗腿度是单位井段长度井轴线在三维空间的角度变化，相较于综合偏斜率，更能表征曲率变化的快慢，反映钻孔方向控制精度。资料显示，钻孔狗腿度超过 5°/30m 时，极易造成孔内断钻具、卡钻等事故。因此在进行纠偏时，应以狗腿度变化为控制重点。

钻孔偏斜率 δ 计算公式如下：

$$\delta = \tan\theta = \frac{d}{L} = \frac{\sqrt{L_1^2 - L^2}}{L} \tag{3.2.4-3}$$

式中：d 为实钻钻孔的水平投影长度，即孔底偏距，也称偏差，m；L 为钻孔的设计长度，m；L_1 为实钻钻孔的长度，m。

综合偏斜率 G 计算公式为

$$G = \sqrt{(\alpha_2 - \alpha_1)^2 + \left[(\theta_2 - \theta_1)\cos\left(\frac{\alpha_2 + \alpha_1}{2}\right)\right]^2} \tag{3.2.4-4}$$

狗腿度的计算公式如下：

$$D_a = \frac{30\sqrt{(\alpha_2 - \alpha_1)^2 + \left[(\theta_2 - \theta_1)\sin\left(\frac{\alpha_2 + \alpha_1}{2}\right)\right]^2}}{S} \tag{3.2.4-5}$$

式中：D_a 为狗腿度（°/30m）；α_1、α_2 分别为上下测点的井斜角；θ_1、θ_2 分别为上下测点的方位角；S 为上下测点之间的长度。

3. 两种钻进方式

螺杆钻具有两种工作姿态，分别为定向钻进和复合钻进。

定向钻进。如偏斜角大于设计数值，根据制定的纠偏设计，利用弯螺杆以斜角度

进行反向钻进实现纠偏，称为定向钻进；此时，螺杆钻具由泥浆推动旋转，钻机旋转至一定角度后锁定旋转。由于螺杆有弯角，导孔将沿弯角指向，进行定向钻进，以使导孔沿着需要的方向进行钻进。这种工作方式在需要纠偏时使用。

复合钻进。如偏斜角小于设计数值，可减少定向长度，进行复合钻进，保证整个长斜钻孔的实现。此时钻机和螺杆同时旋转，钻头旋转速度为二者之和，在不需要进行纠偏时使用，为该钻机施工时的主要钻井方式。

某工程反井导孔定向孔测斜定向方案见表 3.2.4－1。在钻进过程采取 1m 定向钻进纠偏、2m 复合钻进的方法，取得了良好的效果，保证纠偏过程中定向孔以平滑曲线钻进，避免发生纠偏过快出现狗腿度变化过大的情况。每钻进一根钻具长度随钻测斜一次，对钻孔的轨迹判断存在疑问时，加密测点，如钻进一根钻具长度随钻测斜两次。孔斜超偏时，每钻进 50m 提取钻杆，采用有线陀螺测斜仪对无线随钻测斜仪测量数据进行复核、校对，并检查钻头、钻杆磨损情况，并进行孔内摄像查勘岩层变化情况。

表 3.2.4－1　　　　　　　　　某工程反井导孔定向孔测斜定向方案

序号	测斜定向指标	反井导孔定向孔测斜定向方案
1	测斜	（1）正常情况，每钻进一单根钻具长度随钻测斜一次； （2）对钻孔的轨迹判断存在疑问时，加密测点，如一单根钻具长度测斜二次； （3）必要时，单独下无磁钻铤加钻头全程测斜一次
2	纠偏	（1）当钻孔偏距大于 0.5m 时，需要进行纠偏； （2）当钻孔井斜角大于 0.8°时，需要进行降斜
3	定向	（1）正常情况，均采用弯角 1.25°的 ϕ165mm 螺杆钻具； （2）如遇定向效果不理想，下入弯角 1.5°的 ϕ165mm 螺杆钻具
4	定向钻进长度	（1）正常纠偏时，定向钻进长度 2～3m； （2）正常降斜时，定向钻进长度 1～2m； （3）当定向没有达到预期效果时，需要进行再次的定向
5	定向工具面角	（1）在定向钻进过程中，以稳定工具面角为主； （2）纠偏时，定向工具面角以闭合方位为基准，反扭； （3）降斜时，定向工具面角以钻孔方位角为基准，反扭； （4）反扭矩，井深小于 200m，反扭矩角 10°～20°；井深大于 200m，反扭角 20°～30°

在钻进至距离孔底 50～100m 时安装磁导向测斜仪，并使用有线测斜仪复核此处偏斜情况，计算后续需纠偏的偏差值，在保证狗腿度和偏斜控制的前提下，在下弯段安装磁导向信号接收装置。当实测狗腿度超出最大限值时，根据超出点位置对该段采取反复扩刷以改善狗腿度直至满足要求。

3. 导孔刷大

根据以往施工经验，定向钻机施工完成导孔施工后，通常采用两种方式进行导孔刷大，即定向钻机由下往上刷大、反井钻机由上往下直接刷大。

反井钻机由上往下直接刷大方式一般适用于：①定向孔直径与刷大导孔直径相差小于 75mm；②软弱岩层条件下的竖井；③岩石抗压强度小于 120MPa，斜长小于 200m 的斜井。

定向钻机由下往上刷大方式一般适用于：①定向孔直径与刷大导孔直径相差超过 75mm；②坚硬岩层条件下的长竖井；③岩石抗压强度大于 120MPa，斜长大于 200m 的斜井。

抽水蓄能工程斜（竖）井工程通常长度较长，坚硬岩层较多，定向钻机由下往上刷大导孔是一般采用的方式，如敦化抽水蓄能电站、长龙山抽水蓄能电站引水斜井等工程中均采用了这一方式。采用由上往下刷大的方法时，岩石体积相对较大，三牙轮钻头掌片易被损坏脱落，造成堵孔、埋钻、憋钻，采用时应予以重视。

3.2.4.5 反井钻扩孔施工（导井形成）

定向钻完成导孔刷大后，即可将定向钻撤走。在原基础上布置地锚，安装反井钻机。步骤为：基座安装→安装地锚→主机就位→液压站安装→油管连接→电路连接→调试→主机校准加固→下放钻杆→安装反井钻头→导井反拉。

导井直径由反井钻头决定，应能保证顺利溜渣，大于爆块最大粒径。导井直径选择也经历了发展变化，最初冶勒水电站竖井等工程中采用反井钻扩孔直径仅为 1.4m，常常造成堵井事故。随着技术设备的进步，一般要求扩孔直径不小于 2.4m。在向家坝水电站 16.5m 大直径竖井实践中，在 1.4m 导井基础上进行了 $\phi2.5m$ 导井、$\phi4.5m$ 两次反扩。另外，对于岩石硬度较高、地质条件较好时，导井直径也可按 2m 设置。如长龙山抽水蓄能电站引水下斜井导井直径投标期为 2.5m，在实际平洞段开挖及定向孔施工过程中，检测岩石硬度远超招标预期。考虑到斜井长度大、导孔轨迹容易存在一定偏差，加之岩石硬度大，若反拉 $\phi2.5m$ 导井，对反井钻机、钻杆及反拉刀盘滚刀等性能要求极高，且存在诸多不可预见的突发情况。经综合研究讨论，确定将导井直径调整为 2.0m，也取得了良好的效果。

以敦化抽水蓄能电站上斜井施工为例，说明反井钻扩孔施工要点。

1. 基座安装

基座基础为 C30 混凝土，反井钻机总重 13.1t，C30 混凝土可承受 30MPa 压力，经计算满足要求。基础与上平洞轴线平行，浇筑尺寸为 9m×3m×1m（长×宽×深），钻机安装前应达到 28d 龄期，方可安装反井钻机的基座。同时采用全站仪对钻机底部钻杆连接器中心点进行详细的测量复核，将已有钻孔中心点和钻机安装轴线确定后，调整角度，以便钻机对中心孔。

2. 地脚锚杆安装

在混凝土基础上按照定位基座进行开孔，垂直钻入 1.2m，清孔后注装树脂锚固剂，将事先加工好的地脚锚杆（常用 $\phi28mm$、$L=1.5m$，一头带 10cm 的螺纹钢筋）

旋入锚孔，旋入时不得破坏顶部螺纹，凝固期满即可进行设备固定和微调整，达到最佳高度与下钻角度，然后按照规定力矩拧紧螺母，用防锈漆涂装后，用细石混凝土把基座和基础之间的缝隙浇筑密实，并再次复测基座，确保安装正确。

3. 主机就位

待基座下方的混凝土和锚杆强度达到之后，安装主机轨道。按照钻机配套间距要求将主机轨道铺设在混凝土平台上，轨道通常采用工字钢制作，扭紧螺栓，运输主机至工作面正确安装在轨道上，根据斜井设计角度初步调整好主机的钻孔角度，退出自动行走底盘。

4. 液压站及操作台安装

主机就位之后，把液压站运输至工作面按预先的场地布置安装，并用水平尺校准水平。运输操作台至工作面，摆放在合适的位置，操作台的位置摆放需要保证操作时的良好视线，以确保装卸钻杆时操作人员和操作台的绝对安全。

5. 油管连接

当主机、液压站、操作台安装布置完成之后，把所有设备部件（包括各连接油管接头）都清理干净，连接前可用干净的同型号液压油清洗安装接头，确保杂物不进入液压系统，安装完成之后根据图纸仔细核对每根油管的安装是否正确。

6. 电路线路连接

电路线路安装必须由专业电工完成，正确连接电路线路之后，必须仔细检查整个线路系统（包括电压是否在设备要求的正常范围），确认所有电缆连接正常之后，方可送电。

7. 设备调试运行

确认电缆、油管等连接正确，送电之后，检查电压、相序和各仪表显示是否正确，通电 1h 以上，再次全面仔细检查设备各部位的状态（包括液压油、齿轮油等），确保安装正确和保证设备人员的安全后开机试运行。设备运行过程中，注意观察设备的运行情况，如发现异常及时停机处理。

8. 钻杆下放

钻机调平后，调整动力水龙头的转速为预定值，并将动力水龙头升到设定位置、把事先与异型钻杆相接的导孔钻头移入钻架底孔并用下卡瓦卡住异型钻杆的下方卡位，然后将卡瓦放入卡座。用钻机辅助设备连接钻杆。接好钻杆后，开启冷却用水，开始从上往下逐节下放钻杆。

导孔底部安排警戒，禁止人员进入，防止钻杆坠落伤人，同时及时引排导孔洗孔废水，防止满地流淌。

9. 大钻头反拉扩孔

大直径钻杆接入井底后，在中平洞用卸扣器将导孔钻头和异型钻杆换下，用装载机将扩孔钻头运至导孔下方,将上下提吊块分别同钻头、导孔钻杆固定,上下提吊块用钢丝绳连接,提升导孔钻杆,使钻头离开地面约20cm,然后固定钻头,下放导孔钻杆,拆去上下提吊块,连接扩孔钻头。

开始反拉扩孔时,调节动力水龙头出轴转速为慢速挡。在扩孔钻头未全进入钻孔时,为防止钻头剧烈晃动而损坏刀具,使用低钻压、低转速,待钻头全部钻进后可加压钻进。扩孔钻压的大小根据地层的具体情报况而定,软岩低压、硬岩高压,同时需要按照设备要求控制主副泵油压不得超过限值。反井钻反拉过程由智能化操控,根据岩石硬度变化实时调整反扩拉力与转速、扭矩,响应时间为0.1s,避免人工操作反应滞后导致断杆事故发生。

扩孔钻进结束后,拆去钻杆,采用钢丝绳将扩孔钻头固定在主机轨道上,主机调离后再将钻头从导孔吊出。

3.2.4.6 全断面扩挖

1. 施工程序

斜井扩挖施工采用卷扬牵引扩挖台车为钻爆、锚喷支护提供施工作业场所,另外设载人/送料小车作为人员通行及材料运输的专用设备。

扩挖台车通常采用"两机一绳"的牵引方法,以便更好地解决扩挖卷扬机同步运行的问题。正常施工段斜井扩挖施工程序见图3.2.4-4。

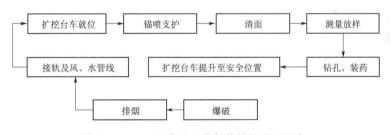

图3.2.4-4 正常施工段斜井扩挖施工程序

2. 施工准备

以安徽绩溪抽水蓄能电站尾水调压井开挖(纵剖面见图3.2.4-5)为例,说明扩挖准备工作。该尾水调压室布置在尾水岔管后20.0m处,大井开挖直径12.6m、高54.7m,采用钢筋混凝土衬砌,衬砌后断面直径11.0m。阻抗管开挖直径5m、高64.2m,衬砌后断面直径3.5m。1号、2号小井开挖断面为马蹄形,3号小井为圆形,开挖直径4.5m。上室采用城门洞型,断面尺寸14.6m×9.2m(宽×高),长约43m,两侧边墙及拱部衬砌厚度0.6m。

卷扬机选择的基本参数依据如下:

吊篮:0.5t;

扩挖井盖:1t;

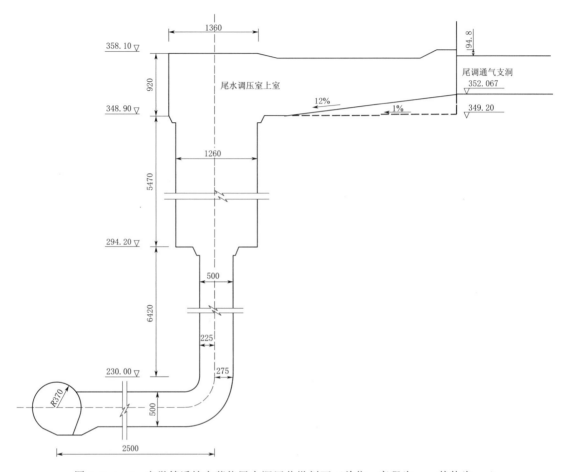

图 3.2.4-5　安徽绩溪抽水蓄能尾水调压井纵剖面（单位：高程为 m，其他为 cm）

人员（按 6 人考虑）：1t；

其他（施工材料、钻机）：1t；

合计：3.5t。

根据以上基本参数，选用 JMW5T 卷扬机和稳车。

卷扬机提升定滑轮组安装在竖井中部，平洞长 30.4m，满足布设卷扬机要求，作为提升系统的卷扬机室及配电室。

3m 直径扩挖时采用 1 台卷扬机，只进行吊篮运行；大井及小井扩挖时采用 1 台卷扬机运行吊篮，2 台稳车吊运井盖（安全盘）。

卷扬机钢丝绳选型与校验。根据国家标准《重要用途钢丝绳》（GB 8918—2006）所提供的钢丝绳技术指标，选用 ϕ22mm、抗拉强度 1960MPa 的钢芯钢丝绳，其最小破断拉力为 378.00MPa，故其最小钢丝绳破断拉力总和＝钢丝绳最小破断拉力×1.287＝498.5kN，即最小破断拉力约为 50t。按设计的吊篮及井盖以及人员等负重总质量不超过 5t 时，满足最小 9 倍的安全要求。

提升系统的布置与安装。提升架考虑两次爆破扩挖需要，需设计专用的提升设备，考虑到提升架除提供爆破扩挖外，还要考虑到后期混凝土施工及灌浆施工的运行使用，故设计提升系统时需综合考虑各种因素。根据施工筹划先进行 3m 扩挖，然后进行顶拱衬砌，再进行大井及小井扩挖，为了便于开挖与衬砌施工转换，并且由于前期 3m 扩挖只进行钻孔爆破，不涉及大型机械和材料，拟采用小型井架进行提升，方便安装和拆除。

顶拱衬砌完成后，安装大型井架，为便于井架运输和安装，提升架采用零件加工、整体组装的形式进行加工安装。首先在钢筋加工场将零部件加工完成，并设置螺栓孔，然后用农用车运至工作面，采用装载机和手拉葫芦配合进行安装。

为保证提升架的稳定性，在四个架腿下方设置井架基础，基础尺寸为 1.6m×1.6m×0.8m，并设置双层 ϕ12mm 钢筋网。井架混凝土基座浇筑时预埋 30cm×30cm 厚 1cm 钢板，井架底部与预埋角钢焊接连接。

大井扩挖后，需要在大井井口上方增加临时栈桥，以方便进入吊篮。施工人员及材料运输均以该栈桥为施工通道，栈桥采用 2 根 I28 工字钢做骨架，中间采用 [10 槽钢进行连接，并铺设木板。工字钢两侧焊接钢管护栏，以防止高空坠落。栈桥结构见图 3.2.4-6。

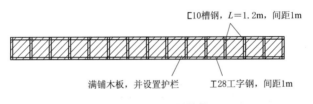

图 3.2.4-6 栈桥结构图

提升系统因小井扩挖和大井扩挖均为正井扩挖，故仅需设计一套吊篮，由卷扬机实施起吊。吊篮主要运送作业人员及钻机、火工材料等设施，吊篮的尺寸为 0.8m×0.8m×2.2m（长×宽×高），方形构造。吊篮示意见图 3.2.4-7。

大井扩挖采用同时钻孔分次爆破的方法进行开挖，每次需要扩挖至设计断面后再向下扩挖，保持平行推进，因此只需要对直径 3m 井口设置直径 4m 的井盖以供井口防护。井盖上方设置 4 个吊点，采用 2 台稳车进行起吊。

提升架的安全防护。为确保提升架的安全，做到受控状态、时时可控，确保在提升系统出现意外时操作人员能立即进行处理。

（1）在工作面、操作间及控制室配置遥控对讲机，确保能随时联系。

（2）卷扬机上设置行程限位系统，当超过该点时提升系统能够自动关闭。

（3）提升吊篮需设置强制制动设备，安装在提升架构上，制动器的各部分位置需便于检修和调整，并有防水保护。

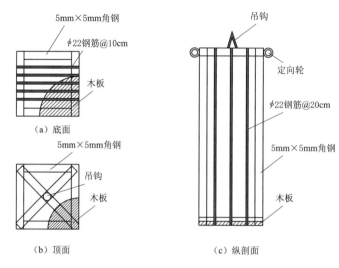

图 3.2.4 - 7　吊篮示意图

（4）提升架需采取主动式和辅助式制动器，主制动器选用闸刀式或盘式，并整体安装在提升架构上或提升电机上，制动器的各部分位置均应便于检修和调整，并有防水保护。

（5）辅助制动器一般应刚性安装在提升架构的机架或底座上，可用常闭式制动，也可用手动机械制动。该制动器主要是使用在提升架构采用手摇驱动的情况下，能使吊篮平台在 100mm 范围内停住，其安装位置要便于操作、检修和调整，并有防水保护。

提升架的稳定要求。提升架由于没有导轨设置，采用常规的中部吊点提升不满足提升架的稳定，故在设计提升吊点的布置时要充分考虑提升架的水平稳定及晃动，本提升系统考虑将提升架从原来的点式起吊改进为面式起吊，即设计对应的两组钢结构方框，一组方框水平固定在竖井的上方洞顶，用锚杆固定焊接牢固，在接近四个角的部位安装定滑轮，另一组方框固定在提升吊篮的顶部，大小与提升架顶部面积一致，在其四个角分别设置滑轮一只，两两一组由一套卷扬机构成一个面提升系统，两组组合成一个立体的、由四根钢丝绳组成的提升系统，可以克服提升架摇摆、晃动等不利因素。

提升架的使用要求。提升架在使用时，应严格按照操作规程进行，不得随意启动或随意停车，提升架内应有乘员与操作员相互联络的统一信号。井口值班及操作人员提升升降机时，须事先和井内作业人员进行通信联络，确认井内工作人员处在安全状态下，方可操作提升架。提升架每天进行例行检查，并做好运行记录和交班记录，机械工程师和电气工程师应定期对提升架的机械运行和电器状况进行检查，发现隐患及时处理，同时做好检查记录。

3. 施工流程

斜（竖）井井口布置及卷扬机安装完成后，按照"一排炮、一支护"的方法进行竖井扩挖施工，炮孔采用人工持手风钻钻设，钻孔方向大致与排风竖井中心线平行，开挖循环钻孔采用光面爆破，爆破后采用人工进行扒渣、清面，石渣通过导井溜至竖井底部排风平洞内，一般采用装载机配自卸车运至指定弃渣场。主要施工措施如下：

（1）测量放线：控制测量采用全站仪做导线控制网，施工测量采用激光导向仪和重垂线进行控制，激光导向仪布置井口桁架梁上。测量作业由专业人员认真进行，每次钻孔前均用红油漆在掌子面上标示各孔位置，另外每班还进行一次测量检查，确保测量工序质量。

（2）钻孔作业：选派熟练的钻工，严格按照设计进行钻孔作业。各钻工分区、分部定位施钻，实行严格的钻工作业质量经济责任制。每排炮由值班技术员按爆破要求进行检查。周边孔偏差不得大于5cm，爆破孔偏差不得大于10cm。扒渣结束之后，采用井口布置的卷扬机牵引设备将导井封闭。

（3）装药爆破：炮工按钻爆设计参数认真进行作业，炸药选用岩石乳化炸药。崩落孔、掏槽孔药卷连续装药，周边孔间隔装药。装药完成后，由技术员和专业炮工分区分片检查，联结爆破网络，撤退工作设备、材料至安全区域后进行引爆。

（4）通风散烟：爆破后采用自然风进行通风，爆破渣堆进行人工洒水除尘。

（5）扒渣：扒渣采用人工，扒渣人员必须保证每人系安全带和安全母绳，扒渣时安排专人安全监护。

（6）安全处理：爆破后由安全员和熟练工人处理井壁浮渣和活石，出渣后再次进行安全检查及支护，为下一循环钻孔作业做好准备。

4. 爆破设计

以敦化抽水蓄能工程排风竖井为例说明，全断面扩挖采用手风钻钻垂直孔装药爆破，钻孔孔径为$\phi42mm$，中间直接钻设崩落孔，周边采用光面爆破，崩落孔等间距布置，周边孔的孔距以（10～15）d控制（d为孔径），最小抵抗线与孔距之比控制在1.0～1.3m。崩落孔可采用$\phi32mm$药卷，装药系数取0.5～0.7；为保证光面爆破效果，周边孔一般采用$\phi25mm$细药卷，并采用间隔装药和导爆索连接结构，装药量控制在250～300g/m。炮孔堵塞长度在0.6～1.0m抵抗线之间，且不小于50cm，堵塞材料选用黄泥和砂子的均匀混合料。爆破采用非电毫秒塑料导爆管串、并联形成爆破网络实现微差爆破，电磁雷管起爆。为了减小石渣粒径，减小堵井事故的发生，采用多打孔、少装药的方式进行爆破，在实际施工过程中，严格控制炮孔的间排距。炮孔布置示意见图3.2.4-8，钻孔爆破参数见表3.2.4-2。

表 3.2.4－2   排风竖井爆破参数及钻孔爆破参数表

类别	孔距 /m	排距 /m	孔数 /个	孔深 /m	药径 /mm	单孔药量 /kg	总药量 /kg	单耗 /(kg/m³)
崩落孔	1.0	0.75	51	2.8	32	1.5	75.3	0.67
光爆孔	0.5	0.5	52	2.8	25	0.375	19.5	
合计			103				94.8	

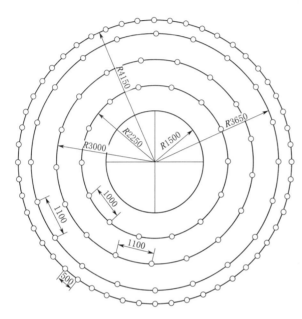

图 3.2.4－8 敦化抽水蓄能工程
排风竖井炮孔布置示意图（单位：mm）

5. 超欠挖控制

斜井导井贯通后，需要将导井扩挖至开挖设计边线。大井扩挖一般采用钻爆法实施，相对于平洞和竖井，人员在斜井下方向感较差。平洞开挖技术比较成熟，有经验的钻爆工人能够很好掌握；竖井在阻尼铅垂球辅助作用下，也能保证精确的掘进方向。斜井导井一般位于断面中下部，开挖过程导孔周边精度较低，在断面呈现不对称现象。如采用水平掌子面开挖法，断面投影（圆形投影为椭圆形）更不利于作业人员对体型的感性认知，钻孔角度难以控制，尤其是马蹄形断面底板和底角，超欠挖程度极易失控。按照规范要求，地下洞室不允许有欠挖，斜（竖）井非地质原因超挖应小于25cm，意味着非地质原因造成的超挖和洞室衬砌时回填此部分混凝土不予计量，所以大井扩挖边线精度至关重要。出现欠挖要全部处理，根据多年施工经验看，欠挖越少（10cm以内）处理难度越大，而且处理不当很容易造成不必要的超挖；非地质原因引起的超挖超填要自己埋单，不只是增加出渣量，影响开挖工序时间节奏，在回填混凝土时大量的超填可能超出投标时的预估量，人材机成本折算后面临亏损概率较大，所以控制大井超欠挖程度成为斜井扩挖最为关注要点。只能采取必要手段严格控制扩挖的超欠挖程度。

（1）精准放线：斜井导井贯通后，第一时间利用上下井口导线控制点复核导井贯通误差，联系支洞主洞控制网予以平差和调差，建立斜井独立坐标系，供大井扩挖和后期钢管安装时采用。斜井上弯段扩挖采用全站仪逐层放线，确定钻孔开孔点和方向，设立定向孔，穿插反光标杆。钻工在钻孔过程中始终可以瞄准定向杆。当斜井逐步进入斜直段，全站仪须安装弯管目镜，控制点两侧设置两个校核点，两套独立坐标系相互校核。引入蓝牙无线传输手机终端技术，实施数据自动采集、图形立体化、点位可视化和计算自动化快速测量，检测任意可疑点是否超限。

（2）辅助导向：斜井开挖进入斜直段，除全站仪现场放线外采用先进的激光导向技术，在井壁按照特征点位置安装激光导向仪，将开挖轮廓线关键点投射在井下掌子面，井下钻爆工人根据激光点位和指向，确定、校正钻孔方向，纠正最初下井时错误的第一感知，严格按照指引方向钻孔开挖。激光导向仪随着扩挖进度逐步下移，定期校正，始终保持激光导向仪的投射精准度。

（3）样架控制：马蹄形断面最容易出现超欠挖的部位是底板和两个底角，人员向反方向操作钻机，自身施工难度较大。为此，定做控制样架，钻孔前 1m 钻进在样架上进行，保证开孔位置和钻孔方向，更换长钻杆后顺着已确定好的孔向继续钻到爆破设计中要求的孔深。

（4）装药控制：周边孔装药爆破对斜井扩挖体型控制至关重要，斜井全断面扩挖采用光面爆破工艺，在周边孔装药结构上采用间隔空气柱装药方法，即采用导爆索或细竹片将药卷按照殉爆间距绑成药卷串，在主爆孔层层爆破后，周边孔炸药均衡施力，按照钻孔连线剥离岩体，达到设计边线。充分发挥专职爆破员和现场质检人员作用，针对周边孔钻孔间距和装药结构认真检查复核，杜绝个别工人或队伍只顾进度而放松质量，故意采取加大周边孔孔距和孔底集中装药方式，形成的超欠挖现象。

（5）加强通风：工程对地出口少，井巷雾气浓厚，导向仪激光穿透力减弱，光斑晕大，光束暗淡，对测量放线和激光导向带来极大影响。对此需要采取强化通风除湿措施：①采取井底投放暖风机热源，加热输入的新鲜空气利用烟囱效应将干燥空气通过导井带上扩挖掌子面，进而驱散滞留在井巷中部的水汽。②井口投放射流风机引风，可逆式风机还能随气流变化调整方向，加速气流流动，改善工作环境。

3.2.4.7 锚喷支护

锚喷支护工程开工前，应全面掌握工程地质资料，并根据设计图纸、招标文件和相关技术要求，制定切实可行的施工组织设计，开展生产性试验以确定设备、材料选型以及施工工艺。

1. 锚杆安装

普通锚杆的材料均应采用性能符合国家标准《钢筋混凝土用钢 第 1 部分：热轧光圆钢筋》（GB 1499.1—2024）、《钢筋混凝土用钢 第 2 部分：热轧带肋钢筋》（GB 1499.2—2024）中的Ⅱ级 20 锰硅螺纹钢。锚杆杆体在使用前应调直、除锈、去油污。也有工程采用其他树脂、药卷类以及自进式中空锚杆，树脂锚杆采用树脂作为锚杆的黏结剂，成本较高，一般应用较少。药卷锚杆是以水泥药卷为锚固剂的黏结型锚杆，一般以早强型水泥为原料，用特制的袋子灌装成圆筒状，直径与钻孔相仿（要保证能顺利塞入），因其形状与普通炸药的药卷相似，而主要材料为水泥，故名"水泥药卷"。钻杆置于锚杆体内，边钻孔边安装锚杆。钻安一次完成，有利于保障锚固可靠性，施工速度快，一般适用于破碎岩土体的快速应急加固。自进式中空注浆锚杆本身兼作钻杆和注浆管。注浆前可作吹尘管，以排除凿岩形成的粉尘。注浆时浆液通过中空锚杆从钻头喷出，填充锚杆周围的钻孔和地层裂隙，使锚杆与周围土质凝固成一体，形成钢管水泥柱，起到加固的作用。由于造价昂贵，自进式中空注浆锚杆常用于围岩破碎、工程重要性高的工程。

锚孔灌浆使用的水、水泥、砂和外加剂均应符合《水工混凝土施工规范》（DL/T 5144—2015）的有关规定。砂浆强度等级必须满足施工图的要求，普通注浆锚杆水泥砂浆的抗压强度等级为 25MPa。

所采用的水泥强度等级不低于 42.5 级的新鲜普通硅酸盐水泥，水泥质量应符合《通用硅酸盐水泥》（GB 175—2023）的规定。过期、变质水泥不得使用。水泥的运输、储存应符合《水工混凝土施工规范》（DL/T 5144—2015）有关条款的规定。

水、砂的质量必须满足《水工混凝土施工规范》（DL/T 5144—2015）有关条款的规定。砂的细度模数宜在 2.4～2.8 范围内。天然砂料宜按颗粒分成两级，人工砂可不分级。

早强剂、减水剂等外加剂的质量标准要符合国家或行业现行规程规范的要求。外加剂的使用必须通过生产性试验及室内试验确定，并报监理工程师批准，严禁使用对锚杆有腐蚀性、对水泥和围岩有危害的及降低砂浆后期强度的外加剂。

在锚喷支护施工前，承包人应按设计图纸的要求进行施工测量、放点，如果发现地质条件与设计地质资料不符时，设计可根据实际地质资料及时调整支护参数。以下分述施工工艺。

（1）钻孔。钻孔分先注浆后安装锚杆和先安装锚杆后注浆两种。采用先注浆后安装锚杆的程序施工，施工工艺包括钻孔、清孔、注浆和插锚杆工艺。施工程序为：施工准备→测量定孔位→钻孔→清洗钻孔→注浆→锚杆插入→孔口固定→孔口处理→无损检测，为保证灌浆密实，锚杆角度略偏下 1°～3°，锚杆可根据岩石裂隙及走向适当调整角度。

根据施工图布置的钻孔位置进行孔位测量定位，由技术人员和钻工配合完成，按设计孔位用红漆标出。

采用钻机钻孔的孔位误差、孔深误差、钻孔偏差角度等按规范要求进行控制。锚杆及锚筋桩的孔轴方向应根据岩层出露面进行调整，其与层面夹角应大于 20°。局部加固锚杆的孔轴方向应与可能滑动面的倾向相反，其与滑动面的交角应大于 45°。锚杆孔按施工图纸布置的钻孔位置进行，其孔位偏差应不大于 100mm，孔深偏差不大于 50mm。注浆锚杆的钻孔孔径应大于锚杆直径，若采用"先注浆后安装锚杆"的程序施工，钻头直径应大于锚杆直径 15mm 以上；若采用"先安装锚杆后注浆"的程序施工，孔口注浆时，钻头直径应大于锚杆直径 25mm 以上。

钻孔结束后，用压力风将孔壁清理干净，在监理人验收合格后方可进入下一道工序。

（2）锚杆安装与注浆。锚杆孔冲洗干净后方可注浆。锚杆注浆的水泥砂浆配合比（质量比），可在以下规定的范围内通过试验选定：水泥和砂的比为 1：1～1：2；水泥和水的比为 1：0.38～1：0.45。

采用"先注浆后安装锚杆"的程序施工，永久支护锚杆应在钻孔内注满浆后立即插杆；采用"先安装锚杆后注浆"的程序施工，永久支护锚杆应在锚杆安装后立即进行注浆。锚杆安装宜采用"先注浆后安装锚杆"的程序施工。锚杆安装时可由人工配合钻机将加工好的锚杆插入孔内，必要时用冲击锤快速压入。锚杆注浆后，在砂浆凝固前，不得敲击、碰撞和拉拔锚杆。锚杆用钢筋应采用通长钢筋，不得采用焊接接长。

（3）质量控制与检查。锚杆材质检验：每批锚杆材料均应附有生产厂的质量证明书，承包人应按施工图规定的材质标准以及监理人指示的抽检数量检验锚杆性能。

注浆密实度试验：选取与现场锚杆的锚杆直径和长度、锚孔孔径和倾斜度相同的锚杆和塑料管（或钢管），采用与现场注浆相同的材料和配比拌制的砂浆，并按现场施工相同的注浆工艺进行注浆，养护 7d 后剖管检查其密实度。不同类型和不同长度的锚杆均需进行试验。

锚杆采用砂浆饱和仪或超声波物探仪进行砂浆密实度和锚杆长度检测。支护锚杆，按作业分区由监理人根据现场实际情况指定抽查，抽查比例为：对普通锚杆，抽检数为锚杆总数的 5%；对锚筋桩，抽检数为锚杆总数的 10%。

2. 喷混凝土施工

喷射混凝土应采用湿喷法施工。水泥及速凝剂、砂石料拌和站拌制后采用混凝土罐车工作面。

（1）材料。喷混凝土所采用的水泥强度等级不低于 42.5MPa 的新鲜普通硅酸盐水泥，水泥质量应符合《通用硅酸盐水泥》（GB 175—2023）的规定。过期、变质水泥不得使用。水泥的运输、储存应符合《水工混凝土施工规范》（DL/T 5144—2015）有关条款的规定。水的质量必须满足《水工混凝土施工规范》（DL/T 5144—2015）有关条款的规定。

细骨料应采用坚硬耐久的粗、中砂，细度模数宜大于 2.5；粗骨料应采用耐久的卵石或碎石，最大粒径不应大于 15mm；喷射混凝土中不得使用含有活性二氧化硅的骨料，喷射混凝土的骨料级配，应满足表 3.2.4-3 的规定。

表 3.2.4-3　　　　　　　　　喷射混凝土用骨料级配表　　　　　　　　　　%

骨料粒径/mm	0.15	0.30	0.60	1.20	2.50	5.00	10.00	15.00
优	5～7	10～15	17～22	23～31	34～43	50～60	78～82	100
良	4～8	5～22	13～31	18～41	26～54	40～70	62～90	100

早强剂、减水剂等外加剂的质量标准要符合国家或部颁现行规程规范的要求。外加剂的采用必须通过生产性试验及室内试验确定，并报监理工程师批准，严禁使用对水泥及围岩有危害的外加剂。外加硅粉、矿渣等掺合料后的喷射混凝土性能必须满足设计要求。速凝剂的质量应符合施工图纸要求并有生产厂的质量证明书，初凝时间不应大于 5min，终凝时间不应大于 10min。

应采用屈服强度不低于 300MPa 的光面钢筋网。

钢纤维抗拉强度不得低于 1000MPa，纤维的直径应为 0.3～0.5mm，长度为 20～25mm，长径比为 40～60；钢纤维的长度偏差不应超过 ±5%；直径或等效直径的偏差不应超过 ±10%；长径比偏差不大于 ±10%；形状合格率不小于 90%。

全部用水量一次与水泥、砂石搅拌均匀，随伴随用，其坍落度宜为 8～12cm。

（2）施工工艺流程。喷射混凝土采用"湿喷法"施工工艺。在拌料处掺加液态速凝剂，施工工艺流程见图 3.2.4-9。

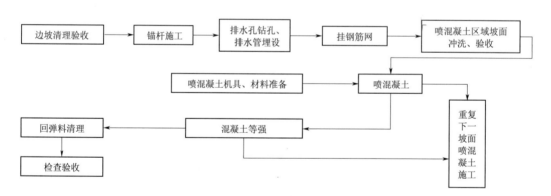

图 3.2.4-9　"湿喷法"施工工艺流程图

喷射混凝土配合比，应通过室内试验和现场试验选定，并应符合施工图要求，在保证喷层性能指标的前提下，尽量减少水泥和水的用量。速凝剂的掺量应通过现场试验确定，喷射混凝土的初凝和终凝时间，应满足施工图和现场喷射工艺的要求，喷射混凝土的强度应符合施工图要求，配合比试验成果应报送监理人并抄送设计。

（3）配料、拌和及运输。拌制混合料的称量允许偏差应符合下列规定：水泥和速凝剂 ±2%、砂和石 ±3%。"湿喷法"混合料的拌和：全部用水量一次与水泥、砂石料拌和均匀。速凝剂应在喷头或输料管的适当部位加入。若采用液态速凝剂，拌料时应扣除这一部分水量。喷射时，混合料不得出现离析和脉冲现象，应先试喷 $30m^2$，经监理、设计等部门检查，认为工艺流程、质量指标及外观符合设计要求时，方可大面积施工。

混合料搅拌时间应遵守下列规定：采用容量小于 400L 的强制式搅拌机拌料时，搅拌时间不得少于 1min；采用自落式搅拌机拌料时，搅拌时间不得少于 2min；采用人工拌料时，拌料次数不得少于 3 次，且混合料的颜色应均一；混合料掺有外加剂时，搅拌时间应适当延长。

混合料在运输、存放过程中，应严防雨淋、滴水及大块石等杂物混入，装入喷射机前应过筛。钢纤维混凝土应采用混凝土搅拌运输车运输。

（4）喷射准备。喷射作业前，应对所有的施工机械设备、风、水管路、电线等进行全面检查和试运行，应满足连续喷射作业要求，尤其喷射结构工艺要求高的厚混凝土衬砌；所有的设备应准备就绪，混凝土拌和、喷射地点应保持干净，施工过程中应保持良好的工作次序；喷混凝土机械应有足够的工作能力，以便减少开挖和其他作业等待时间；在正在开挖的区域应有足够的设备准备，随时进行喷混凝土作业。喷射配合比按实验室的配合比并经现场试验后调整确定。

对喷射面进行检查，并做好以下准备工作：清除开挖面的浮石、墙脚的石渣和堆积物；处理好光滑岩面；安设工作平台；用高压风水枪冲洗喷面，对遇水易潮解的泥化岩层，应采用高压风清扫岩面；埋设控制喷射混凝土厚度的标志；应保证作业区具有良好的通风和充足的照明设施。

应在受喷面滴水部位埋设导管排水，导水效果不好的含水层可设盲沟排水，对淋水处可设截水圈排水。

（5）素混凝土喷射。素混凝土喷射采用湿喷法。操作喷射机应遵守下列规定：严格执行喷射机操作规程；连续向喷射机供料；持喷射机工作风压稳定；完成或因故中断喷射作业时，将喷射机和输料管内的积料清除干净。

喷射混凝土作业应分段分片依次进行，区段间的结合部和结构的接缝处应做妥善处理，不得存在漏喷部位。墙脚等拐角部位的松散堆积物必须清除干净，不得把它们包裹进喷层之内。喷射顺序自下而上，一次喷射厚度以喷射的混凝土不产生坠落和滑移为适度（一般控制在 3~5cm）；分层喷射时，后一层应在前一层混凝土终凝后进行，若终凝 1h 后再行喷射，应先用风水清洗喷层面，把喷层表面的乳膜、浮尘等杂物冲洗干净；喷射作业应紧跟开挖工作面，混凝土终凝至下一循环放炮时间不应少于 4h。

为了减少回弹量，提高喷射质量，要求喷头保持良好的工作状态，调好风压；保持喷头与受喷面垂直，喷距控制在 0.6~1.2m 范围，采取正确的螺旋形轨迹喷射施工工艺。

喷射机作业应严格执行以下操作规程：应连续向喷射机供料；保持喷射机工作风压稳定；完成或因故中断喷射作业时，应将喷射机和输料管内的积料清除干净。

应将回弹减少到最小，并对其进行不断监控。回弹的类型和数量应判断确定。回弹部分混凝土应彻底清除，在任何情况下回弹的混凝土不能再利用。

在设置有排水孔及安装有仪器的地方，喷射混凝土时应采取所有必要的措施防止排水孔堵塞和仪器遭到损坏。

施工缝或嵌固接头缝面应干净规则并与混凝土面成 45°交角。对邻块喷射作业之前，缝面和邻块喷混凝土应按技术条文进行准备。

在喷射后一层之前应对上一层作敲击检查。所有鼓皮、不稳定、裂缝、散碎等缺陷部位应予以清除，并进行修补。

喷射混凝土平均厚度不得小于设计厚度，最薄处不得小于设计厚度的 75%。

喷射混凝土昼夜平均气温低于 5℃时应停止喷射。

喷层在终凝 2h 后开始喷水养护，在 14d 内应使喷混凝土表面保持湿润。

（6）钢筋网喷射混凝土施工。钢筋网使用的钢筋规格、钢材质量应满足施工图纸要求。按施工图纸的要求和监理工程师的指示，在指定部位布设钢筋网，钢筋网的间距应为 150～200mm，钢筋采用直径为 6～12mm、屈服强度 300MPa 的光面钢筋（Ⅰ级钢筋）。

钢筋网应沿开挖面铺设，宜在岩面初喷一层混凝土后铺设。钢筋网与壁面距离 30～50mm。捆扎要牢固，在有锚杆的部位宜用焊接法把钢筋网与锚杆连接在一起。

喷射操作时喷头不得正对钢筋。如发现脱落的喷层或大量回弹物被钢筋网"架住"，必须及时清除，不得包裹在喷层内。喷射混凝土必须填满钢筋与岩面之间的空隙，并与钢筋黏结良好。喷射后，钢筋网上的喷层厚度应满足保护层的尺寸要求。

（7）喷射混凝土的养护。喷射混凝土终凝 2h 后，应喷水养护；养护时间一般工程不得少于 7d；重要工程不得少于 14d；气温低于 5℃时，不得喷水养护。当空气湿度大于 85%时，经监理工程师同意，可准予自然养护。冬季施工喷射作业区的气温不应低于+5℃；混合料进入喷射机的温度不应低于+5℃；普通硅酸盐水泥与矿渣水泥配制的喷射混凝土在分别低于设计强度 30%和 40%时，不得受冻。

（8）喷射混凝土的质量检查。所有材料均应有厂方的合格证，使用前均应按一定比例进行检查，发现不合格产品应及时进行处理。

喷射混凝土施工过程中，喷混凝土必须做抗压强度试验。检查所需的试块应在工程施工中抽样制取。每喷射 50～100m³ 混合料或混合料小于 50m³ 的独立工程，试块数量不得少于一组,每组试块不得少于 3 个;材料或配合比变更时,另作一组。检查标准试块应在一定规格的喷射混凝土板件上切割制取。试块为边长 100mm 的立方体,在标准养护条件下养护 28d,用标准试验方法测得的极限抗压强度,应乘以 0.95 的安全系数。采用立方体试块做抗压强度试验时,加载方向必须与试块喷射成型方向垂直。同批喷射混凝土的抗压强度,应以同批内标准试块的抗压强度代表值来评定。同组试块应在同块大板上切割制取,对有明显缺陷的试块,应予舍弃。每组试块的抗压强度代表值为三个试块试验结果的平均值;当三个试块中的最大值与最小值之一与中间值之差均超过中间值的 15% 时,可用中间值代表该组的强度;当三个试块强度中最大值和最小值与中间值之差均超过中间值的 15%,该组试块不应作为强度评定的依据。喷射混凝土强度不符合要求时,应查明原因,采取补强措施。

喷层厚度检查一般采用无损检测法进行,应定期进行喷射厚度检测。全部检查孔处 60% 的喷层厚度不小于设计厚度。实测厚度的平均值应不小于设计尺寸,未合格测点的厚度应不应小于设计厚度的 1/2,但其绝对值不得小于 50mm。

混合料的配比和级配检查。每班作业前应对所使用的衡器进行检查和校正。混合料的实际配比和级配情况,每个作业班至少检查 2 次,不符合要求时必须及时进行调整。

喷层与围岩黏结强度的测定可采用直接拉拔法或成型试验法。直接拉拔法在受喷面上固定带有丝扣和托板的拉杆(供安装拉力架之用),向托板及其周围(面积约 900cm²)喷一层厚度不小于 100mm 的混凝土。清除多余的喷层,修成以拉杆为圆心直径约等于 300mm 的试件。养护 28d,按有关规范要求进行拉拔。成型试验法在边长不小于 400mm、厚度不小于 100mm 的大板模内,放置厚度为 50mm 左右的岩石板,其岩性和表面粗糙程度应与受喷面基本一致。用水将岩石板表面湿润,按实际喷射条件向大板模内喷混凝土。在与实际结构物相同条件下养护,用切割法制成 100mm×100mm×100mm 的立方体试件(其中岩石和混凝土的厚度各为 50mm 左右),养护 28d,用劈裂法测定黏结强度。

3.2.5 开挖支护质量控制

3.2.5.1 不同工序控制指标

在斜井中,纵向平距与高差关系非常紧密,互相影响,斜(竖)井长度一般小于 5km,按照《水工建筑物地下工程开挖施工技术规范》(DL/T 5099—2011)中要求,斜(竖)井开挖及支护过程中的贯通测量容许极限误差控制标准为:横向、纵向允许误差为 ±100mm,竖向误差为 ±40mm;计算贯通误差时,可取极限误差的一半作为贯通面上的容许中误差,应参照表 3.2.5-1 的原则分配。

表 3.2.5 - 1　　　　　　　　　　贯 通 中 误 差 分 配

相向开挖长度 L/km	中误差/mm								
	横向			纵向			竖向		
	洞外	洞内	贯通面	洞外	洞内	贯通面	洞外	洞内	贯通面
L＜5	±20	±50	±50	±20	±50	±50	±15	±15	±20

对于上下两端相向开挖的竖井，其极限贯通误差绝对值不应大于 200mm。

《水电水利工程施工测量规范》（DL/T 5173—2012）中对贯通误差的要求为，横向、纵向允许误差为 ±100mm，竖向误差为 ±80mm，相应贯通中误差要求较 DL/T 5099—2011 宽松；《水利水电工程施工测量规范》（SL 52—2015）针对贯通误差与《水工建筑物地下工程开挖施工技术规范》（DL/T 5099—2011）一致，仅贯通面误差要求较表 3.2.5 - 1 略宽松。总体来说，《水电水利工程竖井斜井施工规范》（DL/T 5407—2019）首先要求按照《水工建筑物地下工程开挖施工技术规范》（DL/T 5099—2011）执行，也更为严格可靠。

导孔、导井施工质量和钻爆作业钻孔质量控制标准分别见表 3.2.5 - 2 和表 3.2.5 - 3，斜井开挖质量检查项目、质量标准及检测方法见表 3.2.5 - 4。

除上述要求外，斜（竖）井质量控制应满足《水工建筑物地下工程开挖施工技术规范》（DL/T 5099—2011）、《水电水利工程爆破施工技术规范》（DL/T 5135—2013）及设计有关要求，并满足循环进尺及初期支护质量，对不良地质段处理结果进行检验。斜（竖）井施工每进尺 50m 时或 3 个月内，应复核测量导线基点；每开挖完成一个循环进尺后，对开挖断面、轴线方向、高程、轮廓线进行测量复核。衬砌前应对开挖断面进行测量复核验收。

表 3.2.5 - 2　导孔、导井施工质量控制标准

项目	单位	数值
轴线偏斜率	％	＜1
开孔点开孔坐标	mm	＜50
钻孔角度（方位角、倾角）偏差	（°）	≤0.1

表 3.2.5 - 3　钻爆作业钻孔质量控制标准

项目	单位	数值
钻孔孔位	由测量精确定位	
周边孔和掏槽孔的孔位偏差	cm	≤5
其他炮孔孔位偏差	cm	≤10
炮孔径、孔深、孔斜	满足爆破设计要求	

表 3.2.5 - 4　　　　　　　斜井开挖质量检查项目、质量标准及检测方法

项类	检 查 项 目	质量标准	检测方法	检查数量
主控项目	（1）开挖岩面或壁面	无松动岩块、陡坎、尖角	现场查看	全数检查
	（2）不良地质处理	符合设计要求	查阅资料	
	（3）洞轴线	符合设计要求	测量	

项类	检 查 项 目		质量标准	检测方法	检查数量
一般项目	（1）无结构要求或无配筋预埋件	径向尺寸	−10～25cm	量测、查阅资料	按横断面或纵断面进行检查，检测间距不大于 5m；每个单元不少于 2 个检查断面，总检测点数不少于 20 个，局部突出或凹陷部位应增设检测点
		开挖面不平整度	15cm	用 2m 直尺检查	
	（2）有结构要求或有配筋预埋件	径向尺寸	0～25cm	量测、查阅资料	
		开挖面不平整度	15cm	用 2m 直尺检查	
	（3）半孔率	完整岩石	>85%	观察、量测	
		较完整和完整性差的岩石	>60%		
		较破碎和破碎岩石	>20%		

按照《水电水利工程锚喷支护施工规范》（DL/T 5181—2017）、《岩土锚杆与喷射混凝土支护工程技术规范》（GB 50086—2015）规定的要求进行质量验收，岩石锚杆（锚筋桩）和喷射混凝土主要检查项目、质量标准和检测方法分别见表 3.2.5 - 5 和表 3.2.5 - 6。

表 3.2.5 - 5　　岩石锚杆（锚筋桩）主要检查项目、质量标准和检测方法

项类	检验项目	质量标准	检验方法	检验数量
主控项目	（1）杆体及胶结材料性能	符合设计要求	取样试验、查阅资料	单元工程锚杆总数的 10%～15%，并不少于 20 根；锚杆总量少于数量 20 根时，应进行全数检查。 对全长黏结型锚杆采用抗拔力检测方法，每 200 根（包括少于 200 根）至少抽样一组，每组不少于 3 根；采用无损检测方法进行检测时，检测数量为锚杆总数的 3%～10%；重要工程及部位按设计要求执行
	（2）锚孔孔深	符合设计要求	量测	
	（3）锚杆长度	杆体长度不小于设计长度的 95% 且不足长度不超过 0.5m，或符合设计要求	量测	
	（4）注浆饱和度	注浆饱和度应达到 80% 以上，且符合设计要求	现场试验，无损检测	
	（5）非张拉型锚杆抗拔力	同组锚杆的抗拔力平均值应符合设计要求；任意一根锚杆的抗拔力不得低于设计值的 90%	现场试验	
	（6）预应力锚杆承载力极限值（kN）	符合验收标准	现场试验	
	（7）预应力锚杆预加力（锁定荷载）变化（kN）	符合设计要求	测量	
	（8）锚固结构物的变形	符合设计要求	量测	

续表

项类	检验项目		质量标准	检验方法	检验数量
一般项目	（1）锚杆（筋）位置		± 100mm。特殊部位（如岩壁吊车梁）应符合规范或设计要求	量测	对张拉型预应力锚杆承载力极限值、预加力变化进行检测时，其检测方法和频次应满足符合 GB 50086 或设计要求
	（2）钻孔直径		±10mm（设计直径大于60mm） ±5mm（设计直径小于60mm）	量测	
	（3）钻孔倾斜度		2%钻孔长	测量	
	（4）注浆量		不小于理论计算浆量	查阅资料	
	（5）浆体强度		达到设计要求	试样送检	
	（6）杆体插入钻孔长度	预应力锚杆	不小于设计长度的97%	量测或无损检测	
		非预应力锚杆	不小于设计长度的98%		

表 3.2.5-6　　　　喷射混凝土主要质量检查项目、质量标准和检测方法

项类	检查项目	质量标准	检测方法	检查数量
主控项目	（1）喷射混凝土性能	符合设计要求	量测或查阅资料	每个作业班至少检查 2 次。每 $100m^3$ 喷射混凝土混合料或混合料小于 $100m^3$ 的独立工程，试件数不少于 2 组（每组 3 块），材料或配合比变更时，应另做 1 组。竖井 20～50m 设置一个检查断面，检测点数不少于 5 个
	（2）喷层均匀性	符合设计要求	现场取样	
	（3）喷层密实性	符合设计要求	现场查看	
	（4）喷射厚度	实测厚度平均值不小于设计值且最小值不小于1/2设计值和50mm	量测、查阅资料	
一般项目	（1）喷射混凝土配合比	满足规范要求	查阅资料	
	（2）受喷面清理	符合设计及规范要求	现场查看	
	（3）喷层表面质量	密实、平整、无裂缝、脱落、漏喷、漏筋、空鼓和渗漏水	现场查看	
	（4）喷层养护	符合设计及规范要求	现场查看、查阅资料	
	（5）钢筋网格间距偏差	≤20mm	量测	
	（6）钢筋网安装	符合设计及规范要求	现场查看、量测	

3.2.5.2　质量检测方法

上述质量检查中，炮孔痕迹等定性指标一般按照施工经验现场判断；定位及体型尺寸偏差等定量指标，一般按照要求，采用经纬仪、直尺等手段，按照相关规范测

量。导孔测斜采用无线随钻测斜仪、磁导向测斜仪开展偏斜测量。除此之外，部分工程采用成像测井技术、闭路电视成像检测技术、钻孔质量直接验证法等方法，进一步开展导孔施工质量检测。以下分别介绍。

（1）成像测井技术。成像测井技术是从石油天然气钻井行业发展起来的钻孔质量检测方法，不仅能测量井眼质量，还能精细化解释井眼地层，提供井眼轨迹数据、岩石饱和度、含水率、地层孔隙度、溶洞破碎等指标。

（2）闭路电视成像检测技术。闭路电视成像检测技术是对钻孔结构状况、成孔质量进行视频成像检查的专项技术，是目前常用的且直观的钻孔质量检测方法，也是国内外用于钻孔质量检测的先进技术。在检测过程中，检测人员对放入管道内的携带摄像镜头的爬行器进行有线控制，通过监视器观察管道内部状况并进行实时录像，以确定钻孔质量。

（3）钻孔质量直接验证法。钻孔质量直接验证法指采用卷扬机、推管机等辅助设备，把待铺设的一段管材直接放入钻孔，管材依靠自身重力或下部隧道内卷扬机拖拽下滑，通过卷扬机或推管机提升管材，如管材能顺利到达井底，证明钻孔质量达到要求，反之则不符合要求。

上述方法中，钻孔质量直接验证法成本最小，可以快速测定钻孔质量，但无法获得钻孔相关质量数据，既没有图像，也没有轨迹测量参数。成像测井技术成本高，对技术人员操作要求高，闭路电视成像检测技术成本介于上述两者之间，但基于目前设备小型化研发状况，要求不带水作业且导孔尺寸不能小于 20cm。

3.2.6 施工设备事故处理措施及典型案例

反井钻机钻进施工所发生的事故涉及以下几个方面。

（1）与设备相关事故包括吊装、钻机运输、现场转运、卸车、定位、组装、电路连接、起架、操平找正时出现的设备倾倒、撞击、管缆连接错误等造成设备损坏及人身安全事故。

（2）与操作控制相关的事故包括钻杆丝扣连接不到位、钻机反转等钻具掉落事故，油压过低钻杆输送装置松开导致钻杆脱落事故，不合理地布置钻具和钻进参数控制、未及时测斜和纠偏造成的钻孔偏斜过量，下部出渣不及时造成的反井堵塞。

（3）与地质、水文条件相关的事故包括导孔钻进膨胀性地层的缩颈、破碎地层的坍塌造成的卡钻埋钻，扩孔钻进涌水大的地层、破碎地层、流变大的地层井帮垮落堵塞。

（4）与安全防护相关的事故包括扩孔钻进落石、电器漏电、液压管路破损、高压油伤人，钻机拆除时封闭井孔造成的人员误掉入井孔等。

（5）与外界环境相关的事故包括钻机位置巷道坍塌、瓦斯积聚、其他部位突水、井下火灾等影响施工人员和设备安全的事故。

在反井钻施工过程中对施工进度有直接影响的常见事故包括卡钻、埋钻和钻井断杆、塌井、堵井等。实际上，上述事故的发生往往不是孤立的，卡钻、埋钻可能与机械、人工因素有关，但更多与地质条件破碎造成钻孔局部坍塌，进一步可能是钻机断杆的原因。局部塌井是造成堵井的重要原因，两者存在一定的因果关系，在处理过程中，可能因操作不当进一步导致卡钻、埋钻的发生。

3.2.6.1 卡钻、埋钻和钻井断杆

卡钻和埋钻现象比较类似，都是钻具不能旋转或旋转困难、不能上提下放。埋钻时从导孔钻头向上的一段距离，钻杆外壁和导孔环形空间内，充满钻进破碎或钻孔坍塌出的岩屑，出现导孔钻进洗净介质不能正常循环排渣或洗净介质返回地面，达不到循环排渣效果。卡钻在导孔钻进和扩孔钻进都能出现。在导孔卡钻时一般能够进行洗净介质的循环。埋钻和卡钻可能造成钻具无法取出，造成钻杆的大量损失。特别是随着反井钻井直径和深度增加，大直径反井钻机钻杆造价高昂，发生事故将造成巨大的经济损失。卡钻的原因分析及预防处理方法如下。

（1）人为因素。在反井钻进过程中开展设备检修时，如操作不慎可能导致小型零件或工具掉落，进入钻杆外壁和导孔孔壁的环形空间内，在稳定器位置受到阻挡，钻机旋转时出现卡钻事故。预防方法是所有在反井钻井井口附近使用的工具，必须用绳将工具和维修人员的手臂连接在一起。

（2）设备因素。在钻进过程中，采用焊接的稳定钻杆在受到岩石冲击或磨损可能掉落导致卡钻，预防的方法是稳定钻杆在使用前进行探伤处理，发现有问题的稳定钻杆及时进行更换维修。

（3）地质因素。其包括软弱岩层、断层、裂隙、地下水等工程地质或水文地质因素引起的钻孔缩颈、坍塌、孔内坍塌位置岩屑堆积等。

处理方法：发现工具、小型零件掉入井孔中，可直接将钻具提出导孔，然后采用磁铁或其他工具打捞落物，如发现卡钻时应停止钻机转动，通过上下提放钻具使落物脱离稳定钻杆位置，上提钻具后进行打捞。如果还不能提放，可适当提高反井钻机设定的扭矩值，同时配合旋转提放钻具，使钻具能够旋转，然后，提出钻具进行打捞。

3.2.6.2 缩颈

导孔钻头在破岩钻进过程中形成的缩孔，随时间变化，孔壁向钻杆方向发展，导孔直径逐渐缩小的现象，即缩颈。当大面积缩颈发生，造成钻杆与孔壁的摩擦阻力增加，钻机旋转扭矩增大，当摩擦阻力超过钻机能力后，就会发生由于缩颈造成的卡钻事故。钻孔缩颈的主要原因是沉积岩中砂砾岩、页岩及黏土岩地层等含蒙脱石等水敏性矿物的地层、岩盐遇水晶格增大膨胀或流变，但未发生断裂破坏，岩石颗粒之间联结还紧密，随着时间和进入岩石的水量增加，逐渐形成缩颈。另外，地质构造带（断

层泥）以及强风化地层也可能发生缩颈。如果发现钻机输出扭矩突然增加，液压驱动马达油压压力增加，旋转困难，提升钻具钻机拉力大于钻具重量，同时钻具下放也存在困难，或伴随循环液上返量减量，循环泵压力增加，可能发生钻孔缩颈事故。钻孔缩颈，轻则造成岩粉增多、重复钻进、钻进效率低、钻具磨损加快，重则造成埋钻、断钻杆事故甚至钻孔报废。

钻孔缩颈处理：首先尽快将钻具提出钻孔，然后分析地层岩石变形，进行相关室内试验和化验分析，确定地层条件是否满足将来扩孔稳定，如果不能满足扩孔稳定，应研究通过膨胀地层的钻进工艺，包括采用适合的泥浆作为循环介质。进行泥浆循环洗井。地层涌水较少时也可以采用压风循环洗井，主要是减少渗入膨胀性地层的水量。不论采用哪种循环洗井介质，要增加扫孔次数，观察钻进参数变化，减少次生事故的发生。

3.2.6.3 塌孔

塌孔是在导孔钻进过程中，钻孔孔帮不能自稳，导致断层破碎带坍塌、裂隙和层理不稳定、岩块塌落的现象。塌孔将造成排渣量增加、钻具旋转不平稳，甚至发生卡钻，严重时可能卡死钻具。发生塌孔后，尽快利用反井钻机将钻具提出钻孔，分析发生塌孔原因。然后进行试探扫孔，循环清理钻孔内的岩渣，注意观察钻进参数，防止发生卡钻事故。一旦卡钻可尽量将钻具提出钻孔，如果钻具卡死无法提出，可反转钻具尝试提出，必要时制作专用的套钻工具，将钻具周围的堵塞物钻除，钻扫一定深度后，下放反井钻机钻具，反转将下部钻杆提出。进一步研究确定继续钻进还是采取灌浆、注浆、灌注混凝土等方法进行处理。

3.2.6.4 堵井

堵井一般出现在反井钻井扩孔钻进过程中。在发生片帮、塌孔后，随着多块碎石交叉卡塞，细碎岩石逐渐填充，导致扩孔堵塞、无法落渣的现象。另外，如果下部出渣不及时，岩渣进入井孔一段距离后不断在井孔下部挤密，即使将下部堆存的岩渣排除掉后，井孔内岩渣仍无法下落，同样也造成钻孔堵塞。

预防堵井的方法包括提前对地质资料进行分析，并在导孔钻进时对资料准确程度进行验证，发现不良地质可能影响到井孔稳定时，可以采用对地层进行预注浆加固的方法，提高井帮的承载能力，防止井帮坍塌和井孔堵塞。在扩孔钻进时，应及时清理扩孔钻进破碎的岩渣，防止岩渣在井孔内积聚，减少人为堵塞事故发生。在出渣过程中，注意观察扩孔钻进排出的岩石碎屑情况，发现带棱角的大块岩石过多掉落，需要通知反井钻机停钻，对出现的问题进行分析，采取防止坍塌和堵孔的风险。钻孔疏通方法一般采用从下部向上疏通，在将井孔内水排放后，可以采用爆破振动、机械钻进等方法疏通堵塞。

以下选取典型案例说明钻机断杆、塌井、堵井的原因、过程及处理方法。

3.2.6.5　钻机断杆典型案例——敦化抽水蓄能电站 1 号上斜井

吉林敦化抽水蓄能电站 1 号引水系统上斜井设计全长 419.06m（含上斜井上、下弯段长 40.95m），直线段长 337.16m，斜井倾角 55°，为马蹄形开挖断面，其尺寸为 6.8m×5.0m（高×宽）。

2016 年 12 月 25 日上午 6：00 在正常钻进过程中（当时孔深至 345m），发生钻机移位，反井钻机机轴出现下倾，后支座两固定点脱焊、机尾上扬，钻机轴线发生变化，导致钻进效率下降，进尺减小，至孔深 348m 时无法进尺，随后机组人员计划提钻，更换钻头重新钻进。从 2016 年 12 月 30 日上午 8：30 开始提钻，在 2017 年 1 月 2 日 21：00 当钻杆提升并拆卸至 135m 时，钻杆在孔内 4m 深处发生丝扣断裂，导致剩余的 213m 钻杆掉入导孔底部。

钻机断杆发生后监理人员立即要求施工单位对断杆在孔内深度进行复核测量，对断杆原因进行调查分析，要求施工单位积极组织专用打捞器进场，对移位钻机进行重新加固处理。测量人员重新进行孔口钻机平台平整度、垂直度校验，确保反井钻机复位后的位置与原架设位置一致，合格后制定专项方案进行钻杆打捞。

经现场查验，丝扣断茬处已分布有旧裂纹，该节钻杆断茬沿旧裂纹迹线出现，钻杆丝扣存在损伤是发生断杆的客观原因。在 12 月 24 日上午 8：30 正常钻进过程中，钻机卡瓦掉落在孔口井壁处卡住，司钻工人用钢筋撬动卡瓦时不慎将一直径 22mm、长度约 60cm 短钢筋落入孔内，司钻工人隐瞒未报，也未及时通知钻机操作人员停钻。至 12 月 25 日上午 6：00，因短钢筋卡紧稳定钻杆，钻杆轴线与机轴线发生偏差，钻机强行上拉提升钻杆，钻机受力不均，出现钻机后部两侧焊接固定点发生松动、脱焊、钻杆掉入导孔。人为因素是主要原因。

1. 钻杆打捞过程

经研究讨论，最终确定采用沧州海岳矿山机电设备有限公司生产的专业钻杆打捞器进行断杆打捞。并请求厂家立即发送 250mm 钻杆专用打捞器，打捞器于 1 月 10 日进场，钻机复位加固验收合格后，在 1 月 20 日当打捞器下至孔深 70m 时又因钻机动力齿轮损坏须厂家另行加工，当时考虑又临近 2017 年春节，业主决定 2017 年 1 月 20 日工地全部歇工，暂停断杆打捞作业。

施工单位于 2017 年 2 月 21 日进场并申请了 2017 年春节复工验收，同时加快钻机齿轮更换工作。于 24 日下钻至断杆 135m 处，对接成功。当时采取了加压、高速、大扭矩将打捞器套入断茬处，套入前未进行高压水冲孔。套入过程事前在钻杆上作标尺，在进入 5cm 后钻机油压表显示达 9MPa，直至扭矩最大无法转动带动钻杆为止。公锥套紧断杆后整个钻杆因受钻机大扭矩作用，钻机停止加力后整个发生逆时针反方向回弹旋转约半圈，分析认为是由公锥套入断杆过程中钻机扭矩、转速较高引起。

机组随后开始提钻，当时钻机油压表达 10MPa，孔内阻力大于提升力，约过了数秒，压力突降至 5MPa，钻杆松动，开始上升提拉，至 2 月 28 日晚 22：00 当 135m 钻杆提至孔口时，发现打捞器脱扣，断杆未带上来，第一次打捞失败，打捞过程中监理人员全程进行了旁站。

2017 年 3 月 6 日，监理人员组织各方召开了第一次打捞失败总结分析会。会议就第一次打捞过程操作、打捞器丝扣损坏情况、打捞结果及下一步工作进行了安排。会议认为按工期分析，需启动底部已安装的爬罐进行反导井开挖施工，需工期 6 个月，滞后 2 个月。若断杆不处理，将对后续反导井开挖、正井全断面扩面形成重大安全风险，各方一致认为断杆仍需进行二次打捞，要求施工单位商厂家购进第二台打捞器（公锥），同时启动底部爬罐改线施工，反导井由原腰线中下部调整至斜井的顶拱线开口开挖。同时为考察原打捞器丝扣损坏原因，要求在孔口利用断杆剩余部分进行套丝试验，验证打捞器丝距与材料强度，确定钻机转速、压力等参数，为第二台打捞器顺利打捞进行相关参数验证试验。

2017 年 3 月 7 日施工单位在孔口进行了原位套丝试验（见图 3.2.6－1），参建各方现场见证并确认结果。试验过程中当打捞器进入钻杆内孔不能下降时，在钻杆上标记一起始位置，并记录钻杆长度。开始低速低压转入公锥进行套丝，观察公锥进入钻杆过程及丝扣铁屑产出情况，试验钻进压力为 5MPa，转速采用最低挡位，当压力升至 12MPa 时，公锥丝扣截面全部进入断面，钻机出现抖动，套丝过程中对接处因温度较高，不断有青烟冒出。停机检查公锥进入深度约 6cm，试提时连接处有效，未脱节。随开机反钻退丝旋出公锥，检查内丝外观与公锥丝扣磨损情况，发现公锥丝扣无过度磨损，钻杆内孔丝扣清晰。试验结果证明第一次打捞时因钻机压力过大、转速过高、扭矩过大使套丝快速完成后，因钻杆长度过大产生回弹变形，对套出的内丝形成回弹撞击，导致丝扣损坏失效。

（a）孔口套丝试验　　　　（b）试验对接套丝情况　　　　（c）试验断杆内丝情况

图 3.2.6－1　原位套丝试验现场照片

2017 年 3 月 9 日，业主邀请辽河油田钻采工艺研究院、煤炭科学技术研究院有限公司相关专家现场予以打捞工作技术指导。专家对钻机型号、压力、扭矩进行了复核，提出打捞器的材质要采用高强度材料，同时在打捞器上应设置数道纵向铣槽，便于套丝过程中铁屑顺利排出。考虑到近 2 个月的孔内淤积包裹，对接后提拉前应在孔内形成高压水反循环，将孔底岩粉尽可能冲开，降低提升阻力，应严格控制压力、转速和扭矩，转速与推进速度要匹配。

在第二台打捞器（公锥）到场后，施工单位随后于 3 月 10 日开始第二次打捞作业。

2017 年 3 月 14 日打捞器下至断杆处，开始加孔内高压水进行冲孔，并不断小范围提升打捞器，中途发生数次泥浆泵压力骤升高情况，高压管密封处漏水，说明断杆以下孔内淤积严重，钻头上三处透水孔已堵塞。经过两天高压水不断冲洗，于 3 月 16 日打捞器套丝对接成功，但提升阻力大，压力表达 12MPa，断杆无法转动。为确保打捞成功，开始不间断加高压水进行冲洗，并不断作上提试拉，当钻机压力表升至 12MPa 时，停止上提，防止脱扣。期间不断进行高压水冲洗，遇堵时则停止送水，稍后重新启动高压泵，不断反复进行高压水洗孔作业，不定时上下提拉钻杆，使其尽可能出现活动。

2017 年 3 月 16 日，在进行第二次下钻打捞时，打捞器与断杆套丝成功后，于 3 月 22 日启动底部爬罐反导井开挖施工。当挖至 15m 高度时，底部采用金属探测仪与地质探地雷达对掌子面进行钻头探测。在掌子面 2.5～5.0m 段存在异常，开挖后验证异常体为岩体结构面而无钻孔。而后继续爬罐施工，在 3 月 27 日开挖至 21m 高度后，对掌子面再次进行了地质雷达探测，发现掌子面前方 1.5～2.5m 段存在异常，爆破后无钻孔。随后于 3 月 28 日开始试提断杆，当压力接近 13MPa 时，钻杆松动，随即提升拆卸 2 节钻杆（2m）后停止提拉，继续进行高压水间歇冲洗。

2017 年 3 月 29 日又在反导井掌子面（高度 25m）、底板、边墙进行了地质探地雷达探测，发现在掌子面靠右边墙 2.5m 前方存在异常，疑似钻杆反射波影像，随后 3 月 30 日又提升了 3 节（3m）钻杆，地质雷达复测影像发生变化。为确保爬罐施工人员安全，停止爬罐反导井开挖，在 4 月 1 日开始提升钻杆。起提时油压表达 12MPa，随后降至 10～11MPa，当拆卸 10m 钻杆后，油压降至 8～9MPa，当拆卸 30m 钻杆后，试提钻杆发现提升压力较第一次多 3MPa，说明断杆未脱扣。至 4 月 3 日，当剩余钻杆不足 30m 时，油压一直稳定在 6MPa 左右。当日上午 9：30，打捞器出孔，断杆随之出露，第二次打捞成功。至 4 月 8 日，完成孔内所有剩余 213m 钻杆及钻头打捞，打捞工作宣告结束。

经孔口检查钻头受中等程度磨损，开始提钻的 20m 过程中偶出现卡杆情况，通过上、下试拉与回转钻杆解决，未强行上提，落入孔内的短钢筋始终未发现。另钻杆提升后，下部随即启动爬罐进行反导井施工至高度 33m 时，均未发现钻孔，雷达探测异常均由岩体内地质构造面引起。后又于 4 月 25 日采用无磁测斜仪对 348m 孔深进行间隔 5m 测斜 2 次，数据反映在孔深 272m 处已偏出大井范围，导孔测斜终点（345m 处，下部分布 3m 厚淤积物）相对斜井中心线右偏 8.2m，上偏 0.77m。

最终，利用爬罐施工至约 170m 时与钻机导孔对接，导井历时 6.5 个月贯通。

2. 经验教训

经两次打捞工艺对比，分析结果认为第一次打捞因不清楚孔内情况，打捞过程存在盲目性，且钻速过高、扭矩过大，未考虑掉入孔内较长钻杆回弹作用，套丝受损，导致打捞失败。第二次打捞经孔口验证打捞器材料强度与套丝工艺，取得了相关对接的钻压、转速、扭矩等参数，同时对孔内可能出现的淤积埋钻情况进行了预判并采取了长时间预冲洗等措施，确保了打捞成功。

钻进施工应严格执行操作规程，发生异常情况应及时报告并立即处理，不得隐瞒。做好每班施工日志记录与交接班记录，定期进行测斜并校验数据的真实性，最好采用无磁测斜仪。对比实际测斜结果，仅采用 KXP - 2D 数字罗盘测斜仪和无线光纤陀螺式 CX - 6 基深测斜仪，不能真实反映实际钻杆偏斜。

地质超前雷达异常解译存在多解性，在地质条件不明时，常会得出相反结论。在实际投入使用过程中，须在典型结构面和地质异常段进行检验对比，验证分析解释成果。

超长斜井反井钻导孔施工重点在测斜精度控制，而常规反井钻仅适宜竖井施工。采用常规反井钻进行长斜孔施工，当孔斜出现偏差时，难以及时纠偏，只能采取回填偏斜段重新钻孔，且测斜仪器方位角受地磁场影响较大，测斜数据常会误导施工。故采用常规反井钻进行长斜井施工在钻进工艺上要求应更高。钻进过程中须提压（以抵抗钻杆重力作用）钻进、低速、预纠偏（超前左偏与上偏开孔，减少钻进过程中钻杆右旋与钻杆重力的惯性作用引起的孔斜偏差发生）。这些特点决定了采用常规反井钻进行斜井施工具有一定的风险，要求施工过程中必须精心钻进，时刻观察岩性、钻进压力、转速等变化，适时调整，确保成孔精度。

3.2.6.6　塌井堵井典型案例 1——立洲水电站工程调压井

立洲水电站工程调压井位于引水隧洞末端，调压井型式为阻抗式，开挖断面为圆形，锁口段开挖直径 26.8m（锁口混凝土厚 1.2m），正常井身开挖直径 24.4m。井口平台高程为 2155.00m，底板高程为 2018.00m，井筒高度 137m，内径为 21.0m，衬砌厚 1.5m。

调压井于 2011 年 8 月 21 日进行导孔施工，10 月 26 日 ϕ216mm 导孔贯通，随后进行 ϕ1.4m 反井钻施工，于 11 月 10 日导孔贯通。调压井 2155～2150m 为第四系残坡积碎石土。由于事前进行过竖向预固结灌浆（2155～2120m），开挖过程当中围岩揭露为,井壁周边土夹石有水泥块流露,土夹石中充填了大量的水泥浆,周边岩石得到了加固且无大的超挖现象,该段采用液压反铲直接扩挖。

2150～2135m 段为第四系残坡积碎石土,但土夹石中的块石含量随高度下降明显增加,且单块体积呈增大趋势。该段开挖方法:以反铲开挖为主,对孤石进行解爆处理。

2135～2120m 段为强风化板岩,先由靠山侧、下游侧出露,至 2120m 时整体出露为强风化板岩。该段开挖方法:岩石出露段采用钻孔爆破法开挖,其他部位继续使用反铲直接进行开挖施工。

2120～2022m 段为强风化碳质板岩、碳质板岩,岩层倾陡,层间结合力差,裂隙极发育,稳定性差。自 2120m 以下段调压井开挖以来,该段导井多次出现堵塞现象,分别采用了乌卡斯冲击钻孔、井内爆破、井口冲水及人工挖孔桩等方法进行疏通。

1. 第一阶段堵塞处理

第一次在 2012 年雨季时,导井井口发生塌方,导致 2012 年 8 月导井堵塞。

2012 年 12 月对导井堵塞段进行疏通。起始采取地质钻机疏通,后因堵塞部位太深,钻机偏心,无法继续采用地质钻机处理。随后调整为人工挖孔,最后改用乌卡斯冲击钻处理(见图 3.2.6 - 2)。

(a) 导井塌方现场   (b) 乌卡斯冲击钻施工现场

图 3.2.6 - 2 导井塌方及乌卡斯冲击钻施工现场

堵塞以上的导井全部进行黏土回填,后采用冲击钻钻孔。期间多次出现漏浆、塌方(井底未见漏浆和渗水),采用黏土＋水泥回填堵塞,最后冲击钻再次钻孔,于 2013 年 3 月 8 日导井疏通。此次堵塞原因为土夹石中间存在有厚或较厚的板岩,岩石堵塞在导井的最不利之处。

2012 年 4 月 19 日,调压井导井在施工过程中堵塞。采取向导井内注水方法进行疏通成功。堵塞原因为反铲开挖中有个别较大石块落入井内堆积卡住所致。与此同时，为避免较大块石造成今后的堵塞，要求施工单位后续开挖中在井口覆盖工字钢网格，在开挖翻渣时，防止超大石块掉落井内。

2012年4月27日，导井在施工过程中再一次堵塞。采用先从导井底部小药量爆破，部分石块掉落，后从井口注水加压的方法进行了疏通。分析原因为：在溜渣过程当中，由于部分小石块冲击导井井壁，致使导井内部分大块的不稳定风化岩石掉块，造成导井轻微堵塞，采用井口冲水后贯通。

2. 第二阶段2120m以下导井疏通情况

2013年6月29日，导井井口（2120m）发生小量塌方，堵塞长度5～10m左右（堵塞高程约在2066m），2013年7月1日导井井口（2120m）下游侧方向发生塌方，塌方距井壁仅3m左右，导致2066m以上导井全部堵塞。

为确保2120m以上井壁稳定安全，采用反铲对导井平台进行石渣回填夯实并对回填区域进行水泥注浆加固。

2013年7月27日，当导井钻孔至20m时，在约6min时间内导井井内固壁泥浆全部漏完，操作人员迅速上提钻头，期间导井口周围整体坍塌，钻机倾斜（见图3.2.6-3），钻头直接掉至35m左右，并被塌落石渣卡住。

图3.2.6-3 导井坍塌、钻机倾斜现场

2013年8月2日，制定人工挖孔方案。方案内容：首先清除井口周围松散石渣并回填，其次浇筑钢筋混凝土施工平台锁口（见图3.2.6-4），人工挖孔至钻头掩埋部位，将钻头取出；然后继续用冲击钻机疏通。

2013年8月25日，当人工挖孔至2098m（至22m）时，发现导井内有几块较大石呈三角状叠加架空，大石下面为空腔，空腔高度约23m，以下仍然被堵，初步判断被堵塞段18～22m（堵塞段采用测绳取得数据）；而且井内不时能听到垮塌的声响，在下雨后更为明显。人工将堵塞的块石清除后随即发生导井井口变形［见图3.2.6-

（a）平台混凝土浇筑前 　　　　　　　　　（b）平台混凝土浇筑后

图 3.2.6－4　锁口钢筋混凝土施工平台锁口

5（a）]，后采用孔内摄像进行探测，在确认井内无变形后，安排专人负责监护并继续进行人工除渣，直至钻头部位，最终将钻头提出 ［见图 3.2.6－5（b）]。

（a）坍塌变形情况 　　　　　　　　　　（b）钻头提出现场

图 3.2.6－5　井口变形情况和钻头提出现场

2013 年 9 月 17 日，参建单位相关人员现场查看后，制定对人工挖孔段 22m 倒挂混凝土及以下约 23m 空腔段采用 C20 混凝土回填至 2120m，其后再用乌卡斯冲击钻冲孔；2013 年 9 月 21 日晚，导井空腔回填全部完成。

2013 年 9 月 24 日，导井采用乌卡斯冲击钻重新开钻冲击，约在 60m（2060m）部位即将贯通时，堵塞段护壁浆液漏至井底，造成未回填混凝土段的井壁滑塌，再次将钻头卡死在井内，无法继续冲击；10 月 24 日，施工单位提出采用灯笼锤进行处理。

2013 年 10 月 28 日，灯笼锤（直径 1.1m、重约 3t）加工（见图 3.2.6-6）完成并投入使用，11 月 2 日，冲击至 36m 位置时，井壁再次发生塌方，导致灯笼锤也被卡住，经上述多方案，多措施处理均无果。导致无法继续在原孔部位进行钻进施工。

（a）加工中的灯笼锤   （b）灯笼锤施工现场

图 3.2.6-6　加工中的灯笼锤和灯笼锤施工现场

3. 第三阶段正井法开挖

鉴于调压井导井发生多次堵塞的实际情况，虽采取了不同的处理措施及施工方法在原孔位置向下进行疏通（如反向爆破、冲击钻进、人工挖孔桩等），但最终均不理想，开挖处于停滞状态。若继续在原孔位置向下处理，施工难度大，效果无法预估，产生的相关费用会大幅增加，即便侥幸疏通后，开挖渣料由导井向下溜渣，难免不再发生堵塞事件，工期目标将无法得到保证。为此监理中心提出采取正井开挖的施工方式对塌方较严重的 60m（2120～2060m）进行处理，待将冲击钻头取出后结合 2060m 以下地质情况，考虑恢复从导井出渣的原施工方案，此措施能够保证井筒顺利开挖完成，为既定发电目标赢得宝贵的时间。后经参建各方讨论，最后确定采用正井开挖。租用 150t 履带吊实施，2014 年 4 月 8 日，正井法开挖至 2058m，被卡钻头取出，导井疏通完毕。

4. 经验教训

在立洲水电站调压井施工中，采用导井法施工时，利用乌卡斯冲击钻处理相比地质钻机更适合进行疏通导井，并可避免钻机偏心问题，但同时应注意控制施工参数，防止因过大的冲击荷载对导井周边岩石产生振动，引起后续塌孔的进一步发生。

针对堵井不同情况，对堵塞以上的导井采用了黏土回填密实、黏土＋水泥回填堵塞、导井平台石渣回填夯实＋水泥注浆等措施进行加固的方法，以及导井井口注水并覆盖工字钢网格、底部小药量爆破等方法，取得了阶段性的效果。证明这些方法对于导井疏通能起到一定效果，但对于立洲水电站调压井这种地质条件特别复杂的情况，不能从根本上解决导孔堵井的问题。

对于围岩特别破碎地质条件复杂的斜（竖）井工程，采用导井法施工中持续出现塌孔、塌井时，应适时调整导井法为采用正井开挖的施工方式。立洲水电站调压井施工和后续的塌井堵井典型案例 2 均能有效证明这一点。溧阳抽水蓄能电站竖井同样存在地质条件特别破碎复杂的情况，施工过程同样采用了人工正井法的方案。因此，在施工中，根据实际地质条件，应开展具体分析，及时调整施工思路，采取适用的方案，不宜一种方法走到底。

3.2.6.7 塌井堵井典型案例 2——老挝南欧江七级泄洪放空洞事故检修闸门井

老挝南欧江七级水电站泄洪放空洞事故检修闸门井井口地面高程 635.0m，与主洞衔接部位主洞洞顶高程为 560.71m，主洞底板高程为 547.5m，井高为 87.5m。正常井身段开挖断面尺寸：8.9m×13.6m（长×宽），高程为 570～632m；8.9m×14.2m（长×宽），高程为 547.5～570m。地形地质情况如下：

事故检修闸门井地形两面临空，岩壁较薄，地形完整性较差，对事故检修闸门井稳定不利。

岩性主要为长石石英砂岩夹粉砂质泥岩，互层～厚层状，发育两条Ⅲ类围岩断层 F_3、F_7，穿过砂化条带，围岩为弱风化下带～新鲜岩体，围岩整体属Ⅳ类围岩，隧洞顶板位于地下水位线以下 13～22m。事故闸门井顺水流方向下游侧为顺层边坡，上游和左侧岩体单薄且较为破碎。

泄洪放空洞事故检修闸门井两侧临空（见图 3.2.6-7），其中趾板侧临空面，井壁锁口部位开挖线距趾板开挖开口线约 10.14m，趾板侧坡比 1∶1；4 号冲沟侧临空面，井壁锁口部位开挖线距 4 号冲沟开口线约 7.7m，4 号冲沟侧坡比 1∶1.25。

2017 年 10 月 29 日，施工单位在采用 LM-150 型反井钻机在事故闸门井正中心进行 ϕ220mm 导孔施工过程中，钻进至 38.0～39.5m 处出现脱空现象，导孔继续施工至 46.0m，发现导孔脱空。经设计明确对井壁进行固结灌浆，灌浆过程中吃浆量较大，且灌注过程中不起压，最大流量为 70.57L/min，接近于灌浆泵的排量，中间 13 次间歇待凝灌浆后，压力为 0.1MPa，流量为 31L/min，灌注水泥 12822.38kg，单孔单位注入量 2564.48kg/m，仍然无法达到屏浆要求。后经设计明确采用混凝土和砂浆对空腔回填，并对井壁固结灌浆延伸 40m 处理。根据以上反井钻机钻孔和固结灌浆钻孔和灌浆情况看，泄洪放空洞事故闸门井部位山体内存在较大空腔。

灌浆工作完成后，施工单位采用反井钻机完成事故检修闸门井 1.4m 导井施工。导井施工完成后，现场按照设计要求进行井身开挖及锁口支护。

1. 第一次井身塌陷处理

2018 年 6 月 11 日，检修闸门井锁口混凝土浇筑完成，直径 1.4m 导井井口采用

图 3.2.6-7　泄洪放空洞事故检修闸门井两侧临空示意

3.0m×3.0m 钢板,厚度 16mm 两块钢板现场焊接后进行井口防护。泄洪放空洞事故检修闸门塌陷前的情况见图 3.2.6-8。竖井 1.4m 导井形成后从导井内不同程度出现掉渣现象,6 月 22 日凌晨井壁出现塌陷,泄洪放空洞事故检修闸门塌陷前的情况见图 3.2.6-9,致使 1.4m 导井被堵塞,现场采用 351 钻机进行探孔试验,导井堵塞深度达 35.0m,其中上游侧井壁与左侧井壁衔接拐角部位 30.0~32.5m 局部出现空腔。泄洪放空洞事故检修闸门井塌陷后竖井底部的情况见图 3.2.6-10。

图 3.2.6-8　泄洪放空洞事故检修闸门塌陷前的情况

图 3.2.6 - 9　泄洪放空洞事故检修闸门井塌陷后的情况

图 3.2.6 - 10　第一次塌陷后竖井底部的情况

塌陷之后采取的处理方式：在塌陷区域布置观测点，实时监测塌陷区域是否有继续沉降的趋势，观察竖井底部是否有持续掉渣的情况。根据沉降观测资料以及井底掉渣的情况，待塌陷区域稳定后对塌陷部位进行安全喷护，并打设钻孔探明塌陷区域情况。根据钻孔情况确定开挖方式为正井开挖，支护方式为在原设计支护基础上扩挖 30cm 后采用回填混凝土内衬单层钢筋网护壁。回填混凝土采用 C12 和 C14 的单层钢筋网，并结合现场实际情况增设锚筋桩。由于竖井内岩石十分松散，采用正井法开挖过程中，竖井井壁发生多次滑塌现象，在滑塌区域较大的部位采用了回填混凝土＋锚筋桩加固的方式确保井壁的安全。

2. 第二次井身内陷处理

2018 年 7 月 31 日，事故检修闸门井按照正井法在开挖 618～621m 时，井身下游侧出现掉块现象，参建四方到场查看后，确定继续喷锚并浇筑 30cm 钢筋混凝土护壁。

将注浆机、锚杆等支护材料放至井内。在进行作业过程中，施工人员发现下游侧井壁掉块频率加大，井内人员立即撤离至井口安全部位，掉块现象仍在持续，至当晚20：30井内发生沉陷，现场通知所有人员及设备撤离并对工作面封闭警戒，第二次塌方前后情况分别见图3.2.6－11和图3.2.6－12。根据对闸门井底部观察发现，闸门井底部未有渣体掉落，判断竖井内存在有空腔通道。井内突发塌陷导致工作面的1台120反铲及配套的破碎锤、注浆机、28手风钻、电焊机以及一些支护使用的锚杆、钻杆、水泥、风水管等被塌方体掩埋。

图3.2.6－11　第二次塌方前情况

图3.2.6－12　第二次塌方后情况

　　塌陷之后采取的处理方式如下。竖井塌陷稳定后，现场实测下游的井壁最大塌陷高度约为12m，往下游侧塌陷深度约为5.5m。在塌陷区域继续布置观测点，实时监测塌陷区域是否有继续沉降的趋势，并观察竖井底部是否有持续掉渣的情况。根据沉降观测资料以及井底掉渣的情况，待塌陷区域稳定后对下游侧井壁喷 C20 微纤维混凝土进行封闭。待安全喷护完成后，井壁四周采用钢筋混凝土护壁网的形式往下延伸，在下游侧井壁空腔较大区域打设锚筋桩并打设回填灌浆孔进行加固。

在进行竖井塌方处理时，考虑到下一步开挖施工安全，避免井内突发塌方，现场采用 I18 工字钢制作成一个 6m×12m 施工平台，并用 6 根钢丝绳将平台与位于井口处的地锚连接，人员及设备在 I18 工字钢施工平台施工。

2018 年 8 月 24 日至 9 月 15 日，中国电建集团昆明勘测设计研究院有限公司（简称"昆明院"）在事故检修闸门井开展了电磁波 CT 测试工作，根据昆明院提供的最新成果报告，电磁波 CT 解释异常共有 50 处，其中 22 处为电磁波波强吸收区域，物探推断解释该部分介质松散，岩体破碎，有空腔（洞）、坍塌的可能性比较大。另外 28 处为中等吸收区，推测介质较松散、岩体破较碎或完整性差。

根据事故检修闸门井电磁波初步勘测成果，为确保事故检修闸门井后续施工安全，监理中心组织参建各方进行了专题讨论会，确定了后续施工方案。井身塌陷处理后恢复施工现场见图 3.2.6-13。具体施工方案如下：

图 3.2.6-13 井身塌陷处理后恢复施工现场

（1）闸门井开挖采用正井法（破碎锤开挖），挖机配合汽车吊出渣。

（2）在事故检修闸门井高程 590.0～627.5m 增加 40 束 600kN 无黏结锚索进行井壁加固，其中下游侧 3 束、右侧 2 束。

（3）闸门井 590.0～615.0m 井壁采用超前固结灌浆进行超前支护。

（4）闸门井 590.0～615.0m 系统锚杆间距调整为 1m×1m，并利用锚杆孔进行水平固结灌浆，间排距均为 2m。

（5）闸门井 590.0～615.0m 延续护壁混凝土，将钢筋直径调整为：水平钢筋采用 Φ22@20cm，纵向钢筋采用 Φ16@20cm。

3. 经验教训

该案例再一次证明，在地质条件极差的情况下，全断面正井开挖依然是确保安全施工的可靠手段。

在采用全断面正井开挖法施工时，仍然应加强物探等超前地质预报技术的应用，确保施工前对地质条件的深刻认识，可以提前对可能发生的意外事件进行预防，采取相应的超前支护。

实践证明，合理的超前支护措施包括超前固结灌浆、超前锚索等，可以有效保证开挖竖井的稳定，保障施工速度。

3.2.7 定向反井钻法工程案例——敦化抽水蓄能电站 2 号上斜井

3.2.7.1 工程地质概况

敦化抽水蓄能电站引水系统全长 3124.9m，高差近 765m。根据设计地质勘测钻孔成果分析，沿线揭露的基岩为二长花岗岩和正长花岗岩。其中二长花岗岩主要分布在引水隧洞—高压管道中平段（部分），包括引水隧洞、引水调压井、高压管道上斜段和部分中平段。2 号上斜井段构造不发育，隧洞围岩类别以 Ⅱ 类为主，局部裂隙发育部位为 Ⅲ 类，地下水丰富，局部存在承压水。

3.2.7.2 施工难点

2 号上斜井坡度为 55°，长度超过 400m。斜井单段长度长、坡度陡、工程量大，且无施工支洞直接通往斜井段，与地面连接的交通线，出渣及通风等问题突出，施工难度大。

3.2.7.3 施工方案概述

按《国网新源公司关于抽水蓄能电站引水系统斜井施工降低安全风险的通知》（新源基建〔2017〕39 号）的要求，引水系统 2 号上斜井采用定向钻机＋反井钻工法进行施工。

2 号上斜井起始桩号 21＋054.854，终点桩号 21＋317.774，分为两个弯段和一个直线段，其中上弯段 40.95m、下弯段 40.95m，直线段 337.16m，全长 419.06m（含上下弯段），斜坡段长度达到 381m。开挖断面为马蹄形 6.8m×5.0m（高×宽），在桩号 Y21＋286.332～桩号 Y21＋054.854 段（斜长 9.0m）开挖断面渐变为 6.8m× 6.7m（高×宽），石方开挖量 16862m³。

总体思路为：选择配置螺杆纠偏技术的定向钻机，先施工反井钻机导孔。再选择合适型号的反井钻机，实现大直径导井的一次成井。

FDP－68 定向钻机在工厂提前加工定制，见图 3.2.7－1。根据钻机机身尺寸、运输及运行需要空间和钻进工作时附属设备占用位置布置，在斜井上弯段先进行技术性超挖及相应的支护；然后进行钻机基础、泥浆池、循环水池、液压站、钻机装卸台架的布置及风水电的接引；再进行定向钻机安装、调试、定位和直径 216mm 导孔钻进，将直径 216mm 导孔刷成直径 295mm 大孔；最后采用 ZFY3.5/150/400 型反井钻从井口下直径 295mm 的定制钻杆，从井底安装直径 2.5m 扩挖钻头，由下至上完成导井反拉扩挖，石渣采用装载机与自卸汽车运往渣场。

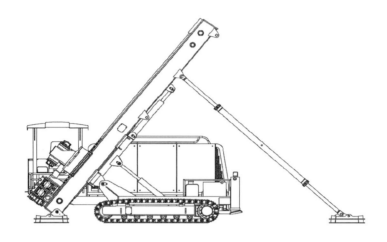

图 3.2.7 - 1 定向钻机示意图

施工精度要求偏斜控制在 5‰，采用螺杆纠偏技术。螺杆钻具是一种将循环冲洗液的压力能转化为转动机械能的容积式井下动力钻具。螺杆钻具前端连接钻头，高压泥浆流经螺杆钻具时，螺杆马达在扭矩作用下旋转从而带动下面的钻头工作。

根据导井扩孔直径、井身长度、倾角及围岩岩体抗压强度、岩石硬度指标，初步选择相应的反井钻机，然后对钻机的主要技术参数进行验算，计算详见表 3.2.2 - 1。选用 ZFY3.5/150/400 型反井钻机满足工程要求，同时该钻机采用智能化电液操控，据岩石硬度变化实时调整控制反扩拉力与转速、扭矩，响应时间仅需 0.1s，可有效避免人工操作反应滞后导致断杆事故的发生。斜井导孔施工流程见图 3.2.7 - 2。

3.2.7.4 钻具组合及钻进参数选用

（1）开孔钻具组合为 ϕ216mm 牙轮钻头＋ϕ172mm 钻铤＋ϕ127mm 短钻杆（2m）。其钻压为 3～5kN，钻速为 30～40r/min，泵量为 1200L/min。

（2）定向钻进钻具组合为 216mm 牙轮钻头＋172mm 螺杆＋411mm×410mm 浮阀＋212mm 扶正器＋165mm 定位短节＋411mm×4A10 变扣＋165mm 无磁钻铤 1 根＋165mm 钻铤 3 根＋127mm 加重钻杆 9 柱（见图 3.2.7 - 2）。其钻压为 15～35kN。钻速为 50～60r/min（硬岩段），泵量为 1200L/min。

3.2.7.5 启动开钻

（1）开孔定位是保证钻孔直线及角度的关键，为确保开孔的角度，在开钻前要在孔位基础上预留环形孔槽，开孔钻进过程中应以轻压、慢转、大泵量为宜。一般控制在转数 60r/min，钻压 5kN，泵量 600～1200L/min。

（2）钻进泥浆的控制。钻进硬岩段时，要求泥浆相对密度控制在 1.03～1.15，黏度控制在 20″～35″，并根据钻孔情况及时加入泥浆添加剂调整泥浆。及时监控泥浆情况，及时添加泥浆材料处置漏失情况。

（3）钻孔测斜、纠偏。该工程采用 WMD-76 无线随钻测斜仪对钻孔进行孔斜监测及定向纠偏。结合磁导向装置进行监测，主要依靠角度及方位进行位置判定。

孔斜监测。钻进 3m 时不停钻测斜一次，每钻进 30m 停钻测斜一次，3～6m 一个测点。孔斜超偏时，加密测点，并制定定向纠偏设计。

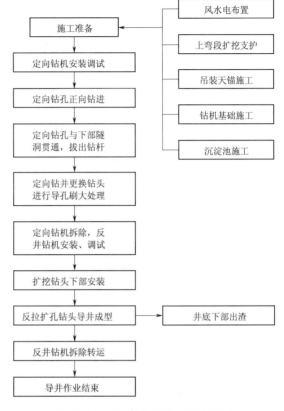

图 3.2.7-2　斜井导孔施工流程图

钻孔纠偏：根据制定的纠偏设计利用 φ172mm 弯螺杆，以及随钻测斜仪进行纠偏。定向钻成孔过程中，使用钻机和井下动力钻具（螺杆）产生旋转动力，其工作方式主要有以下两种：

1）复合钻进。即钻机和螺杆同时旋转的工作方式，钻头旋转速度为二者之和。这种钻进方式为主要的钻进方式，在不需要进行纠偏时使用。

2）定向钻进。螺杆钻具由泥浆推动旋转，钻机旋转至一定角度后锁定旋转。由于螺杆有弯角，导孔将沿弯角指向，进行定向钻进。这种工作方式在需要纠偏时使用，以使导孔沿着需要的方向进行钻进。

无线随钻测斜仪在定向钻的工作全过程中，均安装于螺杆钻具后的无磁钻铤内。在定向钻进的全过程中，如需要测斜，只需对无线随钻测斜仪发送开始测斜信号即可，测试时间只需不到 2min，故在钻进过程中无须起下钻等费时的操作，就可快速完成测斜，并根据测斜的结果来判断是否需要进行定向钻进。通常在每钻进 3m 时，进行一次偏斜测定，以确保偏斜得到控制。

更为密集的测试可根据需要进行。由于靠近钻头部分的螺杆钻具、钻铤等存在较大刚度（外直径达到172mm），不易发生在小于3m的长度内，出现的急偏斜。故通常情况下不进行小于3m钻进深度的偏斜测定。

3.2.7.6 钻孔刷大工序

ϕ216mm高精度导孔施工完成后，拆除ϕ216mm三牙轮钻头及配套测斜纠偏设备，换接ϕ295mm钻头，进行导孔刷大。钻孔刷大期间要不断地冲洗孔壁，将岩粉及碎石全部排到井底，井底施工人员按照工长指挥，定时清理积渣，排除污水废水，保持井底满足文明施工要求。

3.2.7.7 导孔扩挖

采用FDP-68型定向钻完成295mm钻孔刷大孔施工后，移走定向钻。在原基础上布置地锚，安装ZFY3.5/150/400型反井钻机，调试完成进行导孔自下而上扩挖，直到上弯段顶部结束。其具体步骤如下：基座安装→安装地脚锚杆→主机就位→液压站安装→油管连接→电路线路连接→试运行→主机校准加固→下放钻杆→挂扩挖钻头→反拉成孔。

大直径295mm钻杆接入井底后，在中平洞用卸扣器将导孔钻头和异型钻杆换下，用装载机将ϕ2.5m钻头运至导孔下方，将上下提吊块分别同钻头、导孔钻杆固定，上下提吊块用钢丝绳连接，提升导孔钻杆，使钻头离开地面约20cm，然后固定钻头，下放导孔钻杆，拆去上下提吊块，连接扩孔钻头。

调节动力水龙头出轴转速挡位为慢速挡。在扩孔钻头未全进入钻孔时，为防止钻头剧烈晃动而损坏刀具，使用低钻压、低转速，待钻头全部钻进后可加压钻进。扩孔钻压的大小根据地层的具体情报况而定，软岩低压、硬岩高压，但是，主泵油压不得超过24.0MPa；副泵油压不得超过18.5MPa。

扩孔钻进结束后，拆去钻杆，采用钢丝绳将ϕ2.5m钻头固定在主机轨道上，主机调离后再将钻头从导孔吊出。

3.2.7.8 斜井扩挖施工

斜井导井形成后，自上而下进行扩挖。根据深度不同扩挖采用两种施工方法，0～30m扩挖时，施工人员利用爬梯下至井内进行爆破作业；大于30m后，进行扩挖台车、送料/载人小车及卷扬机提升系统安装。

四条斜井扩挖提升系统统一配置一套载人小车及扩挖台车。1号下斜井载人小车、扩挖台车采用轨道，其他三条斜井载人与扩挖台车均采用无轨胶轮结构，底板超挖控制在5cm，支护时在底板喷混凝土形成胶轮引道导槽（宽2.8m、深度15cm），行走轮中心距为1.8m，两侧导向轮距离导槽边缘各为5cm。

斜井上弯段及直线段30m开挖流程为：扩挖台车导槽设置→扩挖台车拼装及溜放锁定→斜井载人车就位并锁定→卷扬机安装导向轮、限载轮安装→钢丝绳安装及系统调试→荷载试验完成并验收合格→启动斜井扩挖。

斜井扩挖采用 YT－28 型手风钻钻孔，人工装药，毫秒微差爆破，炮孔直径为 $\phi42mm$，2 号岩石乳化炸药为 $\phi32mm$ 药卷，周边孔采用光面爆破，间隔装药。钻孔深度 3.0m，循环进尺 2.5m，掌子面略呈漏斗形倾斜，向下坡度为 10°，以利于溜渣。爆破施工中，通过爆破试验合理优化爆破参数，控制石渣粒径，防止溜渣堵井。

2 号上斜井定向钻机 $\phi216mm$ 导孔施工历时 29d 顺利贯通，2.5m 直径反导井反扩历时 45d 完成，反拉钻进平均速度达到 8.27m/d。

3.3 反井钻＋爬罐法施工

3.3.1 爬罐法的发展

爬罐法始创于 1957 年。瑞典波立登公司在兰塞尔矿施工时，邀请阿力马克公司协作，经过一年左右首次研制成功阿力马克爬罐，并很快被推广。其特点是借助本身的驱动装置沿着固定在井壁上的导轨上下移动，运送人员、材料、设备，并在爬罐上完成凿岩爆破作业。可用来掘进倾角大于 45°的各种倾角的斜（竖）井。

最早的爬罐采用风力驱动，掘进高度只限于 300m 以内，由于供风软管过长，风压降低，严重影响风动机的驱动功能。研制的第二代 STH－5E 型电动爬罐将风力驱动改成电力驱动，升降速度大大提高，掘进高度可达 1300m。第三代 STH－5D 型爬罐改用柴油液压驱动技术，掘进高度可达 1500m。

我国早期的江边水电站，十三陵、广州、天荒坪、桐柏、宝泉、西龙池抽水蓄能电站等斜井开挖实践表明，单纯采用阿力马克爬罐施作导井的开挖方法时，通风散烟困难、作业环境差、安全问题较为突出，且操作人员通过"死亡谷"时配备氧气瓶（袋），开挖烟尘存在影响测量放线问题。为了解决上述弊端，后期采用了上部反井钻导井与下部爬罐相结合的方法。

在呼和浩特抽水蓄能工程中，引水系统 2 号下斜井采用反井钻机及瑞典阿力马克爬罐开挖对接的方式，即反井钻＋爬罐法相结合的施工方法。反井钻从斜井上部向下部钻导孔，爬罐从斜井下对接成功后由反井钻反拉形成导井，然后再进行人工正井开挖的溜渣导井，并与爬罐开挖的导井对接，最后由人工正井法开挖至设计断面。1 号上、下斜井和 2 号上斜井导井开挖中，进一步对反井钻＋爬罐法进行了改良，反井钻施工只钻通风排烟导孔，且导孔钻进可先于爬罐反导井施工，不作为关键工序，不占用主线施工时间，导孔钻进长度一般控制在 200m 以内，待爬罐开挖导井与通风排烟导孔对接后，爬罐继续开挖至斜井的上端形成导井。这种方式缩短了爬罐无有效通风排烟段的开挖长度，充分发挥导井的"烟囱效应"，避开了爬罐施工 200m 后的"死亡之谷"地带。

呼和浩特抽水蓄能工程这种改良的反井钻＋爬罐法具有施工工序合理、进度保障、安全性高的优势，为敦化、绩溪等抽水蓄能工程斜井施工所采用，成为反井钻＋爬罐法的主流。随着国内安全生产工作要求越来越高，国内部分抽水蓄能项目建设单位已明确禁止使用爬罐法开挖导井，采用爬罐法开挖导井的方案将逐步退出。但作为一种典型的行之有效的施工方法，本节仍将反井钻＋爬罐法作为典型施工方法予以介绍。

由于反井钻法施工已在 3.2 节详细介绍，本节主要针对爬罐法设备、主要工艺等关键内容进行论述。

3.3.2　爬罐设备选型

3.3.2.1　爬罐及附属设备

爬罐按动力装置分为三类：气动型爬罐、电动型爬罐和柴油型爬罐。

气动型爬罐带有供应压缩空气的软管。爬罐设有 1 或 2 套驱动装置，每套驱动装置配备 2 台气动马达。爬罐上升和下降皆为动力驱动。出现故障（如软管损坏）时，可靠重力下降。

电动型爬罐主罐配有 2 台电动机驱动，副罐配有 1 台电动机驱动。每台电动机均配置一条供电的电缆，大断面和较长的竖井及斜井的开挖主要使用电动爬罐。

柴油型爬罐设有 1 套柴油机驱动装置。此种爬罐可开挖的竖井和斜井的长度较风动和电动爬罐都大，爬升速度快，而且不带软管和电缆。

不同阿力马克爬罐主要技术参数见表 3.3.2-1。不同类型爬罐优缺点见表 3.3.2-2。施工中具体选用哪种类型的爬罐，可根据施工现场的具体条件选择，主要依据最大开挖井长、面积、动力、通风等条件综合考虑。

表 3.3.2-1　　　　　　　　阿力马克爬罐主要技术参数表

项　目	设备类型、型号					
	气动型		电动型		柴油型	
	STH-5A	STH-5AA	STH-5E	STH-5EE	STH-5D	STH-5DD
上行速度/(m/min)	7～12	5～9	18	18	22	20
下行速度/(m/min)	15～22	15～20	—	—	—	—
重力下降速度/(m/min)	25～30	25～30	25～30	25～30	25～30	25～30
施工最大横截面/m²	10	18	10	18	9	18
最大掘进深度/m	150～175	150～175	900	900	1100	1100

注　1 马力=735.5W。

表 3.3.2－2 不同类型爬罐优缺点

项目	设备名称、型号		
	气动型	电动型	柴油型
优点	清洁、环保，驱动装置简单，价格较低	清洁、环保，运行速度快，动力大，钻探高度较大	运行速度快，动力大，钻探长度大，最大钻探长度可达 1100m
缺点	功率小、掘进深度短，而且风管容易损坏，保护困难	运行中电缆及电缆托架容易损坏，对供电质量要求高。潮湿环境下故障率高，维修成本大	废气不易排除，对人体有害，对燃油标号要求高

经过以上分析，可以看出柴动型爬罐性能相对其他两种型号更优越，国内已施工的绩溪、敦化抽水蓄能电站均选用了 STH－5DD 型（柴油型）阿力马克爬罐施工反导井。

阿力马克爬罐主要由罐体，导轨，动力装置，安全制动装置，风、水控制及信号报警系统和激光测量装置等组成。阿力马克爬罐组成示意如图 3.3.2－1 所示。

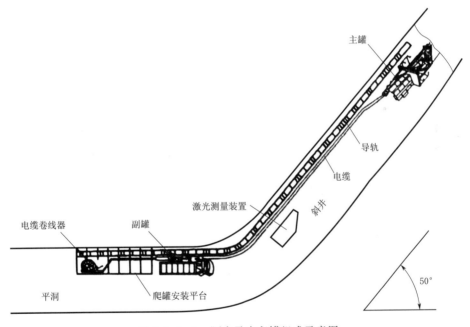

图 3.3.2－1　阿力马克爬罐组成示意图

1. 罐体

罐体有主罐和副罐两个，两个罐体单独运行。

（1）主罐。主罐由机架、前后驱动装置、工作平台、罐笼、安全制动装置、护顶架、爬梯、电气（包括信号、电话）控制箱等部件组成，主要作用是为整孔、装药、清撬、接轨等施工工序和过程提供安全可靠的运输工具和工作平台。

（2）副罐。副罐由机架、驱动装置、罐笼、安全制动装置、电气（包括信号、电话）控制箱等部件组成，主要作用是救援、维修、运送炸药和物资等，当主罐在工作面工作或在运行途中出现故障时，由副罐载运物资或维修人员至主罐。

2. 导轨

导轨分直轨、弯轨和锚固轨三种，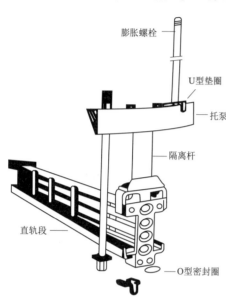导轨内部并排装有 4 根 25.4mm 钢管，其中 3 根为风管，1 根为水管。其主要作用是为主、副罐提供安全可靠的爬行轨道，同时为钻孔、爆破施工以及排烟降尘提供风、水管道。安装时，导轨之间有密封胶圈，将风、水管密封，防止风、水外泄。导轨轨道安装方式示意见图 3.3.2-2。

膨胀螺栓

U型垫圈

托泵

隔离杆

直轨段

O型密封圈

图 3.3.2-2 导轨轨道安装方式示意图

3. 动力装置

爬罐的动力装置主要包括动力和驱动两部分。

爬罐驱动装置的动力来源根据设备类型的不同，可以是风、电和柴油，通过能量的转换变成动能；驱动系统是爬罐动力输出部分的齿轮与特制导轨上的齿条相啮合，驱动爬罐上升和下降。

4. 安全制动装置

爬罐安全保护装置安全、可靠，共设置了三级制动控制装置，即手动控制制动器、离心制动器和安全装置，确保设备安全可靠地运行。

（1）手动控制制动器。手动控制制动器由制动轮、制动瓦、飞轮、碟簧和制动手柄组成。运行时运行人员直接将制动手柄转动 90°便能使制动器松开，设备正常运行，停车时将手柄反向转动 90°，爬罐可以停在任何位置。

（2）离心制动器。离心制动器由 1 个轮毂和 2 个制动瓦组成。轮毂的圆杆上装有一个轭架和若干碟簧。制动瓦在离心力的作用之下会朝着制动轮的方向甩出。由于制动瓦与轭架是用螺栓连接的，因此，轭架也会移动，并将碟簧压在起。转速达到 35r/s（2100r/min）时，制动衬垫将靠在制动轮上，产生制动力矩，使爬罐减速。

（3）安全装置。安全装置由制动锥和制动衬垫组成，制动过程中是靠两者之间的摩擦力产生渐进制动力的。该装置在出厂之前已经调整好。当转速达到 2.5r/s（150r/min），爬罐速度达到 9m/s（540m/min）时，其离心重块便被甩出并卡在制动锥的凸台上，随后，制动锥开始转动。因制动锥上的固定螺母是固定不动的，所以，安全装置做轴向移动，碟簧压在一起并使制动锥更紧地压在制动衬垫上，直到爬罐停住为止。

5. 风、水控制及信号报警系统

施工工作面风、水由安装在爬罐平台上的集中供风、供水系统进行控制。

信号报警系统。爬罐与爬罐平台之间主要通过电话进行联系，另外，还可以备对讲机。电动爬罐还随机配备了供风、供水和故障跳闸报警等控制信号。

6. 激光测量装置

爬罐配有专用指向激光导向仪，空气中的测量距离约为500m，在井中由于受到烟雾的影响穿透距离只能达到300m左右。激光导向仪一般安装在距井口30m处的顶拱，外加保护罩。

3.3.2.2 主要辅助设备

某工程爬罐导井施工主要辅助设备见表3.3.2-3。

表 3.3.2-3 某工程爬罐导井施工主要辅助设备表

设备名称	规格型号	数量/台	备注
爬罐	STH-5	2	
手风钻	YT-27	6	备用2台
装载机	ZL50C	1	
自卸汽车	15t	2	
空压机	$20m^3/min$	1	
轴流通风机	$2 \times 55kW$	1	
轴流通风机	32kW	2	

3.3.3 施工工艺

3.3.3.1 流程及步骤

爬罐法施工按照施工作业程序分为施工准备、导孔施工、全断面爆破，并辅以测量放样、通风降尘、清撬（接轨）等作业过程。爬罐法施工工艺流程见图3.3.3-1。

3.3.3.2 施工准备

1. 井脚处理

在平洞开挖到位后，需要在斜井的下弯段进行井脚处理（见图3.3.3-2），以便于爬罐系统由平洞顺利进入斜井反导井。井脚开挖在平洞与导井连接部位设置圆弧开挖段，圆弧半径根据斜井的倾角及爬罐轨道中弯轨道的数量、参数确定。通常需要利用脚手架提前开挖反导井直线段，长度应满足爬罐系统主罐的罐身长度要求。

导井尺寸一般采用2.4m×2.4m或2.4m×2.7m，导井一般布置在中心线偏下。为出渣方便，以及防止扩挖时爆破块石冲击造成超挖，底部应预留足够的厚度。西龙池斜井导井布置时保护层厚度为1.2～1.5m。为满足爬罐轨道的安装精度，井脚段开挖要求不允许欠挖，超挖需控制在20cm以内。

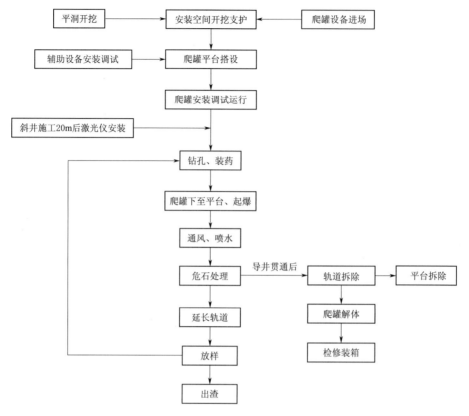

图 3.3.3-1 爬罐法施工工艺流程

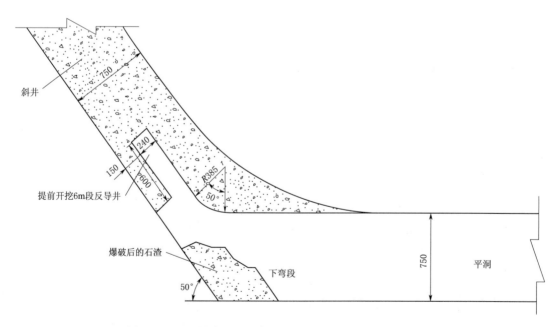

图 3.3.3-2 井脚处理示意图（图中标注除注明外均为 cm）

2. 爬罐检修平台的安装

爬罐检修平台布置于斜井下方的平洞内，主要用于爬罐系统的安装、检修、拆除等，同时施工人员亦利用此平台上、下爬罐及运输火工品等材料。

平台一般布置在距离斜井底部弯点（轴线）10m以外的范围内，主体采用钢结构型式，上铺不小于5cm厚的木板。一般平台宽度不小于4.0m，距离洞顶高度不小于2.7m；检修平台要求稳定、牢固，并设置上、下通行爬梯。爬梯坡度不大于60°，踏板使用防滑材料，两侧扶手高度为满足防护安全要求，爬梯两端必须采用可靠措施连接加固。

平台根据地质情况可以采用悬挂式或脚手架框架，采用悬挂式平台必须进行节点应力计算和锚杆拉拔试验。悬挂式平台适用于Ⅲ类及以上良好围岩，平台由顶部锚杆悬吊，采用树脂或砂浆锚杆，入岩深度一般不小于3.0m，锚杆外露长度不小于2.0m，间距1.2～1.5m。悬挂式平台布置示意见图3.3.3-3。脚手架框架平台适应于Ⅳ类、Ⅴ类围岩，一般采用双排支撑框架。支撑排架顺洞方向间距1.0m，断洞方向间距不小于4.0m，以方便台下交通。排架均采用扣件连接。

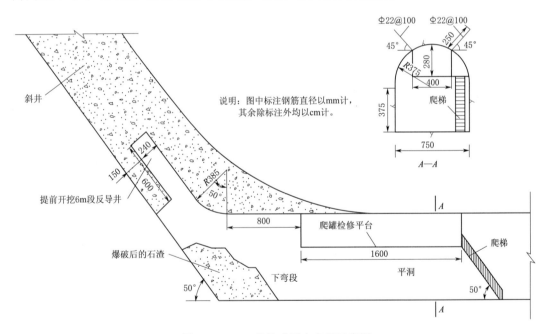

图3.3.3-3 悬挂式平台布置示意图

3. 爬罐轨道安装

爬罐系统安装前，首先根据轨道的长度及下弯段的起弧位置确定轨道安装起始点，需按照平洞段、下弯段及直线6m段顺序完成轨道安装施工。安装高度距拱顶50cm，先在弯段安装弧形轨道，继而向两端延伸的轨道采用膨胀螺栓（爬罐自带，也可加工）固定在岩壁上，膨胀螺栓长度、间距结合围岩地质条件确定。

　　两节轨道之间应采用螺栓杆连接，且必须放置密封圈，以保证施工中风、水不产生泄漏。为保证轨道牢固可靠，可每隔 30m 安装一节 2m 加强轨（每节由 8 根膨胀螺栓固定）。

　　轨道安装示意见图 3.3.3 - 4。轨道安装技术要求为：轨道必须布置在设计洞壁顶部的中心线上，以保证爬罐系统能运行在中心线上；第一节轨道底面距顶部岩壁应控制在 0.7～1.0m，以便于爬罐系统的安装；弯轨安装完成后，必须保证紧接的直轨倾角等于斜井的设计倾角。

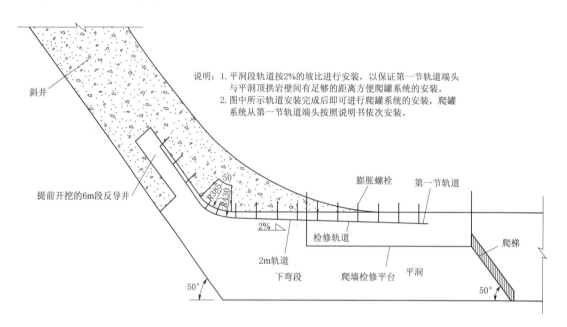

图 3.3.3 - 4　轨道安装示意图

　　4. 爬罐安装

　　爬罐组件用 3～5t 手拉葫芦（砂浆锚杆固定，入岩不少于 2.5m，外露 50cm）吊至已搭好的平台，组件安装在平台和轨道上进行，安装严格按说明书操作。

　　爬罐安全性能试验：安装完成后，必须对爬罐进行调试运行，荷载试验、手动制动器和离心式制动器试验合格后，方能投入运行。试验内容按爬罐安装调试手册要求。

　　5. 风水电系统

　　（1）风：结合斜井通风和环保要求，由每台爬罐配置电动空压机给施工供风，也可以采用工地系统风。

　　（2）水：在作业平台上设置水箱，爬罐自带高压水泵，自该水箱取水供施工用水，水箱外接系统水管补水。斜井施工废水自流至底部，通过排水系统排至洞外。

（3）电：柴油型爬罐需要外界提供照明电源，电动型爬罐用电和照明、其他部位一起考虑。变压器一般布置在检修平台外设置的支洞内（或主平洞另作变压器洞穴），采用箱式变压器。

3.3.3.3 开挖施工

1. 测量控制

斜井施工测量时，须布设近井控制点。反导井近井控制点的布置原则是保证精度、便于放样，根据导井中心在各个桩号的设计坐标来设置。基于爬罐本身的结构，部分工程将近井口测点通过在平洞与斜井相交处的底板埋设觇牌，纳入基本导线中施测。这样就相当于为保证贯通而设的洞内第一级控制——基本导线直接放样。斜井贯通后，将在近井点上直接施测贯通误差。

基于爬罐结构的特殊性，只有轨道两侧有空隙通视，这样仪器架设高度很难控制，而且每次架设仪器均需对近井点所在之处的弃渣进行处理，增加了测量放样时间、测量人员及设备的危险性。采用激光导向仪，不但可以连续提供方向线，又可以定期检测，减少了工序，降低了测量的危险程度，具有既保证精度又安全快捷的优点。由于进口激光在斜井施工 120m 以上时，长时间工作电池能量下降，激光穿越烟尘后，能量损失大，光斑扩散，使用起来误差较大，甚至有时不能穿透斜井烟雾，严重影响施工。目前施工中使用国产 YHJ－800A 绿色激光导向仪等设备代替进口激光定向仪，有效克服了进口激光导向仪上述不足，提高了测量速度，而且价格仅为进口同类产品的 40%。

爬罐施工的测量技术包括爬罐激光导向仪的安装、激光束的定位与校核、轮廓点放样与收方等。

（1）激光导向仪安装。斜井开挖一定距离（20m）后，在斜井弯点以上直线段安装激光导向仪。爬罐自带的激光设备为一个装在防水金属管内且配备有光学和高压装置的 1.5MW 氦氖激光管，由带时间继电器的 12V 铅酸电池提供动力。设备装在一个托架上，托架上设有调整螺栓，可调整激光导向光束的方向。斜井施工超过 50m 后，在 50m、100m 和 150m 左右分别安装校正觇牌。

（2）激光束的定位与校核。包括坐标测设法、平行线法。①坐标测设法：通过实测激光导向仪设置的目标觇牌小孔处的坐标、高程，反求孔洞相对定位关系来控制调整激光的方法。某工程具体做法为：觇牌为一块菱形铁板，下面焊接一个伸缩钢管，可以使觇牌上、下调整位置。觇牌固定在激光导向仪前方的岩壁上，让激光束从觇牌的目标孔穿过，起到定位的作用，目标孔孔径为 8mm。觇牌插好后，将棱镜放在孔眼上，用全站仪在近井点架站，后视基本导线点，测出斜距、天顶距、水平角，求得孔眼的三维坐标。设为 1 号目标孔、2 号目标孔，通过反算目标孔间三维坐标，求得孔线的方向与倾角及 1 号、2 号目标孔间的距离，然后得出调整量。根据调整量，将目标调整好后，再实测出 2 号目标孔三维坐标，反算结果，方向与倾角已达到正确位置，或在限差之内（定为 5′）时，将觇牌固牢，并做记号，然后调整激光导向仪螺旋，使激光束从两个孔眼中穿过，即完成一次调制过程。调制过程中注意要让激光束完整地穿过目标孔。②平行线法：在近井点架站，量取仪器高，按照设计的方位角与倾角发出一束激光，或用仪器测出一条视线，作为标准方向，开启激光导向仪，调节激光导向仪的调节螺栓，使其发出的激光在方向与倾角上均和标准方向线平行。具体操作中要与垂球配合，根据仪器激光束的设计位置，量测出其位于导井的位置（即与导井中心的偏离关系）。

（3）轮廓点放样与收方。根据上述办法定好的激光束及其在斜井导井中的实测位置，用支距法在掌子面上把导井轮廓放出。同样，以激光为基准点，用铅垂线、平尺配合三角板定向，用钢卷尺进行水平断面的收方，断面间距高差为 10～15m。

根据西龙池精准偏斜控制的经验，测量控制要点包括：①对业主提供的测量网点进行全面校核，建立校核导线制度，并定期进行复核，特别对进洞基本导线点测量数据坚持异人异机校核，建立区域施工网和进洞基本导线；②斜井反导施工和正导扩挖采用激光导向仪，开挖 170m 后进行激光接力；③反井钻定位前预埋 2m 导向管预定位，用全站仪和测斜仪进行施工中的监控，发现不合格孔位及时封孔返工；④在掌子面和斜洞口供风排烟除尘基础上，增加中间通道的排烟除尘及供氧措施，减少烟尘对测量的干扰。

2. 钻孔作业

主罐运行至掌子面后，利用主罐的作业平台进行钻爆施工。在爬罐平台用人工手风钻钻孔，当斜井坡度在 45°～60°时，选用带气腿的手持式 YT20 型或 YT27、YT28 型钻机。当斜井坡度在 60°～90°时，可以选用伸缩式手风钻。2.4m×2.4m 导洞钻孔建议布置见图 3.3.3-5。

钻孔完成后，人工按爆破参数装药，黏土或炮泥堵塞炮孔，非电毫秒雷管和导爆索连接爆破网路，爬罐降至井底检修平台处，发出放炮警报后，人工在作业平台最后连接起爆装置，进行爆破作业。2.4m×2.4m 导井建议爆破参数见

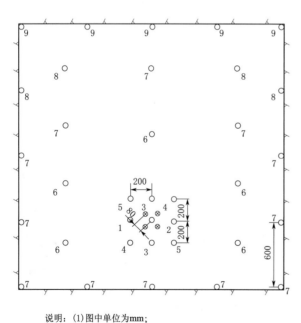

说明：（1）图中单位为 mm；
　　　（2）掏槽孔为直挖掏槽。

图 3.3.3-5　2.4m×2.4m 导洞钻孔建议布置图

表 3.3.3 - 1。

表 3.3.3 - 1   2.4m×2.4m 导井爆破参数表

参数名称	孔径/mm	孔深/mm	孔数/个	单孔装药量/kg
空孔	40/42	1.7	1	0.4
掏槽孔	40/42	1.7	12	0.8～0.9
崩落孔	40/42	1.5	21	0.5～0.8
周边孔	40/42	1.5	5	0.3～0.5
合计			39	

以往单纯采用爬罐法施工，斜井内部通风采用压入法，使用爬管轨道内置风管直接送风至掌子面，新鲜气体从上向下置换废气到斜井底部，再经过系统通风装置排至洞外。当斜井长度超过 120m 以后，在斜井 200m 附近会产生悬浮烟雾，此处俗称"死亡地带"。这些烟雾不仅影响激光穿过，而且在作业人员穿越时易造成呼吸困难，甚至威胁生命安全。施工中在通风时可将轨道两根管道都用来通风以增加风量，也可风水联动加快废气排除。采用反井钻开挖通风孔后，该问题由于烟囱效应可大大改善。

3. 轨道延伸及排险

排险分为沿线围岩松动体排除和掌子面危石处理。爆渣下落时对围岩的撞击，有可能造成围岩松动，因此在爬罐上升时必须检查围岩，如发现危石及时排除。

掌子面危石清除完成后延伸轨道。轨道采用膨胀螺栓（爬罐自带或自制膨胀锚杆）固定在岩壁上。施工中对于Ⅳ类、Ⅴ类围岩，为防止轨道脱落，不仅需要采用自制加长膨胀锚杆辅以树脂锚固剂锚固，而且周围还应增加钢筋网和以梅花形布置的树脂锚杆加固加强。

4. 出渣

斜井导井施工爆渣靠自重滚落到斜井底部，利用装载机配自卸汽车运输至洞外指定渣场。根据每一循环开挖量计算出渣作业频次。某工程斜井反导井开挖作业循环进度计划见表 3.3.3 - 2。

表 3.3.3 - 2   某工程斜井反导井开挖作业循环进度

工序	测量	钻孔	装药爆破	通风降尘	安全处理及接轨	其他	合计
用时/h	1.5	4.0	1.5	1.0	2.5	1.5	12.0

注   每天两个循环，循环进尺 2.1m，月平均进尺 105m，月最高进尺 131m。

5. 支护施工

为保证施工安全，根据围岩实际揭露情况进行喷锚支护。爬罐法施工该部分内容

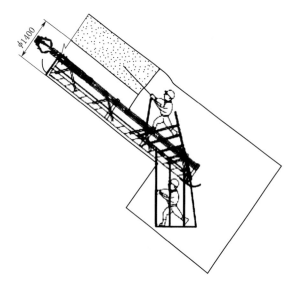

图 3.3.3－6　反向台阶法扩挖法示意图
（单位：mm）

与反井钻法基本一致，该部分内容可参考 3.2.4.7 小节。

爬罐法扩挖施工在反井钻导孔完成后进行，支护与扩挖是一个连续的流程。在深圳抽水蓄能工程爬罐法施工中，提出了一种反向台阶法扩挖法（见图 3.3.3－6），值得推广借鉴。该方法为了保证缓倾角长斜井扩挖顺利进行，一次扩挖时，自下而上先开挖上半部分洞室一至两排炮形成台阶，断面为 4.0m×2.225m 的城门洞形，预留导井下部光滑圆弧槽作为小车运输通道，以便于台阶法开挖，利用施工支洞或主变洞集渣出渣，下部分洞室断面为 4.0m×2.075m。

3.3.4　反井钻＋爬罐法工程案例——绩溪抽水蓄能电站引水下斜井

3.3.4.1　工程概况

绩溪抽水蓄能电站引水系统连接上水库、下水库，采用三洞六机斜井式布置，引水系统长 1776.2m。主要建筑物包括引水隧洞、压力管道上平段、压力管道上斜井、压力管道中平洞、压力管道下斜井、压力管道下平洞等，其中 1～3 号上斜井（包含弯管）长度分别为 409.2m、408.9m、408.5m，开挖断面为直径 6.0m 的马蹄形。1～3 号下斜井长度均为 411.9m，斜井轴线与水平线夹角 55°，开挖断面为直径 5.6m 的马蹄形。

引水系统施工支洞布置为上平洞施工支洞（1 号支洞）、中平洞施工支洞（2 号支洞）、下平洞施工支洞（3 号支洞）。施工过程中根据实际地形条件，在上斜井增加了一条施工支洞（1A 施工支洞）。

3.3.4.2　工程地质

根据地面地质测绘、SZK26 钻孔和 CPD1 探洞资料，井身围岩为（似）斑状花岗岩，局部为玄武玢岩脉，属微风化～新鲜岩石。（似）斑状花岗岩呈块状～次块状结构，岩体完整～较完整，局部完整性差或较破碎；玄武玢岩脉呈次块状结构，宽 5～8m，总体产状为 N45°～50°W，SW∠85°～88°。CPD1 探洞内其下盘面为断层接触（F_{234}），带宽 0.15～0.30m，带内为碎裂岩、断层泥，性状差，剖面上与斜井同向但交角小，推测在 3 号下斜井上部出露；F_{223}、F_{232} 断层宽度仅 1～5cm，倾角 72°～80°，推测出露于三条斜井的上部；另外还可能发育有 NNE～NNW 向及 NNE 向中、陡倾角小断层，因此，断层与其他结构面组合在断层下盘洞顶、断层上盘洞底部位易产生掉块、超挖。

3.3.4.3 设备选取

绩溪抽水蓄能电站长斜井开挖采用反井钻＋爬罐法。采用反井钻机在斜井顶部打设 $\phi216$mm、140m 长通风孔，解决了单纯爬罐反导井施工通风排烟不利的弊端，能有效提高爬罐反导井施工人员作业效率，保证施工安全。

反井钻选用 BMC300（ZFY1.4/300）型反井钻机，该钻机的推拉力、旋转扭矩，转速等主要参数设计合理，钻井工艺简单，钻井工序实现机械化作业，操作简单安全，钻机配有开孔钻杆和特制的稳定钻杆，能有效地防止井孔偏斜。

BMC300 型钻机主要的性能技术参数为：①导孔直径：216mm；②反导井直径：1.4m；③设计钻孔深度：300m；④钻机最大扭矩：70kN·m；⑤钻机拉力：1300kN；⑥钻机推力：550kN；⑦转速：0～43r/min；⑧单根钻杆有效长度/重量：1000mm/184kg；⑨钻机功率：86kW；⑩主要辅助设备：为 TBW-850-7B 型泥浆泵，其功率为 90kW。

经对气动型、电动型、柴油型爬罐技术比较，绩溪抽水蓄能电站选择性能优越的 STH-5DD 型（柴油型）阿力马克爬罐。爬罐工作平台及现场布置见图 3.3.4-1。

(a) (b) (c) (d)

图 3.3.4-1 爬罐工作平台及现场布置图

3.3.4.4　导井施工方法

（1）施工工艺流程：平洞采用常规洞室开挖→斜井底部采用人工先导井开挖→斜井中下部采用爬罐反导井开挖→反井钻机自斜井顶部向下打设 $\phi216$mm、140m 长的通气孔→以通风孔为导向的反导井开挖→自上而下进行全断面扩挖支护施工。引水下斜井采用反井钻＋爬罐法施工，示意见图 3.3.4-2。

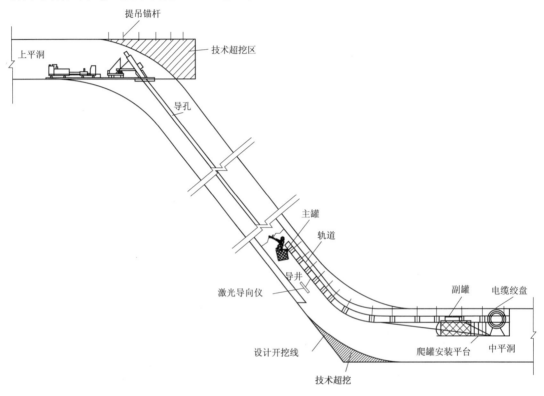

图 3.3.4-2　引水下斜井（采用反井钻＋爬罐法）施工示意图

（2）爬罐安装：爬罐检修平台设计成装配式结构，作为施工平台进行弯段轨道安装，便于拆装及重复使用。

（3）爬罐反导井通气孔施工方法：在采用爬罐进行长斜井反导井开挖施工过程中，通风排烟成为制约爬罐进行反导井进尺长度和开挖循环时间的因素。为解决爬罐反导井通风排烟问题，利用反井钻机在斜井顶部打设 $\phi216$mm、140m 长导孔用于导井通风。同时通风孔还可用作爬罐反导井开挖导向孔。

（4）长斜井施工过程中偏斜角度控制：采用数字罗盘测斜仪进行测量，如导孔出现偏差，对稳定钻杆数量和下压流量进行调整。如偏差较大，利用主机辅助斜拉杆调整主机角度来控制偏差。

（5）通气孔通风效果：通风孔与斜井反导井接通后，利用风速仪对反导井每一施工环节进行风速测量，爬罐反导井作业面烟尘自动通过通气孔排出，新鲜空气不断供应至工作面。平均风速达 7.2m/s。

爬罐反导井与通气孔接通前，随爬罐反导井进尺增长，每循环各施工工序时间也随之增加，施工效率不断降低，在进尺达到 200m 后效率下降较为明显，在实际施工过程中施工人员甚至出现缺氧现象。爬罐反导井与通气孔接通后，施工作业面空气质量得到改善，施工人员作业效率提高，每循环节约时间 4～5h。

3.3.4.5 斜井全断面扩挖施工

斜井全断面扩挖采用人工手风钻正向（自上而下）钻爆法扩挖，在斜井的上部平洞布置卷扬设备，根据斜井的设计断面尺寸自制扩挖台车，扩挖台车运行轨道采用 I 20 工字钢，兼顾考虑后期钢管安装的需要，轨距暂定为 2.6m，斜井扩挖施工断面布置见图 3.3.4-3。爆破钻孔采用 YT-28 手风钻，导井开挖和斜井扩挖的石渣经导井溜渣至底部，采用 ZL40 侧卸装载机配 20t 自卸车出渣。

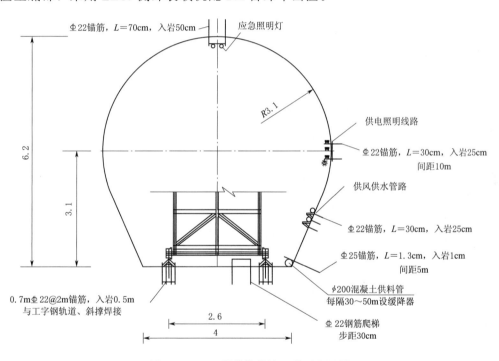

图 3.3.4-3 斜井扩挖施工断面布置图
（注：除说明外，标注单位为 m）

斜井扩挖工作在导井开挖完成后自上而下进行，先进行上弯段部分的开挖，再在上弯段进行钢支架平台和轨道、台车的安装，安装完成后进行整条斜井的扩挖。

采用的主要方法为：布置一台 10t 双筒卷扬机和一台 8t 双筒卷扬机分别牵引支护台车和载人运料小车上下运行于斜井之间，扩挖采用人工钻孔爆破，开挖面采用光面爆破开挖，支护利用扩挖支护台车作为施工平台跟进支护，施工人员及施工材料通过支护台车往返于工作面之间。喷锚支护均在自制移动台车上进行，喷锚料利用运料小车供料，供料时在上弯段用人工推斗车转料至运料小车内，通过卷扬机下放小车至喷锚台车。

为减小溜渣井堵塞的概率，经验表明扩挖循环进尺宜小于 2.5m。钻爆参数根据该工程的地质条件和工程特点，结合以往类似工程的施工经验进行选定。单循环进尺选定为 2.5m，设计边线采用光面爆破。以导井作为临空面，主爆孔的布置考虑爆破抛掷效果尽量朝向导井。爆破器材选用乳化炸药、毫秒非电管起爆、排间微差爆破。最大单响药量控制在规范要求之内，施工中爆破参数根据爆破实验及爆破效果不断优化调整。

3.4　人工正井法施工

3.4.1　技术发展

人工正井法是最古老的开挖技术，目前主要适用于地质条件特别破碎或下部不具备出渣通道的工程。个别工程由于受交通限制，反井钻机等设备无法运输到达时，可采取正井开挖导井。例如狮子坪水电站调压井，井深 150m。由于无法形成反井钻机进入的道路，采取正井开挖形成直径 2m 的导井。人工正井法分为人工正井开挖导井＋正井扩挖法、全断面正井开挖两种。

人工正井开挖导井＋正井扩挖法，在竖井、斜井中均有应用，一般仅适用于深度 100m 左右的导井开挖。

人工正井开挖导井＋正井扩挖法用于竖井的典型案例为溧阳抽水蓄能电站尾水 2 号调压井。竖井总高度 105.5m，大井开挖断面为圆形，洞径为 24.4m、高度 74.15m，连接管开挖洞径为 7.6m、高度 31.35m。竖井Ⅲ类围岩约占 35%、Ⅳ类约占 60%、Ⅴ类占 5% 左右。由于尾水主洞进度滞后下弯段施工通道形成很晚，不具备反井法出渣通道条件。采用正井法先从上部将大井开挖形成直径 7.6m 的导井，其后利用直径 7.6m 导井进行大井一次扩挖，ϕ7.6m 正导井开挖平均进尺 20m/月。导井采用自上而下全断面开挖，周边光面爆破，每排炮进尺控制在 2.0m 以内，井下用 0.4m³ 液压反铲装 4m³ 渣罐通过龙门吊提升至井外，支护紧跟开挖进行。对于大井范围内的导井采用锚喷等临时支护手段，下部连接管段依据设计图纸完成系统支护，为防止渣料对井壁的破坏，局部增立钢拱架。大井扩挖自上而下全断面扩挖成型，周边采用光面爆破，进尺控制在 1.5m，支护紧跟开挖进行，2014 年 2 月完成开挖。

人工正井开挖导井＋正井扩挖法用于斜井的典型案例为敦化抽水蓄能电站 1 号引水下斜井，该斜井全长 419.06m（含上斜井上、下弯段长 40.95m），直线段长 337.16m，斜井倾角 55°。考虑长度较长，并处发电工期关键线路上，施工时采用上部正导井与下部反导井结合开挖法加快导井施工，贯通后再从上至下进行扩挖，一次扩挖至设计断面。正导井断面尺寸为 2.4m×2.4m，开挖斜长 70m。反导井采用阿力马克爬罐从下至上进行开挖，断面与正导井相同。正导井开挖采用卷扬机牵引特制矿车，将矿车引到出渣平台后在钢丝绳牵引下自动翻渣。斜井扩挖采用卷扬机牵引扩挖平台系统和运输小车系统。人工正导井在上平洞及上弯段开挖完成后进行开挖。0～6m 深度段的开挖采用人工提渣至上平洞后装自卸汽车运至渣场。当进尺达到 6m 时，安装提升系统及搭设卸渣平台，由提升系统提渣至上弯段，通过卸渣平台倾卸到自卸汽车。卷扬提升系统由一台 5t 慢速卷扬机、翻渣平台、出渣小车、导向滑轮组及运行轨道组成。为防止出渣小车出轨，在运行钢轨上下两端头均设置限位设施，安装限位器。当小车运行至限位器位置时，小车触动限位器撞针，从而触发限位器，卷扬机自动停止。卷扬机设在距正导井井口 30m 处平洞段的耳洞内。卷扬机通过侧墙、顶拱导向滑轮组，将正导井内出渣小车提升至斜井上弯段处前翻卸渣，轨道下停放一自卸汽车，石渣卸至自卸汽车内，由自卸汽车拉至渣场。人工正导井采用 YT-28 手风钻钻孔，孔径为 φ42mm，用 φ32mm 的乳化炸药，爆破采用毫秒微差爆破，每循环进尺 1.5m，采用菱形掏槽，喷混凝土施工支护紧跟开挖面，确保施工期安全。

全断面人工正井开挖法适用于深度在 50m 内、围岩较为破碎的斜（竖）井工程。实践经验表明，斜（竖）井深度在 50m 内时，正、反井功效相当。因此，对于抽水蓄能电站工程，采用竖井式进出水口型式，下部连接较长上平段时，进出水口竖井高度一般在 50m 以内，且该部位距离上水库地表较近，地质条件相对较为破碎，通常采用全断面正井开挖法，比较典型的有溧阳、敦化抽水蓄能电站进出水口。

以下结合溧阳抽水蓄能电站 C1 标的上水库进出水口竖井，对全断面人工正井开挖法进行介绍。

3.4.2 工程典型案例概况

溧阳抽水蓄能工程上水库进出水口型式采用竖井式，由两座相互独立的塔式结构、下部隧洞段及交通桥组成。下部隧洞段由等径段、弯肘段和渐变段三部分组成，其中等径段开挖断面直径为 14.6m，衬砌后断面为直径 9.2m 的圆形，弯肘段为立面上不等径、不同心的转弯段，中心线转弯半径为 20.35m，转弯角 90°。弯肘段后紧接渐变段，其长度为 20.65m，末端渐缩为直径 13.5m 的圆形断面与引水主洞相接。进出水口隧洞弯肘段处于 36 号岩脉中、渐变段上部发育有 37 号岩脉（见图 3.4.2-1），距弯肘段较近，弯肘段尺寸大、体型复杂、不利于空间结构的稳定，施工安全风险较大，成为进出水口竖井施工的主要技术难题。

隧洞渐变段开挖到 0-24.5 桩号时，由于 36 号岩脉的影响，采用反井法开挖导井时掌子面出现了塌方（原设计反井法施工方案见图 3.4.2-2），经研究决定采用全断面正井法，将竖井正井开挖支护到下平底板高程，再进行平洞开挖、拆除交叉段支护钢拱架等，完全避免弯肘段反井开挖的安全风险，施工方案见图 3.4.2-3。

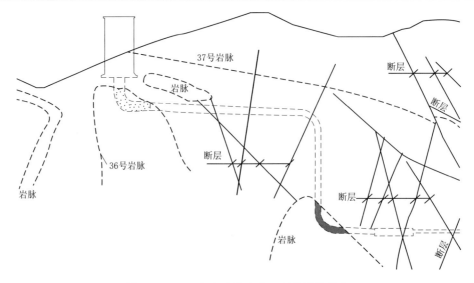

图 3.4.2-1 上水库进出水口竖井岩脉分布

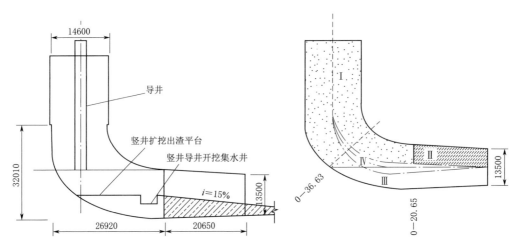

图 3.4.2-2 上水库进出水口竖井原设计
反井法施工方案（单位：mm）

图 3.4.2-3 上水库进出水口竖井全断面
正井法施工方案（单位：mm）

上水库进出水口竖井正井法开挖采用潜孔钻和手风钻进行钻爆，井内采用小反铲装渣，25t 汽车吊提升 2m³ 装料斗出渣到井口，月进尺 20m。实践证明，采用全断面正井法开挖竖井后、再挖平洞的方案完全解除了弯肘段的工程风险。

3.4.3 施工工序

正井法施工工序：施工准备→石方开挖和出渣→喷锚支护→下一个循环。

3.4.3.1 施工准备

采用正井法开挖前，需要开展施工人员和机械设备配备（见表 3.4.3-1、表 3.4.3-2），以及交通、照明、风、水、电的辅助设备的井口安装。

表 3.4.3 - 1　　　　　　　　　　主 要 人 员 配 置 表　　　　　　　　　单位：人

序号	人员类别	数量	序号	人员类别	数量
1	钻工	10	5	电工	2
2	司机	10	6	爆破工	8
3	起重工	2	7	电焊工	2
4	力工	10			

表 3.4.3 - 2　　　　　　　　　主 要 机 械 设 备 配 置 表

序号	设备名称	型号	单位	数量	序号	设备名称	型号	单位	数量
1	反铲	120	台	1	6	手风钻	YT - 28 型	台	10
2	装载机	$3m^3$	台	1	7	CM351 潜孔钻		台	1
3	自卸车	$20m^3$	辆	3	8	电动空压机	$20m^3$	台	2
4	破碎锤	SK330	台	1	9	龙门吊	50t	台	1
5	水泵	各类型号	台	6					

3.4.3.2　石方开挖及出渣

开挖爆破施工程序：爆破设计→测量放样→开挖钻孔作业→装药及联网→爆破警戒及起爆→盲炮处理及大块石解爆→出渣。

1. 爆破设计

竖井开挖是自上而下分层进行周边光爆孔的钻孔参数，孔径42mm，强风化孔距0.4m，弱风化孔距0.5m，孔深2m，药卷直径32mm，堵塞长度0.3m，强风化线装药密度200g/m，弱风化线装药密度为500g/m。

掏槽孔水平间距1.3m，梅花形布设9孔，截面为V形掏槽，从内向外扩散，孔径42mm，孔深2.9m（斜长），药卷直径32mm，堵塞长度0.5m。

主爆孔排距60～70cm，间距70～130cm，呈环向布置，孔径42mm。

强风化岩层最大一次起爆药量为22.8kg，单耗为$1.0kg/m^3$。弱风化岩层最大一次起爆药量为27.5kg，单耗为$1.28kg/m^3$。

闸门井开挖是自上而下分层进行，所有钻孔采用手风钻钻孔。

2. 测量放样

在该项目上水库进出水口开挖的施工中，竖井放样应采取全站仪与垂球相结合的方法进行控制。断面为圆形（含锁口），因此在第一次测量放样采取加密放样，点位直线距离不超过40cm，开挖过程中（从顶面向下开挖）顶面可用全站仪直接放样，全站仪控制井深可以达到6m左右。超过全站仪俯角后采取垂球法在井口紧贴锁口混凝土内壁间隔50cm架设垂球，在顶面用全站仪测取垂球坐标后，开展施工面测点放样。

自上而下分层开挖，并分层进行混凝土浇筑，混凝土浇筑厚度为40cm。为保证进入弱风化岩层不产生开挖倒角，在开挖时需扩挖60cm。

3. 开挖钻孔作业

根据测量放样的点位，周边光爆孔、掏槽孔及主爆孔均采用手风钻进行钻孔作业。钻孔时做到开孔准确、钻孔平直，严格控制周边孔开孔误差不大于±2cm，以保证爆破效果。一定要做到"准、直、平、齐"，以满足超欠挖及残孔率要求。

在钻孔过程中，注意根据钻爆设计严格控制孔向及孔深，不得超钻或孔深不足，造孔完毕后注意及时将孔内石粉清理干净，并严格检查钻孔质量。

周边孔光面爆破的要求如下：

（1）钻孔孔口位置、角度和孔深符合爆破设计的规定。

（2）残留炮孔痕迹应在开挖轮廓上均匀分布。炮孔痕迹保存率要求完整岩石在85%以上，较完整和完整性差的岩石不少于50%，较破碎和破碎岩石不小于20%。

（3）相邻两孔之间的岩面平整，孔壁不应有明显的爆破裂隙。

（4）相邻两茬炮之间的台阶误差值，不应大于100mm。

完成钻孔作业后由施工班组对炮孔钻孔孔位、深度、倾角进行自检，自检合格后报监理验收。

在钻孔完成后，机具、材料撤离现场。

4. 装药及联网

严格按照爆破设计的装药量和装药型式进行装药并堵塞密实。

主爆孔按圈数自内向外布置起爆段数。由塑料导爆管串联成爆破网络，毫秒延发雷管实现微差爆破。严格控制爆破过程中最大单响药量，现场实际控制最大单响药量不得超过30kg，并满足被保护对象的质点振速要求。

严格按照爆破审批的爆破设计，在项目部技术人员的监督指导下进行装药联网，并安排项目部技术员（有爆破员证）监督并填写装药联网记录。完成装药联网后，必须检查一遍，保证无错连、漏连情况。完成检查后方可进行爆破覆盖，完成覆盖经监理工程师验收合格后方可进行警戒工作。

5. 爆破警戒及起爆

爆破区域应开展安全警戒，具体内容包括：对 Y2 道路于闸门井平台路口、上坝道路于闸门井平台路口、进出水口明挖施工区，设专人监护负责全警戒，采用对讲机联系，警戒人员统一佩戴警戒袖标，严禁闲散人员、车辆闯入。

工程爆破警戒信号为预警信号、警戒信号、解除警戒信号，具体如下：

（1）第一次信号1min26s——预警信号。该信号发出后爆破警戒范围内开始清场工作，所有与爆破无关人员应立即撤到危险区以外，或撤至指定的安全地点，向危险区边界派出警戒人员。

（2）第二次信号54s——起爆信号。在确认人员、设备全部撤离危险区，具备安全起爆条件时，方准发出起爆信号。

（3）第二次信号完成后，由爆破工程师发布起爆指令，爆破员根据起爆指令起爆。

（4）第三次信号54s——解除警戒信号。安全等待10min时间过后，检查人员进入爆破警戒范围内检查、确认安全后，报告负责人，由负责人发出解除爆破警戒信号。在此期间，未发出解除警戒信号前，警戒人员应坚守岗位，除爆破负责人批准的检查人员以外，不准任何人进入施爆区。

6. 盲炮处理及大块石解爆

（1）盲炮处理。处理盲炮前应加强现场警戒，处理盲炮时无关人员不许进入警戒区；应派有经验的爆破员在项目部爆破专业工程师监督下处理盲炮；由于该工程采用导爆索和导爆管连接起爆网路，应首先检查导爆索和导爆管是否有破损或断裂，发现有破损或断裂的应修复后重新起爆；严禁强行拉出或掏出炮孔中的起爆药包；盲炮处理后，应再次仔细检查爆堆，将残余的爆破器材收集起来统一销毁或退库，在不能确认爆堆无残留的爆破器材之前，应采取预防措施；盲炮处理后应由处理者填写登记卡片或提交报告，说明产生盲炮的原因、处理的方法、效果和预防措施。

（2）大块石解爆及欠挖处理。当爆破产生较大块石或存在部分欠挖，需要进行大块石解爆或欠挖处理工作时，必须经监理工程师同意后，由项目部专业爆破工程师根据块石形状、大小、岩石特征确定合理的钻孔数量、角度、深度、装药参数等。解爆过程需严格按照爆破防护及警戒程序进行，不得私自进行解爆和进行欠挖处理。

7. 出渣

爆破警戒解除后，利用16t龙门吊将反铲吊至竖井内。具体要求包括：利用反铲将竖井内石渣装至2m³龙门吊渣斗，斗内渣不得超过渣斗高度的2/3。采用龙门吊将渣斗吊起至集渣区，然后再用3m³装载机或液压反铲装车，利用20t自卸汽车将石渣运至指定位置。吊渣过程中，井下人员全部撤离（除反铲司机）。反铲顶部设置防护罩。

3.4.3.3 喷锚支护

自上而下开挖，出渣一层及时进行支护跟进，锚杆孔采用手风钻进行造孔，采用先注浆后安装锚杆的施工工艺。喷锚采用湿喷法进行施工，具体施工工艺参考3.2.4.7节。

3.5 伞钻全断面正井法施工

3.5.1 技术发展

伞钻施工技术主要有两类，一类是气动伞钻，一类是液压伞钻。目前，我国井筒工作面竖井凿岩施工大都采用装有风动凿岩机的伞钻作为钻孔机械。2009年，国内在矿山竖井施工中开始使用液压伞钻。由于液压伞钻具有凿岩效率高、速度快、钻杆成本低、改善工作环境、提高施工质量等特点，特别是在硬岩施工中其优越性更能得到体现。

我国伞钻的研制始于 20 世纪 70 年代初期。1976 年第一台 FJD6 气动型伞钻开始用于立井井筒掘进，此后又相继研制成功了 FJD9、FJD9A 和 FJD6.7 型伞钻，并且形成了 FJD 型系列产品。同时，从 1978 开始，作为政府主导型的创新方式，先后由日本、德国引进 ZC3436 型、ZC3437 型、TYST－6 型和 TK－4 型气动伞钻装备应用于矿山竖井施工中。

1970 年法国的 Montabert 公司研制出世界上首台液压凿岩机 H50，将其装配在液压钻车上用于矿山钻孔。该技术是在气动伞钻技术的基础上，为了克服其在硬岩竖井施工中噪声大、钻进能力有限、能耗高的缺陷，采用液压技术改进发展起来的。之后，先后有美国 Ingersoll Rand 公司、Gardner Denver 公司，瑞典 Atlas Copco 公司、Linden－Alimak 公司，芬兰 Tamrock 公司，法国 Eimco－Secoma 公司，德国 Krupp 公司，以及日本 FU RU KAWA 公司等投入力量研制液压凿岩机及相关配套钻车。其中瑞典 Atlas Copco 公司和芬兰 Tamrock 公司（后被 Sandvik 收购）生产的液压凿岩机及配套钻车最具代表性，占有 60％以上的市场份额。

目前我国全液压伞钻发展为起步阶段，仅有由张家口宣化华泰矿冶机械有限公司

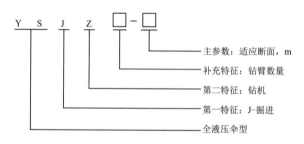

图 3.5.1－1　全液压伞钻型号说明

试制出的 YSJZ 系列竖井钻机 YSJZ3.6、YSJZ4.8、YSJZ6.12，全液压伞钻型号说明如图 3.5.1－1。

在以上 YSJZ 系列伞钻中，有实际施工使用经验的仅有 YSJZ4.8 型。该全液压竖井钻机于 2009 年首次应用于会保岭铁矿工程。YSJZ 系列竖井钻机性能参数见表 3.5.1－1。

表 3.5.1－1　　　　　　　YSJZ 系列竖井钻机性能参数

基本性能参数	单位	YSJZ3.6	YSJZ4.8	YSJZ6.12
钻臂数量	个	3	4	6
炮眼圈径	mm	$\phi 1650 \sim 6500$	$\phi 1650 \sim 9000$	$\phi 1650 \sim 12000$
支撑臂支撑范围	mm	4200～6800	6600～9300	9600～12800
动臂摆动角度	(°)	130	120	120
钻架重量（不含管路）	kg	6000	8200	11500
泵站重量（不含油）	kg	1500	2400	3500
钻孔深度	mm	4200	5100	5100

与气动凿岩机相比，液压伞钻能量损耗较低。资料显示，电动液压系统所需功率只有气动钻进功率的 36％。每循环凿岩时间较风动伞钻节约 3h，千米井筒预计工期

可提前近一个月。同样的岩石硬度，使用气动伞钻比液压伞钻每循环（4.5m）多使用钻头 8～10 个，每循环钻杆气动伞钻比液压伞钻多消耗 1.8 根，使用寿命长，维修保养率低，故成本可降低 1/3 左右。

伞钻全断面正井法施工目前在水利水电行业应用不多。以新疆某水利工程竖井为例，其设计深度为 687m，开挖净直径为 7.2m，采用液压伞钻法全断面正井开挖，实际施工总工期仅为 9.5 个月。而在中国电建西北院 EPC 总承包的厄瓜多尔德尔西水电站调压井和管道竖井施工中，仍采用气压伞钻法的传统手段，全断面正井开挖月进度达到 92m，调压井设计总深度为 432.1m，其中上部调压井深 77m，内径 7.0m，开挖直径为 10.4～8.2m；调压井阻抗高度 13.25m，直径 2.7m，联通洞直径 4.1m；下部管道竖井深 341.85m，竖井内径 4.1m，开挖直径 5.1～5.3m。该工程气压伞钻法是为数不多的在水电行业中应用成功的案例，因此，本节将该案例作为典型案例，介绍伞钻法施工的全工艺流程。

3.5.2　工程典型案例概况

调压井和竖井总高度为 432.1m。岔洞采用钢筋混凝土型式，岔洞三个端口均采用 4.1m 内径的圆形断面，引水隧洞末端通过渐变段与岔洞连接。调压井上室露天布置，调压井竖井为圆形断面，内径 7.0m，高度 77m，井壁采用钢筋混凝土衬砌。调压井阻抗孔直径 2.7m。联通洞直径 4.1m，高度 13.25m。压力管道竖井内径 4.1m，开挖洞径 5.1～5.3m，高度 341.85m，采用钢筋混凝土衬砌。

3.5.3　施工工序

施工工序：施工准备→伞钻钻孔爆破→抓斗出渣、平底→下吊盘人工支护→伞钻钻孔爆破，依此类推。

3.5.3.1　施工准备

（1）开挖设备选择。正井法施工设备主要包括：井架、伞钻、绞车、吊盘、抓斗等几部分。正井法主要设备及型号规格见表 3.5.3－1。

表 3.5.3－1　　　　　　　　　正井法主要施工设备及型号规格

序号	设备名称	施工设备布置及型式
1	井架	V 型钢管井架，角柱跨距 16m×16m，井高 26.36m
2	伞钻	国产 FJD5C 型伞钻 1 台，适合直径 5～6m，打眼深度 4.5m
3	绞车	JK－2.5/20 型矿井提升机，有效起升高度 424m（1 层），865m（2 层）；卷筒直径 2.5m，速度 3.8m/s
4	吊盘	吊盘为双层钢结构，外径 ϕ4600mm，上、下层间距 3.6m
5	抓斗	HZ－4、HZ－6 中心回转式抓岩机各一台，容量 0.4～0.6m³，效率 30～60m³/h，适宜洞径 4～8m

序号	设备名称	施工设备布置及型式
6	吊桶	$3m^3$ 吊桶 2 个
7	装载机	ZB－50 型装载机 1 台＋20t 自卸汽车 2 辆，用于排渣

（2）场地布置及临时设施。场地最小尺寸主要根据绞车运行距离和门架运行尺寸确定，一般场地最小尺寸为 40m×90m。

施工临时设施主要包括：施工供水、供风、供电及施工通信系统，以及施工通风系统、附属设施、生产、生活临时办公用房等。

3.5.3.2　伞钻开挖及支护

1. 调压井开挖支护施工方法

调压井开挖分为两段，第一段为井架形成前的开挖（高度 41m），由吊车配装载机出渣。井架形成前调压井（顶部 40m）开挖支护工艺示意见图 3.5.3－1。调压井顶部围岩较差，围岩类别为Ⅳ类、Ⅴ类，开挖洞径 10.4～9.4m，采用手风钻进行钻孔爆破、短掘短支、单行作业的方式，Ⅴ类围岩段每循环进尺 1.3m，Ⅳ类围岩段每循环进尺 2m。每开挖一层及时进行一期临时衬砌。临时衬砌厚度：顶部 21m 厚度 1.0m，下部 20m 厚度 0.5m。

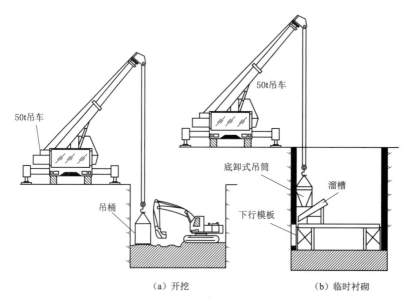

（a）开挖　　　　　　　　　　　　（b）临时衬砌

图 3.5.3－1　井架形成前调压井（顶部 40m）开挖支护工艺示意图

第二段（深度 41m 以下，1465～1429m）为伞形钻钻孔爆破段。该段围岩类别为Ⅲ类，开挖直径 8.4m。采用伞钻钻孔爆破，中心回转式抓岩机配合吊桶及井架提升系统出渣，手风钻进行系统锚杆施工，人工喷混凝土。每循环进尺 3m。由于配备的伞钻的有效控制直径约 6m，直径以外的炮孔采用手风钻钻孔。

2. 联通洞及竖井段开挖支护施工方法

联通洞及竖井段开挖直径较调压井小，但深度大。由于两种断面尺寸开挖，为节省设备数量，设备配置以竖井为主。围岩以 Ⅱ 类、Ⅲ 类为主，采用伞钻进行炮孔的施工，中心回转式抓岩机配合吊桶及井架提升进行出渣施工；手风钻进行系统锚杆施工；人工喷混凝土施工。为保证施工安全采取短掘短支、单行作业的施工方法，单循环进尺 3m。

3.5.3.3 渗漏水等特殊情况处理

1. 排水设计

施工中主要采用吊桶排水。在上层盘上布置集水箱，工作面到吊盘采用排污泵排水，吊盘到地面采用排水泵作为备用排水系统，一旦吊桶排水不满足要求时启用。在关键地段，遵循"先探后掘"的方针，打设超前探水孔。探水距为 50m，掘进距为 38m，超前距为 12m。钻孔布置在井筒的四个方向，共布置 4 个探水钻孔，终孔位置距井壁不少于 10m。凿孔设备采用 100B 潜孔钻，钻孔直径为 80mm，在探水前，必须先安装套管，套管长度不少于 10m。如果含水层涌水量大于或等于 $10m^3/h$ 或单孔涌水量达到 $3m^3/h$ 及其以上，采取工作面预注浆堵水措施。

2. 实际渗水、排水情况

从实际施工来看，渗水尚未对工程施工造成大的影响，但仍是施工中遇到的主要困难。在开挖过程中井壁零星渗水持续存在，遇到两次较大的集中渗水。

第一次在调压井中部，渗水量为 $15\sim20m^3/h$，采取的措施为：在井壁设置一圈集水槽，通过管道自集水槽引排至引水隧洞上平洞，然后从 4 号支洞自流排出。

第二次在竖井高程 1286m 左右，包括自上层集水槽以下井壁渗水在内，现场估测渗水量约 $30.88m^3/h$（掌子面停止水泵抽水，工作面水面 6min 上涨 13cm）。

现场采取的主要措施如下：

（1）坚持超前探水，避免在开挖过程中出现突然集中涌水，造成大的危害。

（2）配备足够的抽水设备，现场配置的抽水容量远超目前的渗水量。

（3）分高程设置集水槽或抽水泵房，排出井外，避免工作面抽水量太大。

从实施情况来看，有较好效果，但工作面施工条件依然比较恶劣，如同下雨，工人必须全套防水服施工。

3.5.3.4 工期进度

1. 大井段（调压井）

调压井高程 1506.00～1429.00m，井深 77.00m，因为围岩较差，且涉及顶部临时衬砌井圈施工、提升系统安装等，受影响较大，施工进度相对较慢。2015 年 5 月 28 日开始，2015 年 8 月 26 日完成，累计 90d。

（1）高程 1506.00～1465.00m，圆形断面，开挖直径 9.4m，井深 41.00m，布置有 50cm 厚临时钢筋混凝土衬圈，基本全为 Ⅳ 类围岩。由于提升系统未形成，采用 YT-28 型手风钻钻爆开挖，吊罐出渣；由于井口段岩石破碎，跟进浇筑混凝土衬圈，平均 102h 完成一个循环，每循环进尺 2.8m。施工时段为 2015 年 5 月 28 日至 2015 年 7 月 20 日，累计 54d。

（2）高程 1465.00～1429.00m，圆形断面，开挖直径 8.4m，井深 36.00m，采用挂网喷混凝土加系统锚杆进行支护，基本全为 Ⅲ_d 类围岩。采用正井开挖系统开挖，平均 59h 完成一个循环，每循环进尺 3.0m。高峰期最快可以达到 3d 完成两个循环，即 36h 完成一个循环，每循环进尺 3.0m。施工时段为 2015 年 7 月 21 日至 2015 年 8 月 26 日，累计 36d。

2. 小井段（联通洞和竖井）

小井段高程 1429.00～1073.90m，总高度 355.10m，包括联通洞、上部岔洞段、竖井、下弯段。此段涉及开挖断面变化、开挖设备和施工方案转换、岔洞开挖、下弯段开挖、竖井不良地质段影响等。

高程 1429.00～1415.75m 为联通洞和岔洞段，井深 13.25m，开挖支护难度较大，2016 年 8 月 26 日至 2016 年 9 月 5 日累计 10d 完成开挖支护。

竖井采用正井开挖系统进行开挖，平均 30h 完成一个循环，每循环进尺 3.5m，高峰期最快可以达到 28h 完成一个循环。2015 年 9 月 5 日至 2016 年 12 月 30 日（累计 118d）完成竖井开挖，平均开挖支护进尺 84m/月，最快达 92m/月。施工节点见表 3.5.3-2。

表 3.5.3-2 施 工 节 点

施 工 项 目	高度/m	开始时间	完成时间	工期/d	平均进度/(m/月)
调压井开挖系统形成	施工准备	2015-06-04	2015-06-30	25	
调压井开挖	77	2015-05-28	2015-08-26	90	25.7
压力竖井开挖	355.1	2016-08-27	2016-01-18	144	74
竖井混凝土衬砌	355.1	2016-05-18	2016-07-15	58	183

3.6 深孔分段爆破法

3.6.1 技术发展

深孔分段爆破法是自上而下一次钻孔，自下而上依次爆破，井底集渣的开挖施工方法。其特点在于炮孔采用深孔钻机钻成，钻孔直径一般大于 75mm。早在 20 世纪 50 年代初，瑞典、苏联就较广泛地采用了深孔分段爆破法。中国从 20 世纪 60 年代开始试用深孔分段爆破法，80 年代广泛应用于矿山行业，平均月进尺 60～80m。随着爬罐法和反井钻法的相继出现，所以深孔分段爆破法逐渐较少采用。目前部分工程采用深孔分段爆破施工导井，一般用于开挖倾角 70°以上、井深小于 40m、下部有施工通道和堆渣空间的竖井。

以下结合敦化抽水蓄能电站下水库泄洪放空洞闸门井施工，介绍深孔分段爆破法在抽蓄竖井导井开挖中的应用。

3.6.2 深孔分段爆破工程案例——敦化抽水蓄能电站下水库泄洪放空洞闸门井

敦化抽水蓄能电站下水库泄洪放空洞布置在右岸，由导流洞改建而成。全长 501m。主要由进口明渠、有压隧洞段、闸门井段、无压隧洞段、出口明渠段组成。闸门井段位于桩号泄 0＋165.5～0＋186.5 范围内，开挖高 43.5m（高程 676.50～720.00m），为矩形竖井结构，断面尺寸 17.5m×7.5m，围岩为Ⅱ类、Ⅲ类。

3.6.2.1 锁口段开挖设计

闸门井锁口段（高程 717.00～720.00m），需进行锁口混凝土浇筑，厚度为 40cm。锁口段开挖断面尺寸为 18.5m×8.5m，爆破采用中间拉槽，边孔采用光面爆破方法。光面爆破及主爆孔钻孔均采用 CM351 潜孔钻机，钻孔孔径 90mm。周边光面爆破孔间距为 80cm，孔深 3m。为保证爆破效果，在竖井中心对称布置 2 排掏槽孔（掏槽孔倾角为 63°）。爆破孔同样采用斜孔（倾角为 79°），孔深 3m，爆破参数根据现场围岩的实际情况及爆破结果适当调整。闸门井锁口段爆破设计如图 3.6.2－1所示。

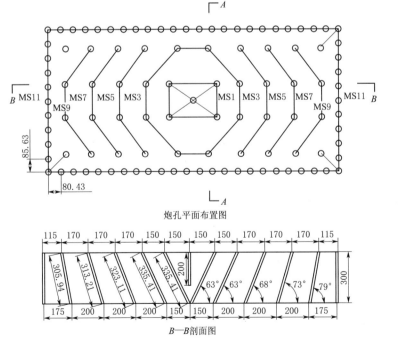

炮孔平面布置图

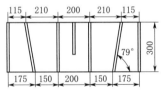

A—A剖面图

B—B剖面图

说明：

1. 图中单位以 cm 计。

2. 采用中间抛掷爆破掏槽，周边光面爆破，周边孔采用不耦合装药，线装药密度 450g/m。

图 3.6.2－1 闸门井锁口段爆破设计图

3.6.2.2 导井开挖设计

（1）导井尺寸的确定。为了保证在竖井扩挖起爆后，石渣被扒入导井时，石渣能轻易自由落到井底而不堵井，根据经验确定导井直径为 3.0m。竖井扩挖施工过程中未出现大块石堵井现象，因此选择这样的尺寸是适当的。

（2）爆破参数选定。炮孔采用中空孔环形布置，断面直径为 3.0m，深孔个数为 13 个，其中中心空孔 1 个，掏槽孔 4 个，周边孔 8 个，钻孔角度均为 90°，孔径 100mm。装药、掏槽孔采用直径 70mm 卷装乳化炸药连续装药，单孔药量 15kg；周边孔采用直径 50mm、70mm 卷装乳化炸药间隔装药，单孔药量 12.3kg；对个别炮孔装药可根据现场实际情况进行适当调整，但要求装药保持达到同一高程，避免装药高度参差不齐。

导井布孔装药布置见图 3.6.2-2，深孔爆破参数见表 3.6.2-1。

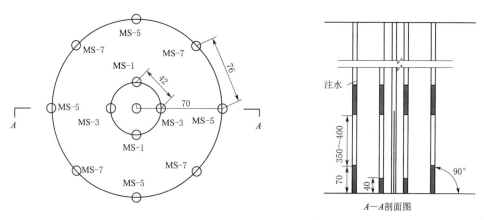

图 3.6.2-2　导井布孔装药布置图（单位：cm）

表 3.6.2-1　深孔爆破参数表

序号	名称	孔数/个	孔底填塞长度/cm	装药长度/cm	单孔药量/kg	孔口填塞长度/cm	线装药密度/(kg/m)
1	中心空孔	1					
2	掏槽孔	4	40	400	15	>200	
3	边孔	8	70	350	12.3	>200	3.51

3.6.2.3 闸门井导井施工准备

（1）测量控制。根据泄洪放空洞的洞外测量控制网点，在闸门井平台设置两个控制点。施工测量采用全站仪进行，周边孔采用红色喷漆明显标示在开挖面上，控制放样精度在 ±2cm 之内。

（2）锁口段施工。锁口段爆破后，采用挖掘机从上部出渣，利用 20t 自卸汽车运输至暂存料场。出渣完成后及时进行锚杆及挂网施工。铺设间排距 20cm×20cm 钢筋网，钢筋网片在地面采用点焊加工成形，安装固定于定位钢筋上，定位钢筋采用

$\phi 20mm$ 钢筋，要求入岩不小于 100cm，相邻钢筋网片搭接长度不小于 20cm。喷射混凝土施工，竖井开挖成形清理验收后，立即进行初喷混凝土支护，封闭围岩，初喷混凝土厚为 30mm。钢筋网安设完成后，复喷混凝土至设计厚度 100mm，喷射混凝土强度为 C20，材料用自落式搅拌机在出口材料堆放场拌和。

3.6.2.4 导井开挖施工

(1) 导井开挖工艺流程。钻孔→底部封孔→测量孔深并记录→药卷下部岩粉堵塞→再次测量孔深（确定堵塞长度）→装药→测量孔深（确定装药长度）→进行上部岩粉堵塞→测量孔深（确定堵塞长度）→联网起爆→排查炮孔（检查有无盲炮）→测量炮孔深度→下一施工循环。

(2) 钻孔。钻孔采用 100D 潜孔钻机，孔径 100mm。

(3) 填塞。填塞长度一般为 40～70cm。堵孔时，下部填塞采用 $\phi 0.5mm$ 细铁丝穿钢管倒钩定位，再用中细砂石混合料填塞，以保证填塞质量。上部填塞则在装药完成后直接填塞，为保证下炮孔畅通，上部砂石尽量少用，代之以水填塞。

(4) 起爆方式。爆破施工中，中间掏槽孔领先周边孔 3m 以上时，进行周边孔爆破，掏槽孔爆破时，采用毫秒微差电雷管进行一次起爆，每个孔内设两发雷管，孔内雷管串联，出孔后采用并联方式进行一次起爆；由于掏槽孔爆破后，周边孔爆破临空面较好，实际爆破中，周边孔一次起爆深度大于 5m。

导井开挖采用深孔分段后退法爆破技术，中间掏槽孔领先周边孔 5m 以上，自下而上分段爆破，最终形成直径 3.0m 的导井。掏槽孔每次爆破成井高度约 2m，贯通 40.5m 需 21 次作业循环，每循环间隔时间为 3～5h；周边孔每次爆破成井高度约 5m，贯通 40.5m 分 8 次循环即可，每次循环 6～8h 即可完成。

3.6.2.5 施工难点及注意事项

(1) 钻孔的偏差。使用潜孔钻施工，钻孔的质量是整个导井成型的关键。为保证钻孔偏斜率不大于 1% 的要求，全部采用新的钻机，并将其架设在基岩上，通过打锚杆焊接固定。钻机定位后，用水平尺及坡度尺进行矫正，保证钻杆的垂直度及钻具的水平度。钻头钻进 10cm 后，再次进行钻杆角度矫正；钻头钻进 50cm 后，进行第三次钻杆角度矫正；后续每连接一根钻杆时都要对钻孔角度和方位进行校核。钻孔必须在泄洪放空洞贯通前完成。

(2) 爆破孔的填塞。填塞是该项施工的关键工序之一，特别是炮孔底部填塞，要求填塞密实。由于炮孔上下贯通，装药时要进行上、下双向堵塞，保证堵塞长度和质量。下部堵塞既要防止炸药从底部漏掉，还要控制冲炮的危险，保证岩石破碎自由跌落。上部堵塞既要控制冲炮的危害，又要保证爆破后炮孔不堵。

(3) 炮孔的检查。深孔分段爆破法采用自下而上分段爆破，炮孔要反复利用。上部炮孔可能发生掉渣或堵塞物堵死炮孔的现象。每次爆破后，需进行炮孔疏通的工作。疏通炮孔时可以用钢管疏通，堵塞严重时可以用钻机冲孔疏通。

（4）防止堵井的措施。为防止施工时发生堵井，每次装药前，需进行孔深测量，并做好记录，利用孔深作为装药依据，保证下部导井面基本平齐。施工时必须严格按照设计的爆破参数执行，采用先爆破掏槽孔、再爆破周边孔的方法，减少一次爆破渣量；控制爆破钻孔的间排距，尽量减小爆渣粒径。中间 $\phi1m$ 掏槽井必须领先 $\phi3m$ 导井 5m 以上。

3.7　复杂地质条件施工案例——溧阳抽水蓄能电站 2 号引水竖井开挖

3.7.1　工程概况

溧阳抽水蓄能电站 2 号引水竖井段开挖深度为 170.5m（上部高程为 120.7m、下部导洞顶高程为 −49.8m），开挖断面均为圆形，最大开挖直径为 10.8m。2 号引水竖井原计划采用反井法施工，使用反井钻机形成 $\phi1.8m$ 导井作为溜渣井，再一次性扩挖支护到位。根据引水竖井导井以及已开挖提示的地质情况判断，高程 75m 以上，为 F_{54} 断层及影响带，岩体完整性差，围岩质量主要为Ⅳ类。高程 0m 以下，主要为安山斑岩岩脉，岩脉与砂岩接触部位岩脉属中等～强烈蚀变，围岩属Ⅳ类、Ⅴ类，以下岩脉属轻微蚀变，围岩稳定条件相对较好，以Ⅲ类、Ⅳ类为主。

3.7.2　开挖中塌空区出现过程

2 号引水竖井段长度为 126.395m（不含上下弯段）。实际施工过程中，考虑上下弯段部分扩挖区域。为满足引水竖井反井钻机施工及后期竖井压力钢管安装需要，需对两条引水主洞竖井上弯段进行相应扩挖，扩挖尺寸主要取决于龙门吊工作空间尺寸要求。上部龙门吊及反井钻机工作平台扩挖尺寸为 34.1m×14.4m×14.5m（长×宽×高）、城门洞型。

2 号引水竖井原计划采用反井法施工，使用反井钻机先施工 $\phi1.8m$ 导井进行溜渣，再一次性扩挖支护到位。竖井上部设置 1 台 2×50t 门机用于载物提升，1 台 5t 同轴双筒卷扬机配吊笼用于人员运输。原计划于 2013 年 3 月底完成 2 号竖井的开挖支护，制定了详细的施工程序，选用了 LM-300 型反井钻机进行竖井施工。竖井反井钻机钻孔最大深度 174.5m。钻孔直径 $\phi216mm$，扩孔直径 $\phi1.8m$。详细的钻进计划包括导井开挖、扩挖，针对特别破碎的Ⅳ类、Ⅴ类围岩及 F_{54}、安山岩脉等断层制定了针对性的开挖支护措施。

但在实际施工中，2 号引水竖井 45 号安山斑岩岩脉部位，在 2012 年 9 月 21 日进行 $\phi1.8m$ 导井反拉过程中及反拉后，岩脉沿导井发生逐次剥落塌方而在底部形成了一个大的空腔。反拉结束后，曾尝试将塌空区内的堆渣全部运出，但发现大量出渣时，塌空区内再次发生连续掉块，为防止塌空区进一步扩大而失控，暂停了塌空区大量出渣，改用每次上部溜渣后下部出渣相同方量且每天至少出渣 1～2 车的控制性出渣措施，这样既保证反井不堵井可靠溜渣，又防止大量出渣造成塌空区进一步扩大。

2012 年 10 月 18 日，发现邻近 2 号引水竖井的高程－27.5m 引水系统排水廊道出现裂缝，并且渗水量加大，说明塌空区已造成了高程－27.5m 引水系统排水廊道的变形，塌空区进一步发展有可能危及高程－27.5m 引水系统排水廊道的安全。随着时间推移，塌空区在逐渐扩大，顶高程也在进一步上升。

为查明塌空区形状和规模，施工方分别于 2012 年 10 月 20 日、10 月 26 日、11 月 2 日、12 月 15 日、12 月 24 日五次进行了井内摄像。

第一次摄像结果表明：塌空区顶高程为－1m，当时堆渣体顶部高程为－13m。－1m 以上 ϕ1.8m 导井壁未见大的掉块。－1m 高程处为岩脉，高程－1～－13m 塌空区不大，直径 5～7m，渗水严重，时常有小块岩石剥落。高程－13m 以下石渣堆积，无法了解塌空空腔情况。

第二次摄像是在第一次摄像后下部出渣约 3000m³ 后进行，摄像结果表明：塌空区顶高程上升了 3m，即达到 2m。当时堆积体顶部高程为－7m。塌空区雾气重，无法看清塌空空腔情况。

第三次摄像是在下部出渣约 7000m³ 后进行，摄像结果表明：塌空区顶依然为 2m。当时堆积体顶部高程为－14m，还存在零星掉块现象。

第四次摄像是在竖井开挖至高程 82m 时进行，摄像结果表明：堆积体高程在 13m；塌空区进一步上升，塌空区顶高程上升至 45m，较第三次摄像时上升了 43m，且在进行第四次摄像时发现堆积体上部存在大量大块石存在，经判断不是上部开挖石渣，而是塌空区上部岩体剥落形成的，即塌空区顶高程还在继续上升，且塌空区顶部出现大量滴水，堆积体上部石块表层被润湿。塌空区上方的 49～64m 段导井有所扩大，表面有明显的溜渣冲击所形成的擦痕。塌空区顶高程至 49m 仅有 4m，当时导井直径未出现明显扩大。摄像后，进行了一个循环的开挖，循环进尺 2m，溜渣后用测绳测得堆积体顶高程仅上升了 5m，推测高程 13m 处塌空区直径不小于 8m。

第五次摄像是在竖井开挖至高程 78m 时进行，摄像结果表明：第四次摄像时的塌空区顶高程进一步上升，基本与上方的 49～64m 段扩大区相连，且一直扩大至 76m 处，同时发现 49～64m 部位有 45 号岩脉和 F_{54} 断层影响带存在。

根据井内摄像和反井钻井钻孔资料所掌握的地质情况来看，2 号竖井 90m 以上（上部 30m）井身部位有 F_{54} 断层穿过；竖井下部 2m 以下井身全部位于 45 号岩脉内；竖井中部高程 2～75m 处地质条件复杂，45 号岩脉、F_{54} 断层影响带及砂岩均有出露。引水竖井地质、垮塌范围纵剖面示意见图 3.7.2－1。

经塌空区分析认为：

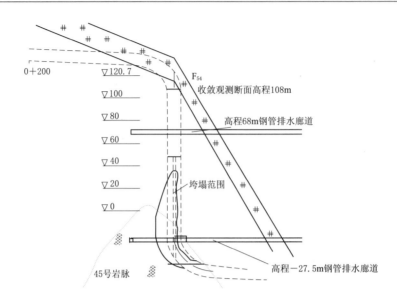

图 3.7.2-1　引水竖井地质、垮塌范围纵剖面示意图

（1）塌空区和堆渣体体型复杂，不了解塌空区实际发展情况。

（2）塌空区与堆渣体间存在大的空腔，塌空区有可能进一步发展。

（3）堆渣体自然形成，密实度差，与塌空区未接触处为自然极限稳定边坡。堆渣体承载能力差，承载时变形大；边坡受扰动时易滑塌。

（4）堆渣体内成分复杂，有岩脉、砂岩，有大至数方的大石块，也有岩脉吸水泥化后脱水形成的泥状物，也有上部开挖的爆渣。施工时钻孔难度大，有岩脉泥状物处灌浆可灌性差。

为确保施工安全，扩挖前在 68m 和－27.5m 排水廊道按照设计要求共布置 7 个超前探孔，以查明塌空情况和范围；在掌子面向下打 4 个辐射状探孔，孔深 20m，开挖至孔深 15m 时继续打孔，便于连续超前探明塌空情况。

3.7.3　开挖中塌空区开挖方案的调整

3.7.3.1　分段开挖支护方案拟订

由于 2 号引水竖井下部塌空区的存在，将竖井分为 3 段，采取不同施工方案扩挖支护。

1. 塌空区未超出设计开挖边线的区段（高程 46m 以上）

采用反井法开挖，爆破渣料由反铲抛入导井，在竖井底部控制性出渣，专人统计出渣量，在发现开挖量与出渣量有较大出入时，立即暂停反井扩挖。

井壁按设计图纸中 V 类围岩支护类型进行支护，即采用钢支撑作为约束岩脉变形膨胀的主要手段。在该段结束时，在该段最低处，在已成型的井壁施工分别施工 2 排和 1 排长度 9m、间排距 1.5m×1.5m 的 $3\phi28mm$ 的水平辐射状锁口锚筋桩，既防止该处支护后断面变化而引起的应力集中导致破坏，又有利下部超出设计开挖轮廓线的塌空区作业时的安全。

2. 塌空范围超出设计开挖轮廓线（高程 46m 以下）

为探明起始段塌空区范围，高程 50～46m 仍采用反井法施工，对出露的塌空区初喷封闭，挂设 $\Phi 22@0.5m \times 0.5m$ 的钢筋网，型钢拱架按 V 类围岩参数施工，拱架间采用间距 1.5m 的型钢连接成整体，在拱架外侧安装模板，对塌空区进行 C25 混凝土回填，顶部未填满位置采用水泥砂浆回填灌浆，混凝土终凝后使用履带式潜孔钻在塌空区范围施工 1 排长度 9m、间排距 $1.5m \times 1.5m$ 的 $3\phi 28mm$ 锚筋桩；如塌空深度超出 9m 锚筋桩作用范围，将锚筋桩加长至 15m。

由于高程 46m 以下塌空区范围突然增大，堆渣体下降时迅速出现大片的倒悬区域，由于失去了压渣的保护，倒悬区域会再次掉块甚至塌方，对施工形成极大的安全隐患。

竖井滑塌体部位采用多种加固措施联合作用，其工艺流程见图 3.7.3-1。

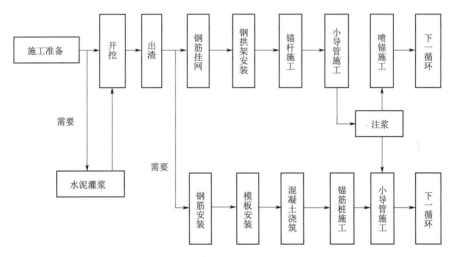

图 3.7.3-1　竖井塌滑体施工工艺流程图

该区段采用正井法开挖：

（1）在正井开挖前，高程 46m 及以下竖井开挖洞径调整为 11.2m。为保证工程及施工安全，对滑塌堆渣体采用预固结灌浆＋竖向超前小导管的方法加固堆渣体，使堆渣在浆液凝固作用下形成薄壁壳体阻挡滑塌堆渣体，与超前小导管组成两道挡渣墙，有效保证井壁稳定。

（2）竖井开挖前先对堆渣体顶部进行平整，并适当压实。然后在平整的顶面上向下造 20m 深超前勘探孔对下部堆渣体进行固结灌浆，同时对周边的塌空区与堆渣体间的空腔用流动性好的混凝土或砂浆进行填充。以后每进尺 15m 对下方的堆渣体进行深孔固结灌浆。

（3）在井壁边缘施工超前小导管，超前小导管间距 30～40cm，深度 4.5m，并利用超前小导管对下方堆渣体进行固结灌浆。

（4）固结灌浆后堆渣体采用常规人工正井法开挖。循环进尺初定 1m 左右，开挖后立即用钢支撑和锚喷支护进行加固。支护层厚度控制在 40cm 左右，支护层厚度过大会造成井筒自重加大而可能出现下沉，支护层厚度过小难以承受堆渣体对井壁的压力（或偏压）。在原设计基础上适当加密钢支撑间距和竖直向的钢支撑联系型钢间距，且喷层内布置钢筋网。

3. 岩脉段以下开挖支护

岩脉段开挖出露后，依据现场实际情况确定开挖支护型式。系统锚杆支护参数为：$\phi25mm$，$L=4.5m$，间排距 1m；挂网钢筋参数为 $\Phi8@200mm\times200mm$，喷 C25 混凝土；钢拱架采用[20a 型；另 2 号引水竖井因出现大范围地质塌方，经专家咨询及参建四方商讨，43m 及以下竖井每隔 15m 左右设置一道高 2m、厚度 0.3m 的现浇钢筋混凝土圈梁，每道圈梁内设 2 排 $3\phi28$、$L=9.0m$ 锚筋桩，间排距为 $1.5m\times1.5m$；未设置圈梁部位的非塌方区采用普通砂浆锚杆，其 $\phi25mm$、$L=4.5m$、间排距 1m，塌方区采用 $\phi32mm$ 自钻式锚杆，$L=4.5m$，间排距 1m。钢拱架均采用 18a 型工字钢，排距 0.5m，并采用间距 1.5m 的[14a 型槽钢进行纵向连接。

每循环开挖前的超前支护以小导管为主，自钻式锚杆为辅。为防止上部堆渣体垮塌，可施作水平管棚支护。环向拱架间距调整为 0.5m 跟进支护，增加纵向型钢与环向拱架焊接牢固。可在拱架之间预埋钢管作为固结灌浆孔，C25 喷射混凝土施工时应注意对固结灌浆孔的保护，防止堵塞，完成后可对塌方体进行固结灌浆，也可在施作锚杆时利用锚杆孔对塌方体进行固结灌浆。对难以成孔部位，可施作自钻式锚杆，钻进角度上倾 $10°\sim15°$。

3.7.3.2　固结灌浆施工

上述支护措施中，固结灌浆作为关键工艺，施工中开展了总体布置、精心施工，本节进行详细说明。其中上平渐变段、上弯段上半部（施工桩号：Y0＋242.121～Y0＋300.934）固结灌浆每环布置 17 孔，灌浆孔间排距为 $2.0m\times2.5m$，入岩 3m；引水上弯段下半部竖井段 50m 以上（施工桩号：Y0＋300.934～Y0＋377.894）灌浆孔间排距为 $2.0m\times3.0m$，入岩 3m；竖井未塌段（施工桩号：Y0＋377.894～Y0＋416.894）灌浆孔间排距为 $2.0m\times3.0m$，入岩 5m；竖井塌方堆渣体段（施工桩号：Y0＋416.894～Y0＋451.243）灌浆孔间排距为 $1.5m\times1.5m$，入岩 5m；下弯段、下平渐变段、下平段（施工桩号：Y0＋451.243～Y0＋503.500）每环布置 17 孔，灌浆孔间排距为 $2.0m\times2.5m$，入岩 5m。

施工平台布置考虑为：①上平渐变段、上弯段上半部、竖井段（高程 11.0～－23.149m）、下弯段、下平渐变段、下平段搭设整体施工排架进行施工。排架搭设必须满足承载力和安全要求。排架顶部必须处于封闭状态，防止竖井上部物件掉落造成人员伤害。②上弯段下半部、竖井段（高程 104.00～11.00m）采用自制整体移动钢台车，为了加快竖井内钻孔灌浆施工进度，确保灌浆施工任务按时完成，自制移动台车为三层，一层钻孔，两层灌浆，采用工字钢双面焊接，台车最低承受 15t 荷载，最低配置 4 台（套）灌浆设备，4 部手风钻。移动台车采用 100t 龙门吊移动，四根钢丝绳，施工人员通过吊笼通行，移动平台车及吊笼必须满足安全规程要求。

灌浆施工工序如下。

（1）钻孔。固结灌浆孔、抬动观测孔采用 YT-28 型手风钻进行钻孔，孔径不小于 $\phi50mm$，塌方堆渣体采用手风钻钻孔与插入灌浆花管相结合。

（2）灌浆。为防止高程 11.0～23.0m 竖井塌方堆渣体进一步塌孔，钻孔后插入与灌浆孔深相同长度的灌浆花管。花管为钢管，应有足够的刚度，能满足送入塌方堆渣体内不变形的要求，花管每环开孔 4 个，环距 15cm，梅花形布置，孔径小于 8mm，灌后花管永久留置在堆渣体中。其他部位（未塌方部位）采用阻塞器直接卡在孔口 0.3m 处，进行灌浆。

（3）抬动观测孔埋设。在灌浆施工过程中，岩石的抬动变形值不得大于设计规定值（200μm），在高程每隔 5m 处，在同一高程上设置 4 个抬动观测点（竖井四等分），通过抬动观测严格控制竖井空腔部位或岩体薄弱地层因大量水泥浆液填充发生变形。灌浆孔应错位施工，避免在同一平面同时灌浆引起井壁变形，一旦大于设计规定值，立即停止灌浆，以便对施工参数进行调整。

（4）洗孔。竖井未塌方部位的灌浆孔，建议在钻孔结束后的起钻过程中采用压缩空气冲净孔内的岩粉，防止因水洗孔造成塌孔。竖井塌方段在钻孔结束后直接起钻预埋灌浆花管，不进行洗孔，防止因洗孔造成花管出浆孔堵塞，无法保证灌浆质量。

（5）压水。引水上弯段、下平段灌前按施工孔总孔数的 5% 选取，进行简易压水。竖井段、上弯段、下弯段由于地层复杂，此部位灌前不进行压水试验。

（6）灌浆。灌浆方式采用全孔一段纯压式灌浆、压力 0.8～1.0MPa、水灰比采用 1∶1～0.6∶1。2 号引水竖井上平渐变段至下弯段下半部间竖井灌浆时，使用塞阻塞在距孔口 0.3m 处，以防漏浆。采用环间、环内分序加密原则控制。按照先底板、后顶拱的顺序进行灌浆。

竖井塌方段（高程 11.0～-23.0m）、下弯段上半部采用预埋灌浆花管。花管伸入孔内不小于 5m，外露 0.3m 以便与灌浆管相连，采用纯压式灌浆，环内分序，按照高程由低向高依次灌浆。

2 号引水竖井灌浆工程自 2014 年 3 月 28 日正式开始施工，6 月 11 日固结灌浆施工任务圆满完成，共计完成固结灌浆工程量 6035m，灌注水泥 4606.24t。2 号引水竖井塌方难题顺利解决，施工中采用多种支护方式与固结灌浆相结合的方式，固结灌浆采用了多层灌浆施工平台工艺，对类似工程塌方处理有很好的借鉴作用。

3.8 大跨度球冠穹顶竖井施工案例——乌东德水电站右岸尾水调压室开挖

3.8.1 右岸尾水调压室工程概况

乌东德水电站右岸尾水调压室为球冠大半圆筒型尾水调压室。下游与尾水主洞连接，上游与两条尾水支管连接。右岸布置有 4 号、5 号、6 号尾水调压室，为下部独立、上部连通的布置型式。大半圆筒的半径为 26.50m，右岸单个尾水调压室面积约 1350m²，高度（含底部岔管）约 113.50m，尾水调压室之间岩体最小厚度约 30m，尾水检修闸门设在调压室内上游侧，呈"一"字形排列，尾水调压室上部由 11.20m× 23.00m（城门洞型，宽×高）闸门廊道相连。

右岸尾水调压室位于金沙江峡谷岸坡内，外侧端墙距岸边距离 100m，上覆岩体埋深 180～350m。所处地层为厚层灰岩、大理岩、石英岩及巨厚层白云岩，岩层倾向 175°～185°，倾角 70°～80°，轴线与岩层走向夹角 20°～30°，断层 F_{100-2}、F_{100-3} 位于尾水调压室下游边墙附近，其规模小，与调压室轴线夹角分别为 47°、55°。尾水调压室顶拱及下游边墙围岩以Ⅲ类为主，上游边墙围岩以Ⅱ类为主；Ⅱ类围岩占 56.9%，Ⅲ类围岩占 43.1%。在尾水调压室下游边墙附近，断层 F_{100-2} 与优势裂隙可能构成楔形块体，方量 100～300m³，在施工过程中，受爆破等因素影响块体稳定性较差。尾水调压室部分围岩为厚层灰岩，岩溶相对较发育，局部顺层溶蚀明显，并存在小夹角、不稳定块体等不良地质情况。

3.8.2 开挖支护

由于右岸尾水调压室顶拱为球冠型，球冠横向最大跨度 53m、高 26.5m；调压井井身断面型式为大半圆桶形，井身下游侧为大半圆形边墙，上游侧为直墙，调压井最大跨度 54.3m。整个尾水调压室开挖断面大、开挖高度深，地质条件较差，开挖安全风险高，同时由于工期紧张需考虑和下部尾水洞开挖施工交叉问题。经多次专题会论证，最终确定顶拱采用"预留岩柱，以圆削球"，井身段采用"改井挖为明挖"，开挖一层、支护一层的开挖施工方案进行施工。

3.8.2.1 穹顶开挖支护

为确保大跨径洞室开挖施工安全及岩体稳定，保障球冠穹顶成型质量及减少超挖量，经过充分研究穹顶设计体型，并借鉴以往大洞室"眼镜法"开挖成功经验，最后确定采取环形导洞先行、中间预留岩柱支撑、周边环形扩挖的施工方法，充分利用球形体水平剖切面为标准圆的规律特点，围绕穹顶中心轴线按不同半径圆周钻水平孔的思路进行开挖，从而实现"以圆削球"的施工目的。

1. 工法特点

（1）根据球冠穹顶尾水调压室的空间结构特点，自上而下进行分层开挖；其中第一层采取环形导洞先行、中间预留岩柱支撑、周边环形扩挖的施工程序，确保施工期间洞室稳定。另外，结合已开挖面的支护工况与提前预埋的监测仪器变形数据，择机进行中心岩柱的拆除，以确保最大限度获得安全系数。

（2）充分利用球形体水平剖切面为标准圆的规律特点，围绕球冠穹顶中心轴线按不同半径圆周钻水平孔，从而保证环形开挖进尺，达到"以圆削球"的施工目的。

（3）通过在每层穹顶外缘预留一定厚度的保护层随下层一同开挖，来解决因空间高度过大，难以进行钻孔精度控制和初期支护锚杆无法实施的问题，进而避免外缘爆破孔过多侵入设计断面造成超挖，以及因初期支护无法及时实施造成围岩松弛深度过大，最终确保穹顶成型和围岩稳定。

2. 开挖分区、分层

球冠穹顶开挖自上而下分 5 层进行施工，开挖分层图见图 3.8.2-1。其中第 I 层最大开挖高度 10.9m，其余各层分层高度为 5～7m。为保证第 I 层开挖施工洞室稳定和球冠成型，分环形导洞、中心预留岩柱、环形扩挖区、底部拉槽区和周边保护层 5 个区域开挖。尾水调压室球冠穹顶开挖分区见图 3.8.2-2。

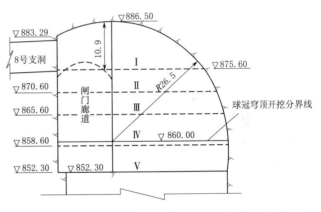

图 3.8.2-1　尾水调压室球冠穹顶开挖分层图（单位：m）

3. 施工程序

为降低施工过程中相邻洞室爆破对穹顶稳定的不利影响，右岸三个尾水调压室按隔洞错距开

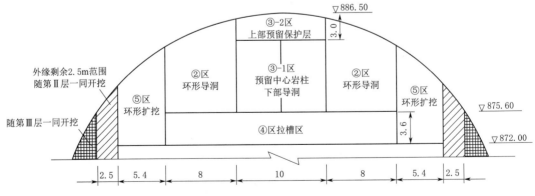

图 3.8.2-2　尾水调压室球冠穹顶第 I 层开挖分区图（单位：m）

挖原则组织施工。单个尾水调压室施工顺序为：环形导洞→预留中心岩柱下部开挖→预留中心岩柱上部保护层→底板拉槽→环形扩挖，相应分区开挖结束后，立即进行系统支护。尾水调压室球冠穿顶开挖程序三维模拟图见图 3.8.2-3。

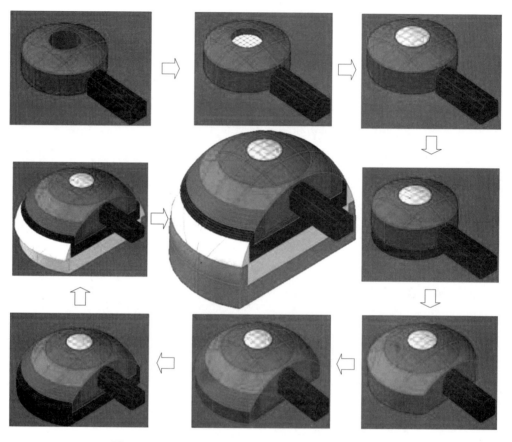

图 3.8.2-3　尾水调压室球冠穿顶开挖程序三维模拟图

（1）环形导洞开挖施工。在完成施工支洞径向锁口支护后，沿支洞轴线方向开挖至距穿顶圆心 5m 位置停止；然后测量放出穿顶中心位置，从穿顶中心点向实际开挖岩面引出边线，逐炮修边扩挖，将开挖面拉齐至与环形导洞轴线垂直；接下来以穿顶中心为基点预留直径为 10.0m 的中心岩柱，沿预留中心岩柱外侧开挖环形导洞，环形导洞开挖宽度为 8.0m，高度为 7.49～10.42m；导洞开挖分两序进行，先进行底部掏槽，然后进行上部保护层开挖。Ⅰ层环形导洞开挖示意见图 3.8.2-4。

（2）中心预留岩柱及穿顶保护层施工。在环形导洞开挖及顶拱系统支护完成后进行中心预留岩柱的开挖。预留中心岩柱开挖分上下两部分进行，上部为预留保护层开挖，下部分左右半幅进行分序开挖。上部保护层开挖厚度为 2.5～3.0m，保护层开挖以穿顶中心为轴线，钻辐射状孔，由外侧向穿顶中心逐层开挖。

（3）底部拉槽及环形扩挖施工。为满足环形扩挖区顶拱 9m 长锚杆施工空间需求

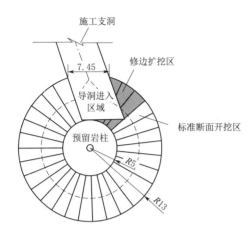

图 3.8.2-4 Ⅰ层环形导洞开挖示意图
（单位：m）

以及钻爆台车尺寸需求，在预留中心岩柱开挖及系统支护施工完成后先将岩柱及环形导洞范围内的底板进行拉槽下卧，拉槽深度为3.5m，拉槽钻孔采用D7液压钻钻孔梯段爆破；拉槽施工完成后再进行环形扩挖施工，开挖宽度为5.4m，高度为6.56～10.84m，环形扩挖采用环形导洞开挖阶段钻爆台车，人工持YT-28型手风钻进行钻孔、装药、爆破。Ⅰ层外缘剩余2.5m范围随下层保护层一同开挖。

（4）Ⅱ～Ⅴ层开挖施工。Ⅱ～Ⅴ层开挖采取中间梯段爆破，两侧预留保护层方式开挖。在设计边线预留5.5m厚保护层，为保证设计结构线开挖成型质量，保护层分两次进行开挖，靠中心侧3.0m范围保护层在中间梯段爆破后进行开挖，剩余外缘2.5m范围保护层随下层一同开挖。中间采用ROC-D7型液压钻垂直进行钻孔，梯段爆破。保护层开挖采用手风钻钻设水平孔，环向开挖。

Ⅱ层、Ⅲ层开挖时按照12%的坡比修筑环形便道，利用尾水调压室上层施工支洞作为交通运输通道，4号、5号调压室斜坡道开挖利用6号调压室斜坡道经闸门廊道进行开挖施工；Ⅳ～Ⅴ层及6号调压室Ⅱ层、Ⅲ层剩余斜坡道开挖利用尾水调压室交通洞作为施工通道，开挖时先将Ⅲ层底板与尾水调压室交通洞顶高程挖穿，形成临空面，沿闸门廊道上游侧按照12%的坡比修筑斜坡道到高程865.60m，作为Ⅳ～Ⅴ层施工通道。球冠穹顶Ⅱ～Ⅴ层开挖方法示意见图3.8.2-5。

3.8.2.2 井身段开挖支护

为确保大断面、高深度井身段开挖安全稳定和成型质量，减少和下部尾水洞开挖施工干扰，提高开挖施工效率。结合乌东德水电站右岸地下厂房各洞室分布情况，最终确定每个尾水调压室从第二层、第三层排水廊道分别开挖4条通向尾水调压室井身不同高程的施工支洞作为交通运输通道，从而达到改井挖为明挖的目的。

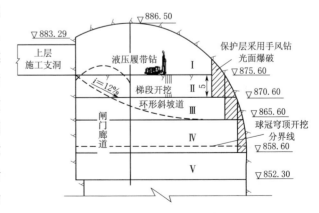

图 3.8.2-5 球冠穹顶Ⅱ～Ⅴ层开挖方法示意图（单位：m）

1. 工法特点

（1）开挖石渣可以通过施工支洞直接运往渣场，使得尾水调压室井身开挖和下部尾水洞形成两个独立工作面，避免溜渣至岔管段对尾水洞的施工和安全造成不利影响。

（2）施工人员和施工材料设备可以通过施工支洞直接进入尾水调压室井身，避免传统竖井施工人员上、下井身，施工设备和材料二次倒运装卸、频繁上下起吊运输的安全风险。经计算，完成 1 层高 6m 的井身开挖，需外运石渣 10350m³，不算施工设备，仅材料就接近 600t（6/9m 锚杆 460 根，锚索 64 束、喷混凝土挂网 155m³）。每月施工和管理人员上下井身近万人次，通过增加通道可以将竖井施工中所面临的高空坠物和高空坠落等安全隐患彻底消除。

（3）新增便于大型开挖支护设备进入尾水调压室竖井井身的施工支洞；井身中部拉槽采用 D7 液压钻机钻设垂直爆破孔梯段开挖，外侧沿井身轮廓线预留 4m 宽保护层，并采用手风钻钻设垂直孔开展光面爆破，为确保井壁开挖成型质量，所有光爆孔钻设均采用脚手架管搭设样架进行。井身支护采用 353E 多臂钻进行锚杆钻孔，Aliva 湿喷机组进行湿喷混凝土作业，充分利用施工通道优势，及时进行高边墙系统支护施工，确保施工安全和竖井围岩稳定，同时施工进度显著加快。

（4）由于竖井施工空间相对狭小和封闭，施工支洞直接出渣可以避免传统竖井溜渣作业时高落差引起的尘土飞扬，避免对竖井井身和下部工作面空气污染，从而保证施工人员身心健康，达到绿色环保施工的目的。

2. 开挖通道布置

在尾水调压室井身下游侧高程 837.00m、814.50m 布置有第二层及第三层排水廊道。根据地下厂房各洞室分布情况，分别从第二层及第三层排水廊道向每个尾水调压室井身段不同高程开挖 4 条施工通道，每条施工通道均进入尾水调压室 4m，施工通道断面尺寸为 5.3m×5.0m。排水廊道通往尾水调压室的施工通道三维效果见图 3.8.2-6。6 号尾水调压室下游边墙距离落雪组第四段第一亚段（Pt_2l^{4-1}）仅 19.3m，为防止落雪组部位施工支洞开挖对尾水调压室稳定造成影响，6 号尾水调压室取消一条施工支洞，并将第三层排水廊道内的一条施工支洞调整到右厂 11 号施工支洞内。

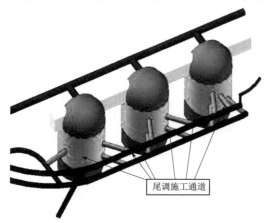

尾调施工通道

图 3.8.2-6 排水廊道通往尾水调压室的
施工通道三维效果图

3. 施工程序

明挖法施工程序为：中间拉槽，周

边预留 4m 保护层光面爆破，三个尾水调压室按隔洞错距开挖、支护完成后再进行下层开挖的原则组织施工，井身开挖高程 851.30~799.00m，从Ⅵ~ⅩⅣ层共分 9 层。

(1) Ⅵ~Ⅷ层开挖。Ⅵ~Ⅷ层调压室开挖支护施工利用尾水调压室交通洞向下修筑 $i=9\%~14\%$ 环形斜坡道，分别连接高程 842.00m 的 WT_{1-1}、WT_{1-3}、WT_{1-5} 施工支洞和高程 832.00m 的 WT_{1-2}、WT_{1-4}、WT_{1-6} 施工支洞。环形斜坡道中间采用液压钻机钻设垂直爆破孔实施梯段爆破；为控制斜坡道下降坡度和尾水调压室井壁成型，斜坡道内侧 4m 宽范围开挖采用手风钻向下倾斜 7°钻设水平孔，外侧 4m 宽范围采用手风钻沿井身轮廓线钻设垂直孔实施光面爆破；在斜坡道降至施工支洞底板高程，完成中间梯段开挖后，根据不同位置支护周期长短，灵活选用正向或倒退拆除斜坡道，以利于系统支护及锚索施工随调压室开挖及时跟进。

Ⅸ~Ⅻ层调压室开挖支护施工利用新增 WT_{1-2}、WT_{1-4}、WT_{1-6} 施工支洞向下修筑 $i=9\%~14\%$ 环形斜坡道与至高程 818.40m 新增 WT_{2-1}、WT_{2-2}、WT_{2-3} 施工支洞连接作为施工通道。环形斜坡道中间采用液压钻机钻设垂直爆破孔梯段开挖；为利于控制斜坡道下降坡度和尾水调压室井壁成型，斜坡道开挖采用手风钻向下倾斜 7°钻孔，沿井身轮廓线光面爆破开挖；在斜坡道降至施工支洞底板高程，完成中间梯段开挖后，根据不同位置支护周期长短，灵活选用正向或倒退法拆除斜坡道，以利于系统支护及锚索施工随调压室开挖及时跟进。

(2) ⅩⅣ层开挖。ⅩⅣ层开挖在Ⅸ~Ⅻ层开挖支护施工完成后进行，采取炸顶方式将ⅩⅣ层与底部岔管段Ⅰ层中导洞贯通，然后进行扩挖，上部剩余斜坡道及保护层挖除利用底部岔管段及尾水主洞上层作为施工通道。

由于尾水调压室开挖高度高，断面尺寸大，为保证开挖过程中岩石的稳定，开挖过程中必须及时支护。根据钻爆分层分区，每层每区开挖后及时支护，相邻区域支护未完，不允许进行下一分区的开挖。根据围岩应力的释放规律，支护遵照先浅层支护后深层支护的原则进行，具体施工程序如下：开挖→初喷混凝土→6/9m 锚杆、排水孔施工→钢筋挂网→复喷混凝土→锚索施工，各工序间交替流水作业。

乌东德水电站尾水调压室自 2014 年 11 月底开始开挖支护施工，至 2016 年 12 月底全部开挖支护完成。乌东德水电站右岸尾水调压室开挖支护施工采用了创新型的施工方案，突破了传统的竖井开挖支护施工技术，取得了巨大成功。相比相同规模的左岸尾水调压室采用的传统开挖施工技术，其工期提前了 7 个月。为水电工程的特大竖井开挖支护施工提供了成功的经验，值得类似工程借鉴。

第4章 斜（竖）井钢筋混凝土衬砌施工技术

4.1 技术发展

抽水蓄能工程斜（竖）井钢筋混凝土衬砌施工技术，目前以滑模施工技术为主流。近年来，部分竖井工程施工中应用了滑框倒模的新技术，实践效果良好。

滑模施工技术是高层建筑核心筒、剪力墙、框架梁柱和铁路、公路桥梁高墩等工程中应用广泛、技术成熟的技术，同样在抽水蓄能工程斜（竖）井工程中应用广泛。与传统搭设脚手架施工方案相比，斜（竖）井滑模由专业厂家设计、制作，滑模系统随混凝土浇筑、钢筋安装及预埋件施工等备仓工作同步进行，采用连续入仓浇筑、逐步滑升一次浇筑到位的方式，具有机械化程度更高、施工速度较快的优势。另外，斜井滑模避免了在压力管道斜（竖）井段设置施工缝，减小了蓄水发电期间高速、高压水流对斜井混凝土衬砌结构破坏的概率，衬砌结构完整性更强。

滑框倒模施工工艺是 20 世纪 90 年代在滑模施工工艺的基础上发展而成的一种施工方法，最早在高层建筑中成功研发采用，逐渐推广至桥梁等市政、水电工程建设领域。该技术已经在蒲石河抽水蓄能电站上水库进出水口闸门井（陈效华等，2009）、仙游抽水蓄能电站尾水调压井（王增武等，2013）等工程中得到应用，取得了良好的工程效果。滑框倒模施工工艺的提升设备和模板装置与一般滑模基本相同，其区别在于在模板与围圈之间增设竖向滑道，滑道固定于围圈内侧，可随围圈滑升，形成滑框。施工只滑框，不滑模，将滑模施工时模板与混凝土之间滑动，变为滑道与模板滑动，而模板附着于新浇筑的混凝土面而无滑移，待滑道滑升一层模板高度后，即可拆除最下一层模板，清理后倒至上层使用。

与滑模工艺相比，滑框倒模工艺兼具滑模连续施工、上升速度快的优点，又克服了滑模施工停滑不够方便、调偏不易控制等传统滑模的缺点，同时混凝土强度只需保证滑升平台安全即可，避免滑模施工容易产生的混凝土质量通病如蜂窝麻面、拉裂及粘模等。由于滑框倒模工艺的提升阻力远小于滑模工艺的提升阻力，相应地可减少提升设备，与滑模相比可节省 1/6 的千斤顶和 15% 的平台用钢量。其缺点是施工中劳动量较大，速度略低于滑模。

4.2 竖井滑模法施工

4.2.1 竖井工程滑模施工的适应性设计

国内外滑模工程实践证明，应重视设计体型对施工的影响。从设计阶段即应该从有利于滑模施工的浇筑考虑，以充分利用滑模工艺的特点来发挥结构设计方面的优势。《滑动模板工程技术规范》（GB/T 50113—2019）对此有专门的要求。该规范不仅在总则中强调了设计与施工需密切配合，在第三章中还专门规定了对滑模工程在设计上的有关要求。而现有《水工建筑物滑动模板施工技术规范》（DL/T 5400—2016）中，仅从滑模施工的适用条件出发，在 3.0.2 条提出，当建（构）筑物具有下列特点时，可采用滑动模板施工：

（1）建（构）筑物具有一定长（高）度的等截面或渐变截面。

（2）钢筋、预埋件的布置及细部结构的设置，有利于模板正常滑动和易于安装、固定。

（3）混凝土建（构）筑物的接缝、止水、排水和灌浆设施等结构及其布置方式，适合于滑动模板施工。

实际上，对于斜（竖）井这种结构，采用滑模已成为推荐采用工艺，应该从设计体型阶段开始，提出采用滑模工艺时对结构设计的有关要求，重视设计与施工的相互融合。可考虑以下原则：

（1）建筑结构的外轮廓应力求简洁，竖向上应使一次滑升的上下构件与模板滑动方向的投影重合，有碍模板滑动的局部凸出部分应做设计处理。

（2）同一个滑升区段内的承重构件，在同一标高范围应采用同一强度等级的混凝土。

（3）沿模板滑动方向，结构的截面尺寸中应减少变化，宜采取变换混凝土强度等级或配筋量来满足结构承载力的要求。

（4）结构的配筋应符合下列规定：各种长度、形状的钢筋，应能在提升架横梁以下的净空内绑扎；对交会于节点处的各种钢筋应作详细排列；预留与横向结构连接的连接筋，应采用 HPB300，直径不宜大于 12mm，连接筋的外露部分不应设弯钩，当连接筋直径大于 12mm 时，应采取专门措施。

（5）对兼作结构钢筋的支承杆，其设计强度宜降低 10%～25%，并应根据支承杆的位置进行钢筋代换。

（6）预埋件宜采用膨胀螺栓、植筋等后锚固装置替代。当需用预埋件时，其位置宜沿垂直或水平方向有规律排列，应易于安装、固定，且应与构件表面持平。

伊朗某水电站引水系统的控制竖井中，按此思路对设计断面进行了优化，竖井衬砌设计圆断面尺寸直径为 5.2m，井身高度为 66.64m（高程为 2068.26～2134.90m）。首先是竖井门槽部位混凝土的外轮廓优化：该竖井结构钢筋保护层外侧为 10cm，内侧为 7.5cm，所以二期混凝土截面尺寸受到限制，按照原设计仅为 20cm×70cm，尺寸小，混凝土入仓及振捣困难，施工难度较大，而高度有 57.24m，高空作业必须搭设排架，时间紧，施工强度很大。为此，经过研究将断面图 4.2.1-1 优化为图 4.2.1-2，导向侧轨在一期混凝土浇筑前就一次性埋设到位，并且减少混凝土结构夹角数量，提高成型外观质量，同时减少混凝土量 50m³。其次是对有碍模板滑动的局部部位进行处理。为便于滑模施工，将原设计的 1 个闸门锁定平台和 9 个休息平台由钢筋混凝土结构改为钢结构，并将闸门槽二期混凝土预埋插筋修改为预埋铁板。

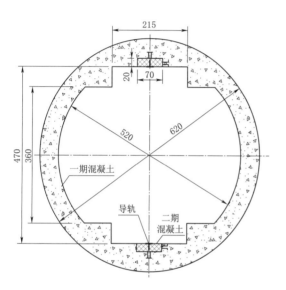

图 4.2.1-1　优化前断面（单位：cm）

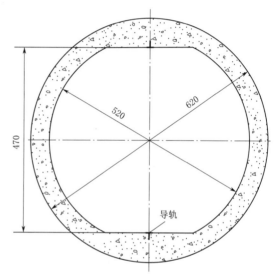

图 4.2.1-2　优化后断面（单位：cm）

4.2.2　滑动模板系统组成和典型案例

4.2.2.1　滑动模板系统组成

液压爬升滑动模板是《水电水利工程竖井斜井施工规范》（DL/T 5407—2019）推荐采用的工艺。滑动模板主体应由模板系统、操作平台系统、分料系统、提升系统和精度控制系统等部分组成。

（1）模板系统包括模板、围圈。模板优先采用组合钢模板。由小块平面模板拼装曲面模板时，应满足工程结构体型精度要求。单块模板尺寸宜为（1000～1500）mm×（300～500）mm，模板的钢板厚度不应小于 3.5mm，模板的变形量不宜大于 2mm，模板上口至千斤顶底座梁下沿的有效高度，无钢筋时不应小于 250mm，有钢筋时不应小于 500mm。围圈节间应采用螺栓连接，转角应设计成刚性结点。设计荷载作用下的变形量不应大于计算跨度的 1/1000，上、下围圈间距宜为 500～750mm，上围圈至模板上口的距离不应大于 250mm，围圈宜采用角钢、槽钢或工字钢制作。

（2）操作平台梁体构造受竖井平面体型影响较大。对于抽水蓄能引水系统竖井及其他常规单腔竖井，滑动模板的操作平台可采用辐射梁、环形桁架梁，优先采用模块式设计。竖井滑动模板的操作平台，在竖井直径较小、自重较轻、起重设备吊装比较方便时，竖井滑动模板的操作平台一般采用辐射梁式结构，如去学水电站调压井开挖直径为 14.4m，即采用这种结构，周边环形部分作为主平台，中心部位辐射梁延伸连接形成整体，同时可布置旋转分料系统。在竖井直径较大或滑动模板结构无法整体吊装时，操作平台宜采用环形桁架梁结构，如马鹿塘水电站调压竖井，调压井直径为 24.0～25.0m，混凝土衬砌后直径为 22.0m，采用环向桁架梁结构，选用∠75°、∠63°等边角钢加工制作成桁架梁。在桁架梁上铺厚度 30mm 木板形成操作平台，由于直径过大，无法布置旋转分料系统，采用固定式溜槽布料。多腔竖井滑模操作平台受多腔间混凝土竖墙浇筑体型控制，不宜采用辐射形桁架梁结构，多采用井字矩形桁架梁，模板宜通过高架平台梁连成一个整体，同步滑升。操作平台由主梁、辅梁及铺板构成，材料宜选用角钢、槽钢。主梁宜按静定结构设计，梁的最大变形量不应大于计算跨度的 1/500。一般均设置主平台、抹面平台。主平台一般布置在最上部，又叫上平台，作用是堆放材料、施工人员绑扎钢筋、布置分料系统等。抹面平台是脱模后混凝土修抹养护工作平台，平台上设有环形养护水管，一般为悬吊式，铺板宽度不小于 800mm。抹面平台边框材料选用角钢，吊杆为不小于 $\phi16mm$ 圆钢。工程实践中，各工程根据具体实际施工操作便利要求，常增设操作平台，如红叶二级水电站调压竖井另外增设了中间平台和支撑梁拆模平台，中间平台作为井筒与升管水平钢筋绑扎、焊接工作平台，动力照明回路、闸刀开关板都布置于该平台。另外，混凝土支撑梁预埋盒也在该平台操作。支撑梁拆模平台与抹面平台构件吊装连接，布置在支撑梁两侧，是支撑梁侧模拆除和混凝土养护平台。

（3）分料系统优先采用规范推荐的旋转分料系统。较传统固定式分料系统，旋转分料系统可根据浇筑部位随时控制，布料更为均匀。传统采用固定溜槽分料，优点是安装简单，故障率低，如绩溪水电站调压竖井，采用 8 个固定在分料平台上的溜槽分料。红叶二级水电站调压竖井在回转料斗下方沿圆周方向对称布置 4 个固定支溜槽，混凝土从支溜槽和溜筒至浇筑仓面。竖井混凝土垂直运输通常采用钢管溜料运输，由于浇筑不连续，混凝土容易产生离析，影响混凝土的质量。这时混凝土不得直接入仓，需借助分料盘或分料槽二次缓冲，或局部人工二次拌和满足混凝土质量要求后方可入仓。在竖井直径比较大且井口均匀布置下料系统困难时，采用分料皮带进行辅助分料。分料皮带由滚筒、托辊、驱动电动机、支架等组成，皮带的宽度宜选用 650mm，支架的底部两端安装行走轮或一端固定、另一端安装行走轮。溧阳抽水蓄能电站调压井开挖直径为 24m，混凝土衬砌后直径为 22m，井深为 64m，衬砌厚度为

1m，在滑动模板上设计了分料皮带进行混凝土的分料，取得了圆满成功。

（4）提升系统包括提升架、支承杆。提升架应由立柱、横梁和围圈支托构成。提升系统由液压驱动，液压操作台的布置应避免妨碍混凝土入仓。油路应分组布置，分油管与千斤顶宜采用快速接头且并联连接。油泵的额定压力不宜小于 12MPa，应根据所带动的千斤顶数量及一次给油时间计算确定油泵的流量。电动机参数按油泵的要求选择。换向阀的公称流量与压力应不小于油泵的流量与压力，换向阀的内径应不小于 10mm；油管的耐压力应大于 1.25 倍油泵额定压力。油管接头、限位阀及针阀的通径与耐压力应与油管相适应。油箱的有效容量应不小于千斤顶和油管总容量的两倍，应选用易散热、易排污的油箱。对于抽水蓄能引水系统竖井及其他常规单腔竖井，提升系统采用周边"F"型提升架。多腔竖井滑模操作平台受多腔间混凝土竖墙浇筑体型控制，除周边采用"F"型提升架外，中间竖墙顶设置"开"型提升架。立柱和横梁宜采用槽钢，底座宜采用钢板，围圈支托可采用槽钢或角钢。横梁与立柱的结点宜为刚性连接，多次拆装时可用螺栓连接。立柱最大侧向变形量不应大于 2mm。制作支承杆的材料应采用硬度（HBS100/3000）不大于 217、符合《焊接钢管尺寸及单位长度重量》（GB/T 21835—2008）精度要求的钢管或符合《钢筋混凝土用钢 第 1 部分：热轧光圆钢筋》（GB 1499.1—2024）精度要求的钢筋，表面不得有冷硬加工层。支承杆的直径应与千斤顶相匹配，加工长度宜为 3~6m。支承杆在使用前应调直，采用冷拉调直的延伸率不应大于 0.3%。当支承杆代替受力钢筋时，其受力能力和接头应满足要求。

（5）精度控制系统主要包括建筑物的标高、轴线及结构垂直度的测量与控制设施，以及千斤顶同步控制、操作平台偏扭控制装置。

标高测量一般采用全站仪、经纬仪等对控制点进行测量。垂直度偏差是衡量工程质量的主要指标之一，规定允许偏差为建筑物高度的千分之一，且总偏差不应大于 50mm。常用的测量方法有吊线锤法，该法是用 15~25kg 的大线锤，于控制点中心控制点上挂垂线进行观测，随着平台上升或调偏，测量偏移值；另外一种是全站仪、经纬仪垂直度观测法：该法是利用全站仪、经纬仪，根据所设的控制桩与建筑物上所画出的对应控制标点进行测量，观察两点间是否垂直。采用激光经纬仪观测时，还可借助于折射镜，用一台激光经纬仪分别观测好几个控制点的垂直度偏差。

千斤顶同步控制可采用限位卡挡、激光扫描仪、水杯自控仪、计算机整体提升系统等装置。限位卡挡是水平控制的主要方法。目前限位卡挡的方法有两种：一种是用限位阀控制千斤顶进油；另一种是用叉型套顶住千斤顶的活塞，使之不能排油复位。前者可用于单个千斤顶或整个分组油路，后者只限用于单个千斤顶。限位控制的方法是，在千斤顶上方的支承杆上设置限位卡，距离以一个提升高度或一次控制高度为准（一般为 500mm），使整个操作平台上所有千斤顶都在遇到限位卡后停止。这样，人为地使各千斤顶都上升至同一标高。依此，移动限位卡于下一个预定标高位置，又在新标高处使操作平台保持水平状态，消除了千斤顶升差，达到调平的目的。水平控制的方法还有行程帽调整法，该方法适用于操作平台面积小、施工荷载均匀分布的滑模工程。起重质量 $29 \sim 49kN$ 的小型千斤顶，其缸体的活塞行程可用行程幅调节8mm。滑升前，先将各个千斤顶的行程帽调整至中间位置，滑升时，遇个别千斤顶行程不一时，即旋紧爬升快的千斤顶的行程帽，或松开爬升慢的千斤顶的行程帽，使各千斤顶的行程接近一致。此法往往需要进行多次调整才能达到预期效果。垂直度观测设备可采用激光铅直仪、全站仪、经纬仪等，其精度不低于 $1:10000$。

操作平台偏扭控制一般通过测量控制点的水平高差实现，包括标志法、水准管法。采用标志法时，首先在平台上选定若干控制点，在支承杆上每隔 $300 \sim 500mm$ 找平后画一水平标志，提升一个行程后，测量千斤顶行程帽至标志线的尺寸，便可计算出操作平台各控制点的水平高差。水准管法要求在平台中央高处设水箱，用胶管连通，接至平台上各控制点的提升架上，提升架设透明刻度标尺（管），事先抄平或读原始数据，提升后，从各刻度管上读出各控制点的高差。

滑动模板设计计算应严格遵循《水工建筑物滑动模板施工技术规范》（DL/T 5400—2016）要求进行。模架系统包括面板及肋板、围圈、主桁架，三者组成一个稳定的空间桁架结构用于混凝土成型。其在滑升时承受新浇混凝土的侧压力、模板与混凝土之间的摩阻力以及主平台上的各种荷载，并将所有荷载传递给支承杆。上述设计荷载标准值按照 DL/T 5400 的附录 A 执行。

面板及肋板可视为连续简支结构，所受荷载为混凝土的侧压力，验算结构的强度和挠度。围圈承受的荷载有：①垂直向的面板重量和面板滑动时的摩阻力；②水平向的混凝土的侧压力。主桁架是滑模的主要承力构件，承受施工中的各种材料、机具、施工人员的重量以及由模板、围圈传递过来的侧压力，其结构的强度与刚度必须满足规范要求。

巴基斯坦某水电工程调压井设计直径为 9.5m，井身总衬砌高度超过 353m，利用有限元软件 ANSYS 对其滑动模板进行了不同工况的静力学模拟分析校核。综合分析液压滑模在施工过程中可能出现的各种施工状况，最终确定最恶劣工况为浇筑施工、绑扎钢筋操作和部分穿心式千斤顶失效的组合。浇筑施工荷载包括滑模实际重量（约 219kN）、布料机的重量（约 30kN）、钢筋平台的重量（约 15kN）、抹面平台的重量（约 15kN）及主桁架的自重（通过设置重力加速度自动添加）。上述各载荷均根据实际情况在相应关键位置添加；绑扎钢筋操作荷载应除去浇筑施工的各项荷载，加上平台上堆放的 5t 钢筋，分别加载到上层桁架吊物孔附近的最外圈及次外圈相邻的 8 个节点处；部分穿心式千斤顶失效时的荷载情况是考虑最坏的一种运行情况，考虑了 50% 的千斤顶（8 个）失效，故对上层桁架最外端的 16 个节点中的 8 个节点进行全约束。利用大型有限元计算软件 ANSYS 建立该液压滑模主桁架的整体模型，分析滑模主桁架的静力情况，由计算结果可知，其承受的最大应力为 128.0MPa，都分布在与上、下层桁架相连接的斜撑杆的各节点（进行全约束的 8 个节点）处，属于应力集中现象。产生的最大变形为 7.6mm，均发生在桁架最外围没有添加约束的 8 个节点处，应力和应变均在允许范围内，不影响滑模的施工，故满足施工强度要求。

施工前主要通过分析确定千斤顶、支承杆的布置，理论上讲，当结构物的主筋能用 $\phi25$mm 钢筋替代，应优先采用 $\phi25$mm 钢筋作支承杆，以节约支承杆的材料投入；当结构物主筋远小于 $\phi25$mm 或为素混凝土时，应优先选用 $\phi48.3$mm 钢管。因此，DL/T 5400 附录 B 中分别列出了采用 $\phi25$mm 钢筋和 $\phi48.3$mm×3.5mm 钢管作为支承杆的允许承载力计算方法。近年来抽水蓄能电站乃至常规水电站竖井施工时，由于 $\phi48.3$mm×3.5mm 钢管顶升承载力是 $\phi25$mm 钢筋的两倍，支承杆数量可大大减少并有利于千斤顶的同步控制，同时考虑到施工标准化，大多采用 $\phi48.3$mm×3.5mm 钢管，鲜有采用 $\phi25$mm 钢筋的工程。

按照，DL/T 5400 附录 B，当采用 $\phi25$mm 圆钢作支承杆，模板处于正常滑动状态时，即从模板上口以下最多只有一个浇筑层高度尚未浇筑混凝土的条件下，支承杆的允许承载力可用式（4.2.2-1）计算：

$$P_0 = \frac{4\alpha EJ}{K(L_0 + 95)^2} \qquad (4.2.2-1)$$

式中：P_0 为支承杆的允许承载力，kN；α 为工作条件系数，视施工操作水平、滑动模板操作平台结构而定，对一般整体式刚性平台取 0.7，分割式平台取 0.8，采用工具式支承杆取 1.0；E 为支承杆的弹性模量，MPa；J 为支承杆的截面惯性矩，cm^4；K 为安全系数，取值应不大于 2；L_0 为支承杆脱空长度，即从混凝土上表面至千斤顶下卡头的距离，cm。

当采用 $\phi48.3$mm×3.5mm 钢管作支承杆时，支承杆的允许承载力可按式（4.2.2-2）计算：

$$P_0 = \frac{\alpha(99.6 - 0.22L)}{K} \qquad (4.2.2-2)$$

式中：L 为支承杆长度，cm，当支承杆在结构体内时取千斤顶下卡头到浇筑混凝土上表面的距离，当支承杆在结构体外时取千斤顶下卡头到模板下口第一个横向支撑扣件节点的距离。

以光照水电站调压竖井为例，模板高度为 1.5m，长度为 86.164m。支承杆选用与 HM-100 型液压千斤顶配套的 $\phi48.3$mm×3.5mm 钢管，采用丝扣连接，接头错开布置，以免削弱结构支承力。通过滑模装置总垂直荷载计算（见表 4.2.2-1），计算总垂直荷载为 1491kN。从表 4.2.2-1 中可以看出，计算混凝土与模板之间摩擦力时，模板与混凝土的摩阻力标准值采用了 DL/T 5400 规范中钢模板为 1.5～3.0kN/m^2 的中值。

表 4.2.2－1 滑模装置总垂直荷载计算

项　目			荷　载　计　算
模板系统、操作平台系统的自重			约 570kN（包括铺板）
操作平台上的施工荷载	均布荷载		1.5kN/m²×320m²=480kN
	集中荷载	两只 1.5m³ 混凝土料罐	46kN×2=92kN
		钢筋堆放	40kN
		两台电焊机	7kN×2=14kN
		一套液压控制台	4kN
模板滑升时混凝土与模板之间的摩阻力			2.25kN/m²×86.164×1.5≈291kN（采用钢模板取值为 2.25kN/m²）
总垂直荷载			N=570+480+92+40+14+4+291=1491kN

根据施工要求，主梁底部距新浇混凝土上表面距离为 40cm，因此，安装在 5 根主梁上的 32 只千斤顶支承杆脱空长度为 100cm（千斤顶座板至千斤顶下卡头距离暂按 20cm 计入），而安装在其他梁上的 22 只千斤顶支承杆脱空长度为 123.4～125cm。采用了 DL/T 5400 规范附录 B 中 ϕ48.3mm×3.5mm 钢管作支承杆时的允许承载力计算，见表 4.2.2－2。

表 4.2.2－2 支承杆允许承载力计算

项　目	计　算	备　注
主梁上 32 只千斤顶支承杆允许承载能力	$P_0=(\alpha/K)\times(99.6-0.22L)$ $=0.75/2\times(99.6-0.22\times100)$ $\approx29.10kN$	α 取 0.75（平台为整体式、非刚性）；安全系数 K 取 2；支承杆脱空长度暂按 L 取 100cm（可根据实际长度取值）
其他梁上 22 只千斤顶支承杆允许承载能力	$P_0=0.75/2\times(99.6-0.22\times125)$ $\approx27.04kN$	
滑模平台 54 只千斤顶允许承载总能力	$P_{总}=29.1\times32+27.04\times22$ $\approx1526kN$	$>N=1491kN$，是安全的

天花板水电站调压井，模板高度为 1.26m，长度为 72.22m。支承杆选用 HY－100 型液压千斤顶，支承杆采用 ϕ48.3mm×3.5mm 钢管，通过计算，总垂直荷载为 928.5kN。该计算中，人员、设备、材料荷载分别按 22.5kN、30kN、30kN 考虑并计入 1.3 倍不均匀系数及 2 倍动力系数，得到施工荷载为 214.5kN，而按规范均布荷载计算 1.5kN/m²，计算为 622kN；但在计算混凝土与模板之间摩擦力时，模板与混凝土的摩阻力标准值采用 2kN/m²，同时考虑了 2 倍的附加影响系数，即多计了 182kN 的摩阻力。在计算支承杆允许承载力时，没有采用规范经验公式，采用了理论公式：

$$P=\frac{3.14^2EJ}{K(ml)^2} \qquad (4.2.2-3)$$

式中：ml 为计算长度，m。

按此公式计算的支承杆允许承载力为 74kN，而按照式（4.2.2－2）复核支承杆允许承载力为 29kN，相当于式（4.2.2-3）成果多考虑了大约 3.5 倍的安全系数。目前《水工建筑物滑动模板施工技术规范》（DL/T 5400—2016）规范与《滑动模板工程技术标准》（GB/T 50113—2019）是一致的，该公式根据模拟数值计算及实例分析为基础，是更为合理的计算公式。

4.2.2.2　单腔竖井滑模典型案例

去学水电站调压井为圆形断面（刘红岩，2015），采用钢筋混凝土衬砌，高程 2278.4～2332m 衬前直径为 14.4m，高程 2332～2375m 衬前直径为 13.6m，调压井总高度为 96m，钢筋混凝土衬砌后直径均为 12.8m，竖井顶部设计有引气洞。根据施工需要，竖井采用液压滑模施工。平台系统包括上平台和下平台。上平台是指主桁架上的平台，该平台的作用是堆放材料、施工人员绑扎钢筋、布置旋转分料系统等。该平台由 24 块扇形平台组成，每块平台由 ϕ16mm 圆钢做肋，2.5mm 厚花纹钢板作面板焊接而成，直接铺设于主桁架上，通过焊接与主桁架固定。下平台即抹面平台，环向布置，宽 1m，由角钢和钢板网焊接而成并设有安全护栏。主桁架采用 24 榀辐射梁桁架结构，并由水平联杆组成一个稳定空间桁架结构。主桁架和圆盘采用双 16 号槽钢，主桁架立柱采用双 14 号槽钢，水平横联采用 10 号槽钢。旋转分料系统是由立柱以及可旋转的溜槽组成。立柱是由 50mm×50mm 角钢组焊而成的四方柱，其下部固定在主操作平台的中心，上部支撑着带有转动轴无缝钢管的进料斗。溜槽为由 5mm 厚的钢板弯成的半圆形断面结构，槽体由 50mm×50mm 角钢焊接成的桁架结构作支撑。旋转溜槽上部与接料斗相接，下部设行走轮，通过人工推动，旋转溜槽可沿主操作平台上的轨道作 360°旋转，起到均匀分料的作用。去学水电站调压井滑模立面图、平面图分别见图 4.2.2-1、图 4.2.2-2。

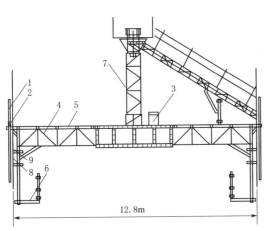

图 4.2.2-1　去学水电站调压井滑模立面图
1—爬杆；2—千斤顶；3—液压泵站；4—主桁架；
5—主平台；6—下平台；7—旋转分料系统；
8—面板；9—调节托架

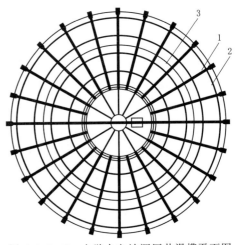

图 4.2.2-2　去学水电站调压井滑模平面图
1—主桁架；2—主桁架平联；3—钢管轨道

N-J（Neum-Jhum）水电站工程位于巴基斯坦阿萨得·查谟和克什米尔州（AJK）的尼拉姆河上（廖湘辉等，2016），总装机容量963MW。引水调压系统中的竖井开挖直径为10.7m，模体成井直径为9.5m，竖井深度为353.2m。该竖井采用滑模开展全断面混凝土衬砌，操作平台包括上平台、下平台、抹面吊架平台等。上平台为材料存放、绑扎竖向钢筋、安装支承杆、维护千斤顶的平台，液压泵站及指挥中心亦设在此平台上。下平台为环向钢筋绑扎平台。抹面吊架平台为修抹脱模混凝土操作通道，混凝土养护水管也设在此平台上。分料系统同样采用旋转分料系统。

4.2.2.3 多腔竖井滑模典型案例

多腔竖井滑模操作平台受多腔间混凝土竖墙浇筑体型控制，不宜采用辐射形桁架梁结构，多采用井字矩形桁架梁。模板通过高架平台梁连成一个整体，能够保证各功能井的相对位置准确和精度要求，纠偏方便。同步滑升，除周边采用"F"型提升架外，中间竖墙顶设置"开"型提升架。由于各功能井竖向钢筋相互分隔，混凝土直接入仓比较困难，需要在滑动模板上方设计一分料盘。分料盘可采用慢动卷扬机悬吊，也可以直接设计在滑动模板操作平台的上方。在分料盘内靠中的位置宜安装一个可旋转的分料溜槽，混凝土经旋转溜槽向各个下料口分料入仓。

乌弄龙水电站出线竖井为钢筋混凝土结构（朱宝凡等，2019），是采用多腔竖井滑模的典型案例。该水电站位于云南省迪庆藏族自治州维西傈僳族自治县巴迪乡境内，为澜沧江上游水电规划7个梯级电站中的第2个电站，装机容量990MW。乌弄龙水电站出线竖井为钢筋混凝土结构，主要由电缆竖井、管道竖井、通风竖井、楼梯井、电梯井及前室等6个功能小井室组成。出线竖井开挖底部高程为1817.2m，顶部高程为1919.7m，竖井总长为102.5m，其中顶部4.9m段为球冠，底部3.9m段为电梯缓冲坑及集水井，中间井身段总长93.7m；出线竖井身段开挖断面直径9.8～10.2m，喷护厚度0.1m，衬砌后圆弧直径8.6m，井壁衬砌最小厚度0.5m、最大厚度1.578m，各小井之间隔墙厚度0.3m。操作平台采用桁架梁钢结构制作。操作平台分上、中、下三大部分；上部由支承架、平台组成，用于工人操作及设备、钢筋、杂物的堆放等；中部为液压控制平台；下部由支承框架下的内悬挂吊架操作平台组成，用于对已衬砌表面检查修补及养护。采用周边"F"型提升架及中间竖墙"开"型提升架。乌弄龙水电站调压井多腔滑模示意见图4.2.2-3。

大盈江水电站（四级）调压井也是采用多腔竖井滑模的典型案例（许东等，2012）。该电站位于云南省盈江县，装机容量4×175MW。调压井由井筒、压力洞检修闸门井和压力洞通气孔5个功能小井组成。调压井底板高程527.0m，顶高程610.0m，井筒直径15m；检修闸门井尺寸8.0m×2.7m（长×宽），顶高程614.5m；通气孔尺寸5.2m×2.5m（长×宽），顶高程612.0m。调压井阻抗板、闸门井、通气孔采用常规立模浇筑到高程539.0m，高程539.0m以上采用滑模施工，滑模滑升至高

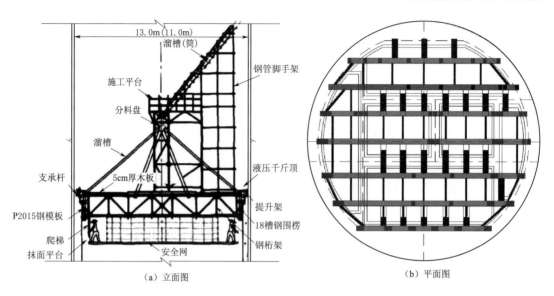

图 4.2.2-3 乌弄龙水电站调压井多腔滑模示意图

程 610.0m 后井筒滑模模体滑空并拆除，闸门井及通气孔加外模后滑升至设计高程。大盈江水电站调压井多腔滑模示意如图 4.2.2-4 所示。

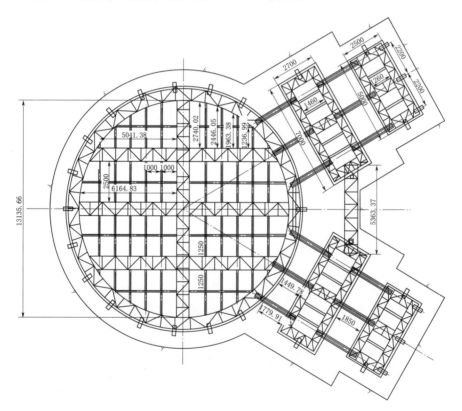

图 4.2.2-4 大盈江水电站调压井多腔滑模示意图（单位：mm）

开敞差动式调压井也可以看作是一种多腔竖井，可采用多腔竖井滑模施工，其结构包括外室及内部升管。外室结构与常规竖井相同，其内部设置的升管是设于调压室中的一个小直径的圆筒，其上端为开口，下部沿升管圆周设有阻力孔口，调压室外室的水经阻力孔口与升管相通。升管底部以连接管与引水道相衔接，也有把阻力孔口设在底板上的，而把阻力孔口与升管分开，差动式调压井不同升管布置示意如图 4.2.2-5 所示。这种结构施工会方便些，水击反射条件也好些。新中国初期兴建的水电站，如官厅、大伙房、狮子滩等水电站都采用了差动式调压室。2002 年并网发电的杂谷脑红叶二级水电站调压井也采用了差动式调压井。其外室圆形断面开挖直径为 13.5m，钢筋混凝土衬砌直径为 10m，井口高程为 2132.5m，井底高程为 2048.5m，井高为 84.0m。调压井中部钢筋混凝土升管内径 4.2m，壁厚 50cm，采用液压滑模施工。平台系统从上至下分为主平台、中间平台、抹面平台和支撑梁拆模平台。平台为钢桁架结构。模板系统由模板、围圈和提升架组成。自制组合钢模板高度为 1.4m，由于井筒与升管同时形成，因此模板为内、中、外三种模板。围圈相应分为内、中、外三种。提升架为"开"型和"F"型两种，井壁环向均匀布置"F"型 16 套，升管处环向均匀布置"开"型 8 套。

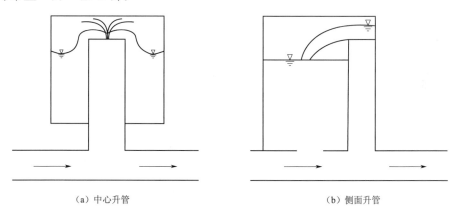

(a) 中心升管　　　　　　　　　　　　(b) 侧面升管

图 4.2.2-5　差动式调压井不同升管布置示意图

4.2.2.4　可变径竖井滑模典型案例

黄登水电站竖井施工中采用了可变径滑模设计。该工程引水竖井标准段高度 35.7m，衬砌后内径 10m，衬砌厚度 0.8m。出线竖井浇筑高度 180m，衬砌厚度 0.8m，衬砌后的内径为 8.5m。操作平台采用钢桁架辐射梁结构，由于滑模从 $\phi 10m$ 变为 $\phi 8.5m$ 需缩短辐射梁长度，为降低成本，提高效率，施工设计了可变径竖井滑模同时满足 $\phi 10m$、$\phi 8.5m$ 竖井的混凝土浇筑要求。为此将辐射梁与分料平台、提升架、抹面平台均设置为螺栓连接，既可保证从制作厂至施工现场的运输，又可更好地满足辐射梁长度变化后的各连接件的连接。当上部 10m 井径段浇筑完成，开始施工 8.5m 井径段时，将辐射梁靠近提升架侧 750.8mm 长度割除可满足从 $\phi 10m$ 到 $\phi 8.5m$

的施工要求，辐射梁与提升架、辐射梁与抹面平台的连接孔相对向内侧延展，在场内制作时即将连接孔加工到位，保证在 ϕ8.5m 竖井施工时的螺栓连接。黄登水电站竖井可变径辐射梁结构见图 4.2.2-6。

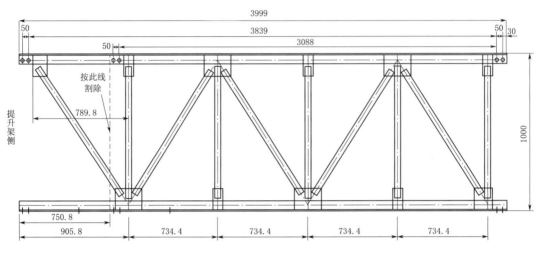

图 4.2.2-6 黄登水电站竖井可变径辐射梁结构图（单位：cm）

4.2.3 施工准备

施工现场工程准备主要包括施工通道、风水管电安装及通信设施，以及施工排水等。在井口安全围栏安装完成后，一般需要将井口封闭，保证安全。同时，要求对欠挖、侵界等进行处理，并应对基岩面进行清理、验收，要求岩基上的松动岩块及杂物、泥土、喷混凝土回弹料等均应清除。岩基面应冲洗干净并排净积水；如有承压水，必须采取可靠处理措施。清洗后的岩基在浇筑混凝土前应保持洁净和湿润。

除施工现场工程准备工作外，施工准备工作内容包括技术准备、劳动力组织准备、工程材料准备以及施工机具准备等。技术准备工作包括设计交底、图纸会审、施工方案编制、施工交底等。还包括劳动力组织准备，特别是电工、电焊工、起重工等特殊工种人员组织。工程材料准备包括水泥、外加剂和钢筋、砂石骨料等，衬砌混凝土的配合比必须按设计要求，通过配合比设计和试验确定。施工机具准备包括钢筋切断机、套丝机、弯曲机、电焊机、卷扬机、滑模、拌和站、混凝土运输罐车、卷扬机、混凝土溜管及运料小车、振捣器等，配置数量、型号应满足施工要求。

4.2.3.1 施工通道

对外道路应尽量利用前期开挖施工道路，充分利用其他周边隧洞开挖形成的通道综合考虑，道路标准应满足材料及提升设备等允许要求，包括人员通道、下料通道、材料运输通道等。

人员井内通道包括井壁爬梯交通通道及载人吊笼。井壁爬梯交通通道通常沿井壁"之"字形布置，通过在井壁打设插筋，安装扶梯，并随着滑模体上升"之"字形爬梯进行相应拆除。载人吊笼（防坠式）按照承载人数由专业厂家设计制作，载人吊笼应安装防坠器，通常由卷扬机悬吊，稳绳穿过分料平台、滑模平台，通过底板上设置的地锚端部吊环返回至井口与井口桁架固定。人员升降宜采用沿井壁布置的施工电梯或施工罐笼，也可采用施工吊笼。采用施工吊笼时应符合下列要求。

（1）宜沿井壁布置，采用固定在井壁上的型钢作导轨；当采用在竖井中心布置吊笼时，应设柔性导绳导向。

（2）宜采用双筒卷扬机或同型号两台卷扬机提升一个吊笼，两台卷扬机应同步且钢丝绳受力均衡。宜采用无级变速卷扬机，最大提升速度宜为 40m/min。

（3）应设置完善的安全保护装置。竖井升降人员采用的罐笼应符合《罐笼安全技术要求》（GB 16542—2010）；竖井升降人员采用的吊笼应符合《吊笼有垂直导向的人货两用施工升降机》（GB/T 26557—2021）、《货用施工升降机 第 1 部分：运载装置可进人的升降机》（GB/T 10054.1—2021）的规定。载人的升降设备经有关部门检查、验收合格。

乌东德水电站出线竖井滑模混凝土施工采用专业、标准的安全提升系统，含国家专利的防坠式载人吊篮。人员井内通道由布置在井口平台上的 1 台 3t 卷扬机通过吊笼

提升井架悬吊防坠式载人吊笼，吊笼两侧布置的稳绳穿过分料平台、滑模平台，通过底板上设置的地锚端部吊环返回至井口与井口桁架固定。载人吊笼两侧各安装一只防坠器，保证乘载人员的生命安全。载人系统施工现场严格按照每次载人最多不超过 4 人控制。乌东德水电站竖井提升系统布置见图 4.2.3-1。

混凝土可采用泵送、溜槽、溜管（常压、负压）等入仓方式，有条件时也可采用吊罐入仓。混凝土溜送系统应加配缓降装置，缓降装置的安装间距和型式应经试验确定，间距不宜超过 15m。溜送系统应可靠固定，通常固定在井壁锚杆上。

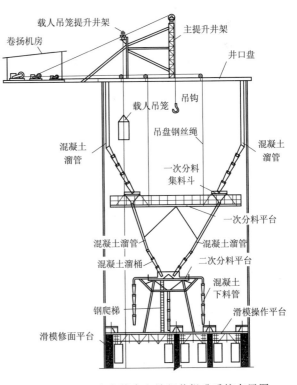

图 4.2.3-1　乌东德水电站竖井提升系统布置图

材料运输通道可在井口布置门机，用于材料的垂直运输。

4.2.3.2 风水管电布置及通信

引水隧洞竖井、闸门井等工程滑模施工时一般利用前期开挖后的自然通风条件即可，不需要单独开展施工通风。部分阻抗式、上室式调压竖井开挖后形成上部封闭空间，此时仍然需要按照规范要求开展通风设计，满足施工通风需要。另外，施工准备阶段涉及局部欠挖处理、喷混凝土回弹料清理、清理仓面、排水孔造孔等用风，此时可沿用开挖阶段供风系统。

施工供水主要为仓面清理、溜管清洗及养护用水，同样尽可能沿用开挖期施工供水系统改造而成。向操作平台上供水的水泵和管路，其扬程和供水量应能满足滑模施工高度、施工用水及消防要求。洒水养护是混凝土施工的一个重要环节。洒水管多采用 PVC 管，沿平台外围布置一周。利用 PVC 管上的钻孔对混凝土表面进行洒水养护。施工排水与周边隧洞的排水系统综合考虑，一般需要收集至集水箱后排至洞外三级沉淀池，经沉淀后排至污水处理厂进行处理。

施工供电包括动力及照明用电。动力用电主要指混凝土浇筑、卷扬机、稳车、滑模液压系统等生产用电，滑动模板施工的动力及现场照明应设置备用电源。井洞内供配电设施、设备宜具备防水功能。洞内照明线和动力电缆线采取沿井壁专线敷设、分层架设的方式，并在工作面附近按施工用途设置配电盘；施工井内照明可采用节能灯，采用插筋固定在井壁上，并随施工进度及时调整。电源线的选用规格应根据平台上全部电器设备总功率计算确定，其长度应大于从地面起滑开始至滑模终止所需的高度再增加 10m；平台上的总配电箱、分区配电箱均应设置漏电保护器，配电箱中的插座规格、数量应能满足施工的需要；平台上的照明应采用安全电压，满足夜间施工所需的照度要求，吊架上及便携式的照明灯具，其电压不应高于 36V。

通信联络设施的声光信号应准确、统一、清晰，不扰民；电视监控应能覆盖全面以及关键部位。通信设施一般为对讲机，手机可作为备用，确保安装施工安全。

4.2.4 滑模体安装

滑模正式安装前应保证滑模安装条件满足要求，因此需要开展清理场地、测量找平工作，重点是保证模板外围线一定范围的平整度，并测量放出竖井中心点和模板边界线。采用钢管、板枋材搭设安装平台，必须保证安装基础水平高差满足要求。安装平台形成后，即可将滑模分段运输到工地，做好各组装部位编号，将滑模的所有零部件按安装所需步骤进行堆放。分段吊装至安装平台后，即可对各段滑模装置根据安装先后顺序进行安装。

模板的初次滑升必须在设计的断面尺寸上。当模板组装好之后，要求精确对中、整平，经验收合格后，方可进行下道工序。滑模中心线控制时，为保证结构物中心不发生偏移，在关键部位悬挂垂线进行中心测量控制，同时也保证其他部位的测量要求。滑模的水平控制，一是利用千斤顶的限位进行水平控制，二是利用水准管测量，进行水平检查。在滑升过程中，时刻观察模板与锤线的相对位置，保证闸门门槽的垂直度及设计要求；进行滑模体型复核，若发现滑模体在上升过程出现偏差，要及时根据滑模操作手册及纠偏措施对滑模体进行纠偏。

安装流程一般包括：安装提升系统、载人罐笼和通信信号系统（采用载人罐笼时，应有稳绳和防坠装置，安装完毕后应进行试运行）→安装主梁、副梁、提升架、铺板→安装围圈、模板→安装穿心式液压千斤顶、液压设备操作台、油路，对千斤顶进行排气，调试合格后插入支承杆，绑扎环向钢筋→安装精度控制系统→安装下料系统→滑升至一定高度后，安装抹面平台，挂设安全网→安装养护水管。

以老挝南欧江七级水电站泄洪放空洞事故检修闸门竖井为例，结构安装工艺程序：测量放样标出滑模安装设计中心线与结构边线→中心筒与辐射梁安装固定→安装提升架→安装主平台梁、走道板→安装支承杆及套管→安装千斤顶→安装模板→安装液压系统并调试→安装分料平台、防护栏杆→安装抹面平台。同时要求各部分安装注意事项如下。

（1）安装模板总成、支承杆安装时，模板应分区安装。模板安装吊运时应轻拿轻放，防止碰撞，以确保模板不变形。为保证结构的对称受力，安装时应注意结构的对称性，各区模板间用螺栓紧固连接。整个模板安装就位后，应对各连接部位做一次全面的检查，看螺栓连接是否稳固、支承杆是否固定可靠等。

（2）依次安装支承框架、提升架、上部平台。安装时应注意所有花纹钢板平台放置在支架上，各平台现场点焊在框架上；所有框架内侧表面及下部平台的挂件内侧必须用密目网覆盖，用铁丝固定；上部工作区，用于堆放工具、杂物及钢筋，以便于浇筑施工等；工作区的集中承载重量不得大于3t，应分散放置。

（3）液压提升系统及电气的安装。依次安装液压提升系统、垂直运输系统及水、电、通信、信号精度控制和观测装置，并分别进行编号检查和试验。液压和电气的安装均应在厂家的指导下进行安装。

（4）滑模安装的技术要求：每块模板应与理论位置重合，误差不大于2～3mm。模板就位后，必须保证每块模板有5‰的正锥度，即上部较下部大6mm。液压系统安装完成后，应在插入支承杆前进行试验和检查。

（5）支承杆安装注意事项：以某工程为例，支承杆的直径为$\phi48mm\times4$钢管，每层支承杆为24根，共有23层。其中第一层插入千斤顶的支承杆为3种长度（2.0m 8根、2.5m 8根、3m 8根），错开布置，其余22层的支承杆长度均为3m。正常滑升时，要求支承杆表面无锈皮，当千斤顶滑升距支承杆顶部小于350mm时，应接长支承杆，接头对齐，不平处用锉找平，支承杆用水平钢筋相连加固。支承杆上如有油污应及时清除干净。当千斤顶通过接头部位后，应及时对接头进行焊接加固。

（6）将提升架与中心连接圈进行对称连接（见图 4.2.4-1），先按垂直方向进行连接，连接固定后，用水平仪将提升梁的 4 个顶部（即千斤顶底座）调整在同一水平面上，测量模板圈的边线位置与放样位置是否重合（误差±5mm），将四个方向固定后，依次安装各个提升梁（对称安装）；将各个提升梁的连接梁连接，将所有提升梁连接成一个整体，紧固所有螺栓。

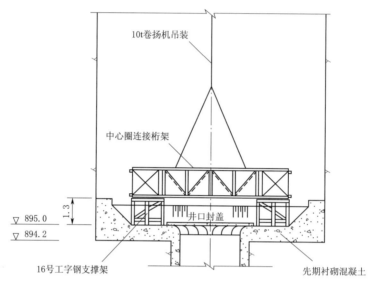

图 4.2.4-1　滑模提升架中心连接圈梁安装示意图（单位：m）

（7）在各个模板圈对应的方向将丝杆千斤顶悬挂在提升梁上。

（8）将分成 16 等份的模板依次用销轴连接悬挂在提升梁下方的模板圈位置，依次用螺栓将各块模板逐一连接成一个整体，然后用各个部位对应的丝杆进行模板圈的圆弧度调整。

（9）将各个穿心式千斤顶安装在提升梁的对应安装位置上，调入液压控制系统，按要求接好各个管路，加入液压油，接通电源，让各个穿心式千斤顶空运行几次，检查各个管路是否漏油。安装液压提升系统、垂直运输系统及水、电、通信、信号精度控制和观测装置，并分别进行编号检查和试验。液压和电气的安装均在厂家的指导下进行安装。液压系统安装完成后，应在插入支承杆前进行试验和检查。

（10）穿入支承杆（$\phi48mm\times3.5mm$）至千斤顶内，支承杆底部必须接触到坚实的混凝土基础顶部，支承杆底部固定可采用在下部混凝土内设置直径 20mm 钢筋（$L=0.3m$，外露 10cm）用作焊接固定支承杆根部；然后进行试滑几次，测量试滑过程中升降是否一致，如有不一致的情况，应进行调节，直至试滑上升均匀为止，最后可进行料斗、料斗平台和分料溜槽安装，安装完成后可进行混凝土浇筑滑升施工。滑模支承杆及液压系统安装示意见图 4.2.4-2。

（11）因滑模安装时下部空间高度有限，在滑模安装完成具备滑升浇筑时，先滑升浇筑 1.8m 高后可进行下部走道安装。下部走道主要用于模板滑升后混凝土表面处理及混凝土养护等。

4.2.5　滑模混凝土施工

4.2.5.1　钢筋绑扎及预埋件

滑模施工的特点是钢筋绑扎、混凝土浇筑、滑模滑升平行作业。键槽、止浆片、止水片、灌浆管、冷却水管等预埋件的施工应制定专项技术措施。

为了满足滑模施工时钢筋的超前绑扎，预先将钢筋吊运至滑模体钢筋绑扎平台，然后

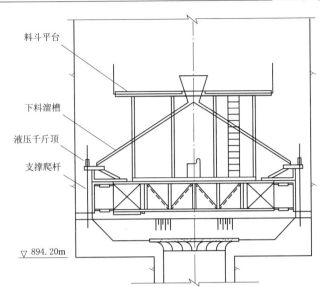

图 4.2.4-2　滑模支承杆及液压系统安装示意图

进行井身的钢筋安装，钢筋安装的进度应与滑升速度相适应，确保顺利滑升。井内钢筋平台寄存的钢筋数量不宜过大，应根据滑模体上升速度随时从井口吊运至寄存平台。钢筋寄存平台高度根据现场实际情况随时进行调整，以保证钢筋寄存不影响混凝土正常浇筑工作为准。

钢筋寄存平台必须要保证在滑模体顺水流方向的左右侧是对称布置的，并在周边按照标准化要求设置护栏。上部平台承重量一般不得大于 3t，具体应根据滑模体结构设计计算确定。

当滑模安装完毕后即可开始钢筋绑扎，井身钢筋为双层双向钢筋。钢筋绑扎时应注意以下 5 点。

（1）靠近井壁侧四周竖向及环向钢筋同时超前安装，超前于滑模体顶部 2～3m，并与井壁外露锚杆利用 L 型钢筋进行焊接，L 型钢筋长度随现场实际情况调整。

（2）为不影响滑模体正常提升，环向钢筋的超前安装不能超过滑模液压千斤顶提升架的高程，靠近滑模体模板侧的环向钢筋超前于模板顶部高程 3～4 层环向钢筋（不得超过 6 层）。在混凝土滑升过程中，每一层浇筑混凝土完成后，滑模准备提升时，在混凝土表面以上至少应有 2 道绑扎好的环向钢筋。

（3）竖向和横向钢筋接头部位相互错开。每个浇筑层面上最少应外露一道安装好的水平钢筋。水平钢筋的长度不宜超过 7m。

（4）所有钢筋弯钩应背向模板，应首先保证竖向钢筋下端位置准确，上端用限位支架固定，对双层钢筋结构应采用拉筋定位。

（5）利用支承杆代替结构物的受力钢筋时，千斤顶通过其接头后，应进行焊接。

4.2.5.2 混凝土浇筑及模板滑升

滑模施工按照以下顺序进行：下料→平仓振捣→滑升→绑扎钢筋→下料。滑模滑升要求对称均匀下料。

1. 混凝土浇筑

浇筑竖井筒体混凝土时，混凝土配合比应根据设计强度等级、现场气温和滑升速度、实际使用材料等条件，由试验室进行试配确定，同时确定坍落度、初凝时间、终凝时间。

滑模施工应使用滑模专用的振捣器及配套工具，浇筑混凝土时必须严格按照分层对称要求进行施工。铺料层厚应与混凝土的施工工艺和振捣器的性能相适应，宜为250～400mm。结构物边角、伸缩缝处的混凝土应适当浇高；浇筑预留孔、伸缩缝处的混凝土时，应对称均匀布料。每次浇筑混凝土应利用滑模分料器沿筒壁面分层、对称、均匀进行，每层层面均与模板上口平行铺料，每一浇筑层的混凝土表面应在一个水平面上，下料时应对称地变换混凝土下料位置，禁止将混凝土倒在模板单边一侧，造成一边模板堆高过高，使模板挤向另一边。每提升一个浇筑层，应全面检查平台偏移情况。当操作平台发生偏移时，应及时调整，累积偏移量超过允许范围尚不能纠正时，应停止滑升进行处理。

各层浇筑的间隔时间应不大于混凝土的凝结时间，每次浇筑至模板上口以下约5000mm为止。混凝土振捣一般采用插入式振捣器振捣，振捣时经常变换振捣位置，不应过振或漏振，并避免直接振动爬杆、钢筋及模板，振捣棒插入深度不宜超过下层混凝土内5cm。模板滑升时禁止振捣，滑升后只可下料、平仓，不得滑升后即振捣。滑模的初次滑升要缓慢进行，并在此过程中对液压装置、模板结构以及有关设施在负载条件下做全面的检查，发现问题及时处理，待一切正常后方可进行正常滑升。

混凝土浇筑完成，达到脱模强度后，应使模板与混凝土脱离，并及时对支承杆及滑动模板进行加固。

滑模混凝土施工的同时应做好浇筑层内埋设的多点变位计、锚杆应力计、水位计等观测仪器的保护，混凝土下料应保证离埋设的仪器、线缆1m以上距离，严禁振捣棒直接接触埋设的仪器，同时每天向监理通报滑模浇筑滑升的高度，做好仪器埋设预警，防止观测仪器漏埋。

2. 模板滑升

滑升过程是滑模施工的主导程序，其他各工序作业均应安排在限定时间内完成，不宜以停滑或减缓滑升速度来迁就其他作业。模板的滑升分为初始滑升、正常滑升和完成滑升三个阶段。

（1）初始滑升。首批入模的混凝土分层连续浇筑至60～70cm高后，当混凝土强度达0.2MPa或混凝土灌入阻力值为0.30～1.05kN/cm^{2}时，进行1～2个行程的试滑升。试滑升是为了观察混凝土的实际凝结情况，以及底部混凝土是否达到出模强度。滑模初次滑升要缓慢进行，滑升过程中对液压装置、模板结构等及有关设施的负载条件以及混凝土凝结状态做全面的检查，满足要求后方可正常滑升。

（2）正常滑升。滑模平均滑升速度应根据混凝土的初凝时间、供料强度、结构物体型等根据现场试验确定。控制滑动模板滑升速度和脱模时间的最关键因素是混凝土的脱模强度。若脱模混凝土有流淌、坍塌或表面呈波纹状，说明混凝土脱模强度低，应放慢滑升速度；若脱模混凝土表面不湿润，手按有硬感或伴有混凝土表面被拉裂现象，则说明脱模强度高，宜加快滑升速度。滑模浇筑至接近竖井顶时，应放慢滑升速度，准确找平混凝土，浇筑结束后，模板继续上滑，直至混凝土与模板完全脱开为止。

在施工实践中发现：混凝土的脱模强度较低时，在其上部混凝土自重的作用下，脱模后的混凝土会发生塑性变形，影响其后期强度。过低的脱模强度会造成 28d 抗压强度降低，滑升速度越快，降低的比例越大。当混凝土脱模的强度控制在 0.2MPa 以上时，混凝土 28d 的强度仅降低 2%～5%；脱模强度达到 0.4MPa 时，混凝土 28d 的强度基本不降低。因此，为了不严重影响混凝土的后期强度，适当提高混凝土的脱模强度是必要的。滑升时间间隔如超过 1.5h，混凝土与模板之间的黏结力快速增长，使摩阻力增大，继续滑升将是困难的。如有意外因素的影响，可能会影响滑动模板的正常提升，严重时可能会出现黏模事故。因此应在施工中适当增加提升次数，以减少混凝土对模板的摩阻力。

《滑动模板工程技术标准》（GB/T 50113—2019）中给出了模板滑升速度的计算方法，公式如下：

$$V = \frac{H - h_0 - a}{t} \tag{4.2.5-1}$$

式中：V 为模板滑升速度，m/h；H 为模板高度，m；h_0 为每个浇筑层的高度，m；a 为混凝土浇筑后表面到模板上口的距离，m；t 为混凝土从浇筑到位到达到出模强度所需的时间，h，由试验确定。

在我国滑模施工的历史上曾发生过两起重大安全事故，通过事故调查和模拟数值分析，认为在施工中支承杆失稳是导致恶性事故发生最主要的原因，或者说主要是滑升速度与混凝土凝固程度不相适应的结果。因此《滑动模板工程技术标准》（GB/T 50113—2019）中对 $\phi48.3\text{mm} \times 3.5\text{mm}$ 钢管支承杆滑升速度作出了具体规定：

$$V = \frac{26.5}{T_1 \sqrt{KP}} + \frac{0.6}{T_1} \tag{4.2.5-2}$$

式中：P 为单根支承杆承受的垂直荷载，kN；T_1 为作业平均气温条件下，混凝土强度达到 2.5MPa 所需的时间，h，由试验确定；K 为安全系数，取 2。

对于采用 $\phi 25mm$ 圆管支承杆，滑升速度计算公式为

$$V=\frac{10.5}{T_2\sqrt{KP}}+\frac{0.6}{T_1} \qquad (4.2.5-3)$$

式中：T_2 为作业平均气温条件下，混凝土强度达到 0.7~1MPa 所需的时间，h，由试验确定。

施工中支承杆的续接至关重要，支承杆要承受整个滑模施工荷载及克服摩擦阻力，是受力集中部位，因此支承杆接引要保证接头连接牢靠，支承杆在接引后与钢筋及竖井系统支护锚杆连接，形成整体结构，保证其强度，加强其整体稳定性。当 $\phi 48.3mm\times 3.5mm$ 钢管支承杆设置在结构体外且处于受压状态时，支承杆的脱空长度不应大于按式（4.2.5-4）计算的长度：

$$L_0=\frac{21.2}{\sqrt{KP}} \qquad (4.2.5-4)$$

式中：L_0 为支撑体的脱空长度，m。

（3）完成滑升。模板的完成滑升阶段。当滑模滑升至距竖井顶部标高 1m 时，滑模即进入完成滑升阶段。此时应放慢滑升速度，并进行准确的抄平和找正工作，以使得最后一层混凝土能够均匀地交圈，保证顶部的标高及位置的正确。

滑模装置上的施工荷载不应超过施工方案设计的允许荷载。滑模装置系统上的施工机具设备、剩余材料、活动盖板与部件、吊架、杂物等应先清理，捆扎牢固，集中下运，严禁抛掷。滑模施工中的现场管理、劳动保护、通信与信号、防雷、消防等要求，应符合现行行业标准《液压滑动模板施工安全技术规程》（JGJ 65—2013）的有关规定。

3. 滑升检测与偏差控制

在滑升过程中，应及时清理黏结在模板上的破浆和转角模板、收分模板与活动模板之间的灰浆，严禁将固结的灰浆混进新浇的混凝土中。滑升过程中不应出现漏油。被油污染的钢筋和混凝土，应及时处理干净。当出现油压增至正常滑升工作压力值的 1.2 倍，尚不能使全部千斤顶升起时，应立即停止提升作业、检查原因，及时进行处理。正常滑升过程中每滑升 200~400mm 应对各千斤顶进行一次调平，特殊结构或特殊部位应采取专门措施保持操作平台基本水平，各千斤顶的相对高差不应大于 40mm，相邻两个提升架上千斤顶高差不应大于 20mm。同时，应检查和记录结构垂直度、水平度、扭转及结构截面尺寸等偏差数值。检查及纠偏、纠扭应符合下列规定：

（1）每滑升一个浇筑层高度应自检一次，每次交接班时应全面检查、记录一次。

（2）在纠正结构垂直度偏差时，应徐缓进行，避免出现硬弯。

（3）当采用倾斜操作平台的方法纠正垂直偏差时，操作平台的倾斜度应控制在

1%之内。

（4）对筒体结构，任意 3m 高度上的相对扭转值不应大于 30mm，且任意一点的最大扭转值不应大于 200mm。

（5）当滑模施工过程中发现安全隐患时，应及时排除，严禁强行组织滑升。

在滑动模板施工中，对操作平台应做到"勤观察、勤调整"，避免偏差积累过大。纠偏调整应逐步地、缓慢地进行，不能操之过急。

操作平台倾斜太大会导致支承杆承载能力降低、模板产生反倾斜度以及滑动模板装置部件出现较大的变形。有关研究结果证明：在标准荷载 15kN 作用下，当支承杆的脱空长度为 1.7～2.3m 和操作平台倾斜 1% 时，支承杆的承载力降低 22%～23.5%，建议对操作平台的倾斜度控制在 1% 以内。

操作平台偏移量超过混凝土规范的允许值，达到此值尚不能调正时，应停止滑升，采取有效措施进行处理。

当成型的结构垂直度产生较大偏差时，纠偏工作应徐缓进行，急速纠偏会使滑动模板结构产生较大的纠偏力，使滑动模板装置产生较大的变形以及支承杆倾斜等情况。

4.2.5.3 表面修整及养护

井壁表面修整是关系到结构外表面和保护层质量的工序。混凝土出模后应及时检查，宜采用原浆压光进行修整。一般用抹子在混凝土表面做原浆压平抹面或修补，如表面平整亦可不做修整。混凝土的潮湿养护是保证井壁质量不可忽视的工作，由于操作平台将已浇筑的混凝土隔在下方，水化热不易散失，温度高，蒸发快。混凝土表面干燥，为使已浇筑的混凝土具有适宜的硬化条件，减少裂缝，通常在滑模操作平台上用水管洒水对已浇筑混凝土井壁进行养护。混凝土的养护应符合下列规定：

（1）混凝土硬化后应及时养护，保持混凝土表面湿润，养护时间不应少于 7d。

（2）养护方法宜选用连续均匀喷雾养护或喷涂养护液。

（3）混凝土的养护不应污染成品混凝土。

（4）混凝土的缺陷修整应符合现行国家及行业标准的有关规定。

4.2.5.4 滑模装置的组装和拆除

滑模装置的组装和拆除应按施工方案的要求进行，指定专人负责现场统一指挥，并应对作业人员进行专项安全技术交底。组装和拆除滑模装置前，在建（构）筑物和垂直运输设施运行周围应划出警戒区、拉警戒线，设置明显的警示标志，并应设专人监护，非操作人员严禁进入警戒线内。

滑模装置宜分段整体拆除，各分段应采取临时固定措施，在起重吊索绷紧后再割除支承杆或解除与体外支承杆的连接，下运至地面分拆，分类维护和保养。

4.2.6 质量控制

4.2.6.1 一般要求

1. 成品及半成品控制

施工过程中，进场的钢筋、水泥、外加剂及砂石骨料等原材料均应开展试验检测，杜绝一切不合格材料进入施工现场。喷射混凝土采取在拌和站进行过程跟踪，喷射混凝土进入作业面后取样试验。

资格材料必须要有生产厂家质量保证书、检验试验报告、产品合格证的相关附件，进场每批材料均申请报检，产品合格后用于该工程。

2. 质量技术控制措施

（1）制定质量管理办法和考核办法，并严格实施。

（2）严格按国家和行业的现行施工规程、规范以及相应的施工技术措施组织施工。

（3）严格按《水利水电基本建设工程单元工程质量等级评定标准》的要求，对各工序的单元工程质量进行检查、验收、评定。

（4）施工过程严把"四关"：一是严把图纸关，组织技术人员对图纸进行认真复核，了解设计意图，并层层组织技术交底；二是严把测量关，施工放线由专业测量人员进行，资料要求报监理工程师审批；三是严把材料质量及试验关，对每批进入施工现场的材料按规范要求进行质量检验，杜绝不合格材料及半成品使用到工程中；四是严把工序质量关，实行工序验收制度，原则上上道工序没有通过验收不得进行下道工序的施工，使各工序的施工质量始终处于受控状态。

（5）混凝土施工要落实到人，浇筑过程中实行谁施工谁负责的制度，以保证混凝土施工质量。

（6）严格控制进场原材料质量控制要求，严格检查溜管钢管壁厚、螺栓强度，法兰必须符合《钢制管法兰　第2部分：Class系列》（GB/T 9124.2—2010）。

4.2.6.2 浇筑工艺质量控制措施

（1）混凝土钢筋保护层采用在钢筋与模板之间设置不低于结构设计强度的混凝土垫块；在各排钢筋之间，用短钢筋支撑以保证位置正确。

（2）混凝土浇筑过程中对浇筑仓面实行严格的盯仓检查，模板、埋件必须有专人看守，两边应对称下料，避免侧压力过大模板发生偏移；在运输过程中和仓内浇筑时严禁加水，以保证混凝土质量；浇入仓内的混凝土，应注意平仓振捣，不得堆积，严禁用振捣器代替平仓，注意不得欠振、漏振或过振。混凝土振捣标准：混凝土不再明显下沉，基本没有气泡为止，并开始泛浆为准。

（3）混凝土浇筑过程中，还应有专人看护模板，在仓内检查并对施工过程与出现的问题及其处理进行详细记录，内容包括：①各浇筑部分的混凝土数量，混凝土所用原材料的品种、质量，混凝土标号，混凝土配合比；②各浇筑部分的浇筑顺序，浇筑起止时间，施工期间发生的质量事故，养护及表面保护时间、方式、情况，模板和钢筋的情况；③浇筑入仓温度、日期；④混凝土试件的试验结果及分析；⑤混凝土裂缝的部位、长度、宽度、深度，发现的日期及发展的情况。

（4）严格实行质量"三检制"，认真进行旁站制度，使施工的全过程均受到控制。

（5）混凝土脱模后待混凝土终凝，进行洒水养护，且养护时间不少于28d。

（6）溜管焊接质量，焊缝高度不小于钢管壁厚，焊接采用双面焊接。

（7）为防止混凝土骨料分离，对混凝土拌制及运输过程实时监控；对混凝土配合比进行专项设计，对混凝土坍落度、扩展度、保水性等进行监控，防止混凝土离析。

（8）为减小骨料超逊径对混凝土配合比的影响，加强骨料粒径检测，合理调整不同骨料使用量，确保配合比按设计要求执行。

4.2.6.3 抹面质量控制措施

（1）抹面前应做充分的防水措施，严禁有渗水、滴水浸蚀混凝土面，并用直尺和弧形靠尺检查表面平整度和曲率。

（2）抹面时应特别注意接口位置，消除错台，并使其满足平整度要求，曲面达到曲率要求。

（3）抹面时，如发现混凝土表面已初凝而缺陷未消除，应停止抹面并及时通知有关部门，待混凝土终凝后，按缺陷处理规定进行修补。

4.2.6.4 质量验收控制要点

按照《水电水利基本建设工程 单元工程质量等级评定标准 第1部分：土建工程》（DL/T 5113.1—2019）、《水电水利工程竖井斜井施工规范》（DL/T 5407—2019）、《水工建筑物滑动模板施工技术规范》（DL/T 5400—2016）、《水工混凝土施工规范》（DL/T 5144—2015）、《水工混凝土钢筋施工规范》（DL/T 5169—2013）规定的要求进行质量验收。

（1）钢筋加工、安装及保护层验收控制要点。根据钢筋加工的施工要求，质量控制标准见表4.2.6-1，安装及保护层厚度允许偏差见表4.2.6-2。

表4.2.6-1　　　　　　　钢筋加工允许偏差

序号	项目	允许偏差	序号	项目	允许偏差
1	受力钢筋全长	±10mm	3	圆弧钢筋径向偏差	±10mm
2	弯起钢筋的弯折位置	±20mm	4	钢筋转角的偏差	±3°

表 4.2.6-2 **钢筋安装及保护层厚度允许偏差**

序号	名　　称		允许偏差/mm
1	双排钢筋的上排钢筋与下排钢筋间距		±0.1 倍间距
2	同排中受力钢筋水平间距	拱部	±0.5d
		边墙	±0.1 倍间距
3	同排中分布钢筋间距		±0.1 倍间距
4	钢筋保护层厚度		±1/4 净保护层厚度
5	钢筋长度方向的偏差		±1/2 净保护层厚度

（2）基础面或基础混凝土施工质量检查项目和质量标准见表 4.2.6-3。

表 4.2.6-3 **基础面或基础混凝土施工质量检查项目和质量标准**

项类		检 查 项 目		质 量 标 准
主控项目	1	基础岩面	建基面	无松动岩块
			地表水和地下水	妥善引排或封堵
	2	混凝土施工缝	表面处理	无乳皮、成毛面、微露粗砂
一般项目	1	基础岩面	岩面清洗	清洗洁净、无积水、无积渣杂物
	2	混凝土施工缝	表面处理	清洗洁净、无积水、无积渣杂物

（3）滑模体安装。施工质量检查项目和质量标准见表 4.2.6-4～表 4.2.6-7。

表 4.2.6-4 **滑动模板部件允许偏差值**

项类	检 查 项 目	允许偏差/mm
模板	表面不平整度	±1
	长度	±1
	宽度	−0.7～0
	侧面平直度	±1
	连接孔位置	0.5
围圈	曲线长度	−5～0
	曲线长度≤3m	±2
	曲线长度＞3m	±4
	连接孔位置	0.5
提升架	高度	±3
	宽度	±3
	围圈支托位置	2
	连接孔位置	0.5
支承杆	弯曲	≤1‰L
	对接焊缝凸出母材（丝扣接头中心）	0.25

注 L 为支承杆加工长度。

表 4.2.6-5　　　　　　　　　　　滑动模板安装允许偏差值

序号	内　容		允许偏差/mm
1	模板装置中线与结构物轴线		3
2	主梁中线		2
3	连接梁、横梁中线		5
4	模板边线与结构物轴线	外露面	5
		隐蔽面	10
5	围圈位置	垂直方向	5
		水平方向	3
6	提升架的垂直度		≤2
7	模板倾斜度	上口	−1~0
		下口	0~1
8	千斤顶的位置		5
9	圆模直径、方模边长		5
10	相邻模板错台		≤2
11	操作平台水平度		10

注　模板倾斜度以混凝土水平截面尺寸变小为"−"。

表 4.2.6-6　　　　　　　滑动模板的轴线、平面位置和尺寸控制标准

滑动模板类型	垂直偏差	轴线偏差	滑动模板扭转	模板上、下口尺寸允许偏差/mm
竖直	建（构）筑物高度的 0.1%，但总偏差不大于水工建（构）筑物允许偏差		±0.5°	−5~10
倾斜及水平		建（构）筑物长度的 0.05%	±0.5°	−5~10

表 4.2.6-7　　　　　　　滑模制作安装质量检查项目和质量标准

序号	项　目		允许偏差/mm	备　注
1	钢模表面凸凹度		1	
2	面板拼缝缝隙		2	
3	面板沿轴心平整度		2	用 2m 直尺检查
4	模体直径	上口	0，+3	已考虑钢模倾斜度之后
		下口	−2，0	
5	模体长度		±5	
6	模体轴线和斜井中心线		5	

　　（4）混凝土浇筑。混凝土浇筑过程中相关施工质量检查项目和质量标准见表 4.2.6-8~表 4.2.6-11。

表 4.2.6-8   钢筋质量检查项目和质量标准

项类	检 查 项 目			质 量 标 准
主控项目	1. 钢筋的材质、数量、规格尺寸、安装位置			符合产品质量标准和设计要求
	2. 钢筋接头的力学性能			符合施工规范及设计要求
	3. 焊接接头和焊缝外观			不允许有裂缝、脱焊点和漏焊点，表面平顺、没有明显的咬边、凹陷、气孔等，钢筋不得有明显烧伤
	4. 套筒的材质及规格尺寸			符合质量标准和设计要求，外观无裂纹或其他肉眼可见缺陷，挤压以后的套筒不得有裂纹
	5. 钢筋接头丝头			符合规范及设计要求，保护良好，外观无锈蚀和油污，牙形饱满光滑
	6. 接头分布			满足规范及设计要求
	7. 螺纹匹配			丝头螺纹与套筒螺纹满足连接要求，螺纹结合紧密，无明显松动，以及相应处理方法得当
	8. 冷挤压连接接头挤压道数			符合型式检验确定的道数
一般项目	1. 闪光对焊	接头处的弯折角		≤4°
		轴线偏移		≤0.10d，且≤2mm
	2. 搭接焊或帮条焊	帮条对焊接接头中心的纵向偏移		≤0.50d
		接头处钢筋轴线的曲折		≤4°
		焊缝	长度	−0.50d
			高度	−0.05d
			宽度	−0.10d
			咬边深度	≤0.05d，且≤1mm
			表面气孔和夹渣 在2d长度的数量	≤2个
			气孔、夹渣的直径	≤3mm
	3. 熔槽焊	焊缝余高		≤3mm
		接头处钢筋中心线的位移		≤0.10d
	4. 窄间隙焊	横向咬边深度		≤0.5mm
		接头处钢筋中心线的位移		≤0.10d，且≤2mm
		接头处的弯折角		≤4°
	5. 机械连接	带肋钢筋套筒冷挤压连接接头	压痕处套筒外形尺寸	挤压后套筒长度应为原套筒的1.10~1.15倍，或挤压出套筒的外径波动范围为原套筒外径的0.8~0.9倍
			接头弯折	≤4°
		直螺纹连接接头	外露丝扣	无1扣以上完整丝扣外露
		锥螺纹连接接头	拧紧力矩值	应符合DL/T 5169的规定
			接头丝扣	无1扣以上完整丝扣外露
	6. 绑扎	搭接长度		应符合DL/T 5169的规定
	7. 钢筋长度方向的偏差			±1/2净保护层厚

续表

项类	检 查 项 目		质 量 标 准
一般项目	8. 同一排受力钢筋间距的局部偏差	柱及梁中	±0.50d
		板及墙中	±0.10 倍间距
	9. 同一排中分布钢筋间距的偏差		±0.10 倍间距
	10. 双排钢筋，其排与排间距的局部偏差		±0.10 倍排距
	11. 梁与柱中钢筋间距的偏差		0.10 倍箍筋间距
	12. 保护层厚度的局部偏差		±1/4 净保护层厚

注 d 为钢筋直径。

表 4.2.6-9　　　　混凝土浇筑质量检查项目和质量标准

项类		检 查 项 目	质 量 标 准	
			优 良	合 格
主控项目	1	入仓混凝土料（含原材料、拌和物及硬化混凝土）	无不合格料入仓	少量不合格料入仓，经处理满足设计及规范要求
	2	平仓分层	厚度不大于振捣棒有效长度的90%，铺设均匀，分层清楚，无骨料集中现象	局部稍差
	3	混凝土振捣	垂直插入下层 5cm，有次序，间距、留振时间合理，无漏振、无超振	无漏振、无超振
	4	铺料间歇时间	符合要求，无初凝现象	
	5	混凝土养护	混凝土表面保持湿润连续养护时间符合设计要求	混凝土表面保持湿润，但局部短时间有时干有时湿现象，连续养护时间基本满足设计要求
一般项目	1	砂浆铺筑	厚度不大于 3cm、均匀平整，无漏铺	厚度不大于 3cm，局部稍差
	2	积水和泌水	无外部水流入，泌水排出及时	无外部水流入，有少量泌水，且排出不够及时
	3	插筋、管路等埋设件以及模板的保护	保护好，符合要求	有少量位移，及时处理，符合设计要求
	4	混凝土浇筑温度	满足设计要求	80%以上的测点满足设计要求，且单点超温不大于 3℃
	5	混凝土表面保护	保护时间与保温材料质量均符合设计要求，保护严密	保护时间与保温材料质量均符合设计要求，保护基本严密

表 4.2.6-10　　　　混凝土外观质量检查项目和质量标准

项类		检 查 项 目	质 量 标 准	
			优良	合格
主控项目	1	型体尺寸及表面平整度	符合设计要求	局部稍超出规定，但累计面积不超过 0.5%，经处理符合设计要求
	2	露筋	无	无主筋外露，箍、副筋个别微露，经处理符合设计要求
	3	深层及贯穿裂缝	无	经处理符合设计要求

续表

项类		检查项目	质量标准	
			优良	合格
一般项目	1	麻面	无	有少量麻面，但累计面积不超过 0.5%，经处理符合设计要求
	2	蜂窝空洞	无	轻微、少量、不连续，单个面积不超过 0.1m²，深度不超过骨料最大粒径，经处理符合设计要求
	3	碰损掉角	无	重要部位不允许，其他部位轻微少量，经处理符合设计要求
	4	表面裂缝	无	有短小、不跨层的表面裂缝，经处理符合设计要求

表 4.2.6 - 11　　　　　　　　　　内部观测仪器质量检查项目和质量标准

项类		检查项目	质量标准
主控项目	1	仪器及其附件的数量、规格、尺寸	符合设计要求
	2	仪器安装定位及方法	符合设计和 DL/T 5178 要求
	3	仪器的率定或检验	按 DL/T 5178 的规定进行
	4	仪器电缆连接	采用专用电缆和硫化仪硫化，接头绝缘、不透气、不渗水
	5	电缆过缝保护、走向	符合设计要求
一般项目	1	仪器电缆的编号	每个仪器在电缆上编号不得少于 3 处，每 20m 处一个编号
	2	仪器周边混凝土浇筑	剔除粒径大于 40mm 的骨料，再振捣密实
	3	电缆距施工缝	≥15cm

4.2.7　滑模施工中出现问题及处理

竖井滑模施工出现的问题有两大类。第一类为滑模体异常，包括滑模体倾斜、滑模体平移、扭转、模体变形、支承杆弯曲等，其产生的原因在于千斤顶工作不同步、模体受力不均匀、纠偏过急等。第二类为混凝土表观缺陷，包括混凝土水平裂缝或被模板带起、混凝土的局部坍塌、表面鱼鳞状外凸、混凝土缺棱掉角、蜂窝、麻面、气泡等。混凝土内部缺陷，如强度不足等，一般与配合比试验、振捣过程及养护相关，本节主要讨论与滑模施工相关的缺陷，因此主要针对表观缺陷。在上述两类问题中，第一类通常是造成第二类问题的原因，因此，在施工过程中要加强对第一类问题的观测检查工作，确保良好运行状态，发现问题及时处理。

4.2.7.1　混凝土表观缺陷

对于已经造成混凝土裂缝、蜂窝麻面等缺陷部位，应按照《水工混凝土建筑物修补加固技术规程》（DL/T 5315—2014）执行，以下措施主要针对模板缺陷处理及浇筑过程纠偏控制措施，保证后续施工质量。

1. 混凝土水平裂缝或被模板带起处理措施

（1）纠正模板的倾斜度，使其符合要求。

（2）加快提升速度，并在提升模板的同时，用木槌等工具敲打模板背面，或在混凝土的上表面垂直向下施加一定的压力，以消除混凝土与模板的黏结，当被模板带起的混凝土脱模落下后，应立即将松散部分清除、需另外支模，并将模板的一侧做成高于上口 100mm 的喇叭口，重新浇筑高一级强度等级的混凝土，使喇叭口处混凝土向外斜向加高 100mm，待拆模时，将多余部分剔除。

（3）纠正滑模结构偏差时缓慢进行，防止混凝土弯折。

（4）经常清除粘在模板表面的脏物及混凝土，保持模板表面的光洁，停滑时可在模板表面涂刷一层脱模剂。

2. 表面鱼鳞状外凸处理措施

（1）纠正模板的倾斜度，适当加强模板的侧向刚度。

（2）严格控制每层混凝土的浇筑厚度，尽量采用振动力较小的振捣器，以减小混凝土对模板的侧压力。

3. 混凝土缺棱掉角处理措施

（1）模板的角模处设计采用圆角，并严格控制角模处模板的锥度在 0.1%～0.3% 范围内，以减小模板滑升时的摩阻力。

（2）严格控制振捣器的插入深度，振捣时不得强力触碰主筋，尽量采用频率较低及振捣棒头较短（如长度为 25～30cm）的振捣器。

4. 保护层厚度不匀处理措施

（1）在滑模上焊接制作钢筋安装样架，保证混凝土保护层厚度。

（2）混凝土浇筑时不得直接向模板一侧倾倒混凝土，避免混凝土局部挤压造成钢筋外凸。

5. 蜂窝、麻面、气泡处理措施

（1）改善振捣质量，严格掌握混凝土的配合比，控制石子的粒径。

（2）混凝土接槎处继续施工时，先浇筑一层按原配合比减去石子的砂浆或减去一半石子的混凝土。

4.2.7.2 滑模纠偏处理

1. 滑模偏差检查

滑模纠偏采用渐变方式，一次纠偏不能过大，以免造成混凝土表面拉裂、死弯、模体变形、支承杆弯曲等事故。模板纠偏采用先调整水平再纠正竖向位移和扭转，每滑升 1m 纠正位移值不大于 10mm。偏差检查是滑模纠偏的关键环节，要求如下。

（1）模板每次组装后，测量人员对模板中心及形体进行核查，杜绝模板一投入使用就开始纠偏。

（2）在滑升过程中，每上升 1m，测量人员对模板上口进行校核，并将测量结果及时通知混凝土施工人员及滑模运行人员，以便根据测量情况采用纠偏措施。

（3）测量人员在再次校模时，在距模板下口约 50cm 成型混凝土面上，放出井面控制点。混凝土施工人员以此为参照基准，从模板围圈中心绷线与此进行校核，随时掌握模板中心与成型混凝土中心偏差情况。

（4）下料顺序正常情况下是对称布料。当模板发生偏移时，可调整布料方式，对模板向外偏移大的部位先行下料，保证模板不致因下料不均而继续偏离设计线。

（5）混凝土施工队内设有专职纠偏人员，对测量结果进行分析，对控制点进行监控，对模板、千斤顶、液压系统进行维护，保证液压系统及千斤顶的完好率，完成滑升及纠偏工作。

2. 滑模纠偏措施

滑模偏差有两种原因造成：一是模板内混凝土的侧压力不均衡而使模板发生偏移；二是千斤顶不同步而造成模板产生倾斜，甚至发生扭转，如果不及时纠正，会随着倾斜模板的上升而发生偏移。为防止模板发生偏移，针对产生的原因不同采用不同的措施进行预防和纠偏，纠偏按渐变原则进行：

（1）初次滑升模板固定。在初次滑升时，为了防止混凝土下料不均匀而对模板产生不均衡侧压力使模板发生偏移，因此在模板对中、调平、固定重垂线后，对模板上下口进行加固，同时对模板进行限位。对部分变形较小的模板，采用撑杆加压复原，变形严重时，将模板拆除修复。

（2）支承杆的限位。由于支承杆的自由长度比较长，在外力作用下有可能产生侧向位移（即摆动）。为了防止此类现象发生，在施工中根据施工情况（如出现摆动时），利用井身内锚筋焊接 $\phi16mm$ 钢筋，钢筋一端焊接 $\phi50mm$ 圆环套住 18 根支承杆，并沿井周均匀布置，每 2m 一圈，当模板上升到此位置时将钢筋割除，模板继续上升。

（3）对千斤顶不同步进行限位。模板在滑升过程中发生偏移最主要原因就是由于千斤顶不同步而造成模板发生倾斜，即模板中心线与井身的中心线不重合，为了防止此类现象的产生，采取措施包括：第一，每个千斤顶在安装前必须进行调试，保证行程一致；第二，每个千斤顶在安装限位装置，即在井口的千斤顶上部 30cm 处安装限位器，安装限位器时用水准仪找平，保证模板在 30cm 行程中行程一致，从而使整个模板水平上升而不发生偏移。

（4）千斤顶纠偏。在滑升过程中，通过重垂线发现模板有少量偏移（一般在 ±1cm 以内）时，利用千斤顶来纠偏，如发生向一侧偏移，关闭此侧的千斤顶，滑升另一侧，即可达到纠偏目的。在纠偏过程中，要缓慢进行，不可操之过急，以免混凝土表面出现裂缝。在模板整个滑升过程中，由专人负责检查中线情况，发现偏移，应及时进行纠正，防止出现大的偏移，并要求各道工序按部就班，按措施施工。每班配备的值班队长和技术员准确掌握混凝土的脱模强度，确定模板的提升时间和速度，并严格按规定实施每道工序，严格管理，防止因操作不当而引起模板偏移。

（5）当滑升过程中采用各种措施仍未能达到纠偏目的时，则必须停浇，只有在找出原因并提出行之有效的纠偏措施后，才能重新滑升。

4.2.7.3 停滑措施及施工缝处理

滑模施工需连续进行，因结构需要或意外原因停滑时，应采取下列停滑措施。

（1）混凝土应浇灌至同一高程。

（2）模板应每隔一定时间提升1～2个千斤顶行程，直至模板与混凝土不再黏结为止，对钢模进行检修，清除面板上附着的水泥浆，涂刷脱模剂，然后再将模板复位。复位前，必须把顶层模板上口的砂浆清除，使接缝严密，并冲洗溜管、溜槽，清除模板上灰浆。

（3）对因意外造成的停滑，在混凝土达到脱模强度时，可将围檩、模板楔形口割去一段，模板失去整体拱圈作用，滑模与混凝土分离，并清理好模板上的混凝土、涂刷脱模剂。再采用液压千斤顶恢复继续浇筑施工。混凝土面按施工缝进行处理。

（4）当采用工具式支承杆时，在模板滑升前应先转动并适当托起套管、使之与混凝土脱离，以避免将混凝土拉裂。

对停滑造成的施工缝，如因故停止且超过允许间歇时间（一般为4～6h），混凝土强度未达到设计强度之前，不得进行下一层混凝土浇筑的准备工作，根据相关施工规范要求处理。然后在复工前除掉混凝土表面残渣，用水冲净，混凝土施工缝先铺1层厚2～3cm的水泥砂浆，然后再浇筑原配比混凝土。若间歇时间较短，混凝土仍保持流塑状态，仍可继续浇筑混凝土。

模板空滑时，应验算支承杆在操作平台自重、施工荷载、风荷载等组合作用下的稳定性。稳定性不满足要求时，应对支承杆采取可靠的加固措施。

4.3 竖井滑模典型案例——阳江抽水蓄能电站引水上下竖井

4.3.1 工程概况

阳江抽水蓄能电站位于广东省阳春市与电白区交界处的八甲山区，电站规划装机容量2400MW，分两期建设，近期装机容量1200MW，布置3台单机容量为400MW的水轮机发电机组。枢纽工程主要由上水库、下水库、输水系统、地下厂房洞室群、地面开关站及上下水库连接道路等建筑物组成。输水发电系统主要由上下水库进出水口、1条引水洞、3条引水钢支管、厂房、主变室、尾水闸门室、3条尾水支管、尾水洞、厂房进排风系统、高压电缆洞、开关站等建筑物构成。

引水竖井按中平段分为上竖井、下竖井，上竖井由上弯段、竖井直段和下弯段构成，其中上、下弯段均长45.925m，半径为30m，直段长度290.08m。开挖直径

8.7m，初期支护厚度 10cm，衬砌厚度 50cm，衬砌后直径 7.5m。上竖井连接上平洞和中平洞，上弯段距上游调压井 31.518m，距 1 号施工支洞 79.960m。下弯段距 2 号施工支洞 23.660m，距引水下竖井 67.791m。引水下竖井上弯段长 45.925m、下弯段长 45.625m，半径均为 30m，直段 287.267m，竖井直段加弯段共长 378.817m。下竖井及弯段开挖直径 8.9m，初期支护厚度 10cm，衬砌厚度 60cm，衬砌后直径 7.5m。上弯段距 2 号施工支洞 44.130m，距引水上竖井 67.791m。下竖井连接中平洞和引水下平洞。混凝土标号 C30W10F100，二级配，钢筋均采用 HRR400，施工缝结构缝设铜止水，钢筋过缝。

4.3.2 施工准备

4.3.2.1 施工通道

引水竖井施工对外通道充分利用中平段，形成两个独立的对外通道，其中上竖井施工通道路径为：上水库仓库/钢筋加工厂/拌和站→上下水库连接路→SL8 施工便道→1 号施工支洞→引水上平洞→竖井工作面。下竖井施工通道路径为：下水库仓库/钢筋加工厂/拌和站→上下水库连接路→2 号施工支洞→引水中平洞→竖井工作面。

引水上下竖井井口布置包括井口提升系统、上井口平台、下井口平台、载人罐笼、载物吊笼及溜管入仓平台等结构物。平台设置在超挖区内，为免拆设计。引水上下竖井井口布置立面示意见图 4.3.2－1。

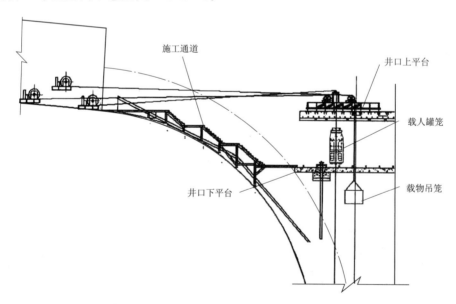

图 4.3.2－1 引水上下竖井井口布置立面示意图

1. 井口提升系统

井口提升系统按照上竖井、下竖井各布置一套。各采用 1 台 10t 双卷筒载人绞车、2 台 10t 双卷筒卷扬机、1 台 15t 卷扬机。上竖井载人绞车布置在进洞右侧距竖井中心约 55m 处，绞车前方 Y0＋758 布置一台 10t 双卷筒卷扬机用于牵引罐笼制动钢丝绳。进洞左侧距竖井中心约 38m 布置 1 台 15t 卷扬机用于提升材料上下竖井、滑模固定及溜管安装等。绞车及卷扬机设置 8 根地锚（$\phi25mm$ 锚杆 $L＝300cm$，入岩 250cm，外露 50cm），下竖井设备位置布置与上竖井基本一致。

进洞左侧距竖井中心约 38m 布置 1 台 10t 双卷筒载人绞车，绞车前方 Y1＋200 布置一台 10t 双卷筒卷扬机用于牵引罐笼制动钢丝绳。进洞右侧距竖井中心约 55m 布置 1 台 15t 卷扬机用于提升材料上下竖井、滑模固定及溜管安装等。绞车及卷扬机地锚设置与上竖井相同，以下竖井提升系统布置为例说明，其平面布置示意见图 4.3.2－2。

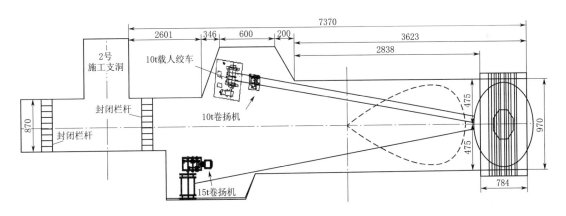

图 4.3.2－2 下竖井提升系统平面布置示意图（单位：cm）

2. 上井口平台

上井口平台作为竖井施工载人载物承载荷载平台，上竖井设置在高程 701.36m，下竖井布置在高程 346.70m，平台采用钢结构桁架形式，跨度均为 890cm，桁架高度 88cm，长度 840cm。桁架采用 HW300 型钢、工 18a、工 10 工字钢焊接而成，HW300 型钢间距 100cm，钢结构桁架设置于岩壁梁之上，桁架顶部与天锚焊接牢固。HW300 型钢与岩台预埋基础钢板焊接牢固，基础钢板尺寸 400mm×400mm×15mm。

上下竖井载人载物平台基础壁梁采用钢筋混凝土结构，岩壁梁结构尺寸采用 60cm×70cm，超挖部分与岩台混凝土一起浇筑。锚杆采用双排 $\Phi28@60cm$，$L＝6.0m$，外露 1.0m，上倾 20°。岩台超挖部分增设 $\Phi28@60cm$，$L＝3.0m$，外露 0.5m，下倾 20°。井口上平台剖面图见图 4.3.2－3。

天锚为安装、固定、加固井口上岩台钢桁架的锚杆，设置在竖井顶部（布置见图 4.3.2－4）。锚杆参数：19 根 $\phi28mm$，$L＝4.5m$，外露 0.5m、竖直布置。锚杆施工完成后需进行无损检测，吊点锚杆等级应为 I 类。天锚与桁架焊接点需进行 PT 渗透检测。

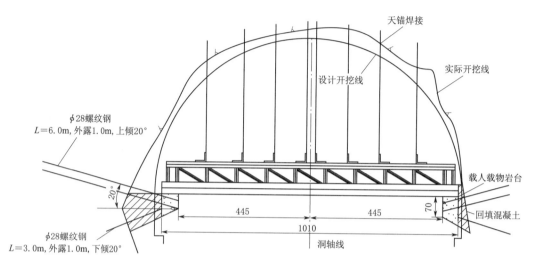

图 4.3.2-3　井口上平台剖面图（单位：cm）

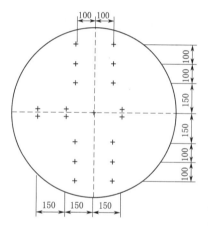

图 4.3.2-4　竖井天锚系统
布置图（单位：cm）
+—锚杆点位

3. 下井口平台

为便于材料运输及施工人员乘坐罐笼，设置下井口平台（立面图见图 4.3.2-5）。平台由工 18a@ 150cm 工字钢焊接组装，两侧设置岩壁梁（40× 50cm）作为支撑。上竖井长 10.9m，岩台平面高程为 696.059m，下竖井长 11.35m，岩台平面长 341.5m。上竖井由于围岩条件较差采用双排 Φ28 @60×100cm 锚杆，$L=6.0$m，外露 0.3m，上倾 5°～10°；下竖井围岩条件较好采用双排 Φ28@60× 100cm 锚杆，$L=4.0$m，外露 0.3m，上倾 5°～10°。

为便于溜管安装及固定，设置加强钢桁架平台。平台由 HW300 型钢与 18a 号工字钢焊接而成，平台固定在两侧岩壁梁上。由于溜管部位荷载较

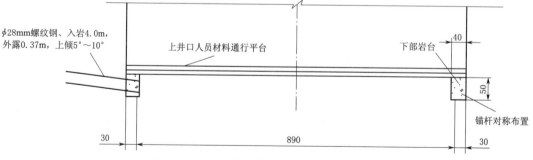

图 4.3.2-5　下井口平台立面图（单位：cm）

196

大，该部位岩锚梁尺寸增大到 40cm×110cm，上竖井岩锚梁长 2.1m，岩台上平面高程为 695.559m；下竖井岩锚梁长 2.0m，岩台上平面高程为 341.0m。单侧设置螺纹钢，$L＝6.0$m，外露 0.3m，上倾 5°～10°。

井口平台竖井中心线至小桩号段在原平台 Φ8@5cm×5cm 钢筋网片全封闭的基础上，采用 2cm 木板及软风袋进行全封闭；竖井中心至大桩号段用于通风，不再全封闭。罐笼孔、载物孔四周设置 1.2m 防护栏杆，并采用 30cm 木板封闭。工字钢支撑与井口预埋钢筋焊接牢固。

井口下平台设置混凝土集料斗，料斗为矩形，尺寸为 60cm×60cm×60cm。为防止混凝土溢出坠落井底，在溜管集料斗井口下平台上设置集料区间，尺寸为 3.0m×1.5m×0.3m。集料区间底板在原平台基础上采用 2mm 厚钢板封闭，踢脚板采用 3mm 厚钢板。

平台主要承受人员动荷载、钢筋、模板及排架集中荷载，平台上施工人员不得超过 10 人，施工材料不得超过 3.5t。所有荷载均由 9 根工18 工字钢共同受力，最大跨度 8.9m。动荷载 10kN（人员），静荷载 35kN（材料），井口平台仅作为材料及设备装运场地，严禁长时间堆放在竖井井口平台。按两端固定梁的结构计算反力、剪力、弯矩和挠度，满足要求。

4. 井口梯步

人员材料从上平洞至竖井井口下平台存在高差，上竖井 332cm 高差，下竖井 571cm 高差，需设置梯步。梯步采用钢桁架结构，梯步尺寸为 0.25m×0.2m，宽为 1.5m，设置于顺水流方向右侧。采用∠50mm×5mm 角钢＋5cm 木板焊接加固安装，梯步下部每隔 1.0m 设置一道斜向工18 工字钢支撑，梯步扶手高为 0.8m，设置 0.35m 高踢脚板，踢脚板采用 5cm 木板。梯步钢桁架基础采用 C25 混凝土墩，尺寸为 0.3m×0.3m，底部设置 $\phi22$mm 插筋，$L＝0.6$m，入岩 0.3m，并与梯步钢桁架工18 工字钢焊接牢固。

材料通道采用钢架结构，采用工18 工字钢焊接而成，通道宽度 2.0m，倾角 19°。通道上设置 12kg/m 轻型轨道，轨距 0.8m。材料运输单独设置 2t 卷扬机。井口下平台设置 80cm 高、250cm 宽工18 工字钢车挡，通道正面绑扎橡胶垫。

5. 溜槽、溜管布置

溜管采用 DN200 钢管，壁厚为 8μm，单节长度为 2.0m，上竖井溜管最长 310m，下竖井最长 307m。每节溜管之间采用法兰盘连接（厚度 22mm），采用 8 根 M18×70mm 螺栓连接，配弹簧垫片。溜管上的吊环采用 $\phi28$mm 圆钢与钢管壁满焊（焊缝长 28cm、厚度 8mm），吊环位置在距离法兰上口 35cm。溜管采用以下三重安全保护。

（1）溜管上井口整体采用 2 根 $\phi28$mm 钢丝绳悬吊，且每节溜管均采用 U 型扣将钢丝绳与溜管 $\phi28$mm 圆钢牢固连接，U 型扣螺母扭紧后采用 22 号铅丝捆紧防止螺母松脱。上井口再单独采用 2 根 ϕ28mm 短钢丝绳将溜管锁在井口钢桁架平台上，采用两个 20t 卸扣连接。该钢丝绳主要作为溜管安装过程的保护措施，吊装过程可满足整条溜管的荷载，浇筑过程作为溜管固定保护措施。

（2）溜管固定在井口 300H 型钢与工18 工字钢焊接的桁架上，溜管由螺栓及法兰焊接承载混凝土浇筑荷载及自身重力，溜管安装前需进行 300H 型钢焊接缝及连接点检查，焊缝需采用 PT 探伤检测，溜管焊缝需检查并经验收后方可安装。

（3）竖井内部间隔 6m 设置 2ϕ22mm，$L=300$cm 锚杆外露 50cm，将外露锚杆焊接支架，并利用钢管夹间隔 6～12m 将溜管固定在竖井壁上。钢管夹与钢管间设置聚乙烯橡胶，保证柔性连接。

溜管安装：溜管利用井口安装的 15t 卷扬机在井口平台进行安装，溜管分两段进行安装，第一段溜管连接完成后先将溜管固定在井壁，再进行第二段溜管安装，第二段溜管连接完成后与第一段溜管连接后固定于井壁。第一段 155m 长，第二段上竖井 155m 长，下竖井为 152m 长。混凝土溜管第一节钢管安装时，把缓冲器用螺栓与钢管连成一个整体，悬吊钢丝绳用 20t 的卸扣与溜管吊环连好。检查无误后，把钢管吊起入井，当钢管上口法兰高于井口约 0.5m 时，将型钢移至溜管法兰附近随之下放溜管进行安装，溜管与型钢卡紧，将井口短钢丝绳与吊耳连接固定防止溜管滑移；然后安装下一节钢管，待螺栓全部拧紧后，下放钢管，缓冲器每 18m 布置一个（具体间距待排风竖井试验后调整）。完成第一段溜管的安装后，将溜管吊至竖井下部与边墙锚杆焊接牢固，再进行第二段溜管安装。溜管出口设置缓冲器并挂设溜筒。待溜管全部安装完成后，再由专人自下而上依次检查。

混凝土从受料斗集料后流入溜管（2.0m 每节），溜管每 18m 安装一个缓冲器。混凝土从左侧溜管流入缓冲器，混凝土高度超过隔板后翻入缓冲器右侧，再流至下一节溜管。依次循环，流入混凝土仓号。溜管采用轮胎类橡胶包裹，该类橡胶耐磨损，防渗漏效果较好，施工操作方便。

溜管拆除：随着滑模滑升到一定高度时，需要拆除溜管，溜管采用井下拆除方式。拆除时人员乘坐罐笼到达拆除部位，采用 1t 手动葫芦配钢丝绳把需拆除的单节溜管悬吊在罐笼上，人工拆除螺栓后利用手动葫芦将溜管放至下部滑模平台上，本班浇筑完成后溜管通过钢筋吊笼集中运输至井口上平台。溜管拆除后需重新安装缓冲器时，同样采用手动葫芦配短钢丝绳将缓冲器吊起，调整到合适的位置把螺栓锁紧，再将溜筒悬挂后继续混凝土浇筑。

受料斗布置：受料斗采用 3mm 钢板焊接加工成喇叭口形式，设置在上平洞工字钢横梁上，受料口高出工字钢平台 80cm，采用井圈附近已预埋的 ϕ28mm 锚筋和工字钢固定。混凝土罐车至井口车挡处时停车，混凝土通过斜溜槽倒入受料斗中。

上井口溜筒布置：上平洞至竖井段溜管采用斜向溜筒，溜筒沿井壁布设。溜管全程封闭。

车挡溜槽布置：溜槽长 1.5～3.0m，采用 ϕ48mm 钢管支撑搭设；车挡采用工20条形工字钢焊接，通长布置，根据现场溜槽确定位置。

6. 材料运输系统布置

施工材料的运输主要为钢筋运输，其次为焊条、机具、铁丝、滑模吊装等。吊运采用井口布置的 15t 卷扬机，具体措施如下。

（1）钢筋运输采用矩形钢筋吊笼，吊笼尺寸 100cm×100cm×250cm（长×宽×高），底板采用 1cm 钢板，四周采用 3mm 钢板封闭，转角采用 L50 角钢包边，顶部设置 4 个 ϕ32mm 圆钢焊接吊耳。高度方向每 50cm 环向围檩加固，并采用 50mm 角钢加固。

（2）吊笼运输钢筋单次质量不超过 4t，钢筋运输时需采用铁丝将钢筋捆扎成束，并用钢丝绳固定。

（3）钢筋运输时，底部施工人员必须躲避到专用防护平台下方。

（4）钢筋运输的同时，一人乘罐笼至滑模平台，由罐笼乘坐人员指挥钢筋吊运。钢筋吊至滑模平台后，下方躲避人员方可至滑模平台卸钢筋。

（5）为避免吊运钢筋冲顶，在井口下平台下方设置重锤限位器。当钢筋吊运吊笼超过限位位置后，自动切断卷扬机电源，自动锁定。

（6）15t 卷扬机安装在 10t 双卷筒绞车房对侧扩挖处，基础设置两层 ϕ20mm 钢筋网片 30cm×30cm，设置 8 根地锚（ϕ25mm 锚杆 L＝300cm，入岩 250cm，外露 50cm）。

7. 人员上下系统

竖井人员上下由 10t 绞车提升防坠防旋转罐笼。罐笼主体上部设置固定装置，利用连接销将抓捕器与固定装置连接，固定装置顶部设置两组对称十字交叉滑轮，因方向和绳股受到的扭力相反，两种扭力相互抵消，防止罐笼旋转。

罐笼两侧设置抓捕器。当牵引绳断裂时，抓捕器启动抓捕制动钢丝绳，罐笼锁定在制动钢丝绳上防止坠落。制动钢丝绳升降采用 10t 双卷筒卷扬机提升配重方式，升降制动钢丝绳。

8. 排架及支撑平台搭设

上弯段脚手架搭设前需在弯段与竖井相交部位（Y0＋789.988、Y0＋1248.717）设置工30工字钢支撑平台，间排距 1.0m。竖井衬砌完成后，利用井口上平台吊运工字钢至支撑平台部位搭设。

混凝土衬砌采用搭设满堂排架支撑，排架施工基本参数为：立杆横向间距 1.0m，立杆纵向间距 1.0m，横杆步高 1.6m，排架搭设宽度 7.5m。

顶拱模板安装弧度通过预弯弧形钢管实现，弧形钢管间距为 75cm，顶拱模板与弧形钢管采用蝴蝶扣固定，保证荷载有效传递，增强模板的刚度和承载力。

排架所有的架管采用 ϕ48mm、壁厚 3.5mm 的钢管。

4.3.2.2　施工风、水、电布置

（1）施工用风：主要为局部欠挖处理、喷混凝土回弹料清理、风钻选孔等用风。滑模供风仍沿用开挖阶段供风系统，竖井内供风管采用 $\phi108$mm 钢管，布置在罐笼附近，采用锚杆固定在边墙，闸阀设置在上井口及工作面，工作面采用 $\phi50$mm 高压软管引接。

（2）施工供水：主要为仓面清理、溜管清洗及养护用水，同样沿用开挖期施工供水系统。采用 $\phi50$mm 钢管，边墙锚杆加固，丝扣闸阀设置在上井口，使用时开启，不用时关闭，工作面采用 $\phi25$mm 高压管引接，不设置阀门。保证竖井内水管不用水时为无压状态。

（3）施工供电：主要为绞车、卷扬机、振捣器、电焊机、仓面施工照明等施工用电，上下竖井前期均布置有两趟（YJV4×240mm^2+1×120mm^2）电缆供电。一趟专供绞车用电，一趟供卷扬机用电及其他施工用电。井内沿井壁布置一趟（YJV3×50mm^2+2×25mm^2）电缆，电缆采用内径 8mm 钢丝电缆，滑模每向上滑升 20m，把电源关闭，手动葫芦配合人工盘收下行上移，取消回车。电缆每隔 50m，固定在边墙锚杆上，锚杆与电缆间采用绝缘吊钩悬挂。

（4）施工照明：上井口两侧各布置一盏 1000W 投射灯，并在上平洞开关箱旁设置低压变压器，滑模操作平台施工照明采用 36V 低压灯具。竖井沿罐笼上下部位设置一道灯带。

4.3.2.3　施工排水、通风、通信布置

（1）施工排水：引水上竖井。养护用水或施工用水沿竖井流至中平洞，经中平洞排水沟流至 2 号施工支洞排水沟汇集至洞外三级沉淀池处理后再利用。

引水下竖井养护用水或施工用水沿竖井流至下平洞，沿引水下平洞及 4 号施工支洞两侧排水沟，排至 4 号施工支洞 0+512.0 位置集水坑后利用交通洞排水系统抽排至洞外三级沉淀池处理后再利用。

（2）施工通风：引水上下竖井混凝土施工通风采用自然通风。

（3）施工通信：竖井内与外部联系采用对讲机进行联络，绞车人员与施工人员主要采用电铃的方式（"一停、二上、三下"）及对讲机联系，备用电话联系。

4.3.3　竖井渗排水处理措施

根据引水上下竖井溜渣井贯通情况，上下竖井渗水严重，引水上竖井渗水量为 5~7L/s，引水下竖井渗水量为 6~9L/s。常规隧洞渗水排水采用施打排水孔安装弹簧排水管或 PVC 排水管引至排水沟，但该工程引水隧洞具有水头高、压力大、竖井深、后续灌浆压力大等特点，常规排水措施难以满足需求。因此针对渗水部位布设排水孔，采用不锈钢波纹排水管疏导，具体处理措施如下：

（1）竖井及弯段岩壁针对渗水部位施打排水孔，同时设置环向排水管，将渗水引排至竖向主排水管。

排水孔参数：$\phi50mm$ 排水孔，$L=3.0m$，上倾 $10°$；排水孔数量及倾向根据渗水点断层走向及现场实际情况布设，需满足引排渗水要求。环向排水管参数：环向排水管根据渗流部位设置，公称直径 50mm 不锈钢波纹管，最小弯曲半径大于 350mm，单根长 6.0m，环向管采用法兰连接方式。

竖向主排水管参数：竖向排水管在靠近罐笼侧设置一根公称直径 80mm 的不锈钢波纹管，最小弯曲半径大于 480mm，单根长度 6.0m，竖向主管采用法兰连接方式。

（2）环向管与竖向管均采用厚度为 0.3mm，并配一层钢丝网套的不锈钢波纹管，单根长度 6.0m，两头设置法兰，材质为 304 不锈钢，并配金属缠绕垫片及相应螺栓螺母。不锈钢波纹管设计压力为 2.5MPa，最小爆破压力为 10MPa。环向管与竖向管定制三通管连接，三通管采用 DN80 接头，旁通采用 DN50 接头，接头均采用配套法兰。

（3）为防止管内产生负压，环向管与竖向主管三通位置焊接 DN50 闸阀，设补气管。补气管及闸阀采用 $\phi110mm$ PVC 管＋编织袋临时保护，防止喷混凝土堵塞，喷混凝土喷完后拆除。闸阀埋设间距约 20m，即单条竖井 19 个。

（4）排水管用卡箍和锚钉固定于井壁上，安装时应贴紧岩面。且环向管排水孔高程应高于与竖向主管衔接处高程，形成的坡度大于 15%，利于截、排水。排水管安装完成后喷混凝土封闭。引排水管固定方式示意见图 4.3.3－1。

（5）混凝土浇筑时，将三通管处补气闸阀拆除，焊接 DN50 钢管至滑模模板侧，模板侧孔口采用编织袋堵塞，并作为后期回填灌浆孔。

（6）竖井及弯段混凝土浇筑完成后，先将排水管回填灌浆密实，后再进行系统灌浆。回填灌浆技术要求参照引水竖井灌浆要求执行。

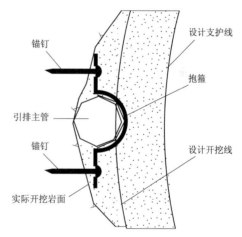

图 4.3.3－1　引排水管固定方式示意图

（7）若上述排水措施不能有效解决竖井渗水问题，再另行讨论渗水处理措施。根据厄瓜多尔 CCS 电站引水竖井渗水处理经验，排水孔未能有效解决渗水时，采用井壁铺设土工膜＋排水盲管引排的措施。由于喷混凝土表面铺设防水土工膜后，会造成衬砌混凝土与井壁喷混凝土之间的黏接性损失，CCS 电站在竖井下部设置加强锚杆。因此，该竖井开挖期间在下弯段以上竖井段 21m 范围，布置加强连接锚杆。加强锚杆参数：$\phi28mm$ 锚杆排距 3m，每排 19 根，梅花形布置。锚杆入岩 2.5m，外露 50cm。

引水竖井直井段采用内爬式滑模，弯段采用木模板＋脚手架支撑进行混凝土衬砌，混凝土入仓采用溜管垂直运输。竖井人员由 10t（2JTP-2.5×1.2P）绞车牵引防坠罐笼上下，施工材料由 15t 卷扬机牵引吊笼上下提升。

设置井口上平台固定提升系统滑轮，设置井口下平台方便人员、原材料上下，设置钢结构施工通道便于材料和人员上下平台，平台采用岩锚梁＋桁架固定。

4.3.4 滑模体安装及拆除

4.3.4.1 竖井滑模安装

引水上下竖井采用液压内爬式滑升模板衬砌。该模板在竖井衬砌中应用最为广泛，结构简单，安全可靠。滑模采用 14 个 QYD-60 型液压千斤顶，孔径 50mm，额定起重 6t/台，一台液压泵站控制，同步爬升。千斤顶支承杆采用 $\phi48mm×3.5mm$ 钢管，支承杆采用定制螺纹连接方式，设置于衬砌混凝土中部，距结构面 20cm，混凝土浇筑期间下一根支承杆安装前，对已埋入混凝土内部的支承杆采用 1:1 纯水泥浆灌注满。浇筑前调整并固定好滑模。弯段浇筑完成后，待混凝土强度达到 75% 即可进行竖井滑升。下弯段分仓示意见图 4.3.4-1。

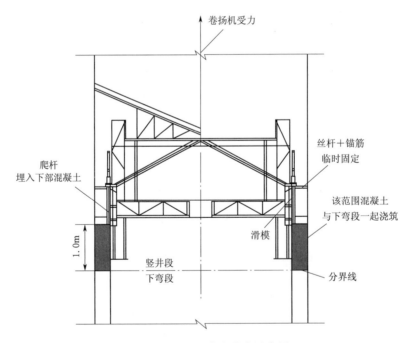

图 4.3.4-1 下弯段分仓示意图

滑模由模板、围圈、千斤顶、油泵、提升架、辐射梁、分料平台、悬吊抹面平台、液压系统及 1.2m³ 储料罐等组成。滑模通过安装在提升架顶部的千斤顶支在支承杆上，整个滑模荷载通过提升架传递给支承杆。框架梁是模板的主要受力构件，模板以其为支撑形成一个整体。浇筑混凝土时，由于荷载对称，模板的内力为轴力，受力均衡。

滑模各结构件安装顺序为：测量放样标出结构物设计轴线→组装辐射梁和筒心→安装提升架→安装平台梁→安装千斤顶及油泵→安装模板→安装液压系统并调试→安装分料平台→安装抹面平台。

安装前应开展技术交底、构件清理工作，将模板范围以内 50cm 宽的范围找平。对安装所需工器具、材料等要充足准备。

安装时必须保证安装面水平。在滑模安装中，部分区域可采用枕木、木块楔紧或垫平，利用 15t 卷扬机将框架梁吊放到中心位置，调平、找正置于垫层上，固定平稳主梁。桁架主梁分为主桁架、副桁架，安装顺序由中间到两边，并且要均匀对称安装。

桁架梁安装完成后，进行滑模模板安装。滑模模板采用 8mm 钢板制而成，高度 1.2m。模板通过槽钢与框架梁连接。利用上平洞 15t 卷扬机及手动葫芦吊装安装，吊运时应轻拿轻放，防止碰撞，以保证模板不至于损坏变形。为保证结构的对称受力，支撑安装时注意结构的对称性，模板对称吊装。待模板就位、调整后焊接牢固。每块模板应与理论位置重合，误差不大于 2～3mm。模板安装后，在支承框架也安装到位的基础上，把相对应的支撑千斤顶装上并撑紧就位模板，各区模板间采用焊接。模板就位后，必须保证每块模板有 3‰ 的下锥度，即上部较下部大 4mm，绝对不允许有反锥。整个模板安装就位后，对各联接件做一次全面的检查。

（1）分料平台、工作平台栏杆。安装支承框架、连接桁架及工作平台栏杆、提升架时需要注意以下事项：

1）所有走台皆用木板搭接，并做到满铺，放置在平台及支架上，各木板之间用铁丝适当固定。

2）所有框架内侧表面及下部平台挂架内侧必须用建筑安全网覆盖，用铁丝固定。

3）上部分料工作区，用于堆放工具、杂物及钢筋等。

4）走台工作区的承载重量不得大于 6000kg（井筒滑模），且应分散放置。

（2）提升架、围圈安装、液压系统。

1）将提升架安装于辐射架端部，再把围圈放在提升架支托上安装，并检查、调整提升架的位置、垂直度和千斤顶底座的水平度。

2）安装支承杆和千斤顶：保证位置准确、支承杆垂直。

3）安装液压控制台并按要求排布油路、电路。

4）调试、试滑。各项检验合格后，进行液压系统调试，各千斤顶的爬升速度应一致，然后开始试滑。

5）在操作平台上安装通信和照明设施，接通电话、水管。

6）安装水平、垂直度测量仪器。

（3）抹面平台、支承杆。

1）滑模上述安装完成后，利用 15t 卷扬机将滑模整体悬吊起，焊接抹面平台。

2）抹面平台焊接完成后提升至启滑点。安装滑模支承杆。

值得注意的是，由于滑模结构为定型产品，为保证支承杆的安装精度，避免预埋的支承杆在混凝土施工中因振捣出现偏移，影响滑模安装施工，竖井井筒滑模支承杆在滑模安装就位及测量准确后直接从各千斤顶顶口垂直穿入，并与周围锚杆焊接牢固。模板采用内支撑调整水平，支承杆安装过程中，必须保证其垂直度。

（4）滑模固定。滑模采用双重保护固定，滑模首先由 15t 卷扬机提吊至起滑点，布置两圈 $\phi 25@50cm$ 插筋，将其焊接成牛腿设置在滑模下方固定模板。再在钢丝绳与滑模接触部位设置木板绝缘隔开，利用开挖期间布置的锚杆焊接拉筋加固，锚杆共 8 根，$\phi 22mm$，$L=300cm$，外露 0.3m，锚杆均布于竖井井壁内侧，利用 $\phi 18mm$ 圆钢将滑模与边墙锚杆焊接牢固。加固完成后，各焊接点均进行 PT 渗透检查，符合提升要求后再进行弯段施工。

4.3.4.2 滑模拆除

滑模拆除流程：滑模平台下放→平台清理→拆除模板→下放滑模→拆除抹面平台→拆除分料平台→拆除模板→拆除液压系统→拆除千斤顶及油泵→拆除安装平台梁→拆除提升架→拆除支撑平台→拆除辐射梁和筒芯。

滑模施工完成后，将拆除模板后的滑模平台下放至竖井底部。首先清理平台上施工过程的混凝土。根据灌浆工程需要改造为灌浆平台，灌浆工程完成后方可拆除滑模，滑模拆除后改造的灌浆平台示意见图 4.3.4-2。灌浆平台拟采用四股钢丝绳配手动葫芦升降，15t 卷扬机牵引保险绳同步提升灌浆平台。灌浆平台分为四层，最上层存浆平台层荷载约 1.5t，第二层配浆平台荷载约 3.0t，第三层为造孔及操作层荷载约 2.0t，下层为灌浆平台层荷载约 0.5t。

具体施工注意事项：

1）拆除工程的施工，应在项目负责人的统一指挥和监督下进行。项目负责人根据安全技术规程对参与拆除施工人员进行技术交底以及拆除方案的贯彻。

2）拆除施工前，应清楚拆除范围内的材料和设备，切断通往该拆除部位的电源。凡患有恐高症及不宜登高人员不得安排至顶部操作。

3）操作人员应穿软底鞋站在稳固的结构部位进行施工，上班期间严禁饮酒，同时正确用好各自防护用品。

4）拆除区域周围设立围栏，挂警告牌，派专人监护，严禁无关人员逗留。

5）拆除时应按自上而下的顺序进行。当拆除其中一部分的时候应防止其他部分倒塌，所拆材料应通过传接方式或利用塔吊协助。严禁随手抛掷，或放在模板、脚手板上。扳手及钉锤应置于工具包内。

6）拆除期间，要保证上下通信畅通，接到传话一定要确认无误后，再做出相应的决定。

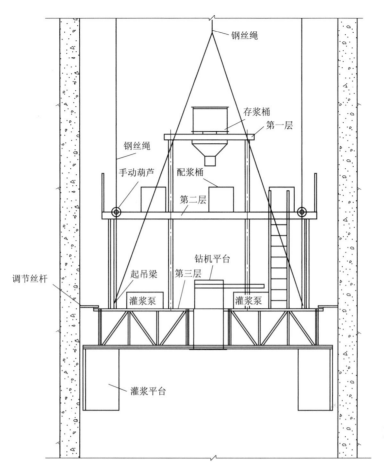

图 4.3.4 - 2　滑模拆除后改造的灌浆平台示意图

4.3.5　滑模混凝土施工

4.3.5.1　前期准备

（1）对现场管理人员和作业人员进行技术交底。

（2）混凝土浇筑施工前应对钢筋、水泥、细骨料、粗骨料、拌制和养护用水、外加剂、掺合料等原材料进行检验，各项技术指标应符合规定。

（3）检查施工所需的机械设备，确保施工期间能够正常运行。

（4）确保无欠挖及松动岩块。

用全站仪进行测量放线，将弯段混凝土的控制点标示在明显的固定位置，并在方便测量的地方放出高程点，确定钢筋绑扎、立模边线，并做好标记。

竖井混凝土衬砌采用内爬式滑模，采用高流态混凝土通过溜管入仓，溜管固定在井壁上。上竖井从上平洞至井口上平台，由于混凝土自流坡度不足，需在井口下岩台以下 10m 设置溜管平台。下竖井从上平洞搭设溜槽至井口下平台。人员经过梯步到达井口下平台，通过双卷筒绞车＋防坠罐笼＋防坠卷扬机上下竖井。材料通过梯步侧材料通道到达井口下平台，通过 15t 卷扬机吊运至滑模材料堆放平台，上下井口平台采用岩锚梁＋桁架结构。

竖井混凝土浇筑前必须检查仓内照明及动力用电线路、设备，保障运行正常；混凝土振捣器就位；仓内外联络信号使用正常；检查溜槽、溜管安装牢固可靠；绞车及卷扬系统正常；滑模空滑试滑正常。

竖井衬砌放样采用全站仪配合激光自动补偿天底仪，进行竖井衬砌放样。该仪器装有单膜全内腔的氦氖激光器，可向下发射一束铅直激光线。利用激光线即可进行投点测量。此仪器有自动补偿倾斜误差的功能，从而保证了测量的精度。

配合比设计。该工程混凝土标号 C30W10F100，二级配。根据原材料的性能和混凝土技术要求进行配合比计算，并通过试验室配、调后确定。室内确定的配合比应根据现场情况进行必要的调整，调整前须经过试验监理签字确认。竖井混凝土衬砌前先拌制 $3m^3$ 混凝土进行配合比生产性试验，从井口通过溜管溜至井底，确定混凝土配合比的和易性及流动性等。满足设计要求后方可进行竖井衬砌。

根据排风竖井混凝土施工情况，以及类似工程配合比设计及施工经验，超深竖井为防止骨料分离、提升施工质量，应选择高流态混凝土进行浇筑。超深竖井混凝土浇筑前进行一级配、二级配混凝土配合比设计，浇筑前先进行二级配混凝土入仓试验，二级配混凝土满足入仓和易性要求则采用二级配浇筑。若不能满足混凝土和易性且骨料分离，则建议竖井下部 150m 采用一级配，竖井 150m 以上采用二级配。表 4.3.5-1 为 C30W10F100 混凝土流动性参数表。

表 4.3.5-1　　　　　　　C30W10F100 混凝土流动性参数表

引水上下竖井深度/m	坍落度/mm	扩散度/mm	砂率/%
0~100		350~450	42~44
100~200	200~280	400~550	43~45
200~350		500~650	44~46

混凝土的拌制必须严格按试验室配料单上确定的配合比进行，不得随意更改。混凝土在拌和楼拌好后，用 $9m^3$ 搅拌车运至施工现场。如果运输时间过长、或因故停歇过久导致坍落度过小时应送实验室处理，严禁私自加水；混凝土出现初凝时，应作废料处理。

竖井混凝土配合比经溜管运输后对混凝土浇筑离析、混凝土入仓温度、混凝土初凝时间、混凝土强度等方面存在不同程度的影响。混凝土配合比参数对竖井混凝土浇筑影响较大，在后续施工中需不断优化调整。

混凝土浇筑前，拌制混凝土进行配合比生产性试验，从井口通过溜管下溜至井底，再根据现场实际情况适当调整配合比。若混凝土长时间不能及时供应，为满足施工需求可选择初凝时间较长配合比。

4.3.5.2 钢筋制安

上下弯段钢筋由钢筋加工厂统一加工制作，材料进场后按照规范要求的批次和种类取样送检。根据钢筋设计图纸绘制钢筋大样图，编制钢筋下料表，明确每个施工段落的钢筋形式、规格、数量、尺寸，加工时严格按照大样图和下料表进行加工。半成品加工好后，挂牌标识并分类存放，施工时运输至施工工作面。施工中钢筋严格按设计要求进行安装，并保证安装质量符合设计及规范要求。

钢筋工按下料单上的种类、直径、单根长度、根数在钢筋加工厂下料、加工成型、编号标识并分类堆放，最大钢筋加工长度 4.0m。钢筋运输至上平洞人工卸车后，逐根搬运至吊笼内（不超过 4t），采用 15t 卷扬机运输至井底滑模材料堆放平台，待浇筑过程使用。

其钢筋制作符合下列要求：

(1) 钢筋的调直和除锈应符合：①钢筋的表面应洁净，使用前应将表面污渍、锈皮、鳞锈等清除干净；②弯曲的钢筋应矫直后，才允许使用，其矫直冷拉率不得大于 1%。

(2) 钢筋成型应预先放样，成型后的钢筋必须完全与放样吻合，若不吻合，必须调整，直到符合要求为止。

(3) 钢筋的弯制应符合设计要求，对加工好的钢筋，应挂牌标识。

(4) 施工人员按施工部位到钢筋加工厂领取已加工好的并经过检查的钢筋，用运输车运至施工现场，按编号标识分类堆放。钢筋采用汽车运至上平洞，利用卷扬机垂直吊运至滑模材料平台，平台堆放的钢筋不超过 4t。当滑模安装完毕后即可开始钢筋绑扎工作。钢筋绑扎时，竖向分布筋可适当超前，但环向主筋位于滑模上方 $150\sim200$cm，应在混凝土滑升过程中，根据滑升高度及时跟进，竖向分布筋及主筋采用搭接。当先浇筑下平洞衬砌混凝土时，与竖井连接部位需预留竖井衬砌的钢筋，钢筋长度按照接头规范错开 50%，错开长度 $35d$ 以上（不小于 50cm），即一根预留 80cm，另外一根预留 180cm。为保证钢筋安装的质量，必须按照测量精度要求布设架立钢筋。间排距 $2.5\sim3.0$m，架立筋焊接固定在井壁锚杆上或插筋上。架立筋加固好后用粉笔按钢筋的间距在架立筋上做好标识，按标识安装钢筋并用铅丝隔空绑扎牢固。钢筋按先外层后内层，按先从下往上绑扎竖向钢筋，然后环向钢筋，最后联系筋的顺序绑扎，钢筋端头的位置拉线控制，严格按钢筋施工规范施工。钢筋安装前经测量放线控制高程和安装位置，采用人工架设。钢筋安装的位置、间距、保护层及各部分钢筋的大小尺寸，严格按施工详图和有关设计文件进行。为保证保护层的厚度，钢筋和模板之间设置强度不低于设计强度的预埋有铁丝的混凝土垫块，并与钢筋扎紧。安装后的钢筋加固牢靠，且在混凝土浇筑过程中安排专人看护经常检查，防止钢筋移位和变形。钢筋安装应符合下列要求。

（1）利用架管搭设施工平台，人工安装钢筋。

（2）钢筋安装前进行测量放样，确定钢筋安装位置，先进行架立筋安装，各排钢筋之间用短钢筋支撑，以保证位置准确。

（3）钢筋间排距、搭接长度、预埋件加固、保护层大小等允许偏差符合相关规定。

（4）钢筋连接采用搭接焊。搭接时其搭接长度满足要求。同一搭接区段内钢筋接头面积不大于全部钢筋面积的 50%。

（5）在构件的受拉区，绑扎接头不得大于 25%，在构件的受压区不得大于 50%。

（6）钢筋接头避开钢筋弯曲处，距弯曲点的距离不得小于钢筋直径的 10 倍。

（7）现场所有焊接接头均由持有电焊合格证件的电焊工进行焊接，以确保质量。

（8）施工缝、结构缝处钢筋不断开，连续铺设。

4.3.5.3 混凝土浇筑

混凝土从拌和站到施工现场采用 9m³ 混凝土罐车运输。混凝土浇筑采用一台 HBT60C 混凝土泵泵送入仓。开始浇筑前，第一车采用 M30 砂浆 1.0m³；用砂浆对输送管道进行润湿，然后就可以开始浇筑混凝土，进入到正常的浇筑阶段。

泵送混凝土必须对称浇筑，两侧浇筑面高差最大不得超过 0.5m，避免混凝土单边浇筑形成人为的混凝土侧压力，造成模板移位跑模；在浇筑过程中，必须保证混凝土的密实度。

混凝土下料前先湿润溜槽、溜管。浇筑第一仓前，应在老混凝土面上铺一层 2～5cm 水泥砂浆。混凝土应均匀上升，高差不得超过 30cm。按一定方向、次序分层、对称平仓，分层高度 30cm。满足上层混凝土覆盖前下层不出现初凝，要求混凝土入仓下落高度不大于 2.0m，严禁混凝土直接冲击滑模。

混凝土的坍落度应严格控制在 20～28cm，并应根据气温等外部因素的变化做调整。对坍落度过小的混凝土应严禁下料，既要保证混凝土输送不堵塞，又不至于料太稀而延长起滑时间。混凝土采用软轴振捣器对称振捣，振捣时间以混凝土不再显著下沉，不出现气泡，并开始泛浆为准。混凝土振捣棒距模板 20cm，严禁触动钢筋、止水和滑模。

缓冲器每 18m 布置一个，为便于清理及防止缓冲器堵塞，下部缓冲器顶部设置活动门。混凝土通过溜管经溜筒，流入分布溜槽入仓。竖井平面上均匀布置 8 道溜槽。

浇筑过程中应注意的事项：为避免浇筑过程中混凝土离析，要求混凝土的浇筑下落高度不得大于 1.5m；混凝土浇筑到最后收仓时，混凝土的浇筑顺序应为由上坡向下坡方向；为确保拱顶混凝土不出现空洞等质量缺陷，封顶混凝土适当提高混凝土流动性，并采用附着式振捣器或者人工振捣的方式将拱顶浇筑混凝土随着浇筑进度捣固密实。每仓混凝土浇筑均采用埋设冲天泵管的形式，确保顶拱浇筑的密实性。

现场钢筋的连接采用绑扎，加固采用手工电弧焊焊接。当钢筋与止水发生矛盾时，钢筋应避开止水绑扎。钢筋接头分散布置，并符合设计及相关规范要求。

1. 初始滑升

首批入模的混凝土分层连续浇筑至 40～60cm 高后，当混凝土强度达 0.2～0.3MPa 时，即用手按新浇混凝土面，能留有 1mm 左右的痕迹，便开始试滑升。试滑升是为了观察混凝土的实际凝结情况，以及底部混凝土是否达到出模强度。因全部荷载由支承杆承受，应特别注意支承杆、提升架、千斤顶的稳定性及油管接头有无漏油等现象，模板倾斜度是否正常等。

滑模初次滑升要缓慢进行，滑升过程中对液压装置、模板结构以及有关设施的负载条件做全面的检查，发现问题及时处理，并严格按以下步骤进行：第一次浇筑 3～5cm 厚的水泥砂浆（新老混凝土面能较好地结合）；接着按分层厚度 30cm 浇筑 2 层，厚度达到 60cm 时，开始滑升 5cm，检查脱模的混凝土凝固是否合适；第四层浇筑后滑升 20cm，继续浇筑第五层又滑升 15～20cm；第六层浇筑后滑升 15～20cm，若无异常现象，便可进行正常滑升。

2. 正常滑升

滑模经初始滑升并检查调整后，即可正常滑升。正常滑升时应控制速度为 15～30cm/h，每次滑升 5～10cm，控制日滑升高度为 3.0～8.0m，滑升时，若脱模混凝土有流淌、坍塌或表面呈波纹状，说明混凝土脱模强度低，应放慢滑升速度；若脱模混凝土表面不湿润，手按有硬感或伴有混凝土表面被拉裂现象，则说明脱模强度高，宜加快滑升速度。滑模浇筑至接近竖井顶时，应放慢滑升速度，准确找平混凝土，浇筑结束后，模板继续上滑，直至混凝土与模板完全脱开为止。

滑模滑升过程应遵循"多动少滑"，尽量保持滑模平衡。滑模滑升时，采用 PE 管装水，利用连通器原理，进行滑模水平度观测，滑升过程尽量保持滑模水平。滑模滑升过程每日需利用顶部安装的激光天底仪进行定位测量。

4.3.5.4　混凝土养护

在竖井滑模滑升后，混凝土强度较低，混凝土表面存在一定的缺陷，表面不光滑，或出现裂纹，需对混凝土进行抹面，确保施工质量。

抹面前应做充分的防水措施，严禁有渗水、滴水浸蚀混凝土面，并用直尺和弧形靠尺检查表面平整度和曲率。在抹面时还应特别注意接口位置，消除错台，并使其平整，曲面达到曲率要求。抹面时，如发现混凝土表面已初凝，而缺陷未消除，应停止抹面，并及时通知有关部门，待混凝土终凝后，按缺陷处理规定进行修补。

由于竖井段较长，混凝土浇筑时间前后相差一个多月，故滑模滑升后，待混凝土终凝就必须开始洒水养护，且养护时间不少于 28d。抹面平台最下方设置一圈 $\phi 25mm$ PE 管，用间距 50cm 的钢钉扎孔。混凝土初凝后，通水进行混凝土养护。养护水管单独设置阀门，通常情况为半开状态，保持混凝土湿润即可。

衬砌拆模时间符合下列规定：

（1）拆模时间根据混凝土性能和井室气温、跨度因素确定，具体拆模时间根据实际情况定。

（2）拆模时混凝土应达到 8～10MPa。

（3）拆模时应避免衬砌的表面和棱角不被破坏。

（4）混凝土拆模后，应检查其外观质量，有混凝土裂缝、蜂窝、麻面、错台和模板走样等质量问题应及时检查和处理。对混凝土强度或内部质量有怀疑时可采取无损检测法进行检测。

（5）混凝土缺陷修补后应立即进行养护，衬砌混凝土养护的要求有：

1）在衬砌模板拆除后应立即进行洒水养护。

2）混凝土应连续养护，养护期内应始终使混凝土面保持湿润。

3）养护时间不得少于 28d，有特殊要求的部位宜适当延长养护时间。

4）养护应有专人负责，并应做好养护记录。

4.3.5.5　施工缝处理及预埋件安装

（1）施工缝处理。新的一仓混凝土浇筑之前，需对上一仓浇筑的端头混凝土凿毛处理，弯段回填前需对岩锚梁表面凿毛，并进行清理、洒水湿润；对预留钢筋开展清理、除锈工作。

止水与堵头模板同时安装，搭接长度满足设计规范要求，铜止水采用焊接，安装前仔细检查有无裂口、孔眼等缺陷，安装过程禁止打孔、穿铅丝等破坏止水行为，对外露部分止水采取保护措施以防止损坏。焊接完成后进行渗透检查，确保焊接质量且监理验收合格后方可进入下一道工序。

铜止水设置在弯段环向分缝，其他临时分缝按设计要求均设置铜止水。

（2）预埋件安装。模板安装前沿洞壁两侧敷设两根 $50mm \times 5mm$ 的铜排，焊接处均需要进行防腐处理，每隔 20m 与结构钢筋熔接，模板安装完成后进行固结灌浆管安装。

4.4　竖井滑框倒模法施工特点及典型案例

4.4.1　施工特点

滑框倒模法施工工艺特点如下：

（1）滑框倒模法施工工艺的提升设备和模板装置与一般滑模基本相同，亦由操作平台系统、液压提升系统、精度控制系统、模板、滑轨、卸料平台等组成。

（2）模板不与围圈之间连接固定，改为增设一排竖向滑轨。滑轨设置在围圈与模板之间，刚性连接于围圈上，可随围圈滑升，作用相当于模板的支承系统，既可抵抗混凝土的侧压力，又可约束模板位移，且便于模板的安装。滑轨宜采用 $\phi48.3\text{mm} \times 3.5\text{mm}$ 钢管或角钢制作，间距宜为 300mm，均匀布置，长度宜为 1.5～1.8m，其数量应根据计算确定。

（3）模板在施工时与混凝土之间不产生滑动，而是与滑道之间相对滑动，即只滑框、不滑模。当滑轨随围圈滑升时，模板附着于新浇灌的混凝土表面留在原位，待滑轨滑升一层模板高度后，即可拆除最下一层模板，清理后倒至上层使用。模板的高度与混凝土的浇灌层厚度相同，一般为 500mm，可配置 3～4 层。模板的宽度在插放方便的前提下，尽可能加大以减少竖向接缝。

滑动模板的面板可采用钢板或组合钢模板。模板沿滑动方向的总高度宜大于 1.5m，当混凝土外表面为直面时，组合钢模板应横向组装；弧面时，宜选用宽 $0.3\text{m} \times 0.6\text{m}$ 的弧形钢模板。

滑框倒模法施工程序与滑模施工基本一致，主要区别如下：

（1）滑框倒模的安装，与提升架、围圈同期安装的是滑轨，模板可在液压千斤顶、操作台及油路调试合格后插入支承杆、绑扎钢筋等完成后开展，同时初次浇筑混凝土前对其进行临时固定。当滑轨滑升时，模板留在原位混凝土表面，待滑轨滑升一层模板高度后，方可拆除最下一层模板，清理后倒至上层使用。

（2）滑框倒模法提升时的设计荷载应包括滑框倒模自重、操作平台上施工人材物的重量、滑轨与模板之间的摩阻力、垂直运输设备运行时的附加荷载等，值得注意的是，开展滑框倒模自重计算时不包括模板重量。另外，采用滑框倒模法施工时，滑道与模板之间的摩阻力按模板面积计算，其标准值为 1.0～1.5kN/m^2。

4.4.2 典型案例——福建仙游抽水蓄能电站调压井大井段

4.4.2.1 工程概况

福建仙游抽水蓄能电站位于福建省莆田市仙游县西苑乡，距县城约 37km，为周调节抽水蓄能电站。电站装机容量为 1200MW（4×300MW）。枢纽主要包括上水库、输水系统、地下厂房系统、地面开关站及下水库等工程项目。输水系统设尾水调压井，位于在岔管后 27m 处的尾水隧洞旁，由调压大井、小井、弯管连接段及尾水调压室通气洞组成。调压大井混凝土衬砌厚度 0.8m，衬后净断面为 $\phi14.0\text{m}$，高度 82.0m；小井混凝土衬砌厚度 0.5m，衬后净断面为 $\phi4.8\text{m}$，高度 35.8m；弯管连接管连接尾水隧洞和调压小井，衬砌厚度 50cm，衬后 $\phi4.8\text{m}$，高 10.9m。以下主要介绍调压井大井段的滑框倒模法的施工过程。

4.4.2.2 滑模设计

整个滑模装置主要由模板、滑杆、提升柱、上平台（材料堆放平台）、主平台（操作盘）、下平台（拆模、养护、消缺平台）、支承杆、液压系统等几部分构成，总重约 31t。

（1）模板。模板由标准模板和非标准模板组成，标准模板尺寸为 120cm×40cm，模板之间采用标准扣件连接。非标准模板安装于每层（圈）模板安装时闭合封口处，结构、功能均与标准模板相同。

（2）提升柱。提升柱形似"F"型框架，由双根[22a 槽钢及钢板（厚 10mm）焊接组合而成，柱框高 2.5m，布置 24 个提升柱，24 只穿心式千斤顶。提升柱主要用于支撑模板、围圈、滑模工作盘，并且通过安装于其顶部的千斤顶支撑在支承杆上，整个滑模荷载将通过提升柱传递给支承杆。

（3）操作平台。上平台主要用于钢筋等材料临时堆放及作为混凝土入仓的操作平台。上平台重 8t，外圈直径为 13.47m，为[22a 槽钢与角钢组合而成的网状结构平台，基面铺设 2mm 厚钢板，平台中部预留 7.9m×2m 长方形缺口，周边采用槽钢形成内底圈及外底圈进行固定。

主平台位于上下平台中间，是滑模施工的主要工作场地。主平台支撑于提升柱的主体竖杆上，通过提升柱与模板连接成一体，并对模板起着横向支撑作用。主平台重 7.6t，内圈直径 10.7m，外圈直径 13.7m，为[22a 槽钢与角钢组合而成的圆环形桁架结构平台，平台行走面铺设 4cm 厚松木板。

下平台为拆模、养护、修面、消缺处理的工作平台，采用[8 槽钢及[6.3 槽钢制作，下平台均为圆环形。下平台铺设松木板，周围设护栏和安全网。下平台重 2.85t，内圈直径 10.6m，外圈直径 13.4m。

（4）支承杆。支承杆的下端埋在混凝土井壁内，上端穿过液压千斤顶的通心孔，承受整个滑模荷载，将其传递给井壁，支承杆作为井壁竖筋的一部分存留在混凝土井壁内。根据选择的液压滑模千斤顶规格，选择 ϕ48mm×3.5mm 钢管作支承杆。支承杆的连接采用内部套 ϕ36mm 钢筋进行连接。

（5）液压系统。爬升动力选用 10t 穿心式千斤顶，爬升行程大于 30mm，液压控制台为 YXT-56 型自动调平液压控制台。高压油管主管选用 ϕ16mm；支管选用 ϕ8mm，利用直管接头和四通接头同控制台和千斤顶分组相连。

4.4.2.3 滑模安装

滑模的安装顺序为：主平台框架→提升柱→支承杆（千斤顶同步安装）→下平台→上平台→液压控制系统→模板。ϕ14m 滑模由于主平台结构较重（7.6t），需分块吊装至安装位置后再进行主平台、提升柱、支承杆及千斤顶的拼装。拼装完成后靠自身的液压动力将主平台抬升至一定高度，随后进行下平台和上平台的安装。

滑模组检查合格后，试滑升 3～5 个行程，对提升系统、液压控制系统、盘面及模板变形情况进行全面检查，发现问题及时解决，确保施工顺利进行。注意：$\phi 14m$ 滑模安装前，要求大井段底板浇筑完成以形成安装平台。

4.4.2.4　滑模施工

1. 钢筋制安

模体就位后，进行钢筋绑扎与连接。$\phi 14m$ 衬砌段环向钢筋 $\phi 25mm$ 间距 200mm，每圈分为 5 段焊接连接。滑升施工中，纵向钢筋 $\phi 20mm$ 间距 200mm，钢筋加工成 4.5m。钢筋的安装应及时跟进，尽量缩短或消除对浇筑工序的影响。混凝土浇筑后必须露出最上面一层横筋。为保证钢筋的保护层厚度，在钢筋与模板之间放置砂浆垫块。垫块采用预埋铁丝和钢筋绑扎固定。

2. 模板拆除与安装

模板使用前必须清理干净并涂上脱模剂。安插模板时，顶层模板口上的砂浆必须清理干净，使接缝严密。模板采用 120cm×40cm 标准钢模板，首次安装高度为 1.2m。施工进入正常浇筑和滑升状态后，当混凝土浇筑至模板高度的 2/3 时进行平台滑升，当下部模板脱离滑杆的约束后，拆除最下层模板，并将其安装至当前顶层模板的上层。

滑模衬砌时应尽量保持连续施工，并设专人观察和分析混凝土表面情况，根据现场条件确定合理的滑升速度和分层浇筑厚度。滑升过程中有专人检查千斤顶的情况，观察支承杆上的压痕和受力状态是否正常，检查滑模中心线及操作平台的水平度。

3. 混凝土施工

浇筑过程中放料不能太快，而且要连续放料，如果放料太快会导致堵管。衬砌混凝土等级均为 C25W8F50，滑模施工采用溜筒入仓，溜筒采用 $\phi 219mm×4.5mm$ 钢管制作，钢管每节长 3m，溜管之间用法兰连接，溜管通过井壁上的锚筋固定在井壁。为了防止混凝土下料高度太高出现骨料分离现象，在溜筒中部每间隔 15m 设置一个缓降器。搅拌车运料至尾水调压室通气洞后，直接下料至布置于井口的溜管受料斗。为方便布料，模体的操作平台上安设一个可 360°旋转的混凝土自制布料机，垂直溜管与布料机之间采用 45°斜溜管连接。45°斜溜管通过钢桁架固定于上平台，斜溜管上端设置一个接料漏斗，用于接受垂直段溜管输送下来的混凝土，并经斜溜管转运至布料机上。布料机底部安装 45°溜管将混凝土均匀卸料至仓面四周。

滑模滑升要求对称均匀下料，分层浇筑，分层厚度为 25～30cm。入仓采用滑模架上的布料机均匀布料，采用插入式振捣器振捣，尽量避免直接振动支承杆及模板，振捣器插入深度不得超过下层混凝土内 50mm。

4. 平台滑升

混凝土初次浇筑和模板初次滑升应严格按下列步骤进行：第一次浇筑 50mm 砂浆，接着按分层 30cm 连续浇筑，在浇筑至模板高度的 2/3 位置时，进行第一次滑升，平台一次正常滑升高度为 30cm，当最下部一层模板露出后即进行拆模作业。滑升后对已露出的最下部模板开展拆模作业，拆模后检查露出的混凝土的固化状态，并据此推算下一次滑升时间。后续浇筑中根据每次拆模的混凝土状态确定滑升时间，之后即可进行正常浇筑和滑升。正常滑升每次间隔按 1.5h，控制滑升高度 30cm，日滑升高度控制在 5.0m 左右。滑升前混凝土应浇筑到模板高度的 2/3 处，模板上缘距混凝土表面预留 40cm 左右浇筑层厚度。

注意事项：模板初次滑升要缓慢进行，并在此过程中对提升系统、液压控制系统、盘面及模板变形情况进行全面检查，发现问题及时处理，待一切正常后方可进行正常浇筑和滑升。滑模正常滑升根据施工现场混凝土初凝、混凝土供料、施工配合比、施工环境温度等具体情况确定合理的滑升速度。

5. 测量与纠偏

由专业人员采用全站仪对模板位移情况进行测量。测量与纠偏是滑模施工的关键，滑模每提升一次，均需进行测量，发现偏差，及时纠偏。

当偏移值大于 1cm 时，必须进行纠偏，纠偏的常用措施为：改变混凝土入仓顺序，通过下料、振捣等自然力挤压模板回归原位；用螺旋千斤顶通过井壁向主平台施力；调整平台的水平度，施工时应尽量保持平台水平。

6. 混凝土养护与缺陷修补

混凝土脱模后及时养护。采用喷淋养护，由于混凝土出模强度较低，注意喷淋的角度以及压力不宜太大。混凝土表面修整是关系到结构外表和保护层质量的工序，当混凝土脱模后，若发现表面缺陷，用抹子在混凝土表面作原浆压平或修补，如表面平整亦可不做修整。

7. 支承杆的安装接长

支承杆在同一水平内接头不超过 1/4。因此第一套支承杆要有 4 种以上长度规格，错开布置，正常滑升时，每根支承杆长 3.0m，要求平整无锈皮，当千斤顶滑升距支承杆顶端小于 350mm 时，应接长支承杆，接头对齐。

支承杆采用内置的直螺纹接头连接，连接后采用管钳旋紧。支承杆接长后，要注意其垂直度，发生倾斜的应予以纠正。当千斤顶滑过支承杆后，采用钢筋对支承杆进行焊接。

4.4.2.5 滑模拆除

1. 拆除方案

φ14m 滑模重量大，采用卷扬提升系统拆除时需在滑模下部设置拆模平台。停滑后，将滑模上平台拆除，随后安装拆模平台。拆模平台安装完成后，首先将下平台逐块拆卸、吊运，共计 24 块，然后拆除主平台模板，最后拆除液压爬升系统及主平台。

拆除液压系统前，需先用方木、钢材等材料支撑起整个主平台，之后对液压千斤顶卸载，拆除千斤顶、提升柱，最后对主平台拆解、吊运。

滑模拆除时以电动葫芦提升系统及辅助提升系统作为拆除起吊设备，水平移动至起吊位置采用手拉葫芦牵引。

2. 拆模平台设计

拆模平台布置于 315.3m（距井口 4.5m），该高度由尾水调压室通气洞的拱肩高度（2m）及滑模的高度（6m）决定。拆模平台采用 2［16a 槽钢制作承载梁，按单向梁布置，布置间距定为 1m，全断面共布置 14 根 2［16a 槽钢。衬砌混凝土浇筑时，在 315.3m 一圈布置 28 块预埋板作为槽钢焊接固定点，14 根槽钢均焊接固定于埋板上。拆模平台全断面铺设 4cm 厚木板，木板需固定于槽钢上。

4.5 斜井滑模法衬砌施工

4.5.1 技术发展

斜井滑模法施工包括适用于陡倾角和缓倾角的不同施工技术。对于缓倾角斜井，采用模板台车衬砌的技术较为成熟。由于抽水蓄能及常规引水电站中陡倾角斜井更为典型，本节主要针对陡倾角斜井开展论述。

借鉴竖井的液压顶升滑模施工工艺用于斜井工程的案例较少，仅在石门坎、猴子岩等部分水电站斜井工程中有所应用。实践表明，液压顶升滑模施工工艺更适用于牵引系统与材料运输系统存在较大的施工干扰的情况。由于滑模滑升的牵引力方向（顺隧洞轴线）与滑模体自身的重力方向（垂直向下）存在较大的夹角，完全采用液压顶升滑模施工工艺，依靠千斤顶提升来牵引模体，模体偏心受力，在滑升过程中容易发生模体偏斜、上浮及轨道变形等故障。早在 2010 年云南普洱李仙江流域的石门坎水电站斜井采用这种工艺（郭继怀等，2011）。该工程引水隧洞斜井段设计长度为 35.41m，斜井内半径为 4.3m，外半径为 4.8m。通过在已浇筑的混凝土上设置 14 个支承杆（ϕ48mm 钢管），顶部分别安装液压爬升千斤顶顶升滑模在滑轨上滑升。工程实践中，滑模在初期滑动 5m 左右后，再次滑动时，因阻力过大而停滑。2015 年，在响水涧抽水蓄能电站下水库尾水斜井施工时（郑振等，2015），最初也考虑采用该方案。在进一步实施时经过分析，仍然采用了成熟的 LSD 连续滑模技术。值得考虑的是，这种技术也有其可取之处，2017 年，在四川猴子岩水电站出线洞施工中（王峻等，2017），由于城门洞室断面 6.52m×6.78m 相对有限，衬砌用的钢筋、混凝土溜槽等从上平段进入时，所布置的牵引系统将与材料运输系统存在较大的施工干扰，而城门洞形断面带来边墙、顶拱部位的模板受力不均匀，相应部位的滑模滑升行程及方向不完全一致，极易出现滑升偏移等现象。该工程借鉴竖井的液压顶升滑模施工工艺，有效解决了上述问题。该滑模结构依靠均布于（间距 90cm）台车边顶拱范围内的 QYD-60 滚珠式穿心式千斤顶提升爬升动力，沿埋置于衬砌混凝土内的 ϕ48mm 钢管作为支承杆，顶升滑模台车沿底部钢轨上升。由于这种施工工艺应用案例少，《水电水利工程竖井斜井施工规范》（DL/T 5407—2019）中，仅说明"斜井采用有轨滑模衬砌时，滑模牵引方式宜采用连续拉伸式液压千斤顶抽拔钢绞线，也可采用卷扬机、爬升器等方式"，没有将这种采用穿心式液压千斤顶列入，而在《水工建筑物滑动模板施工技术规范》（DL/T 5400—2016）中，将采用穿心式液压千斤顶的工艺（原规范的 2007 版条文）进行了保留，仅适用于长度较短的斜井（如去学水电站 87.53m 斜井采用 YCQ250 型穿心式液压千斤顶），实际上在上述空间受限、存在较大施工干扰的特殊情况，该工艺仍有其独特使用价值。

我国的斜井滑模早期的典型案例为 1981 年白山水电站引水斜井混凝土衬砌（潘寅忠，1983）。该工程创造性地采用卷扬机牵引模体进行滑模施工并获水电部科技进步奖一等奖。但该技术存在施工布置复杂、卷扬机牵引力较小、容绳量有限等不足。1990 年前后施工的广州抽水蓄能电站引水斜井，混凝土衬砌引进了国外 CSM 公司研制的间断式滑模系统（关雷等，1993）。该技术在中梁和模板体系（包括模板支撑架及平台）各布置一套爬升系统，首先通过布置在中梁上的 4 台钢缆爬升千斤顶提升梁体系滑升，然后沿布置在中梁上的爬升杆牵引模板体系向上滑升。由于中梁提升需要频繁地松开、锁定支撑，完成后再提升模板系统，每次循环可以连续滑升 12.5m 后停滑，形成一道环形施工缝。因此，该工艺是一种周期性间断滑模，无法实现连续滑升。

在广州抽水蓄能电站 CSM 间断式滑模技术的引进过程中，中国水电十四局即参与其中。因此，在随后 1998 年的天荒坪抽水蓄能斜井施工中，在该技术消化吸收再创新的基础上，中国水电十四局研发应用了 XHM-7 连续式滑模技术（熊训邦等，1998）。该滑模技术将模板、工作平台、中梁与前后滑轮等形成一个整体结构。在每组前行走轮的前后共装 4 台 P38 型液压爬升器，利用轨道作为爬升杆，爬升器沿轨道向上爬行带动滑模滑升。该滑模总体的受力状况清楚，其结构比 CSM 公司的滑模大大简化，实现了不间断连续滑升。但爬升器牵引力作用点在模体的底部，而滑升阻力的合力作用点理论上是在模体的中心，由此产生的偏心力矩导致模体变形、底拱上抬、爬升器上拔轨道以致停滑等一系列不利问题。

2004 年，中国水电一局结合浙江桐柏抽水蓄能电站引水斜井施工（常焕生等，2005），针对上述各种斜井滑模系统存在的不足开展科研攻关，研制成功了 LSD 斜井滑模系统。这种技术选用连续拉伸式液压千斤顶作为牵引设备。该设备被《水工建筑物滑动模板施工技术规范》（DL/T 5400—2016）、《水电水利工程竖井斜井施工规范》（DL/T 5407—2019）等现行规范推荐而成为主流。为了避免模体偏心受力、牵引力与滑动模板阻力的合力形成力矩，导致出现如天荒坪施工中模体偏转的问题，在桐柏抽水蓄能电站斜井工程中采用将两台千斤顶安装在中梁第一节上的方案，通过受力分析使牵引力合力的方向与滑升阻力的合力方向保持一致，有效解决了偏心问题。另外，通过在千斤顶上下设置两层具有自锁和手动锁定功能的夹持器，不需要像 XHM‐7 连续式滑模系统那样增设两台卷扬机作为保护措施。

在上述工程实践及技术创新的基础上，中国水电一局、中国水电十四局共同研发形成了《连续拉伸式液压千斤顶——钢绞线斜井滑模系统施工工法》被住房和城乡建设部评定为 2005—2006 年度国家二级工法。该工法工艺原理为：在斜井混凝土衬砌滑模模体上安装 LSD 液压提升系统，该系统由两台 LSD 连续拉伸式液压千斤顶、液压泵站、控制台、安全夹持器等组成。通过控制台操作液压泵站及千斤顶进行工作。液压千斤顶通过上下夹持器的交替动作来拉伸钢绞线，以达到提升模体的作用；安全夹持器可防止钢绞线回缩。液压泵站设有截流阀，可控制千斤顶的出力，防止过载。模体所受牵引力与斜井轴线基本重合，以避免偏心受力。钢绞线上端锚固在上弯段顶拱围岩中，或固定在安装于上弯段的钢构架上。该工法的完成标志着我国斜井滑模技术基本成熟。

在后续的龙滩水电站、清远抽水蓄能电站、惠州抽水蓄能电站斜井工程中，中国水电十四局基本延续了上述工法的做法。值得注意的是，两个公司的具体做法仍然有各自的特点。如中国水电十四局的连续式斜井滑模，钢绞线均固定在安装于上弯段的钢构架上，而中国水电一局通常将其锚固在上弯段顶拱围岩中；连续拉伸式液压千斤顶形式也有差异，中国水电十四局习惯采用 4 台 TSD40‐100 型液压千斤顶（也叫液压爬升器），中国水电一局采用 2 台 LSD 连续拉伸式液压千斤顶，相应钢绞线数量、位置也有所不同。在 2008 年建设的瀑布沟水电站斜井工程中（曹东等，2008），基本沿用了中国水电十四局的技术，采用了 4 台液压爬升器牵引，上部吊点固定装置最先考虑在上弯段的钢构架上，但因为弯段和斜井前期已经开挖完成，后期再进行梁窝二次扩挖施工难度较大，且梁窝部位的岩体因前期爆破围岩松弛难以承载钢横梁。最终调整为锚固在上弯段顶拱围岩中。另外在该工程中，通过锚索吊耳与钢绞线连接器的方案比较，每组钢绞线采用连接器式成本节约近 2 万元，自此钢绞线连接器成为锚索与钢绞线连接的主流技术。对于牵引点的布置，到底是 4 个还是 2 个更好，《水工建筑物滑动模板施工技术规范》（DL/T 5400—2016）中的规定为"滑动模板牵引点应至少 2 个，以洞轴线为中心对称布置"，并在条文说明中指出"滑动模板设置两个牵引点，结构简单，受力明确。但对较大洞径的模体，牵引点偏少，修改为了至少设置 2 个"。实际上，在 2019 年建设的大岗山水电站斜井中（雷宏，2020），洞径为 10m，滑模总重 44t，采用了 4 个牵引点；而同期建设的官地水电站斜井（郭新海，2020），洞径为 11.8m，滑模总重 55t，仅采用了 2 个牵引点。因此，洞室大小不是决定牵引点设置个数的制约因素。理论上讲，牵引点个数越多，锚固单个锚索受力越大，要求锚固长度较长，对于岩石条件较好时更为有利；而在实际建设中，牵引点的个数越多，钢绞线及液压设备越多，对施工方的技术要求更高些，因此，需要各施工方结合自身经验具体考虑。

连续式斜井滑模均采用中梁、平台及模板整体式结构，主流作业平台一般设置五层，分别承担不同的施工用途。大岗山、官地水电站及仙游抽水蓄能电站等多个工程均采用这种主流平台布置。其中最上层为操作平台，作为液压设备的操作及材料存放平台；第二层为浇筑平台，作为混凝土分料、下料平台，在大岗山水电站浇筑平台中心位置，布设旋转分料系统，杜绝了分料过程中撒料现象，避免后期废料清理；第三层为模板平台，开展钢筋安装、混凝土振捣作业；第四层为抹面平台，开展混凝土抹面养护、质量检查、缺陷处理作业；最底层即第五层为尾部平台，用来拆移后行走轮下铺设的槽钢等作业。这 5 层平台随滑模同步滑升，保证混凝土浇筑与钢筋安装及预埋件施工等备仓工作同步进行。

运输系统作为混凝土、钢筋等材料及人员上、下运输通道，其行走轨道与滑模轨道共用。运输小车采用卷扬机或绞车牵引，运输小车不得同时运载人员和材料，以保证人员安全。如采用两台卷扬机，应在运输小车上设置平衡装置。为避免钢丝绳断裂造成下方人员安全事故，增加了设计过载保护装置或断绳保护装置的要求。此方面中国水电十二局、三局有多个工程应用和成功经验。中国水电十二局在黑麋峰抽水蓄能电站斜井施工时，采取了系列安全保障设施：采用双绳牵引、平衡油缸方案，无线遥控急停装置，激光测距报警器，闭路电视监控系统，超载自动报警停机控制装置，行程限位器，断绳保护装置等。

在龙滩水电站，开展了利用滑膜进行下三角体施工的实践，取得了良好的效果。该技术在后来的惠州、蒲石河等系列工程推广，成为普遍采用的工程措施。

表 4.5.1-1 列出了我国采用斜井滑模技术的部分典型工程的特征参数。

4.5.2　滑动模板系统组成

斜井混凝土滑动模板装置包括滑动模板系统、牵引系统、行走系统、送料及入仓系统、通信信号及控制系统等。以下主要对连续式斜井滑模系统组成进行说明。大岗山水电站斜井滑模系统示意见图 4.5.2-1。

表 4.5.1－1　　　我国采用斜井滑模技术的部分典型工程的特征参数表

技术		工程	斜井特征			建成年份
			单斜井长度/m	洞径/m	倾角/(°)	
卷扬机配滑模拉升法	卷扬机牵引技术	白山水电站	52.11	8.7/7.5	60	1981
	CSM间断式滑模	广州抽水蓄能电站	753.66	9.7/8.5	50	1990
	XHM系列滑模	天荒坪抽水蓄能电站	697.37	8/7	58	1998
		龙滩水电站	85.96	11.2/10	55	2006
		清远抽水蓄能电站	354.587	10.4/9.2		2013
		惠州抽水蓄能电站	341	9.7/8.5	50	2008
		小湾水电站出线洞			32	
		瀑布沟水电站	550.33	10.7/9.5	55	2008
	LSD滑模系统	桐柏抽水蓄能电站	363.12	6.5/	50	2004
		宝泉抽水蓄能电站	398	7.5/6.5	50	2008
		江边水电站	272.207	6.7/5.5	55	
		去学水电站	87.53	8.2/7	53.81	2017
		蒲石河抽水蓄能电站	182/199	9.3/8.3	55	2010
		黑麋峰抽水蓄能电站	449.05	10.1/8.5	50	2010
		大岗山水电站	128	12/10	60	2019
		仙游抽水蓄能电站	388	7.7/6.5	50	2015
		响水洞抽水蓄能电站	82.4	7.8/6.8	45	2015
		官地水电站	78.22	13.8/11.8	60	2019
液压顶升滑模台车		石门坎水电站	35.41	8.6/9.6	50	2010
		猴子岩水电站	703.6	6.72×6.78/ 5.52×6.18	45	2017

注　本表单条斜井长度统计时，由于口径不统一，部分工程仅为上斜井或下斜井长度，部分为斜井总长度。

4.5.2.1　滑动模板系统

滑动模板系统是指包括模板、工作平台、中梁等的整体结构。《水工建筑物滑动模板施工技术规范》（DL/T 5400—2016）中规定的模板结构：

（1）应将滑动模板设计成上大下小的锥体，锥度宜为 0.4%～0.6%。

（2）滑动模板应由面板、加劲肋、纵向檩条和支撑桁架等组成，宜将其设计成组合结构。面板宜采用 4～10mm 厚的钢板制作。要求檩条的变形量不大于 1/1000 计算跨度。支撑桁架节点变形应小于 3mm。

（3）底拱模板长度宜为 1.2～1.5m，顶拱模板长度宜为 1.5～2.0m。

中梁是模板系统的主要支承构架，其结构形式及长度根据洞径、作业平台位置决

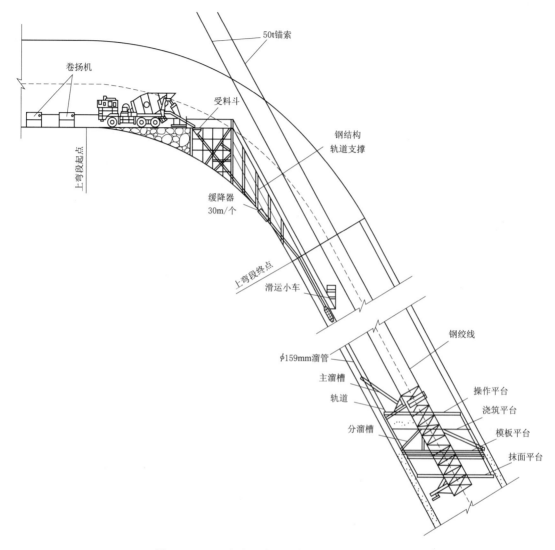

图 4.5.2-1 大岗山水电站斜井滑模系统示意图

定，可分多节组装，整体主要是用角钢和槽钢等型钢焊接而成的桁架结构。如在江边水电站斜井施工中，将中梁布置于洞中心，中梁中心线与洞中心线相重合，梁高1.8m、宽1.5m，全长14.1m，共分三节制作完成。第一节长3.5m，主要布置前行走轮和液压千斤顶；第二节长6.0m，主要布置钢筋绑扎平台和面板及支撑系统；最后一节长4.6m，主要布置后行走轮和抹面平台。大岗山水电站中梁主架同样分为前架、中架、尾架，各部分作用与江边工程类似。大多数连续式斜井滑模中梁基本都采用这一布置模式。连续式斜井滑模中梁基本布置模式见图4.5.2-2。官地水电站支撑钢构架结构略有不同，在中梁及模体框架下部单独设置大梁，大梁作为前后行走轮的直接受力结构。官地水电站斜井中梁钢构架布置见图4.5.2-3。

滑动模板大多为专业厂家设计。设计荷载应包括自重、施工荷载、冲击力、浮托力、摩阻力、风荷载、新浇混凝土对模板的侧压力和浮托力，及其他额外的荷载。自重分为模板系统、操作平台系统的自重和配重，操作平台上的施工人员、材料和机具设备的重量，以及顶拱新浇混凝土及钢筋自重。施工荷载指操作平台上设置的运输设备运转时的额定附加荷载。冲击力分为卸料对操作平台的冲击力，以及向模板内倾倒混凝土时混凝土对模板的冲击力。摩阻力分为模板滑动时混凝土与模板之间的摩阻力，以及滑动模板前轮、后轮与轨道及垫板之间的摩擦力。

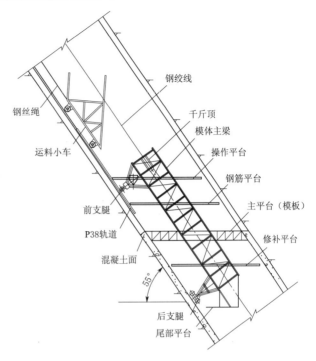

图 4.5.2－2　连续式斜井滑模中梁基本布置模式

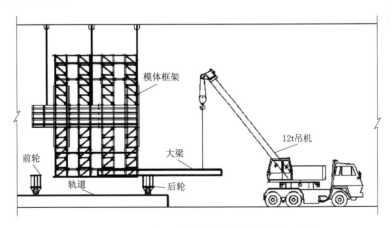

图 4.5.2－3　官地水电站斜井中梁钢构架布置

作业平台如上节所述，通常设置操作平台、浇筑平台、主（模板）平台、抹面平台、尾部平台共五层，分别承担不同的施工用途，均为型钢焊接的构件，通过螺栓与模架中主梁连接，平台上满铺竹跳板或木板。大岗山、官地水电站及仙游抽水蓄能电站等多个工程，以及初期的广州抽水蓄能电站斜井均采用了4层平台，没有考虑尾部平台，惠州抽水蓄能电站将浇筑平台、模板平台共用，也采用了4层布置方案。

4.5.2.2 牵引系统

牵引系统包括钢绞线及其锚固设置、连续拉伸式液压千斤顶、液压泵站及控制系统，以及限位器、安全夹持器等。液压泵站及控制系统一般布置在操作平台上。安全夹持器一般安装在千斤顶前方的中梁横梁上，是液压提升设备的一个关键承力部件，在模体运行过程中必须经常对夹片进行检查，若出现异常声响，应立即停机检查夹片的工作情况，损坏的夹片必须及时更换。

在上节的发展历史中，介绍了如中国水电十四局与中国水电一局在牵引系统的技术路径差异。即中国水电十四局倾向于将钢绞线均固定在安装于上弯段的锁定梁上，而中国水电一局通常将其锚固在上弯段顶拱围岩中；中国水电十四局习惯采用 4 台 TSD40-100 型液压千斤顶（也叫液压爬升器），中国水电一局采用 2 台 LSD 连续拉伸式液压千斤顶，相应钢绞线数量、位置也有所不同。首先，从锚固方式施工难度及可靠度来看，采用锁定梁需要进行各种钢材的焊接，两侧依靠多根锚杆与岩石锚固，施工工序较多，受力相对复杂，而采用预应力锚索锚固的计算理论基本成熟，受力简单，施工工艺单一；其次，实施锁定梁需要进一步对上弯段两侧岩体二次掏挖，而预应力锚索对岩体影响相对较小，符合新奥法少扰动的要求；另外，高强度低松弛无黏结钢绞线与锁定梁连接采用设置吊耳的固定锚具，而与预应力锚索采用钢绞线连接器。根据瀑布沟电站斜井资料显示，每个吊耳的造价约 2.2 万元，而每个连接器仅 450 元，无疑预应力锚索在与钢绞线连接方面具有较大价格优势。因此，采用预应力锚索锚固目前是主流的锚固措施。在 2008 年建设的瀑布沟水电站斜井工程实际施工中，基于上述考虑将锁定梁上锚固调整为上弯段顶拱围岩锚固，进一步说明预应力锚索锚固的优越性。

采用预应力锚索锚固时，锚固孔布置在钢绞线与上弯段顶拱相交处，钢绞线布置在斜井的中心线位置，一般为两束与斜井中心线平行的钢绞线，间距为 4~5m。需要根据《水电工程预应力锚固设计规范》（NB/T 10802—2021）计算锚固段长度。图 4.5.2-4 为某工程预应力锚索锚固示意图。

锁定梁装置通常布置在斜井上井口，主要由锁定梁钢缆固定支座、固定锚杆及锁定梁预紧装置组成。某工程锁定梁锚杆布置，牵引支架梁采用 4 根 I63a 工字钢（2 根为一组）加工而成，工字钢两端固定在井壁的钢筋混凝土基础上（如龙滩水电站斜井）或通过支腿、定位钢板与预埋设锚杆焊接（如清远抽水蓄能电站斜井，如图 4.5.2-5）。

无论采用何种方式，均应满足《水工建筑物滑动模板施工技术规范》（DL/T 5400—2016）中的规定：

（1）地锚、岩石锚固点和锁定装置的设计承载能力应不小于总牵引力的 3 倍。

（2）牵引钢丝绳的承载能力应为总牵引力的 5~8 倍。钢绞线的承载能力应为总牵引力的 4~6 倍。

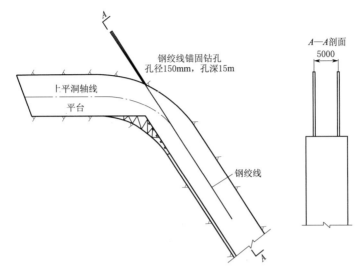

图 4.5.2-4 某工程预应力锚索锚固示意图（单位：mm）

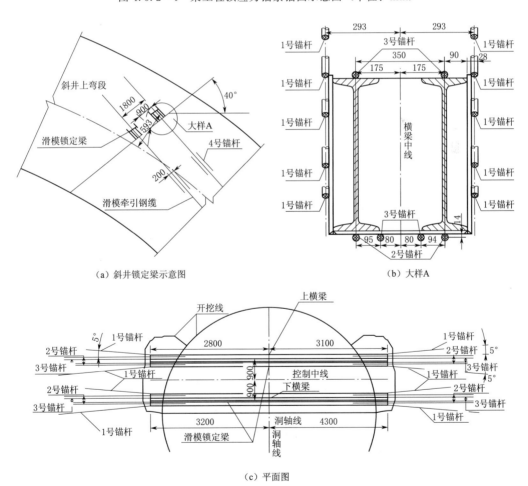

（a）斜井锁定梁示意图

（b）大样A

（c）平面图

图 4.5.2-5（一） 清远抽水蓄能水电站斜井锁定梁锚固示意图（单位：mm）

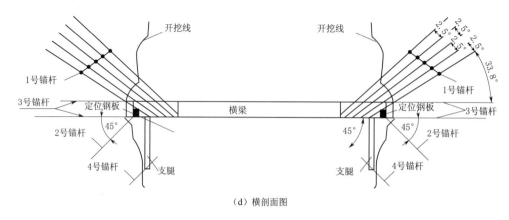

（d）横剖面图

图 4.5.2-5（二） 清远抽水蓄能水电站斜井锁定梁锚固示意图（单位：mm）

（3）连续拉伸式液压千斤顶、爬轨器和卷扬机的牵引力应不小于总牵引力的 2 倍。

（4）牵引力合力的方向应与滑升阻力的合力方向一致。

（5）初滑启动时摩阻力较大，可采取辅助牵引措施，辅助牵引力宜为设计牵引力的 1.0～1.2 倍。

4.5.2.3 行走系统

行走系统包括前后行走滑轮及轨道，也有工程将轨道归入牵引系统中。

在前后行走滑轮中，对于陡倾角的斜井，后行走滑轮为主要的受力结构。前行走滑轮为两侧对称布置，行走在前行走轨道上；后行走轨道可采用中心线单滚轮的布置，也可两侧对称布置，为防止行走在刚浇筑混凝土上造成破坏，一般采用临时槽钢或橡胶带临时铺设的方式予以保护。以桐柏抽水蓄能工程斜井施工为例，模体的前行走滑轮轨道采用 P38 型重轨，每段长 4.1m、轨距 4.2m，轨道安装在喷混凝土的条形基础上。模体后行走滑轮在已浇筑完成的混凝土面上行走，为防止后行走滑轮对混凝土面产生压痕，用 20 号槽钢垫在后轮下。采用槽钢作为滑模后行走滑轮与混凝土间的保护，是龙滩、宝泉、桐柏等抽水蓄能电站斜井普遍采用的方式。惠州抽水蓄能电站斜井滑模最初也采用了槽钢保护措施，但跳轨现象频发。最终改用 10mm 厚胶带垫铺设在后行走滑轮与成型混凝土间以保护混凝土。

前行走滑轮轨道的布置应保证滑动模板滑移平稳和便于安装及拆除，应将两条轨道平行对称地布置在斜井底板中心线的两侧，轨道位置对应的圆心角应为 45°～60°。轨道基础可采用立模喷射混凝土、现浇混凝土或钢结构的条形基础。轨道基础混凝土强度等级应不小于衬砌混凝土设计强度等级，并尽可能不占衬砌断面。大岗山水电站斜井滑模轨道支撑采用 C20 混凝土支墩。支墩顶面宽度 50cm，底面宽度 60cm，斜长 2.0m/个，间距 1.0m，左右侧错开布置，支墩顶面距衬砌结构线最短距离不低于

25cm。上弯段下半段轨道支撑系统采用钢结构制作。轨道支承结构（喷混凝土、混凝土墩和钢支撑）一般不拆除，埋入衬砌混凝土中。

根据滑模制造厂家针对滑模运行期间的结构计算进行轨道选型。轨道材料采用P38型重轨的工程较多，也有采用槽钢作为轨道的。瀑布沟水电站滑模轨道原设计采用工18工字钢分段制作。因在第一条斜井滑模滑升过程中出现轨道塌陷，故其他斜井轨道改为P43轨道钢，每段长度为4～6m。官地水电站直线段轨道采用P38重轨，上弯段轨道由〔16槽钢分段制作，每段长度为3～6m。轨道插筋采用ϕ28mm钢筋，其纵向间距为100cm，横向间距为20cm，插筋长度为80cm，入岩深度50cm，外露30cm。插筋采用手风钻进行钻孔，人工灌注水泥浆和插入钢筋。轨道安装位置由测量进行精确放样，确保轨道平整度、直线度满足《水工建筑物滑动模板施工技术规范》（DL/T 5400—2016）的要求。

4.5.2.4 送料及入仓系统

送料及入仓系统包括提升设备、送料台车及其设计过载保护或断绳保护装置、溜筒或运输车及布料系统。

目前国内建筑施工中用到的提升设备主要包括卷扬机和绞车，型号根据小车自重及最大载运重量选定。在长斜井施工过程中人员的上下只有通过运输小车进行运输，根据《建筑卷扬机》（GB/T 1955—2019）规定卷扬机不得用于运送人员，提升设备以往通常选用卷扬机的做法已经不能满足国标要求，因此应选用符合《煤矿用JTP型提升绞车 安全检验规范》（AQ 1033—2007）生产的绞车，但该设备仅在清远抽水蓄能电站等个别工程中严格应用。在近年来建设的去学、大岗山、官地等电站斜井工程中，仍然广泛采用卷扬机作为提升设备，因此，如何考虑现行建筑国标与实际水利水电工程实践的关系，需要进一步规范化、统一认识。通常设置2台设备，1台工作、另1台作为备用动力。上述设备一般需要斜井上弯段外侧的平洞段建设下料平台。该平台能够使送料台车直接到达位置，主要用于材料中转，安装混凝土储料斗、液压主操作台及液压千斤顶的维修等。

送料台车一般采用工字钢、槽钢、钢筋等制作，利用布设在上平洞段内左右侧的绞车或卷扬机作为动力，在滑模轨道上行走。早期用于运输混凝土（如仙游、清远、黑麋峰抽水蓄能工程斜井施工）及各种钢材、人员等，后来混凝土多采用溜筒中转，送料台车即作为除混凝土以外的材料、人员运输通道。以蒲石河抽水蓄能电站斜井为例，运料台车系统主要由10t变频双绳双筒卷扬机、钢丝绳、限载装置、平衡油缸及钢结构运料小车组成。10t变频双绳双筒卷扬机配6×19丝、准32（钢芯）钢丝绳牵引钢结构运料小车，小车质量为4.5t，10t卷扬机布置在上平段。根据《水利水电工程施工通用安全技术规程》（SL 398—2007）的规定，对提升设施设置了超载保护装置、限速保护装置、断绳保护装置及上下限位装置。

（1）限载保护装置。在上弯段与斜洞段折点处设置，主要有承重传力机构（滑轮、平台）、高精度称重传感器、控制器、称重显示仪表等 4 个组件。当小车载重超过设计标准时控制器将数据传输至显示仪上。

（2）限速保护装置。选择变频卷扬机，可根据调整卷扬机电动机频率调整卷筒转速。

（3）断绳保护装置。采用双绳双筒。为防止小车倾斜，在钢丝绳与小车连接点处设置液压平衡油缸，保证牵引小车的 2 根钢丝绳受力相等。

（4）上下限位装置。在轨道斜洞段与上弯段折点和滑模台车上设置限位开关，当小车车轮与限位开关发生接触时，限位开关切断控制柜内卷扬机电源。

混凝土送料系统应保证浇筑强度要求、保证混凝土不离析及施工安全。当采用溜管输送混凝土时，需设缓降及分料装置。龙滩、大岗山混凝土送料系统均采用了独立的系统，采用混凝土罐车经混凝土拌和站接料运送至斜井井口平台后作为送料系统起始端。该系统包括溜管、溜槽及旋转分料系统。以大岗山水电站斜井混凝土运输为例进行说明。

溜管布置：从上弯段下料平台处受料斗接溜管沿斜井底板延伸至滑模操作平台上部，溜管采用 ϕ159mm 钢管分段制作，相互间用法兰连接，间隔 30m 设置一个缓降器，溜管采用架管或钢筋与系统锚杆焊接固定，并随着滑模的滑升逐节拆除。

溜槽布置：自溜管下口采用铁皮或薄钢板制作主溜槽接引至滑模浇筑平台中心位置布设的旋转分料系统内，主溜槽与滑模固定随滑模一并滑升。在旋转分料系统底部呈辐射状布设 6~8 个分溜槽至浇筑作业面下料。溜槽均采用 ϕ48mm 钢管搭设固定架，坡度宜为 30°~40°。

旋转分料系统：布设在滑模浇筑平台中心位置，由旋转分料板和分料斗组成，上、下部分别与主溜槽及分溜槽衔接。在分料系统中心位置竖向焊接一根 ϕ50mm/80mm 钢管，钢管内插一根 ϕ32mm 钢筋，钢筋顶部与旋转分料板焊接，分料板位于主溜槽底部，可 180°旋转，用于往不同分溜槽内分料。分料板下方为圆形分料斗，斗内按照分溜槽布设数量采用钢板进行分隔，每个区间对应一个分溜槽。采用旋转分料系统可杜绝分料过程中撒料现象，避免废料堆积增加滑模自重，加大滑模运行隐患，避免后期废料清理。

也有工程在采用送料台车运输混凝土的同时，将溜筒独立输送系统作为辅助，共同满足混凝土送料要求，如瀑布沟水电站斜井混凝土送料系统，考虑到运料小车还负责运输钢筋、其他材料及小型设备和施工人员上下通行，经分析认为采用送料台车难以满足混凝土的入仓强度，因此又单独布置一趟 DN200 混凝土溜管。溜管布置在轨道内侧斜井底板岩基面，采用 ϕ25mm 钢筋焊接在轨道插筋上（轨道混凝土支墩部位）。为防止混凝土产生骨料分离，溜管每隔 20m 安装一个 My-box 缓降器，在靠近滑模集料斗处 5~8m，采用溜槽过渡至上平台集料斗。混凝土浇筑时利用溜槽从集料斗口溜至浇筑平台。

4.5.2.5 通信信号及控制系统

在斜井滑模施工中，上、下通信联系可采用对讲机与座机相结合的方式。为确保斜井滑模的连续运行，防止由于供电线路长时间停电造成混凝土运输中断、已浇筑的混凝土凝固，模体无法滑升，要备用柴油发电机组作为备用电源。

送料台车由绞车或卷扬机牵引，一般设有变频器，可均匀调整运行速度，防止运输小车出现急停及突然加速的现象。为保证运行安全，在小车上、下终点位置分别安装限位开关，同时在接近终点位置 2m 处安装自动减速控制开关，当小车运行到接近终点时，触碰自动减速控制开关，使设备速度降低到 7~9m/min 并发出报警信号，提醒司机注意。若司机没有及时停车，小车撞到限位开关即自动停车。由于斜井施工难度大、安全隐患多等因素，为使设备操作人员能准确判断运输小车在斜井中启动与停车的时间，确保小车在斜井中往复频繁运行的安全可靠性，可在整个斜井段安装电视监控摄像头，对运输小车在斜井运行的全过程进行实时监控。

以黑麋峰抽水蓄能电站斜井为例，该工程采用了无线遥控急停装置、激光测距报警器、闭路电视监控系统、卷扬机牵引绳超载自动报警停机控制装置、行程限位器、运输小车断绳保护装置等多项技术。

（1）激光测距报警器。由于斜井上部卷扬机操作员无法准确判断运输小车何时到位，为防止运输小车往下运行时碰到滑模，在混凝土滑模台车的模体上安装了 1 台 LDM－S－0090 型激光测距报警器。探测头对准斜井轨道的上方，在运输小车上对准探测头的部位装 1 块 400mm×400mm 的激光反射板，将测距范围调整到 6~15m，当运输小车运行到距滑模体 15m 时，报警器响起，提醒卷扬机操作员注意察看监控电视，并做好停机准备。

（2）卷扬机牵引绳超载自动报警停机控制装置。该装置由两部分组成：在一套（2 只）滑轮组件的基础上安装 4 只 5t 压力传感器；配置 1 台电子数显报警控制仪。它的基本原理是：将双滑轮测力超载安全保护仪安装在引水上平洞与斜井的入口处，牵引系统的 2 根钢丝绳经过这 2 只滑轮改向后进入倾角 50°的斜井牵引运输小车。这时运输小车的全部质量数据经压力传感器测定并经数字报警控制仪电子分析处理，会及时显示运行状态下的实际拉力值。当运载质量达到设定的额定质量或在运行途中卡轨导致牵引力瞬间提高到 90% 时，报警器响起，达到 100% 时自动控制卷扬机停机。额定质量可根据需要设定。

（3）运输小车断绳安全保护装置。在运输小车的底盘下轨道处（轨距 4m）左右两边，各安装 1 套断绳自动抱轨装置，它是利用 2 根直径为 15mm 的小钢丝绳克服 2套 750kg 的弹簧拉力使抱轨卡块张开，这时运输小车能正常运行。在主牵引钢丝绳突然断损后的瞬间，弹簧在弹力的作用下回位，使抱轨装置的卡块先卡住钢轨。由于抱轨装置按设计要求与运输小车车体之间预留了约 300mm 的相对滑动距离。而且在车体与卡块之间安装了挡块，运输小车的正常运行速度是 0.75m/s，因此当卡块卡住钢轨后，运输车仍在往下滑动，约 0.3s 后挡块再紧紧将卡块卡死，运输小车停止下滑，达到制动目的。

4.5.3　连续式斜井滑模施工

4.5.3.1　施工现场准备

1）斜井引水隧洞中平段风水电布置就位，开挖验收完成，底板混凝土垫层浇筑完成，满足 LSD 滑模现场组装空间需要。

2）按照批复专项施工方案，完成天锚和连接器、钢绞线的检查、验收、安装，质量不合格不得使用；完成斜井上弯段施工平台及防护措施；完成卷扬系统的安装、调试和验收。

3）滑模组装完成前，完成斜井段风水电布置、滑模轨道安装、基岩面的清理验收，满足滑模主体组装后就位条件。

4）斜直段滑模施工前，应完成斜井下弯段技术超挖部分的混凝回填和和下弯段衬砌施工；应制定措施对滑模起始段以下进行全断面封闭防护、设置警示标志，防止人员进入。

5）应就近建立能集中生产混凝土的强制式拌和站。拌和站应科学合理布置，有准确的称量设备，能保证混凝土配比正确。混凝土拌和站的拌制能力，应大于 1.5 倍混凝土高峰的用量，能满足多品种、多种强度混凝土的拌制。

6）混凝土应采用混凝土搅拌车运输到工作面，并卸至载物运输小车，避免发生离析、漏浆、泌水或过多损失坍落度等现象。

7）供电、拌和、运输、振捣等混凝土施工的专用设备应有备份，必须保证混凝土浇筑的连续性。浇筑混凝土允许间歇时间，应通过试验确定。超过允许间歇时间的混凝土拌和物应按废料处理，严禁加水强行入仓。

8）混凝土拌制、运输及浇筑的整个施工过程中，应有自检人员进行质量控制与检验，并做好各原始施工记录与检验记录。

9）为便于混凝土罐车及钢筋运输车停靠，在上弯段部位搭建停靠平台。在施工平台等投入运行前，对斜井施工中卷扬系统、施工平台等启降设施进行专项验收，监理单位进行旁站监理，验收合格后，启降系统方能投入施工运行。

4.5.3.2　岩面清理

岩基上的松动岩块及杂物、泥土、喷混凝土回弹料等均应清除。岩基面应冲洗干净并排净积水；如有承压水，必须采取可靠的处理措施。清洗后的岩基在浇筑混凝土前应保持洁净和湿润。

4.5.3.3　模体安装

斜井施工轨道统筹考虑布置，衬砌施工时应进行修正；如重新布置轨道，斜井滑模系统安装前先安装滑模轨道，轨道从下至上分段进行安装。固定轨道的基础混凝土从下至上进行施工。模体由液压千斤顶牵引系统、安全保护系统、中梁、模板及各层作业平台等组成。模体在中平洞进行组装，利用卷扬机牵引至指定起滑位置后进行附属件的完善。

（1）模板的制作应满足施工图纸要求，其制作允许偏差不应超过《水电水利工程模板施工规范》（DL/T 5110—2013）和《水工建筑物滑动模板施工技术规范》（DL/T 5400—2016）的规定。

（2）应按施工图纸进行模板安装的测量放样，重要结构应设置必要的控制点，以便检查校正。

（3）模板安装过程中，应设置足够的临时固定设施，以防变形和倾覆。

（4）模板制作安装的允许偏差：按结构设计要求和《水工建筑物滑动模板施工技术规范》（DL/T 5400—2016）的规定执行，见表 4.5.3-1。

表 4.5.3-1　　　　　　　　　　模体制作安装允许偏差

序号	项　　目		允许偏差/mm	备　　注
1	钢模表面凸凹度		1	
2	面板拼缝缝隙		2	
3	面板沿轴心平整度		2	用 2m 直尺检查
4	模体直径	上口	−1，0	已考虑钢模倾斜度之后
		下口	0，1	
5	模体长度		±5	
6	模体轴线和斜井中心线		5	

（5）模板的清洗和涂料：钢模板在每次使用前应清洗干净。为防锈和拆模方便，钢模面板应涂刷矿物油类的防锈保护涂料，不得采用污染混凝土的油剂，不得影响混凝土或钢筋混凝土的质量。若检查发现在已浇的混凝土面沾染污迹，承包人应采取有效措施予以清除。

4.5.3.4　牵引系统安装、调试

滑模体由两台液压千斤顶牵引，单行程为 30cm，两台千斤顶既可联动又可单动，沿轴线方向牵引，液压千斤顶设在滑模模体上。安装完成经调试工作正常后方可进行下一施工环节。

4.5.3.5　测量校验及整体调试

测量人员对滑模轨道和模体进行观测、检查，发现偏差及时纠正。对模体、轨道

和牵引系统进行整体调试，即模体试滑，调试正常后进行下一施工环节。

4.5.3.6 滑模组装

滑模由模架中主梁、上操作平台、钢筋平台、模板平台、抹面平台、后吊平台、滑模模板、前行走支撑及滚轮、后行走支撑及滚轮、抗浮螺杆、支模螺杆、受力螺杆、纠偏液压千斤顶、支模环形框架、中心框架等组成。滑模模体、牵引钢绞线及连接器由专业厂家制造。

滑模到场后应进行检查验收；可在引水隧洞中平段组装，中梁、平台、前后支腿、模板、螺杆、千斤顶等主要部件完成后，利用卷扬系统牵引就位锁定，然后进行液压控制系统、爬梯、栏杆、混凝土集料斗及分料管（溜槽）、载物小车（混凝土运输小车）等附件安装，滑模调试、试运行，通过验收方准投入使用。

4.5.3.7 钢筋加工与安装

钢筋作业包括钢筋、钢筋网、钢筋骨架和锚筋等的制作加工、绑焊、安装和预埋工作。

（1）钢筋的储存和替换按照《水工混凝土钢筋施工规范》（DL/T 5169—2013）的相关规定执行。

（2）钢筋的表面应洁净无损伤，油漆污染和铁锈等应在使用前清除干净。带有颗粒或片状老锈的钢筋不得使用。

（3）钢筋应平直，无局部弯折，钢筋的调直应遵守以下规定：采用冷拉方法调直钢筋时，Ⅰ级钢筋的冷拉率不宜大于 2%；Ⅱ级、Ⅲ级钢筋的冷拉率不宜大于 1%；冷拔低碳钢丝在调直机上调直后，其表面不得有明显擦伤，抗拉强度不得低于施工图纸的要求。

（4）钢筋加工的尺寸应符合施工图纸的要求，加工后钢筋的允许偏差不得超过《水工混凝土钢筋施工规范》（DL/T 5169—2013）的规定。

（5）钢筋的端头、接头及弯钩弯折加工、质量控制等应符合《水工混凝土钢筋施工规范》（DL/T 5169—2013）的规定；钢筋机械连接满足《钢筋机械连接技术规程》（JGJ 107—2016）的要求。

（6）钢筋的安装按《水工混凝土钢筋施工规范》（DL/T 5169—2013）的相关规定及施工图纸的要求执行。

4.5.3.8 模体滑升与混凝土浇筑

（1）混凝土罐车停靠在斜井平台外侧。罐车卸料时需将罐车尾部溜筒打开溜放到载物小车内。由载物小车运输至滑模顶部的储料仓（底板配锥型开合阀），通过开合阀放料溜放至分料系统，由分料系统溜放至浇筑仓内。

（2）在斜面上浇筑混凝土时应从最低处开始，使混凝土均匀上升，直至保持水平面；施工过程中，加强同等条件下混凝土初凝时间的检测，为滑模提升时间提供参考依据。

（3）不合格的混凝土严禁入仓，已入仓的不合格混凝土必须予以清除，并弃置在指定地点。

（4）浇筑混凝土时，严禁在仓内加水。如发现混凝土和易性较差，应采取加强振捣等措施，以保证混凝土的质量。

（5）混凝土浇筑层厚度，应根据拌和、运输和浇筑能力、振捣器性能及气温因素确定，且不应超过表 4.5.3 - 2 的规定。混凝土浇筑层的允许最大厚度还应满足设计要求。

表 4.5.3 - 2   混凝土浇筑层的允许最大厚度

振捣设备类别		浇筑允许最大厚度
插入式	振捣机	振捣棒（头）长度的 1.0 倍
	电动或风动振捣器	振捣棒（头）长度的 0.8 倍
	软轴式振捣器	振捣棒（头）长度的 1.25 倍
平板式	无筋或单层钢筋结构	250mm
	双层钢筋结构	200mm

（6）斜井衬砌的混凝土浇筑顺序，宜先浇筑顶拱，再浇筑边拱和底拱；伸缩缝和止水体结构安装应牢固可靠，该部位混凝土应同时两侧均衡下料；滑模起始浇筑时，应采取措施防止滑模上浮；因故暂停浇筑，应作施工缝处理。

（7）混凝土浇筑遵循多动少滑的原则，应分层进行浇筑，每浇筑一层，滑模提升 3～5cm；待浇筑模体 2/3 高度、混凝土强度达到 0.3～0.6MPa 时，牵引设备滑升 30cm 左右，同时检查整个滑升系统工作情况；工作情况正常，可转入正常滑升浇筑。

（8）模体滑升时应遵守：每次正常滑升 30cm 左右；滑升速度宜为 15～40cm/h；每次滑升间隔时间宜为 1.0～1.5h；模体后轮在已浇筑混凝土面滚动时，应在混凝土面上垫钢板或槽钢进行保护；模板发生偏移时，应随时进行调整纠偏；在施工中，须对滑升系统、液压千斤顶进行观察、检查，并加强维护保养。

（9）当浇筑接近终止桩号时，应将模体拆除所需的设施安装好，并将支撑架、轨道、托辊、操作平台搭设安装完毕。

（10）加强混凝土温度监测，可埋设临时温度计进行监测，加强养护，控制温度裂缝产生。

4.5.3.9　模体拆除

提前制定模体拆除专项方案，待斜井混凝土衬砌完成后，即可进行模体拆除。

4.5.4　斜井滑模典型案例——缙云抽水蓄能电站上斜井

4.5.4.1　工程特性

缙云抽水蓄能电站位于浙江省丽水市缙云县境内，工程属大（1）型一等工程，总装机容量为 1800MW。引水系统采用三洞六机斜井式布置，共计 6 条斜井。其中，上斜井开挖断面直径为 7.4m，圆形，1 号、2 号、3 号上斜井分别长 384.16m、384.60m、384.82m，均由上弯段、直线段及下弯段组成，1 号、2 号和 3 号上弯段长 17.18m，下弯段长 17.61m，1 号直线段长 349.37m，2 号直线段长 349.81m，3 号直线段长 350.03m，衬砌后断面直径为 6.2m。上斜井全断面采用混凝土衬砌，衬砌混凝土强度等级为 C9030W8F50，衬砌厚度为 60cm（含喷层），配筋为环向主筋 ϕ28@200mm，纵向分布筋为 ϕ22@200mm，钢筋混凝土衬砌段做回填灌浆（倾角小于 45°斜井弯管顶拱须进行回填灌浆，采用相应部位固结灌浆孔兼做回填灌浆孔）及固结灌浆，衬砌回填灌浆孔于上斜井上弯段顶拱 120°范围布置，梅花形排列，间排距为 3m。

斜井采用 60cm 厚的 $C_{90}30W8F50$ 混凝土进行衬砌，衬砌后断面为直径 6.2m 圆形断面。在施工缝处设置橡胶止水带，结构缝处设置低发泡聚乙烯闭孔泡沫板和止水铜片。

混凝土浇筑部分施工与竖井工艺基本一致，本节仅针对滑模施工进行介绍。

4.5.4.2 施工布置

1. 施工通道

上斜井主要施工通道为：1 号施工支洞→上平洞→上斜井施工作业面。

斜井滑模、灌浆台车、灌浆运输小车组装通道为：2 号施工支洞→中平洞上游。

2. 施工供水

上斜井沿用原斜井开挖施工期间的供水管线。

3. 施工供电

引水上斜井的施工用电，使用布置在 1 号施工支洞与 3 号引水上平洞岔口处的变配电站供给（变压器型号：ZGS-1250/10/0.4，容量：1250kVA）。

为应对临时停电，在 1 号施工支洞内各配备 1 台 400kW 柴油发电机，作为上斜井提升系统备用电源。

4. 施工通风

引水上斜井施工期间，新鲜空气从 1 号施工支洞输入，废气经 2 号施工支洞排出。上、下斜井贯通后先后形成了通风循环路径，创造了自然通风和机械通风相结合的条件。2 号、3 号施工支洞洞口风机根据自然风压状况，调整运行功率给斜井补充通风。

5. 照明

上斜井混凝土施工通道照明采用间隔 12m 布置 50W 的 LED 灯，工作面根据现场实际情况增设 LED 灯照明。

6. 拌和系统

上斜井施工用混凝土采用上水库拌和站生产，满足施工需求。

7. 钢筋加工

引水上斜井施工用钢筋等均在上水库综合加工厂加工，加工完成并经验收合格后，采用小型运输车运送至施工工作面。

8. 施工排水

钻孔、灌浆施工产生的废水和废浆，在中平洞利用沙袋围一小围堰进行初级沉淀后，上斜井沉淀后的废水采用污水泵抽排至 2 号施工支洞排水沟，围堰内的废浆经沉淀后清理集中装袋后拉运至指定位置弃渣场堆放。

9. 制浆系统和灌浆站

制浆系统包括水泥平台、制浆平台、浆液输送等。水泥平台和制浆平台用 $\phi 48mm$ 钢管搭设，在其上密铺 5 分板，水泥平台的库容按 10t 考虑，并注意水泥平台底板距地面的距离不小于 100cm；制浆平台包括配制浆液所用的高速搅拌机、水桶、双层搅拌缸等。浆液输送包括浆液拌制后过筛，流入双层搅拌缸，输送到灌浆泵的整个过程。

制浆系统布置：布置在引水上平洞，制备浆液过筛后由灌浆泵经 $DN25$ 钢管或胶管送至灌浆站提供灌浆用浆液。

4.5.4.3 斜井衬砌滑模施工

斜井开挖支护时已对斜井轨道进行了精调，满足斜井滑模及混凝土运输小车运行的精度需要。因此斜井衬砌混凝土施工轨道沿用开挖支护施工期间的轨道，在斜井混凝土衬砌前对已开挖断面进行测量复核，对欠挖、侵界等进行处理，并对基岩面进行清理以满足斜井滑模施工。

为便于采用斜井滑模施工斜井的下三角体，开挖时将斜井下弯段底部扩挖成直线平底。开挖结束后，必须对斜井进行全面欠挖检查，如有欠挖必须在滑模安装前处理结束。滑模制作精度、安装和滑升是整个滑模施工的关键所在，必须引起足够的重视，保证斜井的衬砌体型和混凝土表面质量。

1. 斜井滑模的结构

（1）滑模结构。斜井滑模主要由中梁、前后支架、前后行走轮、主平台模板系统、抹面平台、尾平台、井口锁定梁、液压爬升系统等组成。

（2）滑模工作原理。斜井液压滑模的滑升以液压系统为动力。液压滑升系统一端固定在斜井上口锁定梁上，另一端（含液压爬升千斤顶）固定在中梁上，中间通过钢绞线连接。当混凝土的强度具备滑升条件时，启动液压系统，利用液压千斤顶在钢绞线上的爬行带动滑模一起向上运动。滑模的滑行应遵循"多动少滑"的原则。

2. 滑模使用技术要求

（1）斜井滑模安装完毕，经总体检查验收合格后，方可投入使用。设置模板水平度、中心点等测量项目，以便滑模开始滑升或在滑升中对其水平度、中心点进行检查，并及时进行调整。

（2）滑模每次滑升前须严格检查并排除妨碍滑升的障碍物，在危险地方要设置安全网，清扫井口平台上的砂浆、石块、木块等杂物，防止坠入斜井。

（3）混凝土按分层浇筑、分层振捣、对称下料、均匀滑升，每层混凝土一般以200～400mm为宜，每层混凝土人工铺平，浇筑的间隔时间不超过允许间隔时间。

（4）混凝土振捣时，不得将振捣器直接触及支承杆、预埋件、钢筋和模板；振捣器插入下层混凝土的深度宜为50～100mm，模板滑动时严禁振捣混凝土。

（5）混凝土出模强度应控制在0.3～0.6MPa，滑模初升时的速度尽量缓慢均匀；模板正常滑升时其分层滑升的高度应与分层的厚度相配合，滑升的间隔停歇时间不超过1.5h；滑模滑出后及时对混凝土进行抹面，混凝土初凝后开始洒水养护，养护水管设在抹面平台脚手架上。

3. 滑模混凝土施工

（1）斜井滑模施工必备条件及施工准备。斜井滑模施工必备条件：开工前应建立施工指挥系统，制定岗位责任制、交接班及安全操作、质量检查等各项规章制度；对滑动模板装置、提升（牵引）机具设备、液压系统、施工精度控制系统进行检查、调试等进行预验收，验收合格后方可运往现场安装；提升系统，必须经业主单位、监理单位、施工单位检查合格后，方可启用；消防器材及设施配备齐全，并经业主单位、监理单位、施工单位检查合格。施工精度控制系统，必须经校正、检查合格。

斜井滑模施工准备包括：准备施工所需的工器具、材料、预埋件等；制作施工中使用的溜筒、溜槽、受料斗；对井身欠挖进行处理。

（2）起滑处堵头立模。滑模系统安装调试正常后，将其滑至斜井直线段与下弯段相交处，定位后再进行起滑处下三角体堵头模板的施工。堵头模板安装前，打入3排C25锚杆，长300cm，外露40mm，间距60cm，堵头模板用3cm厚木板拼装，背方采用5cm×8cm方木，站管采用φ48mm钢管。支撑系统采用φ16mm拉筋内拉，5cm×8cm方木为内支撑。

上斜井下三角体滑模法浇筑模板示意图见图4.5.4-1。

（3）模板滑升。

1）滑模工作原理。斜井滑模的爬升器固定在中梁位置，滑模和中梁为一滑升整体。滑模通过固定在斜井井口的两根锁定梁上的16根钢绞线牵引一起滑升。爬升装置采用4个TSD600型千斤顶，斜井直线段浇筑时一次滑升浇筑到位。

2）滑模操作程序。在混凝土开始浇筑时，滑模组及中梁均处于锁定状态。对于承重的顶拱部分，通过试验取得混凝土不同时间的强度资料以确定滑升时间。由于初始脱模时间不易掌握，必须在现场进行取样试验确定。一般情况当混凝土强度达到0.3～0.6MPa时滑模即可进行滑升，滑模正常滑升时，每次滑升30cm左右，模板滑升速度宜为 15～40cm/h，每次滑升的时间间隔不宜大于 1.5h，遵循"多动少滑"的原则。在浇筑前期，每天滑升 4～5m；浇筑后期，每天滑升 5～8m。滑升过程中，安排有滑模施工经验的专人观察混凝土表面，确定合适的滑升速度和滑升时间。滑模滑升以出模的混凝土无流淌和拉裂现象，混凝土表面湿润不变形，手按有硬的感觉为原则。指印过深时应停止滑升（特别是顶拱部分），以免有流淌现象，若过硬则要加快滑升速度。滑升过后人员站在滑模悬挂平台上进行抹面及收光。

（4）滑模纠偏措施。模板组由布置在中梁上的 4 台爬升器牵引，模板滑升采取"多动少滑"的原则。轨道及模板制作安装的精度是斜井全断面滑模施工的关键，必须确保精心制作和安装。模板滑升时，应指派专人经常检测模板及牵引系统的情况，出现问题及时分析其原因并找出对应的处理措施。

具体纠偏措施如下：

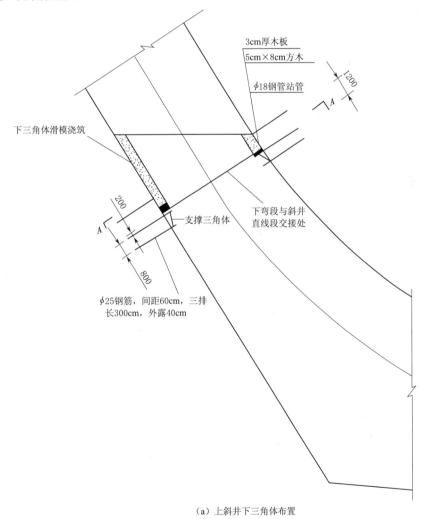

（a）上斜井下三角体布置

图 4.5.4－1（一）　上斜井下三角体滑模法浇筑模板示意图（单位：mm）

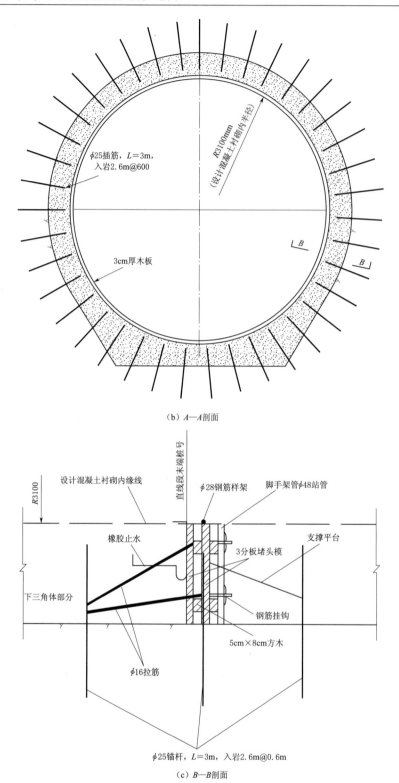

（b）A—A剖面

（c）B—B剖面

图 4.5.4-1（二） 上斜井下三角体滑模法浇筑模板示意图（单位：mm）

1）滑模采取"多动少滑"的原则，技术员经常检查中梁及模板组相对于中心线是否有偏移。始终控制好中梁及模板组不发生偏移是保证混凝土衬砌体型的关键。

2）中梁每行走一个行程，测量人员必须对中梁校准固定。

3）混凝土浇筑过程中若出现滑模前端翘起，则利用滑模四个爬升器的相对运动来调整，调整时滑模中梁头架下层安装的两个爬升器不动，缓慢启动中梁头架上层安装的两个爬升器，滑模在这两个爬升器缓慢提升的过程中就会被逐渐校正。

4）混凝土浇筑过程中必须保证下料均匀，两侧高差不得大于 40cm。当下料原因导致模板出现偏移时，可适当改变入仓顺序并借助于手动葫芦对模板进行调整。

5）当中梁提升后，调整滚轮支座垫板的厚度及顶紧螺栓使滚轮紧贴中梁轨道面，不得留有空隙。

4. 滑模拆除

在斜井直线段混凝土施工结束后，将滑模按照拆除方案进行拆除。

4.5.4.4 斜井滑模、运输小车安装与拆除

斜井滑模由滑模本体和牵引系统两部分组成。滑模本体部分总长 15.76m，混凝土衬砌后直径 6.2m，总重约 26t。滑模本体是由中梁及模板和四个平台（主平台、分料平台、尾部平台和抹面平台）组成。牵引系统由液压操作系统、四个液压爬升千斤顶、四组牵引钢绞线及锁定梁组成。

1. 斜井滑模、混凝土运输小车安装

混凝土运输小车在中平洞进行组装，通过 2 台 15t 单卷筒绞车吊车牵引至直线段。

斜井滑模安装时需在中平洞上游侧靠近上斜井下弯段处安装吊点及手动葫芦，斜井滑模最重为中梁 7.625t，长 15.69m，手动葫芦选用 2 个 5t 葫芦，路面临时轨道采用 P38 轨道。

斜井滑模安装工艺流程：中梁→前支架→后支架→加高架→前行走轮→后行走轮→楼梯→溜槽→2 方集料斗（所有安装材料绑定在中梁上）→通过液压系统拉斜井滑模通过弯段进入直线段距中平洞地板约 2m 的位置→尾部平台（通过吊车）→抹面平台→主平台→分料平台→上平台。

滑模采用液压系统通过钢绞线爬升到达指定位置后，剪断液压爬升系统已爬过的钢绞线。

2. 斜井滑模拆除

运输小车系统及井口护栏拆除：运输小车提升至井口后拆除，将小车固定在轨道上并拆除绞车提升钢丝绳、井口转向滑轮、井口端部护栏及楼梯、小车前部平衡轮，将小车护栏、骨架、料仓等分段拆除后利用 8t 汽车吊吊至井口施工平台，最后利用汽车吊整体将小车底盘吊至施工平台并运出场外。

拆除吊点布置：滑模拆除时利用上平洞现有两台绞车作为拆除时的提升设备。布

置两台 10t 滑车为转向滑车，3 台 30t 滑车滑轮组为起吊点吊具，两台绞车各牵引一根直径 40mm、公称抗拉强度 1670MPa 的纤维芯钢丝绳提升滑模中梁。滑模拆除吊点布置在滑模爬升至井口、拆除运输小车及进口滑轮后进行。井内吊点布置时人员站在斜井滑模卸料平台及下料平台上进行作业，安全绳拴在滑模中梁。为避免在滑模拆除时绞车长时间受力，在每次提升结束后，提升钢丝绳各用一根安全绳锁死，安全绳规格与主牵引钢丝绳一致。

3. 各平台、模板及液压系统拆除

滑模中梁以外部分构件具体拆除的顺序为：混凝土输送系统拆除→液压系统拆除→上平台木板及构件拆除→分料平台木板及构件拆除→主作业平台与模板系统连接立柱拆除→模板拆除→模板系统上次梁拆除→模板系统下次梁拆除→模板系统主梁拆除。

抹面平台作为防护平台最后进行拆除，随着中梁的提升在中梁拆除的过程中逐步进行拆除，每次提升前将影响提升的抹面平台底部及顶部骨架和木板拆除，剩余部分在距离井口最近的地方一次性拆除完毕。

斜井直线段混凝土浇筑完成后，拆除运输小车。根据混凝土凝固情况，使滑模逐渐脱离衬砌混凝土面。当滑模全部从混凝土面爬出后，一次性将滑模爬升至最高点。用安全网将成型的斜井井口全部封闭，滑模爬至最高点后用钢板将滑模前行走机构焊接固定在轨道上，一台 15t 绞车的钢丝绳绕过转向滑轮后锁定在滑模的中梁头架上，另一台绞车钢丝绳绕过转向滑轮后锁定在中梁尾架上，并将两台绞车的钢丝绳收紧。依次拆除滑模各层平台除中梁以外部分构件，构件拆除后小件利用人工沿滑模中梁楼梯运至中梁头架端部，最后用 8t 汽车吊吊至井口施工平台并运出场外。

4. 锁定梁拆除

锁定梁拆除时首先用两台 15t 绞车在滑模中梁前端和后端吊住滑模，然后用钢板将滑模前行走机构焊接在轨道上。最后把固定在滑模锁定梁的钢绞线割断，实现锁定梁与滑模分离；再割掉下锁定梁与上锁定梁之间连接的槽钢，用手拉葫芦配合汽车吊先把上锁定梁吊住，把上锁定梁稳住后再割掉固定锁定梁的锚杆、拆掉悬挂在吊环上的钢丝绳，用汽车吊把分离的上锁定梁放到井口平台上，然后装车运走。按照同样的方法割除下锁定梁。

5. 前行走装置拆除

（1）两台绞车钢丝绳经转向滑车后分别拴住中梁的前后位置并启动受力。

（2）利用中梁前端布置的一台 15t 绞车将中梁前端提升 100～200mm，使前行走装置架空于轨道。

（3）用 8t 吊车通过直径 32mm 的钢丝绳稳住前行走装置。

（4）拆除前行走装置与中梁头架的连接螺栓，将行走装置吊开。

6. 中梁头架拆除

（1）当滑模后行走装置脱离斜井直线段混凝土时，在后行走装置轮架上每端各焊接两根 6 寸钢管，并在钢管上焊接 10 号槽钢。

（2）将两台绞车提升钢丝绳分别先后拴在第二段中梁及中梁尾架上，同时启动中梁前后两牵引绞车，使中梁头架全部越过平台边缘，绞车提升时应注意观察，中梁不得与井口平台和轨道有任何接触。

（3）下降前端 15t 绞车，使中梁支承于平台上，将中梁第二段前端焊接在井口施工平台上。

（4）用 8t 吊车稳住头架，拆除头架与下节中梁的连接螺栓，将头架吊开。

7. 第二段中梁拆除

拆除头架后同时启动两台绞车，使中梁第二段担在井口施工平台上，并将中梁前端焊接在施工平台上，重新布置两台绞车钢丝绳，使钢丝绳分别绕过第一个和第二个 30t 起吊滑轮组。两滑轮组起吊钢丝绳分别拴于中梁尾架前端和后端。用 15t 汽车吊稳住第二段中梁，拆除第二段中梁与中梁尾架的连接螺栓，用吊车调开并运走。

8. 中梁尾架拆除

利用 15t 汽车吊以及两台 15t 绞车将尾架提升至井口，用两根 20 号槽钢将后行走机构焊接固定在井口施工平台上，再拆除后行走机构与中梁尾架的连接螺栓并拆除绞车提升钢丝绳，最后利用 15t 汽车吊将中梁尾架吊走。

9. 后行走装置拆除

用 8t 汽车吊稳住后行走机构，割断后槽钢，将后行走机构吊走。

10. 吊点、吊装设备拆除

井口吊点、转向及起吊滑车滑模拆除后立即拆除，井内吊点及吊具在斜井上弯段浇筑混凝土时，利用混凝土施工脚手架拆除。汽车吊开出场外，两台 15t 绞车进行日常检修及保养后用于斜井直线段灌浆。

4.6 斜井液压穿心式模板台车法衬砌施工

4.6.1 工艺特点

液压穿心式模板台车法是中国水电三局自主研发的技术，最早在小浪底水库排沙洞工程中研发应用。为了解决排沙洞弯段体型复杂、工作面的干扰比较大的问题，研发了全断面多环组合钢模板及穿心式钢模台车，通过不同形式钢模板的环间组合满足弯曲段对体形的变化。此后在阜康抽水蓄能电站尾水斜井的应用中进一步研究了分仓优化和模块标准化技术、侧模旋转安装技术，实现了弯段与直段的连续施工。工艺特点如下：

（1）强调设计与施工的密切配合。在施工过程中对设计分仓进行了优化，将环向施工缝进行微调以适应模体施工，以保证斜井衬砌适应自主设计的液压穿心式模板台车系统，在阜康抽水蓄能电站尾水斜井中，将单个尾水斜井优化为三段十仓的体型。

（2）自承式结构模板台车结构。模板台车采用液压系统收回、支撑衬砌模板，仅在安装、拆除、移动模板时受力，在混凝土浇筑期间不参与受力。

（3）采用多环组合钢模板新型结构。每环分为一块底模、两块侧模和一块顶模。侧模设计为梯形结构，顶模、底模采用标准块与调节块结合的结构，提高了模板标准块的重复利用率。

（4）新型侧模旋转技术。由于侧模设计为梯形结构，在下弯段安装时长边在下，在斜直段安装时隔环颠倒位置，在上弯段安装时长边在上。侧模旋转功能有利于标准化侧模的旋转拼装和顺利拆装。侧模的 4 条伸缩缸通过活动转盘与侧模连接，需要旋转侧模时，将台车下放至已浇段的适当位置（满足侧模旋转空间），操纵旋转机构电动机，分别对两侧侧模进行 180°旋转。

4.6.2　液压穿心式模板台车法典型案例——阜康抽水蓄能电站尾水斜井

4.6.2.1　工程概况

阜康抽水蓄能电站位于新疆维吾尔自治区昌吉回族自治州阜康市境内，总装机容量 120 万 kW。该抽水蓄能电站设有 2 条（1 号和 2 号）尾水隧洞。尾水斜井是尾水隧洞整体结构的组成部分，其一端连接尾水隧洞的下平段和平面弯段，并与尾水支管、尾水岔管和厂房相贯通；另一端连接下水库进出水口。2 条尾水斜井均由下弯段、斜直段、上弯段组成，斜井钢筋混凝土衬砌内径为 7m，衬砌厚度为 70cm。2 条尾水斜井钢筋混凝土的衬砌长度合计为 236.18m。

4.6.2.2　施工分仓优化

液压穿心式模板台车法技术同样强调设计与施工需密切配合，在施工过程中对设计分仓进行了优化，以充分适应施工工艺的特点。在阜康抽水蓄能电站尾水隧洞施工中，为保证斜井衬砌适应自主设计的液压穿心式模板台车系统，将环向施工缝进行微调以适应模体施工。根据设计体型，将单个尾水斜井分为 3 段 10仓。分别为下弯段 3 仓、斜直段 4 仓、上弯段 3 仓。阜康抽水蓄能电站尾水分仓如图 4.6.2 - 1 所示。

4.6.2.3　穿心式模板台车法施工

1. 环向组合钢模板的结构

衬砌模板设计：模板面板采用 Q235B、$\sigma=6mm$ 厚钢板；14 号工字钢作为桁架杆件。首仓模板为 6 环，其余每仓模板为 7 环，每环模板用螺栓孔＋M20 螺栓连接。其中末环模板浇筑前安装爬升锥（爬升锥孔已在模板预留，每块模板 6 个，整环 24

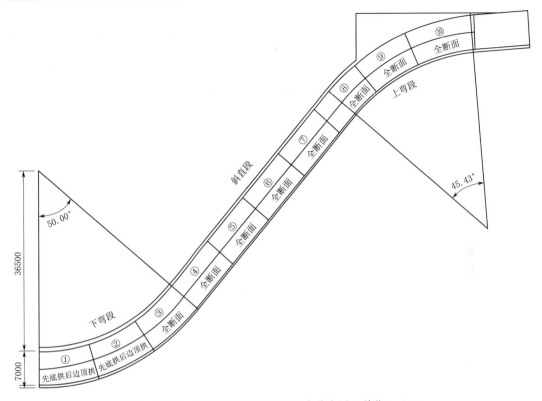

图 4.6.2-1 阜康抽水蓄能电站尾水分仓图（单位：mm）

个）。每仓末环模板不脱模，以便连接下仓模板并对下仓模板起顶撑作用。

整个斜井轴线线型分为 3 段（下弯、斜直、上弯）。因各部位体型不一致，为满足不同段曲线要求，侧模设计为梯形结构，底模（指外弧段）设计为"楔块＋标准块＋楔块"的组合体，顶模（指内弧段）为标准段。

衬砌横剖面模板设计：每环分为一块底模、两块侧模和一块顶模，四块模板弧长相等。为便于脱模，四块模板间分别用宽度为 200mm 的楔形小模板连接。四块模板过角处安装八根长短丝杠。短丝杠主要用于支模时调节、固定，长丝杠参与结构受力。阜康抽水蓄能电站尾水斜井衬砌模板横断面结构如图 4.6.2-2 所示。

2. 模板的安装、倒运

尾水斜井衬砌模板采取分仓、分段组装方法，从位于下弯段的第 1 段开始，到位于上弯段的第 10 段结束。衬砌模板组装

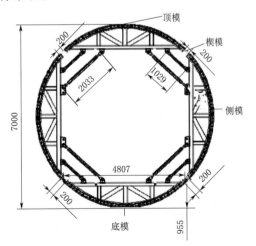

图 4.6.2-2 阜康抽水蓄能电站尾水斜井
衬砌模板横断面结构图（单位：mm）

顺序如下：第 1 段底模下弯段→第 2 段底模下弯段→第 1 段侧、顶模下弯段→第 2 段侧、顶模下弯段→第 3 段全断面下弯段→模板体型调整→第 4～7 段全断面斜直段→模板体型调整→第 8 段全断面（斜直段至上弯段）→模板体型调整→第 9～10 段。模板的移动以环为单元分 2 部分进行。每环侧、顶模 3 块模板 1 次倒运，底模 1 次倒运。

侧、顶模的安装在首仓底模上同时进行。利用停放在首仓外的临时轨道和台车运输就位，轨道台车采用卷扬机拉运。运输就位后，采用水平液压系统将两侧侧模向外顶伸至安装位置，通过螺栓连接底模与侧模，然后安装短丝杠将侧模与底模固定。利用短丝杠调好侧模的垂直度后，收回水平液压缸。至此，侧模已安装完成。下放卷扬机使顶模退回到安装位置后顶升垂直缸使顶模上升至安装位置。通过楔形块上的螺栓孔将侧模与顶模连接。然后安装短丝杠将侧模与底模固定。循环以上过程直至 6 环模板全部安装完毕。

需注意的是，从第二环开始均需将环间螺栓安装到位并使模板间错台满足混凝土规范要求。

侧模旋转：该套模板的侧模为满足不同体型的要求，侧模设计为梯形结构，下弯时长边在下，斜直段隔环颠倒，上弯时长边在上。为便于施工，该台车具备侧模旋转功能：设置的 4 条伸缩缸通过活动转盘与侧模连接。需要旋转时将台车下放至已浇段适当位置（满足侧模旋转空间），然后操作旋转机构电机，分别对两侧侧模进行 180°旋转。

台车行走：为避免斜井段与上平段存在夹角导致钢丝绳受阻无法进行牵引，在尾水隧洞上平段预埋立柱系统进行牵引。立柱采用长度为 4m 的无缝钢管 ϕ325mm×10mm，钢管端焊接好定滑轮，定滑轮满焊连接，四周用切割好的三角钢板焊接加以固定，另一端等正方形底座稳定后满焊连接在底座上部预埋的钢板上。同样，四周也采用事先切割好的三角钢板加以固定。立柱上下两侧 3m 位置处，也采用钻孔插筋的方式，用 18 号槽钢焊接作为立柱斜撑，槽钢两端头必须满焊连接固定在基础底座和立柱端头，夹角呈 45°～60°。立柱左右两侧位置同样采用插筋锚固的方式，对立柱进行斜撑，保证立柱受力时不受影响。

3. 模板加固

由于仅依靠底拱模板的自重不足以克服浇筑时混凝土的上浮力，故在模板的周边采用锚杆将底模拉住以防止发生位移，模板在斜面上的下滑力靠首仓末端模板上设置的 24 个爬升锥克服。同时为了确保底部模板不压坏底部钢筋网及保证钢筋保护层间距，根据模板体型，在安装好的钢筋网仓号内安装混凝土垫块，每块模板安装 6 块，混凝土垫块采用 C30 混凝土与一根 A25 钢筋（需外露 25cm）浇筑而成。现场安装过程中将外露钢筋与底部三角钢筋（由三根 A25 钢筋及单根 [10 槽钢焊接而成）支撑焊接即可。

4.6.2.4 混凝土入仓和振捣方式及质量控制措施

入仓方式：尾水斜井的混凝土入仓方式依据与尾水上、下弯段的距离确定。距离上弯段近时，通过在下水库进出水口调整段处布置 HBT60 型泵机，混凝土由泵机泵送至上弯段集料斗，集料斗底部接溜管的方式入仓；距离下弯段近时，通过下平段布置的 HBT60 型泵机泵送入仓，上弯段通过在下水库进出水口调整段处布置 HBT60 型泵机，混凝土由泵机泵送方式入仓。

振捣方式：衬砌过程中通过在衬砌模板中设置的振捣窗口进行振捣，在振捣窗口部位钢筋网暂不进行安装，待浇筑至该模板振捣窗口位置进行钢筋安装和模板封堵，振捣设备主要为 $\phi50mm$ 软轴式振捣器及附着式振捣器。

质量控制措施如下：

（1）为避免顶拱浇筑不密实，拱顶每仓须定制 2 块焊有混凝土泵管的模板。顶拱采用定制模板上的泵管与混凝土输送泵管连接入仓进料，顶拱部位仍采用附着式振器进行振捣。顶拱部位由于施工难度较大，在施工时须细心处理，防止漏振或混凝土入仓不饱满等情况。

（2）混凝土分层浇筑，每层厚度控制在 40～50cm，输送管口至浇筑面垂直距离控制在 1.5m 以内。根据分仓长度在模板上设置入料口。每层混凝土采用对称浇筑，均匀上升，仓内混凝土高差以不大于 1m 为原则。混凝土的自由下落高度不宜大于 1.5m。衬砌后单元质量合格率达到 100％，优良率达到 94％，无蜂窝、麻面、错台等缺陷，外观质量良好。

第5章 斜（竖）井钢管安装及钢衬混凝土施工技术

5.1 施工技术发展

斜（竖）井采用钢衬技术施工时，需要先开展钢管安装，随后浇筑混凝土，因此，本节包括钢管安装和混凝土浇筑这两个方面内容。虽然斜井钢衬施工工艺与竖井钢衬施工基本一致，但斜井工程受重力方向与斜井轴线存在夹角的影响，钢管运输、安装及混凝土回填施工的难度相较于竖井工程有所增加，因此，本节内容以斜井为主、兼顾竖井原则开展论述。

斜（竖）井钢管安装从工序上来看，主要包括吊装运输、溜放安装及加固、钢管焊接等内容，并形成了压力钢管无内支撑施工、高强钢气体保护焊等创新技术。

在吊装运输技术方面，按照钢管焊接组装时序不同，分为分瓣瓦片运输、整体运输两种。分瓣瓦片运输优点是运输线路空间要求低，但需要在洞内开展瓦片焊接安装，施工难度较大，工期长，仅在少部分工程中采用，如蒲石河抽水蓄能引水隧洞（焦宝林等，2012）。乌东德右岸地下电站工程引水压力钢管母材选用国产780MPa钢材（梁世新等，2022），内径11.5～12.5m，设计开挖的右厂下平洞4号施工支洞断面尺寸无法满足成品钢管运输的要求，也采用了分瓣瓦片运输方案；整体运输要求预先做好钢管焊接形成管节，在做好沿途线路规划的基础上，具有工期短、施工方便、质量保证的优点，为大多数工程采用。在实现钢管装卸、翻身等吊装过程时，形成了天锚＋卷扬机、门机（或门架）＋卷扬机的两种主要技术，前者通过固定在洞顶天锚配合卷扬机，实现钢管装卸、翻身，需要在固定位置预先装设天锚，后者位置相对灵活，更适用于地质条件复杂、施工安全风险大，在洞内无法布置吊装天锚的情况，溧阳抽水蓄能电站是早期采用该技术的成功案例。

压力钢管制造安装内支撑作为一项一般要求，已纳入相关钢管施工规范和设计规范，其目的是解决运输变形和混凝土施工期间的刚性不足。随着水电工程技术的不断进步，自新疆恰甫其海电站等工程开始，逐步摸索取消内支撑的方法。制造阶段通过试验的方式检验水平放置与垂直放置状态管径变化量，并用预变形的方式控制安装直径偏差，取消运输阶段的内支撑。2012年，自梨园电站开始，逐步探索形成了在现场进行自动化组圆焊接钢管的新工艺，进一步取消钢管安装过程中的内支撑，该技术在黄金坪等项目得到推广应用。因能够在安装现场将瓦片直接进行组圆和焊接，再用轨道运输方式，将单节或多节钢管进行安装，这种方式具有较大优势。该技术在杨房沟水电站、长龙山抽水蓄能分别实践采用了"米"字形活动内支撑及旋转横梁顶撑装置，替代传统固定式内支撑。在乌东德水电站，通过对钢管组圆、运输、安装三阶段的模拟仿真，通过施工技术突破，进一步研发了 13.5m 超大型压力钢管无内支撑施工技术。中国近年来压力钢管参数及内支撑应用统计见表 5.1.0-1。

表 5.1.0-1　　　　　　　中国近年来压力钢管参数及内支撑应用统计

工程名称	最大直径/m	工程量/t	相关施工工艺	施工时间/年
广西红水河天生桥电站压力钢管	10	11000	钢管厂制造后有支撑运输到洞内	2004—2006
乌江彭水电站压力钢管	14	4400	洞内钢管制造有内支撑运输	2005—2007
三峡地下电站压力钢管	13.5	8643	钢管厂制造后有支撑运输到洞内	2005—2007
金沙江溪洛渡电站压力钢管	10	10400	钢管厂制造后有支撑运输到洞内	2009—2011
金沙江向家坝电站压力钢管	14.4	3200	钢管厂制造后无支撑运输到洞内	2009—2011
锦屏二级电站压力钢管	6.5	22000	钢管厂制造后有支撑运输到洞内	2008—2013
新疆恰甫其海电站压力钢管	9.5	8900	钢管厂制造后无支撑运输到洞内	2004—2006
四川大渡河瀑布沟电站压力钢管	10	3600	钢管厂制造后无支撑运输到洞内	2008—2009
四川大渡河长河坝电站压力钢管	10	4400	钢管厂制造后无支撑运输到洞内	2014—2015
四川大渡河猴子岩电站压力钢管	10	2600	钢管厂制造后无支撑运输到洞内	2014—2015
澜沧江小湾电站压力钢管	8.5	4000	钢管厂制造后无支撑运输到洞内	2006—2008
锦屏一级电站压力钢管	9	11000	钢管厂制造后无支撑运输到洞内	2009—2010
云南金沙江梨园电站压力钢管	12	8800	钢管厂制造后无支撑运输到洞内	2012—2013
大渡河黄金坪电站压力钢管	9.2	2000	洞内钢管现场制造无内支撑运输	2013—2014
乌东德电站	13.5	6600(71)	洞内钢管现场制造无内支撑安装	2018—2019
杨房沟水电站	9.2		吊装运输阶段无内支撑、活动内支撑安装	2018—2020
长龙山抽水蓄能	4.4	(30)	吊装运输阶段无内支撑、旋转横梁顶撑装置	2018—2020
白鹤滩水电站	10.2		吊装运输阶段无内支撑、活动内支撑安装	2018—2020

注　括号内为最大管节重量。

压力钢管高强钢焊接技术发展迅速，随着水电与抽水蓄能发电机组设计水头不断提高，高强度钢板逐步成为大型水电站和抽水蓄能电站的首选。我国从十三陵抽水蓄能电站开始使用日本进口的 800MPa 级钢板。从 2008 年起，河南宝泉抽水蓄能电站逐步开始使用国产舞阳 800MPa 级钢板，目前丰宁、绩溪等一大批抽水蓄能以及白鹤滩水电站均已采用国产 800MPa 级钢板。焊接技术方面，以丰宁、敦化抽水蓄能为代表探索形成了单面焊双面成形的先进技术。由于抽水蓄能工程压力钢管直径普遍较大、管壁较厚，埋弧焊是普遍采用的焊接技术，如辽宁清原抽水蓄能电站、苏洼龙水电站等，气体保护电弧焊逐渐在工程中推广。白鹤滩水电站压力钢管焊接采用 CO_2 气体保护焊接工艺、乌东德右岸地下电站工程引水压力钢管 780MPa 级脉冲富氩气体保护焊工艺，均取得了突破性成功。2024 年，国产 1000MPa 高强钢在浙江天台抽水蓄能电站中应用成功，标志着我国高强钢技术达到国际领先水平。

5.2 钢管安装及钢衬混凝土施工

钢管安装流程如图 5.2.0-1 所示。主要包括施工准备、钢管出厂验收、钢管运输、钢管环缝焊接、焊缝检测、灌浆孔封堵、钢管竣工验收等。

5.2.1 施工准备

除施工现场工程准备工作外，施工准备工作内容还包括技术准备、劳动力组织准备、工程材料准备以及施工机具准备等。

技术准备包括设计交底、图纸会审、施工方案编制、施工交底等。图纸会审时应熟悉、明确钢管管节的布置情况、安装顺序、详图的结构尺寸以及施工图纸的技术要求、施工图纸设计内容与强制性条文的符合性。施工方案中应重点明确装车及钢管固定方式、钢管编码、各节钢管平面图和立面图、钢管卸车方式、洞内及井内运输方式等，根据施工方案编制有针对性的作业指导书。其中斜井和竖井压力钢管安装应按照危大工程管理的有关规定执行。

劳动力组织准备应安排有经验的作业队伍进行，并根据施工进度计划、施工技术要求合理配备各工种作业人员，重视从

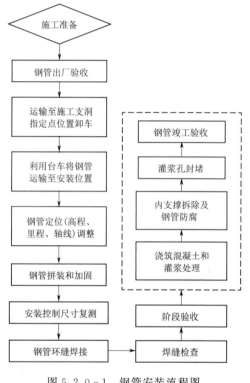

图 5.2.0-1 钢管安装流程图

事压力钢管焊接及无损检测人员资格要求。焊接材料品种与母材和焊接方法相适应。操作平台、钢丝绳及锁定装置等必须经设计计算确定。钢管安装设备的选择应根据钢管技术要求、钢管特性、工地环境、运输条件、工程进度、安装强度等确定，包括起重运输设备、切割加工设备、焊接设备、防腐设备、检测设备等。

5.2.1.1 起重运输设备选择与要求

起重运输设备包括龙门吊（或桥吊）、汽车起重机、牵引平板车、载重汽车、电

动卷扬机（应说明对卷扬机的规格要求）、转运台车等。露天或洞内直径较大的钢管吊装起重设备宜采用门式起重机、桥式起重机。直径较小的钢管吊装可采用固定提升吊装系统，并应设置限位装置。露天且钢管长度较短的钢管吊装可采用汽车起重机。吊装设备应采用双制动，并充分考虑冲击载荷的影响。起重设备的额定载荷取值应考虑最不利的载荷总和。起重设备安装及验收应按《起重设备安装工程施工及验收规范》（GB 50278—2010）的相关规定执行。起重设备的布置应遵循减少洞室扩挖，便于安装、拆除和运输的原则，位置、高度应满足钢管卸车、翻身、吊装空间尺寸要求。起重设备基础应开展专项设计。

5.2.1.2 人员通道及作业平台要求

（1）斜（竖）井井口周边应设置人员通道，且不得影响钢管的正常安装，与吊装设备运行空间不宜小于 200mm。人员通道的走道板、楼梯、扶手、踢脚板、搭设的临时脚手架、安全警示标识等应符合《水电水利工程施工通用安全技术规程》（DL/T 5370—2017）的规定。

（2）载人设备应有导向装置，制动系统具备双保险功能，钢丝绳的安全系数不应小于 14。应单独布置在地质条件良好的位置，加强防护，并不得影响钢管运输、吊装。载人设施制动系统具备双保险功能，载人设备和吊笼使用前应进行载荷试验并经验收合格。

（3）竖井、斜井式钢管安装使用的压缝台车、焊接台车、检验台车等操作平台可设计为一体，采用多层结构，车轮与管壁接触面应为非金属材料。操作平台系统安装完成后应进行验收。操作平台应设锁定装置，非运行状态时，应将操作平台锁定在已安装好的钢管上，平台上的设备应固定牢靠。竖井式、斜井式人员通道及作业平台示意分别见图 5.2.1-1、图 5.2.1-2。

（4）操作平台上应设锁定装置。非运行状态时，应将操作平台锁定在已安装好的钢管上，平台上的设备应固定牢靠。载人系统的安全防护设施应符合《电力建设工程施工安全管理导则》（NB/T 10096—2018）、《水电水利工程施工安全防护设施技术规范》（DL 5162—2013）的要求，同时应按照超过一定规模的危险性较大的分部分项工程组织专家评审。

（5）载人设施每次载人运行前应严格核定人数，执行登记制度，不得人货混装，并采取防坠落措施。施工台车固定用钢丝绳与钢管应做电气隔离，不得直接接触，确保施工中钢丝绳无电流通过。钢管内壁作业平台应有防止人员和物品坠落的措施。

（6）钢管与洞壁之间的受限空间作业应保持通风良好，必要时进行强制通风。施工台车上应配备充足的消防器材。

5.2.2 吊装及运输

现场准备应确保现场施工供排水、电通、道路通畅、通信通畅。同时做好钢管出

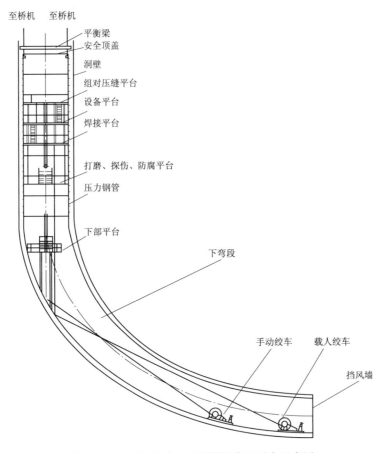

图 5.2.1-1 竖井式人员通道及作业平台示意图

厂验收，要求钢管装车前对所有管节的长度、周长、椭圆度（不少于 4 个方位直径）、管口平面度、焊接坡口、钢管中心线、水流标记、钢管内外壁防腐层是否损伤等进行检查，弯管还应检查两管口平面夹角，渐变管检查其锥度、管口倾斜度等。对所有检查项目应做好记录，同时对不合格的管节在制造厂进行处理，经处理检查合格后运输至现场进行安装。

钢管运输一般以一个制造单元进行运输，可结合钢管运输、牵引系统布置及施工支洞、引水洞开挖断面确定钢管运输方式。分瓣瓦片运输相对简单，本小节主要针对整体运输进行说明。卸车翻身及吊装的技术要点如下：

(1) 吊装单元卸车翻身应按质量最大、尺寸最大的安装单元编制工艺、设计吊点。

(2) 钢管翻身作业时，应采取防变形等成品保护措施。

(3) 吊装单元翻身不宜面向竖井井口方向。

(4) 钢管吊耳的结构设计应经过计算，安全系数不小于 3.5，吊耳布置的位置、间距、方向、尺寸应综合考虑运输、翻身、吊装的要求。

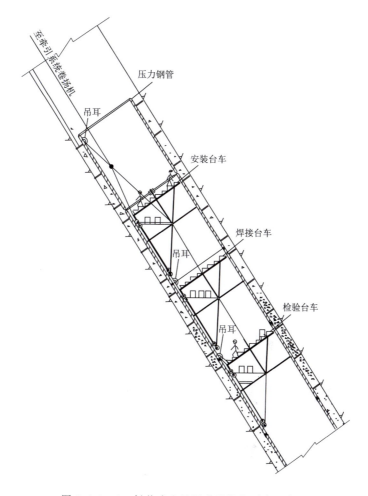

图 5.2.1-2　斜井式人员通道及作业平台示意图

（5）吊耳宜设计为 K 形坡口，按一类焊缝的要求施焊，并采用超声波检测（UT）和磁粉检测（MT）进行焊缝质量检验。

（6）钢管卸车翻身过程中，任何人员不得在钢管底部行走和逗留。

（7）吊装前应检查混凝土输送设施是否影响吊装，消除吊装障碍和安全隐患，对竖井施工区域进行临时封闭，四周设置警示标识和警戒线。

（8）竖井钢管吊装可在洞壁布置导向装置。

（9）吊装作业用钢丝绳宜采用防缠绕钢丝绳，并采取防止钢丝绳相互缠绕的措施。

（10）巡视检查人员应全程巡视检查钢管吊装状态，保持与起吊设备操作人员通信联系畅通。

（11）定位节宜选取下弯段下游侧首节直管。

整个运输流程包括压力钢管厂内的管节吊装平移及翻身吊装、钢管公路运输、洞内运输、洞内卸车翻转吊装等内容。

5.2.2.1 压力钢管厂内的管节吊装平移及翻身吊装

以两河口水电站标准段直径 7.5m 的压力管道为例进行说明（陈忠敏等，2021），压力钢管制作安装单元段长度 3m，外形尺寸 ϕ8m×3m，最重约 33.2t/节，压力钢管厂至引水隧洞安装距离约 10km。钢管的制作采用厂房内 40t 门机进行吊装；钢管厂翻身作业采用 100t 汽车吊配合 40t 门机进行吊装。

压力钢管吊装平移作业采用 4 个 10t 横吊钢板起吊钳挂装在钢管外壁加劲环上，门机主吊钩挂设 2 根对折的钢丝绳，钢丝绳下端挂设 15t 卸扣，卸扣与钢板起吊钳连接，钢丝绳与铅垂线的夹角不超过 45°，以 30°左右为宜，缓慢起升主起升机构，先进行试吊，检查门机制动情况，无异常后即可进行正式吊装。

制作厂内的压力钢管采用 100t 吊车配合 40t 门机进行吊装翻身作业（图 5.2.2-1）。

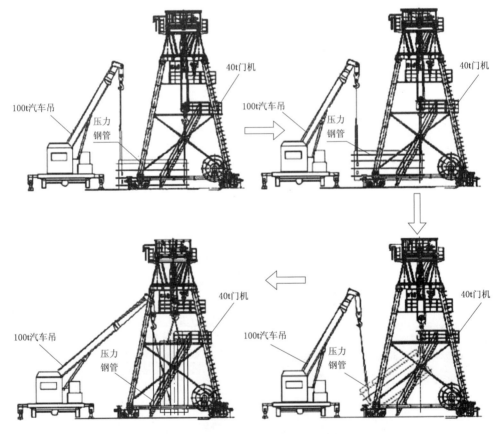

图 5.2.2-1 压力钢管厂内翻身作业示意图

（1）翻身前在钢管外壁+Y 轴线侧焊接 2 个吊耳板，若利用加劲环上的串浆孔，可不设吊耳板，在-Y 轴线两侧焊接 2 个吊耳板，钢管底部垫设方木，保护好坡口。

.（2）门机主吊钩挂设 2 股钢丝绳，钢丝绳下端挂设 25t 卸扣，卸扣与吊耳板（或串浆孔）连接。

（3）100t 汽车起重机布设于厂房外侧卸车场，车身与门机轨道垂直，将四条支腿全部支起，吊臂转动至起重机驾驶舱横侧方，吊钩与钢管－Y 侧的 2 个吊耳板连接。

（4）同时起升门机主吊钩和起重机吊钩，将钢管抬离地面约 500mm。

（5）缓慢起升门机主吊钩，同时随之调整起重机吊钩配合，使钢管的＋Y 方向不断向上提升，－Y 方向不断向门机方向靠拢，直至钢管完全立起，完成翻身。

5.2.2.2 钢管公路运输

公路运输采用载重汽车，分为钢管立放运输、钢管平放运输两种。钢管立放运输时，钢管管口水平，运输过程中钢管受力较好，但需要进行多次翻身。两河口水电站压力管道即采用立式运输方式，此时钢管轴线垂直于水平面，采取措施保证钢管在运输中不倾倒，将压力钢管垂直放置于平板拖车上并可靠捆绑固定。泸定水电站标准段内径为 9.6m 和 9.1m，压力钢管最大起吊运输重量为 20.01t。钢管厂至 1 号压力管道附近采用 25t 拖板车运输，预先在 1 号压力管道上游侧布置 1 台钢结构翻身架，用门架上配置的两个 20t 电动拉葫进行钢管的卸车和翻身（翻身架由起重机厂家根据加工厂的需要进行设计制作安装），翻身后钢管放置在平台运输小车上；由于钢管直径较大，为保证场内安全运输，不易直立运输，钢管用 50t 汽车吊水平吊至运输车固定托架，用手拉葫芦对钢管进行加固，为防止运输过程中造成变形，用 $\phi100mm$ 的钢管制成米子撑，作为压力钢管的内支撑（图 5.2.2－2）。

钢管平放运输不需要在安装现场翻身，宜采用钢管轴线平行于水平面（简称平放），在平板拖车上设置支撑托架，将压力钢管平放至托架上捆绑加固，如图 5.2.2－3 所示。

运输成型的钢管管节时，应将管节与鞍形支座等可靠连接、固定，利用压力钢管上设置的吊耳，用手拉葫芦和钢丝绳在其两侧成"八"字形进行栓固，使压力钢管与运输车板连成一体。采用钢索捆扎吊运钢管时，应在钢索与钢管间加设软垫，以保证管节吊装、运输

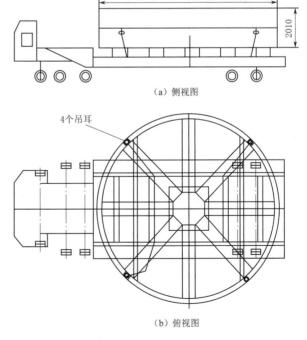

（a）侧视图

（b）俯视图

图 5.2.2－2　压力钢管立放运输示意图

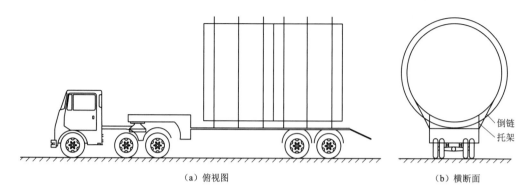

（a）俯视图　　　　　　　　　　　　　　（b）横断面

图 5.2.2 - 3　压力钢管平放运输示意图

过程中漆膜不被损伤。

5.2.2.3　洞内运输

　　卷扬机按照钢管运入方向布置，卷扬机参数根据运输距离、钢管特性选定。卷扬机系统采用的固定地锚、转向地锚及起吊地锚应牢固可靠，重要地锚应做负荷试验。卷扬机室位置应便于观测，四周预留通道，对洞内运输通道不产生干扰。为满足洞内钢管运输和支撑要求，设置运输和支撑用轨道。轨道顺水流方向布置，钢管运输轨道横向跨距一般为 $\dfrac{2D}{\pi}$（其中 D 为钢管直径）。对于弯管段轨道，可按弯曲半径等用直线拟合，拟合最小长度应能保证台车运输。轨道可采用标准钢轨或工字钢。洞内钢管运输轨道布置示意如图 5.2.2 - 4 所示。

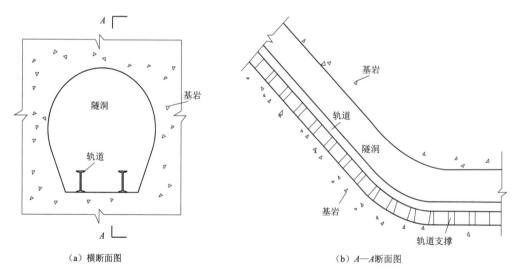

（a）横断面图　　　　　　　　　　　　　（b）A—A 断面图

图 5.2.2 - 4　洞内钢管运输轨道布置示意图

　　采用"轮式牵引机车＋有轨台车"是另一种高效的洞内水平运输方式，且解决了洞内空间狭小、转向困难的问题。钢管安放固定在专用有轨台车上，由轮式牵引机车通过连接件牵引有轨台车在洞内运输轨道上运行，侧视图如图5.2.2-5所示。利用千斤顶辅助有轨台车在岔洞口进行转向，有轨运输台车总体尺寸与管节尺寸相匹配，设置弧形托架及吊耳，以便将钢管牢固固定在台车上，保证运输过程中的稳定性。牵引车牵引有轨运输台车横剖面如图5.2.2-6所示。长龙山抽水蓄能电站斜井压力钢管平洞运输即采用这种方式。

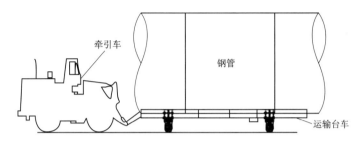

图 5.2.2-5　牵引车牵引有轨运输台车侧视图

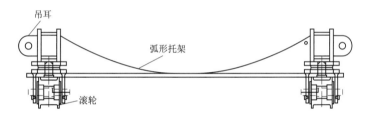

图 5.2.2-6　牵引车牵引有轨运输台车横剖面图

洞内卸车翻转吊装主要包括天锚＋卷扬机、门机（或门架）＋卷扬机两种主要技术。

两河口水电站、福建永泰抽水蓄能电站压力钢管均采用了天锚＋卷扬机技术，钢管运输至洞内后，通过预埋天锚吊装、卸车，利用已安装的拖运轨道，通过滑轮组、卷扬机牵引运输台车的方式将钢管按照安装顺序依次运输至安装部位。

以两河口水电站为例，压力钢管制造厂至安装场的运输采用载重汽车立式运输，运输至施工支洞内卸车翻转场进行卸车及翻身，卸车翻转间设置于下平段施工支洞与1号压力钢管隧洞前方20m处，此处分别设置1组50t主吊点天锚（施工支洞顶部扩挖）和1组32t辅助翻身吊点天锚，天锚使用前须进行拉拔试验及负荷试验。在施工支洞顶拱中心处的各组吊点上分别挂设1套40t和32t滑轮组，通过1台8t卷扬机及1台5t卷扬机的牵引，实现在卸车翻转间卸车及90°旋转，随后再用主吊点上的卷扬提升系统将钢管吊装到支洞内的轨道台车上，拖运至各条引水隧洞安装位置就位。

5.2.3　溜放及定位

《水电水利工程斜井压力钢管溜放及定位施工导则》（DL/T 5830—2021）中，提出了斜井压力钢管溜放定位的施工方法及技术要求，包括设备与设施、溜放系统布置、载荷试验、轨道、测量、溜放、定位及调整、加固、质量与安全等内容。

5.2.3.1 溜放系统布置及载荷试验

溜放系统应根据现场实际情况合理布置。溜放设备钢丝绳的出绳偏角应符合下列规定：槽面卷筒的出绳偏角不大于 4°；光面卷筒自然排绳时的出绳偏角不大于 2°；光面卷筒排绳器排绳时的出绳偏角不大于 4°。主牵引钢丝绳转向处应布置导向装置，根据现场需要设置托绳装置，转向轮直径不得小于钢丝绳直径的 20 倍。溜放系统的锚杆布置、数量及规格应根据受力计算确定，锚点设计拉力应满足载荷要求。起重设备应符合《起重设备安装工程施工及验收规范》（GB 50278—2010）的规定。起重天锚应设限载限位装置。

溜放设备系统在使用前应进行载荷试验，对各设备、装置等进行联合检验。溜放系统配重载荷试验时，先空载运行，后分别按照 75％、100％、110％ 逐级加载运行。在溜放设备系统进行载荷试验时，制动器、操作系统及各限位器动作应准确、可靠。电子数显测力仪进行载荷试验时，采用逐级加载方式进行。分别按照 50％、75％、100％、125％ 载荷进行试验。每级加载停留时间不小于 10min。在电子数显测力仪进行荷载试验时，应避免过载，制动器、操作系统及各限位器动作应准确、可靠。试验过程中，每一级载荷试验结束后，对溜放系统进行全面检查，确认系统完好，方可进入下一步试验。

5.2.3.2 轨道

轨道应居中布置，轨距宜为钢管直径的 1/2～3/4。对轨道选型及支点间距应进行结构计算。轨道中心与洞径中心偏差不宜大于 20mm。轨距偏差不宜大于 10mm。同截面轨道的标高相对差不宜大于 10m。两平行轨道的接头位置宜错开 1000mm 以上，且不等于台车前后轮距。上弯段轨道如采用非钢轨轨道，上翼缘宜进行补强处理。斜井底板超挖较大的地方应对支撑进行加强处理。各部件应连接牢靠，轨道支撑应设置在坚固的基础上。轨道的加固锚杆选型及布置应根据计算确定。

5.2.3.3 溜放

钢管溜放宜采用台车。采用支腿滑动溜放时，应对钢管及支腿采取防变形措施。

溜放前应划定施工区域，对安全设施、溜放系统进行检查，并建立日常检查制度，定期保养。上平段运输时，牵引设备和溜放设备操作应统一指挥。牵引过程中，溜放设备的钢丝绳应处于松弛状态，运行速度不宜大于 6m/min。

上弯段溜放在安装单元逐步进入弯段时，溜放钢丝绳应逐步受力。当牵引设备不再受力时，应暂停牵引及溜放，检查溜放及监控系统的设备和设施。溜放过程中，应观察钢丝绳在导向轮、托辊中的运行情况。溜放过程中，两根溜放钢丝绳的行程相差不宜大于 0.5m。

斜直段溜放应全程监视。监视人员应走人员安全通道，不得进入台车或钢管内。溜放应匀速进行，溜放单元宜一次溜放到位。溜放过程如出现异常，应先停车，双保险锁定台车和钢管后，检查和处理异常情况。不得反向牵引。

竖井下放及斜井下弯段溜放时，应采用低速运行，运行速度不宜大于6m/min，应观察台车空车与轨道的接触情况。

采用支腿滑动溜放时，轨道及滑块不宜涂抹黄油。支腿的材料宜采用焊接性能良好的型钢，焊接应保证质量。在定位加固之前不得摘除溜放钢丝绳。

5.2.3.4　定位

测量放样应符合设计文件要求，并进行复核。测量放样的仪器、量具应检定合格并在有效期内。钢管安装用全站仪测角精度不应低于2″，测距精度不低于国家Ⅱ级标准，并及时进行检校。管安装前应测设安装专用控制网，其起始点和高程基点的测量标志应埋设稳固，并采用相应的保护措施。平面控制网宜采用导线形式布设，高程控制网宜采用电磁波测距三角高程测量，并应满足《水电水利工程施工测量规范》（DL/T 5173）的规定。应沿斜井长度方向设控制点及人员和仪器相互独立的操作平台。控制点和平台的间距不宜大于80m。安装单元应测量管口中心、里程、高程。定位节安装时应分别测量定位节的上下游管口，管口平面度、垂直度应满足《水电水利工程压力钢管制作安装及验收规范》（GB 50766—2012）的规定。混凝土回填过程中，宜对钢管回填单元进行监测。回填后应对钢管管口进行复测。

定位调整：钢管定位节宜选用下弯段下游侧首节直管。钢管在运输台车上固定高度宜比设计安装高程低20~50mm。钢管定位宜先调整里程，再调整中心及高程。应综合考虑钢管中心、里程、高程、管口垂直度、圆度。钢管调整可采用台车、千斤顶、顶杠等。钢管定位及加固材料不宜直接在钢管外壁焊接。溜放单元钢管运输到位后，与已安装钢管对位调整应符合以下规定：

（1）粗调下游管口间隙为0~5mm，并临时支撑。

（2）测量上游管口与设计中心、里程偏差。

（3）根据测量结果，进行局部调整，在保证环缝各项数据的基础上，满足管口与设计值偏差符合规范要求。

（4）按焊接工艺规程进行定位焊，并进行复测，数据应满足《水电水利工程压力钢管制作安装及验收规范》（GB 50766—2012）的规定。

5.2.3.5　加固

钢管加固宜采用焊接性良好的型钢加固，也可采用与钢管材质相近的材料进行加固。

加固点应对称布置，加固部位距管口不宜小于300mm。加固型钢宜在插筋的根部进行焊接。搭接长度小于80mm时，全长进行焊接；搭接长度大于80mm时，焊缝长度不宜小于 80mm。搭接材料厚度不大于 8mm 时，焊脚高度不宜小于搭接材料厚度；搭接材料厚度大于 8mm 时，焊脚高度不宜小于 8mm。

加固型钢与钢管的连接宜选择在加劲环、止推环、阻水环及过渡板等构件上。拆除钢管上的工卡具、吊耳、内支撑和其他临时构件时，不得使用锤击法，应采用碳弧气刨或热切割法，距钢管壁不少于 3mm 处切除，内壁残留的痕迹和焊疤应采用砂轮机磨平，保证经检测无裂纹。

5.2.4　钢管安装

5.2.4.1　一般规定

（1）钢管现场安装工作应符合《水电水利工程压力钢管制作安装及验收规范》（GB 50766—2012）第 4 章第 4.1、4.2 节的规定。

（2）竖井、斜井式钢管外壁与洞壁之间，应搭设可靠的工作平台，并有防坠落措施。

（3）钢管在安装过程中必须采取可靠措施，支撑的强度、刚度和稳定性必须经过设计计算，不得出现倾覆和垮塌。安装钢管应准确就位，并将钢管牢固地支撑和固定在围岩、支墩上，以防安装、焊接、混凝土浇筑期间发生变形、浮动与位移。

（4）钢管宜采用活动内支撑或无内支撑工艺，当采用固定支撑时，内、外支撑应通过与钢管材质相同或相容的连接板或杆件焊接。

（5）钢管安装时，在定位节混凝土强度达到设计强度的 75% 后，方可进行相邻管节的安装，钢管安装与混凝土浇筑宜分段交替进行。一次浇筑长度要求：有回填灌浆要求的平段和斜直段（弯段）一次浇筑长度不宜大于 12m，斜直段在保证施工措施的前提下一次浇筑长度可为 18～24m；钢管外新浇筑的混凝土抗压强度达到 5MPa 以上，方可继续安装钢管。

（6）凑合节采用施工图纸规定的型式，应设在直管段上。其长度根据现场需要确定。凑合节现场安装时的余量宜采用半自动切割机切割，宜采用整体凑合节。凑合节最后一道合拢环缝施焊时，应采取措施降低施焊应力。

（7）位于厂房上游边墙处的钢管段，为使钢管与周围混凝土隔离，应按施工图所示范围和要求，包封防水、防蚀并具有弹性的材料。包封材料应具有材料稳定性、设计要求的物理力学特性、耐久性、防腐性、可粘贴性等，包封前应将管壁彻底清理干净。

（8）压力钢管上平段、下平段灌浆孔应在设置空心螺纹保护套后，方可进行灌浆施工。

（9）在钢管安装及混凝土回填、灌浆施工过程中应保护好排水管出口，并根据现场条件，采取通水或其他有效方法保证排水管畅通，避免施工中泥沙、废水、浆液进入管内，堵塞排水管出口。

（10）每单元长度混凝土浇筑完成后，应对贴壁排水的畅通情况进行通水检查。如出现堵塞，应立即上报监理人。

（11）钢管安装时，按合同规定安装的监测仪器，应同时进行安装埋设。安装观测仪器支座的焊接应符合《水电水利工程压力钢管制作安装及验收规范》（GB 50766）的规定。

5.2.4.2　钢管分节安装

1. 定位节安装

定位节是每条、每段钢管中最先安装的基准节（或单元），对整条钢管的安装质量有直接影响。引水系统压力钢管安装一般将引水中平洞、引水下平洞第一节钢管（与竖井或斜井下弯段连接）、岔管作为定位节，采用此方法，需将支管段压力钢管提前运输至安装部位存放。尾水系统压力钢管上游侧一般以机组肘管出口管节为定位节，下游侧机组尾水事故闸门门槽为定位节。

安装时，先进行中心的调整，用千斤顶调整钢管，使钢管口的下中心对准预先测放的中心、里程控制点，后用千斤顶将钢管调整到设计要求的高程和垂直度。加固后再次进行钢管中心、里程、垂直度复测，并做好记录。

定位节加固应对称进行以防止变形，钢管加固支承应与管壁加劲环、输水洞的锚杆等焊接牢固，加固后进行复测，合格后进行混凝土浇筑，浇筑时控制浇筑速度，并且应对称下料。浇筑时同时应有专人进行监控，发现有变形时立刻停止浇筑，并进行处理，同时调整浇筑方法或速度。

定位节钢管安装偏差应满足表5.2.4-1的要求，加固示意图如图5.2.4-1所示。

表5.2.4-1　　　　　　　　　定位节钢管安装偏差表

序号	钢管内径 D/m	始装节管口中心的允许偏差 /mm	与蜗壳、伸缩节、蝴蝶阀、球阀、岔管连接的管节及弯管起点管口中心的允许偏差/mm	里程偏差 /mm	垂直度偏差 /mm
1	D≤2	5	6	±5	±3
2	2<D≤5		10	±5	±3

2. 中间管节安装

当定位节混凝土强度达到75%以上时，开始相邻管节的安装。钢管外回填混凝土抗压强度达到5MPa以上，方可继续安装钢管。

在钢管内搭设安装平台，采用千斤顶调整管节，使管节上、下游管口中心里程、高程和垂直度符合设计要求，弯管段应注重检查其平面方位。相关检查项目符合设计要求后，进行压缝，压缝时根据相邻管口的周长值确定预留的错牙值，调整错牙时以钢管内壁为准、沿圆周均匀分配。为减少或免除在钢管上焊接临时支撑和压码，可在管口处设计可旋转式、拆移的压缝装置。

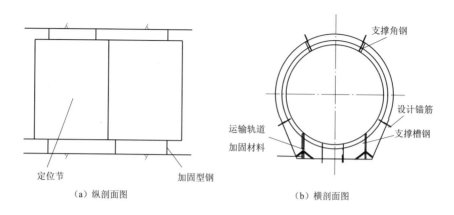

（a）纵剖面图　　　　　　　　　　（b）横剖面图

图 5.2.4-1　定位节钢管加固示意图

长龙山抽水蓄能工程压力钢管每 6m 为一个安装节（江谊园等，2022），通过斜井溜放系统溜放入井到达安装位置，然后依次进行拼装、精调、定位（检验）、加固等准备作业。准备作业采用的旋转横梁顶撑装置（压缝器）示意如图 5.2.4-2 所示。进行压缝拼装施工时，该装置安装在钢管内装配台车上，可以进行 360°旋转，对缝间隙、错台精确调整合格后进行定位焊接，从而取消了环缝组对传统施工工艺中的压码与锁板，实现了超长斜井内大型钢管无内支撑安装，提高了高强钢管安装工效及质量。

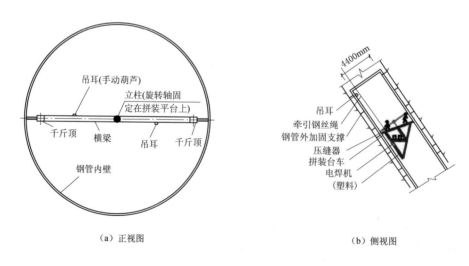

（a）正视图　　　　　　　　　　　（b）侧视图

图 5.2.4-2　旋转横梁顶撑装置（压缝器）示意图

杨房沟水电站压力钢管内部使用活动内支撑顶紧，防止了压力钢管在浇筑过程中受外力影响产生变形。由于压力钢管在浇筑过程中主要承受上浮力，使用槽钢或工字钢将压力钢管与加固锚杆焊接固定在一起，使钢管壁承受向外的拉力，增强钢管的整体刚性。顶部使用型钢加固，下端与加劲环焊接，上端顶紧在岩层上，可防止混凝土浇筑上浮及变形。压力钢管活动内支撑及加固示意见图5.2.4-3。

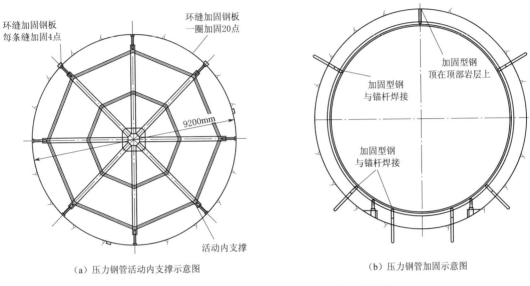

（a）压力钢管活动内支撑示意图　　　　　　（b）压力钢管加固示意图

图5.2.4-3　压力钢管活动内支撑及加固示意图

　　活动内支撑设计成米字形，主要包括支撑系统、顶杆系统及行走系统。活动内支撑采用整体米字形钢结构型式，可以从强度上保证与固定内支撑的支撑作用一致，保证压力钢管浇筑过程中压力钢管的整体刚度。顶杆系统采用顶丝及胶皮以便进行内支撑的拆除拖运工作。通过实际钢管浇筑后测量对钢管变形情况进行复查，该技术可有效控制压力钢管的变形。

　　压缝时应注意钢板错牙和环缝间隙。压缝完成后，检查管节安装位置符合设计要求后，进行钢管加固、焊接。采用同样的方法安装其他管节，安装技术要求按照设计图纸及相关技术规范实施。中间管节安装极限偏差应满足表5.2.4-2的要求。

表5.2.4-2　　　　　　　　　　　　　中间管节安装极限偏差

序号	钢管内径 D/m	与蜗壳、伸缩节、蝴蝶阀、球阀、岔管连接的管节及弯管起点管口中心的允许偏差/mm	其他部位管节的管口中心允许偏差/mm	垂直度偏差/mm	错边量/mm	环缝间隙/mm
1	$D \leqslant 2$	6	15	±3	10%δ 且不大于3	0~3
2	$2 < D \leqslant 5$	10	20			
3	$5 < D \leqslant 8$	12	25			

3. 凑合节安装

　　结合引水压力钢管定位节的设置，一般在引水中平洞、下平洞施工支洞处各设置一个凑合节。岔支管段凑合节一般设置在支管末端，结合进水球阀上游侧连接管安装情况，对高压支管末端管节进行装配。

凑合节长度、周长根据两端管口的实际形位偏差、周长及间隙确定，优先选择整体凑合节。安装时应做到以下几点。

（1）凑合节两侧钢管各 30m 范围内的钢管严格控制中心偏差，与凑合节相接的两节钢管的中心偏差控制在 5mm 之内，环境温度不小于 10℃。

（2）凑合节整体推进安装。

（3）凑合节钢管运输、安装前应对上、下游钢管及管口的中心偏差（不大于 20mm）、管口圆度（5D/1000）等数据进行详细的测量，如有偏差较大的情况出现时，应对上、下游管口部位进行修割处理，保证凑合节安装精度和各项测量数据符合规范和技术要求。

（4）根据上、下游钢管以及管口的各项测量数据确定好凑合节的安装长度以及切割量，凑合节切割前在切割部位画线，宜采用全位置半自动切割机进行，切割误差应符合规范要求。

（5）凑合节卸车运输至洞内后，利用牵引装置缓慢牵引台车，牵引至凑合节安装部位附近时，再利用导链和千斤顶将钢管向上游或下游缓慢平移至与安装部位平行位置，最后利用导链和千斤顶缓慢将钢管推移进入安装部位。

（6）凑合节钢管进入安装部位后压缝。压缝时根据凑合节上、下游相邻钢管管口的周长值确定压缝时应该留出的错牙值。调整错牙时以钢管内壁为准、沿圆周均匀分配，并保证环缝的安装间隙满足要求，在环缝压缝完成后实施定位焊予以固定。

（7）坡口间隙按照 3mm 控制，如合拢缝局部间隙大于 5mm，则先单边堆焊，堆焊前制定合理焊接工艺，堆焊合格后方可正式焊接。

4. 灌浆孔堵头安装

高强钢钢管不设灌浆孔，钢管运输及混凝土浇筑时，灌浆孔采用丝堵封堵，钢管回填混凝土浇筑强度满足要求后，安装空心螺纹护套，再按照设计要求造孔。灌浆完成后，采用"丝堵加焊"的型式封堵。堵头安装前清理钢管灌浆孔壁、堵头侧壁以及孔周围 100mm 范围内的油、水、锈及异物，在灌浆孔壁与堵头间安装 2～4mm 锌或铝圆平垫，然后将堵头旋到底，并按照工艺要求完成灌浆孔封焊。

低强钢钢管一般在钢管回填混凝土浇筑完成后，通过现场敲击检查确定钢衬接触灌浆的区域和灌浆孔位置，对面积大于 0.5m² 的脱空区宜进行灌浆，每一独立的脱空区布孔不少于 2 个，最低处和最高处都应布孔。在钢衬上钻灌浆孔宜采用磁力钻钻孔，孔径不小于 12mm，孔内应有丝扣，每孔宜测记钢衬与混凝土之间的间隙尺寸，灌浆短管与钢衬间可用丝扣连接，灌浆结束后应用"丝堵加焊"或"焊补法"封孔，孔口应砂轮磨平。

5. 钢管附件安装

（1）钢管外排水装置（直接排水系统）安装。钢管制造阶段，应按设计图纸所示的要求制作钢管外贴壁排水（压力钢管两端管口宜各预留 200mm）。排水角钢沿钢管外壁纵向固定，跳焊长度 100mm，间隔 500mm。环向排水槽钢底部 90°范围内与管壁满焊，其余部位与钢管外壁跳焊连接，跳焊长度 100mm、间隔 500mm。管节间管壁排水角钢必须在同一条直线上，即相邻管节排水角钢沿管壁纵向与钢管中心线的夹角在顺水流方向上必须一致。

钢管安装阶段，在钢管环缝无损检测合格后，连通制造阶段预留的 200mm 纵向排水角钢。

在钢管纵向排水角钢、环向排水槽钢非焊接部位以工业肥皂封涂，并利用工业胶水粘贴无纺布后再回填混凝土，角钢与上游环向排水槽钢之间不连通。

按照设计图纸在环向排水槽钢底部连接纵向排水主管，并连接至设计位置。外排水钢管末端应设置不少于 2 道阻水环，并按照《工业金属管道工程施工规范》（GB 50235—2010）要求，对排水主管支撑，并加固牢靠。

纵向排水主管在平段要求离地面 100mm，施工过程中做好管口临时封堵防护，以免施工时泥水、碎石等进入而引起堵塞。

对于 600MPa 级、800MPa 级钢板，排水角钢和槽钢与管壁的焊接，应采取合适的焊接工艺参数，避免在母材上产生裂纹。焊接时应加强过程控制和焊缝外观检查。

（2）钢管接地装置安装。压力钢管接地装置的敷设施工应按照设计图纸及《电气装置安装工程 接地装置施工及验收规范》（GB 50169—2016）的要求。所有接地预留线引出段长度不少于 1.0m，并在施工期间应做好保护，保证所有接地线可靠连接。

压力钢管两侧各敷设 1 根接地线，并尽可能接近开挖表面，一般每隔 25m 与钢衬焊接，并每隔 5m 与开挖支护锚杆可靠焊接。

纵向接地装置必须沿隧洞中心轴线高程敷设，钢管回填混凝土施工完毕后，在钢管内表面标出接地装置位置，避免钢管回填灌浆造孔时打断接地线。

（3）钢管进人门安装。引水压力钢管进人门一般设置在中平段，进人门安装和检修可选择环链葫芦。环链葫芦预埋件的埋设方式可根据中平段钢管回填混凝土体型进行调整，但应保证环链葫芦正常悬挂运行。

进人门制造应符合《水电水利工程压力钢管制作安装及验收规范》（GB 50766—2012）规范"3.1 直管、弯管和渐变管的制造"和"5 焊接"的相关要求。

进人门附件如法兰、高强螺栓、密封件等，应根据设计图纸采购。

钢管进人门封闭前，引水流道应联合检查合格。清理进人门进人框及法兰盖，应无高点、毛刺等。根据进人门框上的密封件型式，按图装入密封件，及进人门法兰盖，并按照设计要求对称预紧法兰盖连接螺栓。

（4）灌浆管安装。在上平段、下平段或上下弯段开展高强钢钢管回填灌浆，采用预埋管灌浆。回填灌浆系统支管入岩 100mm，并满足设计间排距，采用三通丝扣与主管连接，主管延接采用管箍丝扣连接，并检查预埋灌浆管系统。

接触灌浆支管端部设置灌浆盒，并与钢管外壁连接。灌浆盒与管壁之间的缝隙采用工业肥皂封闭，支管与主管、主管延接均采用丝扣连接。灌浆系统管路应加固稳定，不得与钢管外壁焊接，可与加劲环焊接。

近年来 FUKO 管在高强压力钢管接触灌浆中得到推广应用，该技术属德国专利技术，管内芯骨架设计为螺旋体形状，具有良好的柔韧性。FUKO 管的输浆管道呈"十"字形，管道外径 38mm，内径 22mm，"十"字形输浆管凹部交错布置有 4 排直径 5mm 的出浆孔，出浆孔口有 4 条橡胶带覆盖，4 条橡胶带与"十"字形输浆管构成子母扣，外围用一层塑料编织网将子母扣牢固地捆在一起。FUKO 管结构图见图 5.2.4 - 4。FUKO 管灌浆时，灌浆设备施压，浆液通过 FUKO 管内侧向外侧施压，浆液压力顶开布置在 FUKO 管出浆孔上的橡胶压条，浆液通过出浆孔均匀地注入混凝土与基面、钢管与混凝土面之间的缝隙中，灌浆设备减压，出浆孔上的橡胶压条复位压住出浆孔，防止浆液倒流。灌浆结束后，清水清洗 FUKO 管，具备可重复灌浆条件。

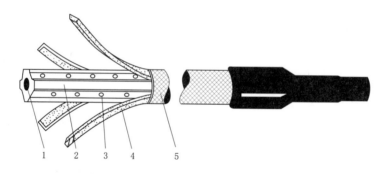

图 5.2.4 - 4　FUKO 管结构图

1—输浆管道；2—柔性固体管芯；3—侧向出浆孔；4—纵向氯丁橡胶压条；5—塑料编织网

6. 钢管安装工艺质量安全要点

（1）钢管的直管、弯管与设计轴线的平行度误差应不大于 0.2%。

（2）钢管安装中心的偏差和管口圆度应遵照《水电水利工程压力钢管制作安装及验收规范》（GB 50766—2012）规范 4.2.1 条、4.2.3 条的规定。

（3）弯管起点的里程偏差不大于 ±10mm。

（4）钢管加固点应对称布置，加固部位距管口不宜小于 300mm。加固型钢与钢管的连接宜选择在加劲环、止推环、阻水环或过渡板等构件上。

（5）加固型钢宜在插筋的根部进行焊接。搭接长度小于 80mm 时，全长进行焊接；搭接长度大于 80mm 时，焊缝长度不宜小于 80mm。搭接材料厚度不大于 8mm

时，焊脚高度不宜小于搭接材料厚度；搭接材料厚度大于 8mm 时，焊脚高度不宜小于 8mm。

5.2.4.3　钢管焊接

钢管开焊前开展生产性焊接。根据焊接工艺评定报告，结合工程实际，编制压力钢管焊接工艺规程。生产性焊接时，采用相同板厚的焊缝长每 100m 作一块产品焊接试板，且每种板厚不少于 2 块。试板尺寸及试验项目与焊接工艺评定的规定相同。异种钢材焊接时，原则上应在压力钢管制造车间内焊接，应按强度低的一侧钢板选择焊接材料，按强度高的一侧钢板选择焊接工艺。

1. 焊接材料的使用和管理

焊材入库后须按相应的标准检查牌号及外观质量状况，每批应抽检复检合格后才可使用。焊接材料仓库管理严格按照规定和厂家使用说明书要求执行，一般放置于通风、干燥的专设库房内，库房内室温不低于 5℃，设专人负责保管、烘焙、发放、回收，并应及时做好实测温度和焊条发放记录。烘焙后的焊条应保存在 100～150℃ 的恒温箱内，药皮应无脱落和明显的裂纹。现场使用的焊条应装入保温筒，焊条在保温筒内的时间不宜超过 4h，超过后，应重新烘焙，重复烘焙次数不宜超过 2 次。

2. 焊前检查及清理

管节组对坡口尺寸及环缝对口错位应符合规范要求。施焊前应将坡口及坡口两侧各 50～100mm 范围内的毛刺、铁锈、油污、氧化皮等清除干净。焊缝装配完成经监理检查合格方准施焊。

3. 预热及后热

对焊接工艺评定后确定需要预热的焊件，其定位焊和主缝均应预热（定位焊预热温度较主焊缝预热温度高 20～30℃），并在焊接过程中保持预热温度；层间温度（碳素钢和低合金钢）不应低于预热温度，且不高于 230℃，高强钢不应高于 200℃。

焊缝预热区的宽度应为焊缝中心线两侧各 3 倍板厚且不应小于 100mm。预热及焊接过程中宜用手持式红外线测温仪（测量范围：－50～380℃，响应时间：500ms，测量精度：±1.5％ 或 ±1.5℃），应在距焊缝中心线各 50mm 处对称测量，每条焊缝测量点间距不得大于 2m，且不应少于 3 对。焊缝加热垫铺设示意如图 5.2.4－5 所示。需要后热消氢的焊缝，按焊接工艺评定确定的温度及保温时间进行后热。

4. 定位焊

定位焊的质量要求及工艺措施与正式焊缝相同。位置应距焊缝端部 30mm 以上，其长度应在

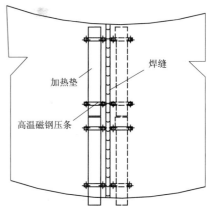

图 5.2.4－5　焊缝加热垫铺设示意图

50mm 以上，间距为 $100\sim400$mm，厚度不宜超过正式焊缝高度的 1/2，最厚不宜大于 8mm。引弧和熄弧应在坡口内进行。定位焊焊接在背缝侧，刨背缝时应刨除。

5. 焊缝正式焊接

清理焊缝及焊缝两侧 $50\sim100$mm 范围内油污、铁锈、水迹等污物；施焊前应检查定位焊质量，如有裂纹、气孔、夹渣等缺陷均应清除。

每焊接一层必须将焊缝表面的浮渣清理干净，必要时可采用打磨的方式清渣。

为了保证焊缝接头处的内部质量，每层焊缝接头必须错开，且在焊接之前必须将接头处用角磨机磨成斜过渡型式。

层间必须清理，焊完每一层必须打磨至露出金属光泽。

焊接过程中采用多层多道焊，多层焊的层间接头应错开。总体焊接顺序为主焊缝焊接完成后进行清根并打磨处理，然后进行背缝焊接。焊缝层间焊接示意如图 5.2.4－6 所示。

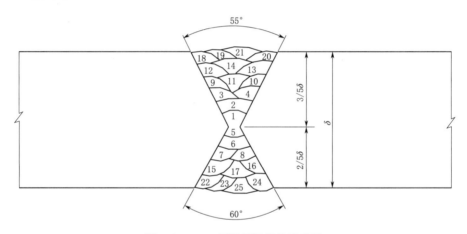

图 5.2.4－6　焊缝层间焊接示意图

采用手工焊条电弧焊焊接安装环缝时，一般由偶数个焊工对称均布焊接。每条焊缝应一次连续焊完，当因故中断焊接时，采取防裂措施，在重新焊接前应将表面清理干净。环缝焊接示意如图 5.2.4－7 所示。

上述焊接采用常规的双面焊接技术，在制作安装施工中，针对 Q345、600MPa 级、800MPa 级 3 种规格材质的钢材，单面焊双面成形工艺逐渐在抽水蓄能电站压力钢管中推广应用，具有减小前期洞室的开挖尺寸、降低工程造价和缩短工期的优势。杨联东（2019）在河北丰宁抽水蓄能电站对该技术开展了试验探索，选用舞阳钢铁有限公司生产的 800MPa 级高强钢（WSD690E），钢板厚度分别为 36mm、46mm。在单面焊双面成形技术中采用背面添加陶瓷垫片的方法，焊缝的硬度均满足要求，射线探伤结果均为Ⅰ级，通过 2 组试板的焊接试验，最终的残余应力测试结果显示，最大残余应力 375MPa，仅为 WSD690 钢最低屈服极限的 54.3%。较不增加垫片的焊缝金属伸长率更优，冲击韧性均在同一水平，数据稳定，离散度小，仅焊缝的 C、Si 含量有少量增加。

6. 压力钢管焊后消应处理

压力钢管消应处理常用的方法有后热消氢处理、锤击消应。

（1）后热消氢处理。

1）后热消氢处理的一般规定。

a. 高强钢不宜做焊后热处理消应。

b. 碳素钢、低合金钢焊后消应热处理温度应按图样规定执行；图样对焊后消应热处理温度未作规定时，则可根据钢材特性、焊接试验成果在 580～650℃ 区间选取，对于有回火脆性的钢材，热处理应避开脆性温度区。

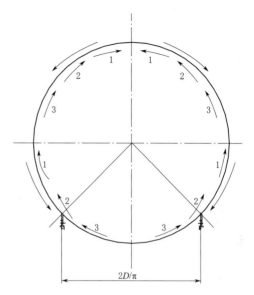

图 5.2.4-7 环缝焊接示意图

c. 焊后热处理应在焊缝外观质量检验合格后进行。对容易产生焊接延迟裂纹的管材，焊后应及时进行热处理。

2）后热消氢处理操作要点。

a. 焊后热处理操作前，操作人员应认真检查电源连接是否正确，漏电保护器是否灵敏，有无裸露的电源线及接头，加热器瓷环有无损坏，保温是否符合热处理工艺卡要求，热处理设备及管道是否接地良好。

b. 热处理过程中必须严格按照热处理工艺卡规定的工艺参数执行，设专人观察温度指示仪有无异常，如发现异常时，应立即停止热处理找出原因方可继续进行。

c. 在临近恒温温度 50℃ 时，应逐渐减小电流、电压，以使升温速度逐渐减慢，平滑过渡至恒温温度。

d. 后热消氢处理升降温操作要平稳，严禁电参数急速大跨度变化。

3）后热消氢处理工艺。

a. 后热消氢处理的加热速度、恒温时间及冷却速度应符合下列要求：

b. 加热速度：升温至 300℃ 后，加热速度不应大于 $\dfrac{220 \times 25}{\delta}$ ℃/h，且不大于 220℃/h，可不小于 50℃/h。

c. 恒温时间：每毫米壁厚需 2～4min，且总恒温时间不得少于 30min。在恒温时间内，最高与最低温度差应小于 50℃。

d. 冷却速度：恒温后的冷却速度不应大于 $\dfrac{275 \times 25}{\delta}$ ℃/h，且不得大于 275℃/h，

可不小于 50℃/h，冷至 300℃后可自然冷却。

（2）锤击消应。

1）采用振动时效工艺时，施工前应选取合理的振动时效工艺参数，焊接接头的力学性能及消应效果应满足设计或相关要求。

2）焊后用小锤轻敲焊缝及相邻近区域，使金属展开，能有效地减少焊接残余应力。锤击焊缝时，构件温度应当维持在 100～150℃，或在 400℃以上，避免 200～300℃，因为此时金属正处于蓝脆阶段，若锤击焊缝容易造成断裂。

3）多层焊时，除第一层和最后一层焊缝外，每层都要锤击。第一层不锤击是为了避免产生根部裂纹；最后一层通常焊得很薄，主要是为了消除由于锤击而引起的冷作硬化。

5.2.4.4 钢管焊接焊缝无损检测

1. 外观检查

所有焊缝均应进行外观检查，外观质量应符合《水电水利工程压力钢管制作安装及验收规范》（GB 50766—2012）中表 5.4.1 的有关规定。

2. 无损探伤检测

进行探伤的焊缝表面的不平整度应不影响探伤评定。

对有延迟裂纹倾向的钢材或焊缝，无损检测应在焊接完成 24h 后进行。抗拉强度大于或等于 800N/mm² 的高强钢，无损检测应在焊接完成 48h 后进行。

射线检测（RT）应按现行国家标准《焊缝无损检测 射线检测 第 1 部分：X 和伽马射线的胶片技术》（GB/T 3323.1—2019）的有关规定执行，检测技术等级为 B 级，一类焊缝不低于 Ⅱ 级为合格；二类焊缝不低于 Ⅲ 级为合格。

脉冲反射法超声检测（UT）应按《焊缝无损检测 超声检测 技术、检测等级和评定》（GB/T 11345—2023）的有关规定执行，检测技术等级为 B 级，一类焊缝 Ⅰ 级为合格，二类焊缝不低于 Ⅱ 级为合格。

衍射时差法超声检测（TOFD）应按现行行业标准《水电水利工程金属结构及设备焊接接头衍射时差法超声检测》（DL/T 330—2021）的有关规定执行，或应按现行行业标准《承压设备无损检测 第 10 部分：衍射时差法超声检测》（NB/T 47013.10—2015）的有关规定执行，一类焊缝和二类焊缝均不低于 Ⅱ 级为合格。

磁粉检测（MT）应按现行行业标准《承压设备无损检测 第 4 部分：磁粉检测》（NB/T 47013.4—2015）有关规定执行，渗透检测（PT）应按现行行业标准《承压设备无损检测 第 5 部分：渗透检测》（NB/T 47013.5—2015）的有关规定执行，一类焊缝 Ⅱ 级为合格；二类焊缝 Ⅲ 级为合格。

灌浆孔堵头焊后应进行全面外观检查，堵头应采用磁粉或渗透方法检测，低碳钢和低合金钢应按不少于 10% 个数、高强钢应按不少于 25% 个数的比例进行抽查，当发现裂纹时，则应进行100%检查。

3．缺欠处理

根据检验确定的焊接缺陷，返修前应制定返修技术措施，返修后进行复检。同一部位的返修次数不应超过两次，若超过两次，应找出具体缺陷产生的原因，并制定可靠的技术措施，批准后实施。焊缝缺陷一般可按以下措施进行处理。

（1）内部缺陷处理：用碳弧气刨刨除缺陷，刨槽长度最少80mm。打磨凹槽，然后进行表面探伤。用碳弧气刨刨除缺陷时必须预热，预热范围焊缝宽度两侧100mm，预热温度同定位焊。高强钢进行焊后消应处理。

（2）咬边处理：采用打磨法，打磨应圆滑连续，如打磨深度超过2mm时应补焊。焊后进行打磨，并进行磁粉探伤。

（3）电弧击伤处理：焊接结束对整个钢管进行检查，对所有电弧击伤进行标记，用角向磨光机打磨，打磨的深、宽比为1∶5。打磨后进行磁粉探伤，如打磨深度大于2mm时须焊补，焊补时的预热温度同定位焊，预热范围大于200mm。焊后进行打磨，并进行磁粉探伤。

（4）硬物击伤处理：硬物击伤处理基本同电弧击伤。

（5）临时附件的焊迹处理：临时附件可用气割割除，并预留余量2～3mm，再用砂轮机打磨，打磨程度及是否焊补同咬边处理要求。切割、打磨后的焊剂应进行磁粉探伤。

5.2.4.5　灌浆孔封堵

对于斜（竖）井上下弯段灌浆孔采用焊接法封堵时，先拧下灌浆孔护套，将灌浆孔内的灰浆等杂物清除干净，采用喷灯或其他加热设备将灌浆孔内的水汽蒸干并预热，然后按设计图纸的封堵要求拧紧丝堵，进行封焊。具体工艺如下：

（1）预热：利用烤枪在灌浆孔周围250mm范围内进行预热，最低预热温度100～150℃，测温部位为螺塞中心以及距孔边缘50mm处的钢板上两处。

（2）焊接：定位焊在间隙小的一侧进行，如果间隙超过3mm，要求在灌浆塞侧进行预堆焊，使间隙缩小至1mm以下，定位焊分段进行，其长度20mm以上，厚度3～4mm。

（3）后热处理：在焊接完成后、清渣前，立即用烤枪后热。

5.2.4.6　防腐

1．一般规定

压力钢管安装后的涂装工作包括：钢管安装焊缝两侧各200mm范围内的涂装，以及需要进行二次涂装的其他部位（如灌浆孔周围、运输安装中磨损部位等）。一般采用人工除锈，人工刷漆的方法对焊缝及灌浆孔进行防腐处理。防腐要求应严格按照《水电水利工程压力钢管制作安装及验收规范》（GB 50766—2012）执行。

2. 防腐工艺质量要点

（1）涂料的化学性能、强度、颜色和耐久性等应满足施工图纸的要求。

（2）涂刷涂料前，将防腐表面的油污、焊渣、氧化皮、灰尘、水分等污物清除干净。表面预处理人工采用角磨机除去表面焊渣、铁锈、氧化皮等。表面除锈等级符合《涂覆涂料前钢材表面处理 表面清洁度的目视评定 第 1 部分：未涂覆过的钢材表面和全面清除原有涂层后的钢材表面的锈蚀等级和处理等级》（GB/T 8923.1—2011）中规定的 Sa2.5 级，使用照片目视对照评定。除锈后，表面粗糙度数值应符合《水工金属结构防腐蚀规范》（SL 105—2007）表 3.2.2 的相关要求，粗糙度应达到 40～70μm（常规涂料）或 70～100μm（厚浆型涂料），用表面粗糙度专用检测量具或比较样块检测。

（3）对焊缝区域进行二次除锈后，用人工涂刷或小型高压喷漆机喷涂涂料，达到设计或规范规定的厚度。

（4）每层漆膜涂装前应对上一层涂层外观进行检查。每层漆膜涂装前应对上一层涂层厚度用测厚仪进行检查。附着力的检查使用专用硬质刀具检测，对于厚浆型油漆，采用针孔仪进行检测。

5.2.5 质量控制点

按照《水电工程单元工程质量等级评定标准 第 2 部分：金属结构及启闭机安装工程》（NB/T 35097.2—2017）、《水电水利工程压力钢管制造安装及验收规范》（DL/T 5017—2007）等进行验收，主要检查项目如下。

压力钢管安装主要工序 WHS 质量控制点见表 5.2.5－1。

表 5.2.5－1　　　　压力钢管安装主要工序 WHS 质量控制点一览表

序号	质量控制点	W（见证）	H（停工待检）	S（旁站）
1	钢管安装样点设置	√		
2	牵引、溜放系统布置		√	
3	钢管运输、溜放			√
4	钢管安装定位（高程、里程、轴线调整）	√		
5	钢管拼装、加固		√	
6	钢管焊缝焊接	√		
7	焊缝检测		√	
8	钢管附件安装		√	
9	钢管防腐	√		
10	阶段验收		√	

钢管安装：按照《水电水利工程压力钢管制造安装及验收规范》（DL/T 5017—2007）规定的要求进行质量验收，主要检查项目、质量标准和检测方法见表5.2.5-2。

表 5.2.5-2 钢管安装要求

序号	钢管内径 D/m	始装节管口的中心极限偏差 /mm	与蜗壳、伸缩节、球阀、岔管连接的管节及弯管起点管口的中心极限偏差 /mm	其他部位管节管口中心极限偏差 /mm	检测方法
1	$D \leq 2$	5	6	15	挂线锤、全站仪
2	$2 < D \leq 5$		10	20	
3	$5 < D \leq 8$		12	25	
4	始装节的里程偏差	±5			钢卷尺、全站仪
5	弯管起点里程偏差	±10			钢卷尺、全站仪
6	始装节两端的垂直度偏差	±3			挂垂线、全站仪
7	圆度偏差	$5D/1000$，且≤40			钢卷尺
8	钢管壁局部凹坑深度	不大于壁厚的10%，且≤2			钢板尺
9	加固	稳定、支墩和锚栓牢固			目视
10	环缝错位	$\delta \leq 30$，允许偏差15%δ，且不大于3；$30 < \delta \leq 60$，允许偏差10δ；$\delta > 60$，允许偏差≤6			钢板尺、焊缝检测尺
11	纵缝错位	当$\delta \leq 10$时，允许偏差1；当$\delta > 10$时，允许偏差≤10%δ			钢板尺、焊缝检测尺

焊缝外观质量检查：按照《水电水利工程压力钢管制造安装及验收规范》（DL/T 5017—2007）规定的要求进行质量验收，焊缝外观检查要求见表5.2.5-3。

表 5.2.5-3 焊缝外观检查要求

序号	项目	焊缝类别			检测方法
		一	二	三	
		允许缺欠尺寸			
1	裂纹	不允许			目视
2	表面夹渣	不允许		深不大于0.1δ，长不大于0.3δ，且不大于10mm	目视
3	咬边	深不大于0.5		深不大于1mm	目视、焊缝检测尺
4	未焊满	不允许		不大于0.2+0.02δ且不大于1，每100条焊缝内缺欠总长不大于25mm	目视、焊缝检测尺
5	表面气孔	不允许		直径小于1.5mm的气孔每米范围内允许5个，间距不小于20mm	目视
6	焊瘤	不允许		—	目视
7	飞溅	不允许		—	目视

续表

序号	项目		焊 缝 类 别			检测方法
			一	二	三	
			允许缺欠尺寸			
8	焊缝余高 Δh	手工焊	$\delta \leqslant 25$，$\Delta h = 0 \sim 2.5$；$25 < \delta \leqslant 50$，$\Delta h = 0 \sim 3$；$\delta > 50$，$\Delta h = 0 \sim 4$		—	焊缝检测尺
		自动焊	$0 \sim 4$		—	焊缝检测尺
9	对接接头焊缝宽度	手工焊			盖过每边坡口宽度 $1 \sim 2.5$mm，且平缓过渡	焊缝检测尺
		自动焊			盖过每边坡口宽度 $2 \sim 7$mm，且平缓过渡	焊缝检测尺
10	角焊缝焊脚 K				$K \leqslant 12$ 时，K_{-1}^{+2}；$K > 12$ 时，K_{-1}^{+3}	焊缝检测尺

焊缝无损检测质量及要求：按照《水电水利工程压力钢管制造安装及验收规范》（DL/T 5017—2007）规定的要求进行质量验收，具体要求如下。

（1）无损检测比例按施工图纸及设计规定进行，抽检部位选择在容易产生缺陷的部位，并应抽到每个焊工的施焊部位。焊缝内部无损检测长度占焊缝全长的百分比应不少于表 5.2.5-4 中的规定。

表 5.2.5-4　　　　　　焊缝内部无损检测长度占焊缝全长的百分数

钢　　种	脉冲反射法超声检测（UT）/%		衍射时差法超声检测（TOFD）或射线检测（RT）/%	
	一类焊缝	二类焊缝	一类焊缝	二类焊缝
低碳钢和低合金钢	100	50	25	10
高强钢	100	100	40	20

（2）当焊接接头局部无损检测发现有不允许缺欠时，应在缺欠的延伸方向或在可疑部位做补充无损检测，补充检测的长度不小于 250mm。当经补充无损检测仍发现有不允许缺欠时，则应对该焊工在该条焊接接头上所施焊的焊接部位或整条焊接接头进行 100% 无损检测。

（3）焊接接头缺欠返工后应按原无损检测工艺进行复检，复检范围应向返工部位两端各延长至少 50mm。

5.2.6　混凝土浇筑

斜（竖）井工程钢衬混凝土浇筑施工，首先需要开展施工布置，混凝土拌制和运输道路、风水电布置、人员材料设备运输、原材料实验检测。根据国内已建成运行的抽水蓄能电站工程实践，自密实（斜井工程常加入微膨胀性）混凝土能够有效地降低施工难度，同时由于自密实混凝土流动性较好的特性，对充分发挥填充功能，在敦化、洪屏等抽水蓄能电站斜（竖）井工程中得到推广运用，以下以洪屏抽水蓄能电站竖井钢衬自密实混凝土浇筑为例，说明其施工特点。

江西洪屏抽水蓄能电站主体工程 C2 标引水系统土建工程输水系统连接上水库、下水库，引水上平洞、引水调压井、引水上竖井、引水中平洞、引水下竖井、引水下平洞、引水钢岔管、引水支管组成。引水下竖井均采用钢管衬砌，钢衬内径 4.8～5.2m，钢衬后全部采用自密实混凝土回填，强度等级为 C25F50。1 号引水下竖井洞长 326.57m（高程 99.48～394.17m），2 号引水下竖井洞长 327.00m（高程 99.48～394.60m）。

混凝土浇筑前需要做好清基和施工缝处理、冲洗、预埋件安装。钢衬段混凝土回填紧跟钢管安装进行。钢衬回填混凝土回填长度，根据钢管一次安装的节数确定。竖井垂直段一般每安装 3 节钢管即 18m 回填一次，工作面布置同钢衬施工。根据竖井混凝土施工特点及混凝土作业强度，施工时竖井段采用 $\phi165mm$ 耐磨泵管，竖井段为防止混凝土分离，施工时配合自制简易缓降器下料入仓。竖井在进行下弯段施工时，下弯段开挖岩面严禁欠挖，经监理业主验收合格后才可安装定位节钢管。安装时必须经测量放线，定好位，防止钢管偏斜，完成后即可进行回填混凝土工序。

5.2.6.1 堵头模板安装

堵头模板主要在竖井定位节及上、下弯段混凝土施工时使用。施工时采用免拆模板及散装木模结合，以保证模板拆模后混凝土施工缝接头效果。模板采用 25mm 木模板，利用岩壁锚杆、临时插筋环纵向固定，同时在仓号内部以拉条伸出模板外侧固定，模板上方留设进人及混凝土浇筑观察通道，当浇筑至最外侧顶部时，进行最后封堵。

模板及拉条严禁焊接在压力钢管管身任何部位。

5.2.6.2 混凝土浇筑工艺

混凝土拌和完成后，可采用混凝土搅拌车水平运输至竖井或斜井施工场地。平洞段及下竖井上、下弯段混凝土利用泵机泵送入仓；竖井直段采用缓降器防分离溜管溜送至混凝土施工部位，溜管先沿井壁敷设至井底，每浇筑一段拆除一段。竖井下弯段首节钢衬安装完成后，即可开始进行混凝土回填，作为定位节，方便后续钢衬安装控制标准。

混凝土入仓后，及时平仓，防止混凝土堆积。竖井采用自密实混凝土施工段，正常施工段不需振捣，但在浇筑过程中如果产生堆积体，为保证浇筑效果，应辅以 $\phi50mm$ 振捣棒振捣。同时对于加劲环部位可能出现自密实混凝土回填不满情况，为保证回填效果，根据现场情况进行辅助振捣。振捣时注意不要触碰钢衬结构。

为防止浇筑过程中钢管变位，应适当控制混凝土浇筑速度，控制在 1m/h 以下；振捣器距钢管的垂直距离，不应小于振捣器有效半径的 1/2，并不得触动钢管和相关埋件；为保证混凝土的密实性和外表面平滑，减少表面水汽泡，应在一次振捣后 30～45min 对钢管周边进行二次复振，振捣时间不宜太长，以免超振，一般控制在 10～15s。

浇筑时保持混凝土施工的连续性，如因故中断时，应采取相关措施进行处理，如间歇超过 4h。设置混凝土冷缝面，下层施工时注意对冷缝面进行凿毛处理，以保证混凝土接缝的黏结性。

对于竖井内局部裂隙渗水，为保证混凝土浇筑质量，除采用已按照设计要求预埋的裂隙排水管路进行排水外，在混凝土浇筑前，对仓号内积水应及时排除。混凝土浇筑过程中若产生积水，利用在仓号内布置的立杆泵及时排水。同时将竖井内布置的混凝土临时排水管随浇筑推进，与施工支洞位置顺接，保证竖井后续施工排水效果。

施工控制要点如下。

（1）高压钢管分段安装，钢管衬砌周围回填混凝土分段长度按施工图纸或监理人指示控制，以满足混凝土浇筑质量及方便施工。

（2）在钢管衬砌周围回填混凝土以前，需清除钢衬外表面上的浮锈及其他有害物质，所有的土石和垃圾应从钢衬周围清走，在浇混凝土之前一直保持清洁。

（3）浇筑混凝土时，应采用小直径振捣器振捣，必须特别注意钢管底部和加劲环周围部位的振捣，使混凝土达到实际上可能的最大密度。混凝土回填后至少 14d 内不允许拆除钢衬的内部临时支撑。

（4）为确保回填混凝土浇筑质量，高压管道钢衬段回填混凝土分段长度不大于 18m。

（5）应先从一侧进料，边进料边振捣，待混凝土上升至钢管底部后改由两侧同时进料，均匀上升（不得引起钢管变位）至覆盖整个浇筑段钢管。

（6）严禁不合格的混凝土入仓，或及时清除已入仓的不合格混凝土；严禁在拌和楼以外的地方给混凝土加水，如混凝土和易性较差时，应采取加强振捣等措施，以保证混凝土质量。

5.2.6.3 自密实混凝土施工注意要点

该工程竖井段由于特殊的施工条件，施工时采用自密实混凝土回填。自密实混凝土是具有很高流动性而不离析、不泌水，能不经振捣完全依靠自重流平并充满模型的新型高性能混凝土。由于其配制和灌注与普通混凝土比较有所差异，其配比要求是控制的关键和重点，故实际施工时按照以下具体措施控制。

1. 自密实混凝土试拌

确定出自密实混凝土的配合比后，应进行试拌，每盘混凝土的最小搅拌量不宜小于 25L，同时应检验拌和物工作性能。工作性能检测包括坍落度、坍落扩展度，必要时可采用模型及配筋模型试验等方法测评拌和物的流动性、抗分离性、填充性和间隙通过能力。

选择拌和物工作性能满足要求的 3 个基准配比。制作两组以上试块，标养至 7d、28d 进行试压，以 28d 强度为标准检验强度。根据试配结果对配合比进行调整，选择混凝土工作性能、强度指标、耐久性都能满足相应规定的配合比。

2. 自密实混凝土生产

生产自密实混凝土必须使用强制式搅拌机。混凝土原材料均按重量计量，每盘混凝土计量允许偏差为水泥±1%，矿物掺合料±1%，粗细骨料±2%，水±1%，外加剂±1%。搅拌机投料顺序为先投细骨料、水泥及掺合料，然后加水、外加剂及粗骨料。应保证混凝土搅拌均匀，适当延长混凝土搅拌时间，搅拌时间宜控制在 90～120s。加水计量必须精确，应充分考虑骨料含水率的变化，及时调整加水量。

砂、石骨料级配要稳定，供应充足，筛砂系统用孔径不超过 20mm 的钢丝网，滤除其中所含的卵石、泥块等杂物，每班不少于两次检测级配和含水率，并及时调整含水率。

骨料露天堆放情况下，雨天不宜生产施工，防止含水率波动过大，混凝土性能不易控制。

每次混凝土开盘时，必须对首盘混凝土性能进行测试，并进行适当调整，直至混凝土性能符合要求，而后才能确定混凝土的施工配合比。

在自密实混凝土生产过程中，除按规范规定取样试验外，对每车混凝土应进行目测检验，不合格混凝土严禁运至施工现场。

3. 自密实混凝土的泵送和浇筑

混凝土输送管路应采用支架、吊具等加以固定，不得直接与模板和钢筋接触，除出口外其他部位不宜使用软管和锥形管。

混凝土搅拌车卸料前应高速旋转 60～90s，再卸入混凝土泵，以使混凝土处于最佳工作状态，有利于混凝土自密实成型。

泵送时应连续泵送，必要时降低泵送速度，当停泵超过 90min，则应将管中混凝土清除，并清洗泵机。泵送过程中严禁向泵槽内加水。

每次混凝土生产时，必须由专业技术人员在施工现场进行混凝土性能检验，主要检验混凝土坍落度和坍落扩展度，并进行目测，判定混凝土性能是否符合施工技术要求。如发现混凝土性能出现较大波动，及时与搅拌站技术人员联系，分析原因及时调整混凝土配合比。

浇筑时下料口应尽可能地低，尽量减少混凝土的浇筑落差，混凝土垂直自由落下高度不宜超过 5m，从下料点水平流动距离不宜超过 10m。

混凝土应采取分层浇筑，在浇筑完第一层后，应确保下层混凝土未达到初凝前进行第二次浇筑。

浇筑速度不要过快，防止卷入较多空气，影响混凝土质量。在浇筑后期应适当加高混凝土的浇筑高度以减少沉降。

自密实混凝土应在其高工作性能状态消失前完成泵送和浇筑，不得延误时间过长，应在 120min 内浇筑完成。

4. 原材料要求

（1）水泥：通过试验及有关资料验证，普通硅酸盐水泥配制的自密实混凝土，较矿渣水泥、粉煤灰水泥配制的混凝土和易性、匀质性好，混凝土硬化时间短，混凝土外观质量好，因此水泥品种的选择应优先选择普通硅酸盐水泥，且水泥应符合现行国家标准《通用硅酸盐水泥》（GB 175—2023）的规定。一般水泥用量为 $350 \sim 450 kg/m^3$。水泥用量超过 $500 kg/m^3$ 会增大混凝土的收缩，如低于 $350 kg/m^3$，则需掺加其他矿物掺合料，如粉煤灰、磨细矿渣等来提高混凝土的和易性（具体以实验室上报配合比要求确定）。

（2）矿物掺合料：自密实混凝土浆体总量较大，如单用纯水泥会引起混凝土早期水化热较大、混凝土收缩较大，不利于混凝土的体积稳定性和耐久性，掺入适量的矿物掺合料可弥补以上缺陷，并且可改善混凝土的工作性能。矿物掺合料包括如下几种（掺合料的选用具体以上报试验配合比及设计要求确定）：

1）石粉：石灰石、白云石、花岗岩等的磨细粉，粒径小于 0.125mm 或比表面积在 $250 \sim 800 m^2/kg$，可作为惰性掺合料，用于改善和保持自密实混凝土的工作性能。

2）粉煤灰：火山灰质掺合料，选用优质Ⅱ级以上磨细粉煤灰，能有效改善自密实混凝土的流动性和稳定性，有利于硬化混凝土的耐久性。

3）磨细矿渣：火山灰质掺合料，用于改善和保持自密实混凝土的工作性能，有利于硬化混凝土的耐久性。

4）硅灰：高活性火山灰质掺合料，用于改善自密实混凝土的流变性和抗离析能力，可提高硬化混凝土的强度和耐久性。

（3）细骨料：自密实混凝土的砂浆量大，砂率较大，如选用细砂，则混凝土的强度和弹性模量等力学性能将会受到不利影响。同时，细砂的比表面积较大将增大拌和物的需水量，也对拌和物的工作性能产生不利影响。如果选用粗砂则会降低混凝土的黏聚性，故一般选用级配Ⅱ区的中砂，砂细度模数以 $2.5 \sim 3.0$ 为宜，砂中所含粒径小于 0.125mm 的细粉对自密实混凝土的流变性能非常重要，一般要求不低于 10%（具体以上报试验配合比及设计要求确定）。

（4）粗骨料：粗骨料宜采用连续级配或 2 个及以上单粒径级配搭配使用，最大公称粒径不宜大于 20mm。碎石有助于改善混凝土强度，卵石有助于改善混凝土流动性。对于自密实混凝土，一般要求石子为连续级配，可使石子获得较低的空隙率。同时，生产使用的粗骨料颗粒级配保持稳定非常重要，一般选用 $5 \sim 10mm$ 级配石灰岩机碎石。

（5）外加剂：配制自密实混凝土常使用各类高效减水剂。掺入适量外加剂后，混凝土可获得适宜的黏度、良好的黏聚性、流动性、保塑性。一般可选用如下几种外加剂（具体以上报试验配合比及设计要求确定）：

1）高效减水剂。

2）微膨胀剂。考虑到自密实混凝土因粗骨料粒径小，砂率高，胶凝材料用量大，易导致混凝土自身收缩量大，因此宜加入 8%～10% 的微膨胀剂，补充混凝土的收缩，减少混凝土开裂的可能性。

（6）拌和用水。拌和用水的选用应符合现行行业标准的相关规定。

5.3 斜井钢衬施工案例——吉林敦化抽水蓄能电站斜井

5.3.1 工程概况

吉林敦化抽水蓄能电站位于吉林省敦化市北部，为一等大（1）型工程，电站总装机容量 1400MW，装机 4 台，单机容量 350MW，机型为立轴单级定转速可逆式水泵水轮机和发电机组，额定水头 655m，最高扬程 712m。

该工程有两套独立的水道系统，采用一洞两机的布置形式，水道系统总长 4707.5m。每个水道系统有 2 条斜井段，包括 1 号上斜井、1 号下斜井、2 号上斜井、2 号下斜井等 4 条斜井，坡度均为 55°，开挖断面为马蹄形。上斜井单长 419.06m，钢管安装 165 节，钢管板厚 18～44mm，直径 5.4～5.6m；下斜井单长 466.35m，钢管安装 189 节，钢管板厚 44～66mm，直径 3.8～5.4m。压力钢管制造用钢板材质有三种：Q345R 低合金钢及 JH610CFD、WSD690E 级调质钢。

5.3.2 施工准备

5.3.2.1 钢管加工厂

钢管加工厂占地总面积 14280m²，整个厂区划分为原材料存放区、钢管加工区、钢管防腐区、成品管节存放区、办公生活区及进场道路等。钢管加工厂所承担的压力钢管制作总量为 22837.06t，钢管在厂内完成组装焊接后，进行钢管内、外壁防腐作业。

钢管加工厂内布置的主要设备有：2 台 50t 门机、1 台 20t 门机、1 台钢板压头机、1 台 EZW11S-120×3500 卷板机、2 台数控切割机及 1 台自制运输台车等。

5.3.2.2 临时堆存场

受土建施工进度及场地限制，压力钢管制作完成后，大部分临时暂存在室外，分别存于 2 号渣场平台、中支洞营地及上支洞平台等部位。

5.3.2.3　混凝土拌和系统

混凝土拌和站设在中支洞工区，为封闭式钢架结构。拌和容量为 $3m^3$，理论生产率为 $120m^3/h$，实际生产率按照 60% 计，能达到每小时 $72m^3$ 的产能，配置 $8\sim10m^3$ 罐车将混凝土拌和物运输至工作面，用混凝土泵车联合溜管入仓。拌和站通过计量部门率定，每月定期校验、维护保养，由专人操作。

5.3.2.4　风水电及通风照明

斜井钢管安装及混凝土回填沿用开挖支护期间布设的风水电管线，只对部分线路进行优化和改造，满足现场施工要求。

1. 风水电布置

斜井钢衬期间用风主要为仓面清理使用的高压风，清除洞壁尘土、浮渣和施工期间掉落的杂物，沿用开挖期间空压机及配套管线。

斜井钢衬期间用水主要为仓面清理配合高压风，清理基础面，沿用开挖期间储水箱、高压水泵及配套管线。

斜井钢衬期间用电为钢管转运用电、溜放卷扬天锚设备用电、钢管焊接用电，浇筑混凝土入仓、平仓、振捣用电和工作面照明用电。沿用开挖支护期间的变压器、配电箱、相应线缆及开关箱，与终端设备接引。斜井钢管安装及混凝土回填时，对现有供电系统进行局部适当改造后，满足施工用电需要。

2. 通风排水及通信

斜井开挖贯通后，由于烟囱效应空气上下流通性良好。钢管焊接期间，在台车一端设置导流风扇，驱动钢管内空气快速流通；钢衬浇筑期间，井下钢管沿口以下为盲井，混凝土浇筑产生水化热，空气流通不畅，工人长时间操作会感到不适，采用空压机连接管路和导流管，沿爬梯一侧引下到井底，向井下不间断送风，定期更换空气滤芯，保证通风质量。

斜井岩壁渗水通过岩壁排水管接引，有序导入主管进行引排。基础面清理和清仓的废水，必须排出作业面。在岩壁排水管一侧，埋设直径 100mm PVC 软管，上部设置过滤漏斗，采用自吸泵和高扬程污水泵，引到漏斗沿口接水，废水通过埋管引出仓号，过滤后的细渣和杂物采用小桶或编织袋收集，提升上斜井井口。吸水管管口下部设置逆止阀，水泵停止工作时，管中的水不再流下，井底的淤泥和杂物采用小桶或编织袋收集，随运输小车拉上井口，集中清理。

斜井钢衬期间，井上井下采用高频对讲机互相通信，卷扬溜放和混凝土下料浇筑时配合声光电铃以辅助，事先确定"一声停、二声上、三声下"的指令规则，互相确认信号后执行。

3. 交通及照明

斜井施工，人员上下通过自制人车通行。另外开挖期间的人行爬梯作为安全通道一直保留，作为钢管溜放期间人员跟车指挥的通道，以及人车发生卡滞时的应急通道，每隔 50m 左右设置一处休息平台。斜井钢管运输选用 P18 轻轨轨道，轨距 2.5m，轨道插筋为 $\phi 20mm$ 钢筋，间距 0.5m。轨道使用卷扬机和运输车拖至安装位置，采取从下往上方式安装，轨道安装后浇筑条基混凝土。

斜井钢管安装、焊接及混凝土施工照明利用洞挖时布置的照明系统。斜井通道的灯具安装在爬梯一侧，每隔 15～20m 一个。钢管安装组焊台车上设置专用漫射灯带照明，防止电焊和气爆弧光强烈变化引起人员身体不适，灯具与钢材导电部位绝缘，单独开关控制。混凝土衬砌采用大功率投光灯，布置在钢管沿口向下照明，作业面采用可移动行灯补强光照，作业工人配备充电式头顶矿灯，以备不时之需。洞内配置一定功率（大于 50kW）备用电源，随时启动照明、通风和抽排水设备。

5.3.2.5 设备及材料准备

1. 机械设备准备

施工所用设备定期保养，运行状态良好。钢管安装专业设备进洞，并随钢管安装进度逐步装入钢管管内，安装在焊接台车上；井上设备如卷扬机、导向机构等，在溜放钢管前按照规划区域安装调试完成并通过验收；外部运输及吊装设备保持完好性，定期检修维护保养；回填混凝土的罐车、输送泵、振捣设备等提前备足数量，以备替换。

2. 人员准备

按施工组织设计要求和年度资源配置计划，组织有相应资质的专业施工队伍进场，作业队中配备专职的安全、技术及质检人员；施工单位项目部技术人员常驻工地，各施工作业班组作业人员工种配置合理，证件齐全。四条斜井人力资源相互独立，除测量、试验、检测、探伤等专业人员共享外，其他均为单井单独人员配置，浇筑队每仓只有 3～5d 工作任务，安排专门队伍进行四条斜井流水施工，但工种必须固定专一的人员，不得互换，且白班和夜班全部分开。

3. 材料准备

斜井安装的钢管在加工厂加工制作，成品或半成品在场内或暂存场存放，使用时采用钢管专门运输车运到洞室，天锚卸车。贴壁排水管和岩壁排水管为自购材料，质量必须满足设计要求，随钢衬进度进行安装及检测验收。焊接用的焊材，检验合格后用于工程。支立堵头的模板、架管、扣件、木方、木板等为周转材料，准备齐全。

回填混凝土所用的水泥、粉煤灰、骨料等均为甲方业主提供，外加剂全部自购。各类混凝土用原材料进场后均抽检合格，并经监理单位检查验收。

5.3.3 设备选型及安装

5.3.3.1 安全防护台车

斜井压力钢管正缝（内壁）焊接、探伤、防腐均在安全防护台车上进行。防护台车由 2 个结构形式相同的台车和铰链组成。斜井安全防护台车在制作时，台车上游侧满铺 δ＝5mm 的花纹钢板，开设进人门，两台车连接间开设通道，下游侧满铺钢丝网。

钢管安装所需的焊机、焊条烘干箱、加温设备、空压机等设备均布置于台车上。上游侧台车主要用于钢管焊接，下游侧台车主要用于焊缝检测和防腐。

台车下部装有脚轮，在钢丝绳牵引下沿管壁行走。到位后，采用钢板条结合卡环将台车锁定在钢管内壁的吊耳上，另外还有 3 组挂钩锁定在钢管管节上沿口，起双保险辅助锁定作用。

钢管对装、压缝时，背缝（外壁）焊接在外壁焊接支架上，搭设木跳板，用铅丝绑扎牢固。台车上放置空压机、电焊机、焊条烘干箱、碳弧气刨机、温控仪等设备，重量不超过 5t。

5.3.3.2 卷扬机

1. 卷扬机及地锚布置

1 号、2 号上斜井钢管溜放共用一台 40t 卷扬机。卷扬机布置在施工支洞左侧扩挖的耳洞内，距离 2 号引水道 25m 处，导向轮布置在 1 号、2 号主洞左侧边墙，距离支洞中心下游侧 5m 处；1 号引水道天锚系统 5t 卷扬机布置在盲洞内，距离主洞中心 10m；2 号引水道天锚系统 5t 卷扬机布置在 1 号、2 号引水道之间支洞内，距离 2 号主洞中心 10m；天锚位置至上弯段，采用 10t 卷扬机溜放，卷扬机布置在 2 号主洞右侧的支洞，距主洞中心 10m 处，并在 1 号、2 号引水道中心位置布置导向轮。

1 号、2 号下斜井钢管溜放共用一台 40t 卷扬机。卷扬机布置在施工支洞左侧扩挖的耳洞内，距离 2 号引水道 25m 处，导向轮布置在 1 号、2 号主洞左侧边墙，距离支洞中心下游侧 5m 处；天锚位置至上弯段，采用 10t 卷扬机溜放，卷扬机布置在中支岔洞上游主洞内，距支洞中心 15m 处。

根据计算，地锚整体最大受力为 369kN，7 根圆钢按 5 根受力计算抗剪强度，每根圆钢受力为 73.8kN，进行剪力复核小于圆钢抗剪强度设计值 90N/mm²，地锚布置满足规范要求。

40t 卷扬机地锚按前 3 根后 4 根方式布置，长度方向间距 3.8m（根据卷扬机实际尺寸调整），采用 φ36mm 圆钢，端头开口，设置金属倒楔，入岩 2m，外露 0.5m，地锚安装完后进行灌浆处理及拉拔力检测。

2. 卷扬机及钢丝绳选择

考虑斜井运输安全，钢管大组重量超过 36.5t 的钢管采用单节进行溜放，选择 2×40t 双卷筒双保险卷扬机。卷扬机配置高速端制动器和低速液压钳盘式制动器、下放距离显示及限位装置、通信系统，采用交流变频＋PLC＋触摸屏组合控制。

卷扬机双制动器工作原理：卷扬机减速机高速轴端及卷筒制动盘上同时设置了刹

车装置。①高速端制动：在电动机与减速机之间安装两个工作制动器（液压瓦块式制动器）；②低速端制动：在卷筒法兰盘处安装两个液压钳盘式制动器。当卷扬机通电工作时，两处 4 个制动器同时打开允许卷扬机正常运行，当出现断电状况时 4 个制动器同时闭合，保证卷筒处于停止状态所拉重物不会坠落。

卷扬机运行过程中，一旦高速端电机出现断轴、齿轮断齿、减速机断轴状态时，高速端制动器制动失灵，卷筒由于重力拉坠自动反转，这时卷筒法兰处的液压钳盘式制动器开始工作，夹住卷筒法兰盘使卷筒不再旋转，保证重物停止下落，避免安全事故的发生。

最大绳端拉力计算公式为

$$F_{\max} = g Q_0 (\sin\theta - f\cos\theta) \qquad (5.3.3-1)$$

式中：Q_0 为最大绳端荷载，经计算为 46.5t；f 为台车移动摩擦系数，取 $f = 0.05$；θ 为斜井角度，$\theta = 55°$；g 为重力加速度，取 $g = 10\text{m/s}^2$。

代入数值计算得 $F_{\max} = 369\text{kN}$，根据 $F_{\max}$ 值选择 40t 卷扬机，钢丝绳配置为 $6\times37S + FC$ 型，直径 56mm。

最小破断拉力校核：最小破断拉力 $F_0 \geqslant nF_{\max}$，式中 n 为安全系数。根据《建筑卷扬机》（GB/T 1955—2019）和《国网新源公司基建部关于征求〈抽水蓄能电站斜井施工设施典型设计及验收导则〉意见的通知》（基建〔2017〕75 号）判定卷扬机工作级别为 M3，钢丝绳安全系数取 $n = 5.5$。经复核，最小破断拉力为 2029.5kN，直径 56mm 钢丝绳最小破断拉力为 2030kN，钢丝绳满足使用要求。

天锚系统用 5t 卷扬机和 50t 滑轮组组成。滑轮组为 12 根钢丝绳受力，钢管大组重量按 36.5t 计算、选择钢丝绳。计算单根钢丝绳端荷载为 30.8kN。钢丝绳配置为 $6\times37S + FC$ 型。经校核，最小破断拉力为 169.4kN，所选直径 18mm 钢丝绳最小破断拉力为 189kN，钢丝绳满足使用要求。

上平段钢管采用溜放方式运输，选择 10t 卷扬机，钢管大组重量按 36.5t 计算选择。计算最大绳端荷载为 39.1t，钢丝绳配置为 $6\times37S + FC$ 型，经复核，最小破断拉力为 215.05kN，小于所选直径 24mm 钢丝绳最小破断拉力为 336kN，钢丝绳满足使用要求。

5.3.3.3　人车运输系统

1. 运输人车

运输人车单独定制。轮距 2.5m，采用双轮缘铁轮，整个运输小车自身重量不超过 1.5t；设计运送人员 10 人，每人按照 100kg 计，限载 1t；双钢丝绳下井，最深 450m，钢丝绳单重 2.98kg/m，计 1.341t。

2. 卷扬机选择

运输人车的卷扬机采用双筒盘刹慢速卷扬机，提升能力 2×10t，小于斜井对卷扬机储备能力 1.5 倍要求，可以使用。洞室卷扬机较多，互相交错，运送小车的卷扬机布置在 2 号主洞上游侧，钢管回填混凝土浇筑到上弯段时，人员走爬梯通道，卷扬机系统拆除，恢复基础面。

3. 钢丝绳选择

运输人车主要运送斜井施工人员上下井，运送工人人数不超过 10 人，其载重为 1.0t。选择 6×37＋1 纤维芯钢丝绳，公称直径 28mm，公称抗拉强度 1770MPa，该型号钢丝绳质量为 298kg/100m，最小破断力为 45.8t。车轮为双轮缘钢制脚轮，在轨道上运行，滚动摩擦系数取 0.05。所需牵引力为 3.256t，钢丝绳破断拉力安全系数大于按照载人要求安全系数 14，故选用该型号的钢丝绳能够满足要求。

4. 运输轨道安装

斜井钢管运输是关键环节，因此对运输轨道要求较高。考虑到单节钢管重量较大，根据安全风险评估，采用混凝土条形基础轨道。

弯段轨道安装：下弯段技术性超挖回填混凝土方量较大。混凝土从井下部运输，在下弯段开挖完成后，先进行此部位轨道基础墩施工。下弯段技术性超挖用台阶式回填，按照两块 P3015 模板高度划分台阶，高差 0.6m，台阶高度与设计底板一致。浇筑过程中埋设轨道插筋，弯轨事先在加工厂压好弧度，拆模后安装已经压好弧度的弯轨，两侧支立小侧模，浇筑二期混凝土固定 P18 轨道，下弯段轨道形成。

直段轨道安装：弯段完成后进行直段轨道安装。先在斜井底板打锚孔，入岩深度 0.9m，间距 0.5m，纵排距 0.3m，轨道中心间距 2.5m，轨道锚筋采用 φ20mm 钢筋，水泥锚固剂锚固。顶部高出底板设计高程 0.3m，轨道为 P18 型轻轨，用 63mm×6mm 角钢加固，用全站仪校核轨道两侧高差，高差控制在 5mm 以内。轨道系统施工从下至上进行。

轨道安装完成一段后，采用散装模板和方木支模板，上部预留进料口，由下到上分段浇筑与钢衬回填同强度等级的混凝土，将轨道固定于底板之上，分批次浇筑完成，成型轨道顶部距离混凝土条形基础顶部 30mm，距离底板设计高程 230mm。超挖较大的区域设置横向联系墙加固，条形基础支立散拼木模板，分段浇筑，振捣棒振捣。轨道安装完成制作样架进行洞室体型检测，处理不合格部位以满足钢管溜放和焊接空间要求。

5.3.4　斜井钢管施工

5.3.4.1　斜井钢管运输

1. 吊耳布置

斜井钢管制作过程中，将溜放吊耳提前焊接完成，溜放吊耳设置在距钢管外壁上游侧管口 150mm 的左右中心上。

焊接吊耳设计。台车在施工时必须可靠锁定在斜井上。根据现场条件，在压力钢管内壁、台车主梁上焊接吊耳。吊耳设计强度必须满足台车安全可靠运行。

（1）拉应力计算：

$$\sigma=\frac{N}{S_1} \quad \sigma\leqslant[\sigma] \tag{5.3.4-1}$$

式中：σ 为拉应力，N/mm^2；N 为吊耳荷载，根据荷载重量及安全系数计算，取 $N=410/2$kN；S_1 为计算断面处的截面积，$S_1=4320$mm^2；$[\sigma]$ 为材料许用拉应力，根据吊耳材质取最小许用拉应力 $[\sigma]=220$N/mm^2（吊耳材质为 Q345R）。

计算得：$\sigma=\dfrac{410\text{kN}}{4320}\div2\approx47.4N/mm^2<[\sigma]$，满足要求。

（2）剪应力计算：

$$\tau=\frac{N}{S_2} \quad \tau\leqslant[\tau] \tag{5.3.4-2}$$

式中：τ 为剪应力，N/mm^2；S_2 为计算断面处的截面积，$S_2=2160$mm^2；$[\tau]$ 为材料许用剪应力，取 $[\tau]=0.7[\sigma]=154$N/mm^2。

计算得：$\tau=\dfrac{410\text{kN}}{2160}\div2\approx94.9N/mm^2<[\tau]$，满足要求。

（3）吊耳角焊缝：

根据受力情况，吊耳采用直角焊缝形式，其折算应力公式为：

$$\sqrt{\sigma_\perp^2+3(\tau_\perp^2+\tau_\parallel^2)}\leqslant\sqrt{3}f_f^w \tag{5.3.4-3}$$

式中：$\sigma_\perp$ 为垂直于焊缝有效截面的正应力，N/mm^2；$\tau_\perp$ 为垂直于焊缝长度方向的剪应力，N/mm^2；$\tau_\parallel$ 为沿焊缝长度方向的剪应力，N/mm^2；f_f^w 为角焊缝的强度设计值，取 $f_f^w=220$N/mm^2。

台车锁定时，吊耳受力方向平行于管壁，为 N_x，取 $N_x=41$kN，在焊缝有效截面上引起的平行于焊缝长度方向上的剪应力计算公式：

$$\tau_f=\tau_\parallel=\frac{N_x}{h_e l_w} \tag{5.3.4-4}$$

式中：h_e 为垂直于角焊缝的有效厚度，取 $h_e=0.7h_f$，mm；l_w 为焊缝计算长度，考虑引、息弧影响，取两个长边长度，即 $l_w=400$mm。

在吊耳平面内引起偏心力矩 M，$M=N_x l'$，$(l'=70$mm$)$；力矩 M 引起最大弯曲正应力为

$$\sigma=\frac{3N_x l'}{h_e\left(\dfrac{l_w}{2}\right)^2} \quad \begin{cases}\sigma_\perp=\sigma\cos45°\\ \tau_\perp=\sigma\sin45°\end{cases} \tag{5.3.4-5}$$

代入数值计算得 $h_e=3.5\text{mm}$、$h_f=5\text{mm}$，同时需满足角焊缝构造要求，取 K 型坡口，焊角不小于 $h_f=10\text{mm}$。

2. 钢管溜放

钢管采用定制拖板车从加工厂或暂存场运至主洞与支洞交叉口，然后用天锚系统将钢管吊起，放到洞内运输台车上，将台车与钢管加劲环可靠焊接。

天锚位置至上弯段平洞运输使用 10t 卷扬系统溜放，进入上弯段前倒换成 40t 卷扬系统进行斜井段运输。在卷扬机系统倒换时，台车锁定在轨道上，并用楔子塞住，在后卷扬机系统受力前不能拆除前卷扬系统。为避免钢丝绳与地面之间产生摩擦而损坏钢丝绳，在上弯段转弯的位置设置托轮装置，钢丝绳从托轮上通过，使钢丝绳在下放钢管过程中减少磨损。

钢管在斜井中溜放时，使用对讲机联络，指挥人员行走爬梯紧随钢管溜放进度，观察钢管运输动态，并根据实际情况发出指令，卷扬机操作人员收到指令后及时操作卷扬机。

5.3.4.2　斜井钢管安装

上斜井开挖支护完成后，在上斜井下弯段与中平段连接位置设置定位节。定位节钢管从引水中支洞上岔洞运输到安装位置进行安装、回填、验收，上斜井及弯段钢管从施工上支洞运输溜放到安装位置。

下斜井开挖支护完成后，在下斜井下弯段与下平段连接位置设置定位节。定位节钢管从引水下支洞运入后进行安装、回填、验收。下斜井钢管从引水中支岔洞运输溜放到安装位置。

定位节钢管运输就位后，利用导链、千斤顶等工具将钢管管节中心、高程调整至安装位置，其安装偏差符合设计图纸和规范要求后，即可进行钢管的外支撑加固，钢管加固牢固可靠。为确保钢管在混凝土浇筑时不产生变形和位移，在洞壁和管壁之间用 16 号工字钢在加劲环上直接加固，不能伤及母材，定位节上、下游管口均作牢固加固。

先将测量放的钢管中心线用粉线连成一条线，利用吊锤球方法检查钢管安装的上、下中心是否相吻合。从上中心吊锤球至管口底部，用钢盘尺测量下中心至锤线的距离，就可以确定钢管倾斜度是否符合要求。利用拉紧器、压缝器、楔子板等调整压缝，待各项尺寸合格后对钢管环缝进行定位焊接及钢管加固。

5.3.4.3　加固处理

钢管安装完毕检验合格后，对钢管进行加固，用 12 号槽钢分别对单个管节加固处理。钢管圆周方向均匀加固，轴线方向，若为光面管（管长中间均布焊接 6 块过渡板）或单圈加劲环钢管，则在加劲环或过渡板上加固 1 圈；若为多道加劲环，则在离管口的加劲环上加固。禁止将加固材料焊在管壁上，只能焊在加劲环或阻水环上。加固型钢的焊接采用 2 个焊工以对称焊接方式施焊，以防止钢管发生位移或变形。钢管加固作业完成后，严格验收，确保在混凝土浇筑时不产生变形和位移。

5.3.4.4 安装质量标准

管节安装质量检查标准见表 5.3.4-1。

表 5.3.4-1　　　　　　　　　管节安装质量检查标准

检查项目	允许偏差/mm				检验工具	检验位置
	合格		优良			
	钢管内径 D/m		钢管内径 D/m			
	D≤3	3<D≤6	D≤3	3<D≤6		
始装节管口里程	±5	±5	±4	±4	钢板尺、钢尺、垂直球或激光导向仪	始装节在上、下游管口测定，其余管节管口中心只测一端管口
始装节管口中心	5	5	4	4		
与蜗壳、蝴蝶阀、球阀、岔管连接的管节及弯管起点的管口中心	6	10	6	10		
其他部位管节的管口中心	15	20	10	15		

始管节两端管口垂直度偏差不应超过±3mm。

5.3.4.5 钢管焊接

根据设计图纸，管壁材质为 Q345R、600MPa、800MPa 级钢材，钢管安装环缝在安装施工现场焊接。安装现场在引水隧洞内，湿度较大，焊接环境较差，不易实现自动化焊接。为了确保钢管焊缝的焊接质量，压力钢管安装焊缝焊接采用焊条电弧焊。

1. 焊接一般规定

(1) 每条焊缝应一次连续焊完，当焊接过程中需要中断时，焊缝已焊接 3 层及以上，加热温度缓冷至常温；焊接过程中因停电中断焊接时，用火焰烘烤焊接位置焊缝，慢慢冷却。中断焊缝重新焊接时，进行重新预热，达到预热温度以后按原工艺继续施焊。

(2) 工卡具、外支撑等临时构件焊接和拆除时，对需要预热的要进行预热，严禁在母材上引弧和熄弧。工卡具等构件的拆除不应伤及母材，拆除后将残留焊疤打磨修整至与母材表面齐平。

(3) 焊接完毕，焊工进行自检。

(4) 焊接过程中做好防水和防风措施。

2. 焊接工艺

(1) 需要预热的焊缝定位焊前按要求进行预热，定位焊安排偶数个焊工对称施焊。

(2) 钢管安装环缝焊接用焊条电弧焊焊接，6 个焊工按对称施焊的原则进行，加热片贴在钢管内侧，先在大坡口侧焊接，在小坡口侧用碳弧气刨清根，用砂轮机修磨坡口，再焊接。焊前按要求进行预热。

（3）环缝焊接除图样要求进行，有规定者除外，逐条焊接，不跳越，不强行组装。

（4）焊接前用远红外加热片作预热处理，预热的范围为焊缝两侧各 3 倍板厚，且不小于 100mm，预热温度按照报批的焊接工艺规程进行控制，600MPa 级钢管预热温度 80～100℃；800MPa 级钢管，预热温度 100～120℃。

（5）预热和后热测温用远红外测温仪。

（6）钢管焊缝的焊接采用分段对称、多层多道、小电流焊接。焊条均按厂家说明书的要求进行烘焙和保温，并放在通电的保温筒内随用随取。

（7）在焊接过程中，为减少变形和收缩应力，在施焊前选定合适的焊接顺序，尽量保证在各个不同侧面受到的焊接预热量达到平衡。

（8）在一个构件上，一般焊接从相对部件比较固定的部位开始，向活动自由度较大和估计收缩较少、尽可能少约束的焊点进展。在施焊任一受约束的焊口时，焊接不得终止或焊到被批准的最低预热和层间温度的焊缝上，以确保焊缝不产生裂纹。压力钢管安装环缝焊接时，统一焊接顺序。

（9）多层多道焊接头的显微组织较细，热影响区窄，接头的延性和韧性都比较好。钢管焊缝焊接时，注意焊接时需多个人同时施焊且尽量保证一致的焊接速度。针对焊条电弧焊，每名焊工施焊的范围也应采用分段倒退焊法，分段长度以 300～500mm 为宜。

（10）正式施焊时，当预热温度满足要求后，除封底和盖面焊道外，中间焊道每层厚度控制在手工焊 3～4mm。

3. 焊接过程控制

（1）焊接线能量控制。焊接线能量的大小对钢管焊接部位的冲击韧性有很大影响，直接影响钢管的运行质量。焊接前作焊接工艺试验，确定线能量范围，依据焊接工艺编制焊接工艺指导书，用于指导焊接生产。手工焊接时的线能量测定用直流钳形电流表或焊机上的电流表测出电流，再根据当时的焊接电压和焊接速度，算出线能量，线能量控制在 20～45kJ/cm。也可对某种钢材通过线能量试验，规定焊接时每根焊条应焊接的长度。

（2）层间温度的控制。层间温度的控制是获得优良焊缝的必要条件。层间温度过低，不易熔化，导致焊缝熔合不好，影响焊缝质量，对钢管的整体质量也会造成影响。所有焊缝尽量保证一次性连续施焊完毕，层间温度不低于焊接预热温度，若因不可避免的因素确需中断焊接，在重新焊接前，必须再次预热，预热温度不得低于前次预热的温度。

（3）焊缝表面质量控制。钢管安装缝焊接过程中，除保证焊缝焊接质量外，表面成形质量控制也必不可少，盖面焊时控制焊条位置及规范焊接，以使焊缝表面成形均匀整齐、美观。钢管安装完后清除管内所有杂物，将焊疤、高点等用砂轮机磨平，上述部位及焊缝两侧除锈后补刷防护油漆。

4. 焊缝检验

钢管安装焊缝焊接完毕后，按规范要求或施工图纸及规范的要求进行表面检查，合格后进行内部质量探伤检验。采用超声波探伤，执行《焊缝无损检测　超声检测　技术、检测等级和评定》（GB/T 11345—2023）检验等级 B 级要求。

5.3.4.6　贴壁排水安装

（1）环向集水槽钢与钢管外壁的连接焊缝为不连续焊缝，焊缝间距为 500mm，焊缝长度为 200mm，非焊接部位以工业肥皂涂封后再回填混凝土，以防止浇筑或灌浆时浆液进入排水管。

（2）排水角钢与管壁的连接焊缝为不连续焊缝，焊缝间距为 500mm，焊缝长度为 200mm，非焊接部位以工业肥皂涂封后再回填混凝土。角钢与前一节槽钢之间不连通。

（3）管节间管壁排水角钢必须在同一条直线上，即相邻管节排水角钢沿管壁纵向与钢管中心线的夹角在顺水流方向上必须一致。

（4）排水角钢和槽钢与管壁的焊接，应按照焊接工艺焊接。

（5）管口采用临时护帽保护，始终保持管路通畅。

5.3.5　斜井钢衬混凝土

斜井混凝土浇筑顺序，首先浇筑定位节混凝土，然后从定位节开始向上逐个依次浇筑。

5.3.5.1　备仓

1. 岩壁排水

岩壁排水造孔在钢管安装前完成，硬质聚氯乙烯塑料排水花管采用无纺布包裹，装入钻好的排水孔中，下部与 DN150 集水钢管上部管嘴连接牢固，接口做密封处理，孔口采用水泥砂浆封堵，沿洞壁固定牢固，集水钢管两端引出浇筑仓号外，用专用带滤网的闷板进行临时封堵，既保持排水通畅，又防止杂物进入，为后期仓号接引提供方便。岩壁渗水采用引管法进行引排。在钢管安装期间，人员可利用钢管加固支架。在岩壁钻孔，埋入花管，将渗水集中引排，管路与岩壁排水相连，一并排出。混凝土浇筑前，用土工布包裹花管，截流底板积水，引入岩壁排水系统，混凝土浇筑期间，采用自吸泵排除仓面积水。

2. 贴壁排水

贴壁排水⊏14 环向集水槽钢及∠63×6mm 纵向集水角钢已在钢管制作时安装完成，用无纺布、专业胶水及工业肥皂封闭；钢管安装时将环向集水槽钢下部与镀锌排水管连接牢固，用专业胶水施封严密，镀锌排水主管与岩壁排水主管平行布置，引出浇筑仓号外，两端用专用堵头闷板临时封堵，防止混凝土回填时拌和物进入管内，保持管内畅通。

3. 仓面清理

钢管安装验收合格后，清除仓面的焊渣、凿毛等杂物，用高压风水对仓面清理。仓内整洁干净，无尘土、石屑，底板无积水。管身位置正确，防腐无破损或已修补完好，加固件稳定牢固无变形，满足隐蔽验收条件。

5.3.5.2 定位节浇筑

定位节在弯管段与平管段交接处，一般选在平管段三节钢管。定位节仓面需要架设两端头堵头模板，混凝土泵管从顶部一侧端头伸入浇筑仓，从浇筑仓顶中部入料。浇筑过程中，人工进入仓内振捣，完成首节浇筑，24～48h 后拆除端头模板并凿毛处理混凝土结合面，便于下一仓接茬。

浇筑中，安排专人对各种预埋管线和钢管状态进行检查观测，发现问题按照预定方案处理，出现意外情况立即停止浇筑，及时汇报并查找原因，按讨论意见或制定方案处理。

5.3.5.3 弯段及直斜段浇筑

敦化电站斜井每个下弯段和上弯段浇筑各分为两仓，下弯段浇筑完成后转入直斜段浇筑，直斜段按照 36m 一仓进行钢管安装和回填混凝土循环施工。

浇筑下弯段和约 100m 直斜段混凝土时，混凝土泵机放置在定位节仓号前方不远处，往上泵送入料。当斜井浇筑约 100m 时，混凝土泵机转移至上弯段，从上往下泵送入料，同时定位节的另一侧交出工作面进行平管段钢管安装和混凝土回填施工。此处，以该工程 1 号下斜井混凝土施工为例给予分析。

敦化电站 1 号下斜井下弯段，第一仓有 12 节管节，组成 6 大节溜放组焊，溜放安装需 6d，焊接 12d，探伤 1d，防腐 2d，清仓 1d，浇筑 2d，共用时 24d。第二仓有 14 节管节，组成 7 大节溜放组焊，溜放安装需 7d，焊接 14d，探伤 1d，防腐 2d，清仓 1d，浇筑 2d，共用时 27d。此后，开始进入直斜段浇筑。

直管段共 139 节管节，直斜段总长度 382m，每仓按照 36m 分仓。钢管溜放与安装一节需要用时 1d，钢管环缝焊接平均 2d 一道，后期探伤和防腐用时 3d，清理仓面等备仓用时 2d，浇筑用时 2d，每个循环用时共 25d，直管段安装浇筑完成用时共 275d。其中有 37 节管节单节管重超过 18t，需单节溜放与焊接，相应增加工期 37d。

直管段完成后进入上弯段施工。上弯段第一仓有 12 节管节，组成 6 大节溜放组焊，溜放安装需 6d，焊接 12d，探伤 1d，防腐 2d，灌浆埋管 2d，清仓 1d，浇筑 2d，共用时 26d。第二仓有 14 节管节，组成 7 大节溜放组焊，溜放安装 7d，焊接 14d，探伤 1d，防腐 2d，灌浆埋管 2d，清仓支模 2d，浇筑 3d，共用时 31d。至此，单条斜井钢管安装及混凝土回填全部完成。

随着斜井混凝土浇筑不断上升，相应的下料时间缩短，每个循环的工期时间也将随之减少。其他三条斜井的钢管安装和混凝土回填施工方法及步骤与1号下斜井类似。

5.3.5.4 浇筑控制

混凝土泵设置在上部，泵管接溜管入仓，为了防止高度落差产生骨料分离，溜管每隔30～50m设一个缓降器。一条斜井安装一套溜管，溜管直径为250mm。溜筒伸入至浇筑仓号，筒口距浇筑面不超过2m，用8m³混凝土搅拌车供料。浇筑人员每次在仓内的工作时间不宜过长。在混凝土入仓过程中，很少发生堵管现象，仅是由于浇筑间歇时间过长有过堵管。

混凝土振捣采用φ70mm振捣器。除了定位节需安装两侧堵头模板及上弯段第二仓立单侧模板外，下弯段和直管段收仓时按水平面收仓不需要立模板。

5.3.5.5 质量控制

1.混凝土配合比

根据高压管道回填混凝土的施工要求，为保证混凝土与钢衬及围岩的缝隙尽可能地小，首先选择微膨胀混凝土，以减少混凝土自身的收缩变形；其次要易于施工，减少施工场地原因造成的施工过程中的振捣不密实导致的混凝土内存在气泡的施工缺陷。基于以上原因，选择自密实混凝土作为该次试验的基本材料。

回填混凝土配合比试验内容包括混凝土原材料性能检测、混凝土配合比试验、混凝土性能试验。混凝土技术指标要求：①强度等级为$C_{28}25$；②抗冻等级为F50；③强度保证率为95%；④抗渗等级为W6。

回填混凝土的施工要求：①骨料最大粒径为20mm，一级配；②混凝土抗压强度标准差为4.0MPa；③混凝土坍落扩展度为60～75cm；④混凝土膨胀率为0～0.25‰；⑤混凝土抗离析率不大于10。

首先根据《水工混凝土配合比设计规程》（DL/T 5330—2015）内容，对混凝土配合比原材进行检测，然后进行混凝土强度的计算，根据《自密实混凝土应用技术规程》（JGJ/T 283—2012）进行混凝土拌和物中粗骨料体积、砂浆中砂的体积分数、水胶比、胶凝材料用量、矿物掺合料的比例等参数的设计。最终优选配合比见表5.3.5-1。

表 5.3.5-1　　　　　　　　优 选 配 合 比　　　　　　　　单位：kg/m³

编号	粗骨料用量	细骨料用量	水胶比	水	粉煤灰	水泥	砂	石	膨胀剂	减水剂	引气剂
3	0.30	0.44	0.45	198	176	264	794	867	26.4	7.92	0.475
18	0.32	0.44	0.44	190	172	258	771	924	25.8	7.75	0.465
26	0.33	0.44	0.44	186	169	254	760	953	25.4	7.62	0.457
30	0.33	0.43	0.44	190	173	259	741	953	25.9	7.78	0.467

对推荐配合比的混凝土进行性能试验，包括混凝土拌和物坍落扩展度和扩展时间试验、离析率筛析试验、泌水率试验、含气量试验、容重试验、凝结时间试验、混凝土抗压强度试验、劈裂抗拉强度试验。上述各项试验成果均满足《水工混凝土试验规程》（DL/T 5150—2017）、《水工混凝土施工规范》（DL/T 5144—2015）、《自密实混凝土应用技术规程》（JGJ/T 283—2012）的规定内容。

2. 拌和物质量控制

（1）拌和站。拌和系统的计量器具必须经有资质的检测机构检定合格，并在有效期范围内。在此基础上进行月校验，每月不少于一次，必要时随时校验。校验时需通知监理人员到场见证，若未通知监理到场见证则视为未校验。每次混凝土生产开始前，均需对称量设备进行零点校验，确保称量准确。混凝土生产过程中，当和易性异常或其他情况出现对计量准确性有怀疑时，应及时对称量系统进行检查，必要时暂停生产，用砝码校核，以免称量误差过大而生产出不合格的混凝土拌和物。混凝土原材料配料称量允许偏差见表 5.3.5－2。

表 5.3.5－2 混凝土原材料称量允许偏差

材 料 名 称	称量允许偏差/%	备 注
水泥、掺合料、外加剂溶液、水	±1	以质量计
骨料	±2	

（2）生产过程控制。对进场的水泥、粉煤灰、砂石骨料、外加剂等原材料必须经检验合格后方可使用。在混凝土生产拌制过程中，对拌和站原材料的检验项目和频次按照《水工混凝土施工规范》（DL/T 5144—2015）执行，详见表 5.3.5－3。

表 5.3.5－3 混凝土生产过程原材料检验项目及频次

名称	检验项目	检验频次	取样地点
细骨料（人工砂）	含水率	每 4h 检测 1 次；雨雪后进场的或特殊情况则加密检测	拌和站储料仓
	细度模数、石粉含量	每天检测 1 次	拌和站储料仓
粗骨料（碎石）	小石含水率	每 4h 检测 1 次；雨雪后进场的或特殊情况则加密检测	拌和站储料仓
	超逊径含量、中径筛余量、含泥量	每 8h 检测 1 次	拌和站储料仓
外加剂	溶液配制浓度	每天 1～2 次	外加剂溶液池

注 水泥的强度、凝结时间，以及掺合料的需水量比，必要时在拌和站抽样检验。

（3）拌和物质量检查。对出机口混凝土拌和物性能进行检查，主要有坍落度、温度以及均匀性等，检验项目及频次见表 5.3.5－4。

（4）运输及浇筑。混凝土罐车在接料前，需将罐体内的积水清理干净。运输过程应缩短时间，减少运转次数，运送途中拌筒需保持 3～6r/min 的慢速转动。禁止在运输路途中、卸料过程中给混凝土加水。罐车在卸料前，需先高速转动拌筒，使罐中料均匀后再卸出，避免料头不均匀而发生堵管。

表 5.3.5-4   出机口混凝土拌和物性能检验项目及频次

检验项目	合格标准	检验频次	备注
坍落度	±30mm	每4h检测1次	
温度	不低于5℃，或满足热工计算要求	每2h检测1次	必要时增加频次
均匀性	肉眼观察，无骨料离析、无严重泌水、未夹杂生料、无冰块	每2h检测1次	

严格按照批准的混凝土入仓方式施工，未经监理中心审批同意，不得擅自更改。质检人员或试验人员观察运至浇筑现场混凝土的均匀性、和易性，及时有效地处理相关问题。混凝土入仓后，及时平仓、振捣，保证仓内的混凝土均匀分布，防止混凝土下料不均而导致钢管发生偏移。

5.3.6   冬季施工保温措施

5.3.6.1   混凝土拌和站保温

混凝土拌和站为全封闭式钢架结构，保温采用钢结构大棚，保温板封闭，屋架为桁架梁结构，上面铺设保温屋面板。保温棚将整个骨料储存、配料机上料、配料机传输系统包含在内。门口采用卷帘门启闭，保证室内温度受外界气候影响较小。

保温棚布置两套供热设备：分别为 0.7t 水炉 1 台和 0.7t 油炉 1 台。其中水炉供热系统为整个保温棚长期保温系统，供暖管路沿保温棚浆砌石挡墙布置，每隔 10~12m 设置自制暖气片一组。管路固定于料场墙壁，距地面 1.2~1.8m，供暖管路由两条主管路 $DN150$（供水管、回水管）接引水炉，冬期24h连续供热。

砂石料采用地热方式供暖，热源由 0.7t 油炉供应，主管路采用 $DN100$，分管路 $DN50$ 布设于砂料仓底面，顶部用混凝土封闭，并用钢板保护。油炉是以煤为燃料，以导热油为循环介质供热的新型热能设备，能在较低的运行压力下，获得较高的工作温度，具有低压、高温的技术特性。油温上升较快，浇筑前24h供热，直到收仓。拌和用水水箱底部设置回形加热管，油炉工供热管一个分支引入水箱回形加热管，浇筑前24h升温，浇筑时根据水温调整供热阀门开启时间和供热量，保证合适水温。

所有混凝土运输罐车在罐体外包裹棉套进行保温，可避免热量散失过快。

5.3.6.2   斜井施工保温

定位节浇筑后，在钢管内部布置活动的阻风门一道。阻风门平时处于常闭状态，形成独立的"盲洞"效应，保证井下温度恒定。需要通风时开启面层小窗口，适当调节通风量，既保证焊接烟雾有效排除，又保证井下温度恒定，为钢管安装焊接与混凝土浇筑创造有利条件。

同时，在上支洞洞口、中支洞洞口及下支洞外的进场交通洞洞口设置了自动卷帘保温门，可有效地防止室外冷空气进入洞内。

在各部位设置的阻风门使得斜井钢管安装和混凝土浇筑环境温度处于正温。监测结果显示作业环境温度一般处于 12～14℃，作业面无须再保温。

参 考 文 献

［1］ 齐界夷，2021. 长龙山抽水蓄能电站超长斜井开挖施工技术［J］. 电力勘测设计（9）：1-3.

［2］ 王仁强，李汉臣，2009. 向家坝水电站大断面引水斜井开挖施工技术［J］. 四川水力发电，
28（4）：65-68.

［3］ 曹刘光，2022. 乌东德右岸出线竖井开挖与滑模混凝土施工技术［J］. 河南水利与南水北调，
51（12）：32-36.

［4］ 杨帆，2019. 浅谈抽水蓄能电站长斜井开挖反井钻机施工应用［C］//抽水蓄能电站工程建设文
集：407-410.

［5］ 刘永奇，张杰，王小军，等，2020. 抽水蓄能电站高压管道斜井采用 TBM 施工的工程布置方案
研究［J］. 水力发电，46（12）：71-73.

［6］ 王长城，王洪松，2014. 乌东德水电站尾水调压井球冠穹顶开挖支护施工技术［J］. 科技经济市
场（11）：13-14.

［7］ 杨联东，2019. 800MPa 高强度水电站用钢单面焊双面成形焊接试验研究［J］. 焊接技术，
48（9）：35-37.

［8］ 侯博，赵毅，2022. 白鹤滩水电站压力管道 800MPa 级高强钢设计应用［J］. 大坝与安全（1）：
24-26.

［9］ 郝荣国，吕明治，王可，2023. 抽水蓄能电站工程技术［M］. 北京：中国电力出版社：
236-238.

［10］ 张兴彬，王炳豹，张辰灿，2021. 河南洛宁抽水蓄能电站引水斜井 TBM 施工组织设计方案［J］.
人民黄河，43（S2）：174-176.

［11］ 崔雪玉，赵涵滢，潘涛，2008. 宝泉抽水蓄能电站引水系统上斜井古风化壳地层灌浆处理［J］.
探矿工程，35（12）：28-34.

［12］ 刘科，彭智祥，宛良朋，2019. 乌东德水电站 ϕ13.5m 洞内超大型压力钢管无内支撑施工技术
［J］. 水电与新能源，33（9）：33-37.

［13］ 李宝勇，2010. 黑麋峰抽水蓄能电站引水斜井高压固结灌浆施工技术［J］. 水利科技（1）：
41-43.

［14］ 饶柏京，宋春华，2023. 超高水头钢筋混凝土衬砌水道高压固结灌浆设计参数优化［J］. 水利与
建筑工程学报，21（6）：150-153.

［15］ 吴建军，梁春光，刘思源，2022. 辛克雷水电站高压隧洞充排水实践及监测资料分析［J］. 水电
站设计，38（4）：106-110.

［16］ 孙殿国，1998. 天荒坪抽水蓄能电站输水系统充排水试验［J］. 水力发电（8）：38-41.

［17］ 张增，2022. 绩溪抽水蓄能电站 1 号机组输水系统首次充排水试验浅析［J］. 红水河，41（6）：
22-26.

［18］ 伍智钦，2000. 广州抽水蓄能电站二期工程上游引水系统充排水试验［J］. 水利水电技术，
31（4）：48-51.

［19］ 叶永进，2016. 福建仙游抽水蓄能电站引水系统充排水试验［J］. 福建水力发电（2）：42-44.

［20］ 陈益民，倪绍虎，2018. 安徽响水涧抽水蓄能电站引水系统充排水试验研究［J］. 科技通报，
34（2）：83-86.

[21] 姚敏杰，冯仕能，2016. 洪屏抽水蓄能电站 1 号尾水系统充排水试验实测资料分析［C］//抽水蓄能电站工程建设文集：513-515.

[22] 王增武，仲启波，刘占海，2013. 仙游抽水蓄能电站号引水隧洞充排水试验［C］//抽水蓄能电站工程建设文集：350-355.

[23] 胡云鹤，张全胜，韩宏韬，2012. 蒲石河抽水蓄能电站 1 号引水系统充排水试验分析［C］//抽水蓄能电站工程建设文集：336-341.

[24] 俞南定，2014. 桐柏抽水蓄能电站输水系统充排水试验［J］. 中国科技信息（8）：63-65.

[25] 王洋，朱建峰，2012. 宝泉抽水蓄能电站引水系统钢衬渗漏处理［C］//抽水蓄能电站工程建设文集：328-331.

[26] 项继来，宋伟，项顶峰，2007. 反井钻机在水布垭水电站地下工程导井开挖中的应用［J］. 水力发电，33（8）：33-37.

[27] 陈效华，蔺强，王盛鑫，2009. 滑框倒模新技术在蒲石河抽水蓄能电站上水库进/出水口闸门井施工中的应用［J］. 水利水电技术，40（6）：13-15.

[28] 王增武，喻志洁，郭奇志，2013. 仙游抽水蓄能电站尾水调压井滑框倒模施工技术［C］//抽水蓄能电站工程建设文集：340-344.

[29] 刘红岩，2015. 去学水电站调压井滑模设计［J］. 四川水力发电，34（S1）：66-68.

[30] 廖湘辉，周恒，赵楚，2016. 巴基斯坦 N-J 水电工程调压竖井滑模的设计与施工技术［J］. 水利水电技术，47（1）：67-70.

[31] 朱宝凡，字政明，明仁贵，2019. 乌弄龙水电站出线竖井多井室滑模设计与施工［C］//中国大坝工程学会 2019 学术年会国际碾压混凝土坝技术新进展与水库大坝高质量建设管理：510-514.

[32] 许东，王欢，2012. 浅谈大盈江水电站调压井混凝土滑模施工［J］. 中国科技纵横（11）：118.

[33] 郭继怀，魏全军，2011. 石门坎水电站斜井液压滑模设计与应用［J］. 云南水力发电，27（6）：107-108.

[34] 郑振，卢瑶，2015. 响水涧抽水蓄能电站下水库尾水斜井直线段滑模工艺设计［J］. 水利水电技术，46（5）：66-69.

[35] 王峻，张学彬，刘培伟，2017. 猴子岩水电站 45°复杂结构城门洞型斜井衬砌施工技术［J］. 四川水力发电，36（6）：35-41.

[36] 潘寅忠，1983. 白山水电站引水洞斜洞的全断面拉模衬砌［J］. 水力发电（11）：13-16.

[37] 关雷，夏松雨，1993. 广蓄电站斜井混凝土衬砌滑模施工技术［J］. 水力发电（7）：52-55.

[38] 熊训邦，王良生，孙殿国，1998. XHM-7 型斜井滑模系统的研制与应用［J］. 水力发电（8）：44-47.

[39] 常焕生，曲建军，金晨，2005. LSD 斜井滑模系统在桐柏抽水蓄能电站的应用［J］. 水力发电，31（6）：29-30.

[40] 曹东，张学彬，2008. 瀑布沟水电站斜井液压滑模与混凝土施工［J］. 四川水利（6）：56-58.

[41] 雷宏，2020. 滑模技术在大岗山水电站长大斜井混凝土施工中的应用［J］. 四川水利，41（5）：18-21.

[42] 郭新海，2020. 官地水电站引水斜井滑模安装技术［J］. 云南水力发电，36（1）：156-158.

[43] 焦宝林，郭华，赵伟，2012. 蒲石河抽水蓄能电站引水隧洞钢管安装工艺［J］. 水力发电，38（5）：59-61.

[44] 梁世新，辛彪，刘一霖，2022. 780MPa 高强钢超大直径压力钢管制作与安装施工关键技术研究［J］. 安装（S1）：21-22.

[45] 陈忠敏，吴瑞清，2021. 大型压力钢管吊装技术［J］. 水电站机电技术，44（9）：33-35.

[46] 江谊园，程雪如，2022. 抽水蓄能电站超长斜井钢管安装与混凝土施工技术［J］. 水力发电，38（9）：64-67.